Understanding Animal-Assisted Therapy

동물교감치유의 이해

김원

박영사

머리말

　우리가 살고 있는 지구는 인간, 동물, 환경이라고 하는 세 영역이 상호 연관되어 끊임없이 변화해 나가면서 역학을 만들어 낸다. 과거에는 각자의 영역에서 상호 배타적으로 지내면서 각 영역이 독자적으로 유지되었으며, 영역 사이에는 최소한의 연관만이 이루어졌다. 그러나 인구 변화 등 다양한 변화로 인해 상호 연관성이 점점 높아지면서 더 이상 각 영역을 독립적으로 지키기 어렵게 되었다. 오늘날 우리는 이 영역들이 상호 연관되어 조화로울 때 지구에 살고 있는 모든 생명체가 공존할 수 있는 현실을 맞이하고 있다. 즉 인간, 동물, 환경이 상호 조화로울 때 모두가 건강하고 행복하게 된 것이다.

　동물교감치유는 자연치유의 한 영역으로 자연의 요소 중 하나인 동물을 활용하여 인간의 신체적, 정신적 문제를 치유하는 가장 자연스러운 치유의 한 형태이다. 자연은 세월과 자연의 법칙에 따라 그대로 두면 스스로 치유할 수 있는 힘이 있는 것처럼 인간도 자연의 한 구성원으로 자연 속에서 자연과 함께 지내면 스스로 치유된다는 생각이 동물교감치유의 근본적인 기초가 된다.

　서양에서 동물교감치유는 1970년대부터 시작되어 현재는 매우 활발히 연구와 활동이 진행되고 있으며, 계속해서 새로운 영역으로 그 범위를 확장해 나아가고 있다. 우리나라는 서양보다 20년이 지난 1990년대에 들어와서 시작되었으며, 초기에는 시범적 활동으로 진행되다가 농업진흥청에서 관심을 갖기 시작하면서 용어 정리 등을 시작으로 점점 활동이 본격화되고 있으며, 현재는 바우처도 시행되고 있고, 영역도 조금씩 확장해 나아가고 있다.

　현재까지 동물교감치유는 아직 완전히 입증된 치유 프로그램은 아니며, 치유 영역도 완전히 확인되지 않았다. 그러나 증거기반의 입증자료의 확보와 정규

치유 프로그램으로 나아가기 위해 전세계적으로 수많은 연구자들의 연구와 동물교감치유사의 활동이 꾸준히 진행하고 있으며, 영역을 확장해 나아가고 있다. 향후 동물교감치유의 정체성과 치유적 지위가 확립되기를 기대해 본다.

동물교감치유에서 인간의 치유와 심리적 안녕도 중요하지만 동물의 복지 역시 중요하다. 동물은 동물교감치유를 위해서 스스로 치유활동을 선택한 것이 아니고, 인간 치유사에 의해서 선택되었기 때문이다. 마하트마 간디(Mahatma Gandhi)는 "한 국가의 위대함과 도덕적 진보는 동물을 대하는 방식으로 판단할 수 있다"라고 말했다. 동물교감치유 분야가 계속 발전함에 따라 동물의 복지와 안녕을 보장하는 것은 우리의 도덕적, 윤리적 책임임을 잊지 말아야 한다.

이 책은 총 9개의 장으로 구성되어 있고 동물교감치유의 기본적인 이해부터 향후 전망까지 처음 입문하는 분들께 도움을 드리고자 저자의 그동안의 연구와 활동 등을 바탕으로 동물교감치유를 이해하는 데 가장 기본이 되는 내용을 담고자 노력하였다.

아무쪼록 동물교감치유에 관심있는 분들께 이 책이 도움이 되기를 진심으로 바란다.

2022년 6월
김 원

목차

4장

동물교감치유의 유형

5장

치유 보조 동물에 따른 동물교감치유

1장

동물교감치유의
기본적 이해

1.1 동물교감치유의 정의 및 용어

동물교감치유(Animal-assisted Therapy)는 일종의 생태치료(Ecotherapy)로서 치유와 성장의 관계에 자연(The Natural World)을 포함시키는 접근법이다(Chalquist, 2009).

동물교감치유는 20개의 다른 정의와 12개의 다른 용어(예: pet-therapy, pet psychotherapy, pet-facilitated therapy, pet-facilitated psychotherapy, four-footed therapy, animal-assisted therapy, animal-facilitated counseling, pet-mediated therapy, pet-oriented psychotherapy, companion/animal therapy, cotherapy with an animal)로 사용되고 있다 (LaJoie, 2003; Kruger, & Serpell, 2006). 이러한 정의와 용어의 사용은 많은 혼선을 야기하고 있어 일관성과 혼란을 줄이기 위해서는 정확한 용어 및 정의가 필요하다.

다양한 정의 및 용어에 대한 이야기를 설명하기에 앞서 기본적으로 이해해야 할 것은 용어 자체는 크게 두 부분으로 나뉘어져 있다는 것이다. 예를 들어 동물교감치유는 동물교감과 치유가 합쳐진 것으로 보면 된다. 가령 'OO'치유라고 할 때 'OO'부분은 개입도구로서 미술, 음악, 동물 등을 의미한다. 다만 동물은 동물 자체가 살아있는 생명체임으로 미술치유처럼 동물치유라고 사용하게 되면 동물 자체에 대한 내용으로 오해할 수 있기 때문에 동물교감이라고 한다. 또한 '동물교감△△'에서 '△△'는 그 활용 분야나 용도에 대한 내용을 기술하면 된다(예: 동물교감상담, 동물교감교육). 따라서 동물교감치유는 동물을 활용하여 사람을 치유하는 분야를 의미한다고 할 수 있다. 그림 1-1은 동물교감 용어에 대한 구조를 보여주고 있다.

그림 1.1 동물교감용어

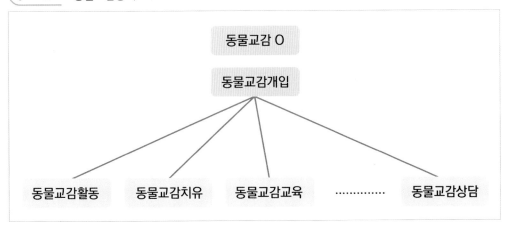

우리나라에서도 다양한 용어 및 정의가 사용되었으나 2018년 농촌진흥청에서 일반인들이 쉽게 이해하고 느낄 수 있도록 "동물교감치유"로 용어를 변경하여 공식적으로 사용하고 있다(농촌진흥청 국립축산과학원, 2019).

외국의 경우 이러한 용어의 표준화된 정의를 도모하고 전파하기 위해 미국의 가장 큰 동물교감치유 기관 중 하나인 델타 소사이어티(Delta Society)가 동물교감활동(AAA: Animal-assisted Activity)과 동물교감치유(AAT: Animal-assisted Therapy)에 대한 포괄적인 표준화된 정의를 마련하였다(Delta Society, 2008).

1. 동물교감치유(Delta Society, 2011)

동물교감치유는 특정한 기준을 만족하는 동물이 치료과정의 통합된 부분으로 참여하는 목표지향적 개입이다. 자신이 수행할 수 있는 영역에서 특별한 자격이 있는 전문가에 의해서 수행되고 전달된다. 인간의 신체적, 사회적, 정서적, 인지적 기능을 향상시키기 위해서 구성되며, 개인 또는 집단으로 다양한 장면에서 제공될 수 있다. 이러한 과정은 문서화되고 평가된다.

2. 동물교감활동(Delta Society, 2011)

　　동물교감활동은 삶의 질을 향상시키기 위해 동기유발적, 교육적, 오락적, 치료적 이점에 대한 기회를 제공하며, 특별한 조건을 만족하는 동물을 활용하여 특별히 훈련된 전문가나 보조전문가, 봉사자에 의해 다양한 환경에서 전달된다. 공통된 프로토콜이 없는 일반적인 범주의 개입이며, 개인이나 그룹 장면에서 각 개인에게 한 마리 이상의 동물이 참여할 수 있다.

　　즉, 동물교감활동은 인간-동물 팀이 동기 부여, 교육 및 레크리에이션 목적으로 수행하는 계획적이고 목표 지향적인 비공식적 상호 작용 및 활동이다. 인간-동물 팀은 비공식적인 활동에 참여하기 위해 적어도 입문 훈련, 준비 및 평가를 받아야 한다. 동물교감활동을 제공하는 인간-동물 팀은 또한 문서화된 특정 목표에 대해 의료, 교육자 및 인간 서비스 제공자와 공식적이고 직접적으로 협력할 수 있다. 이 경우 전문직 전문가가 진행하는 동물교감치유나 동물교감교육에 참여한다. 동물교감활동의 예로는 외상, 위기 및 재난 생존자에 대한 안녕과 지원에 초점을 맞춘 동물 지원 위기 대응, 요양원 상주민과 '만나고 인사하는' 활동을 위한 동물 동반 활동 등이 있다. 동물교감활동을 전달하는 사람은 관련된 동물들의 행동, 필요, 건강 그리고 스트레스 지표에 대해 충분한 지식을 가지고 있어야 한다.

3. 동물교감개입(Kruger, & Serpell, 2010)

　　동물교감치유와 동물교감활동은 다소 혼합된 개념이기에 이를 보완하기 위해 동물교감개입(AAI: Animal-Assisted Intervention)이라는 용어가 사용되었다. 이러한 정의는 의학적 모델에 적합한 문제와 유사의학적 성질의 문제들에 대한 논의가 필요할 때 융통성을 제공한다. "치유적 또는 개선 과정(Process)이나 환경의 일부분으로써 의도적으로 동물을 포함하거나 편입하는 개입"으로 정의한다. 동물교감개입은 동물교감활동과 동물교감치유를 모두 포함한 구어적 표현으로 사용된다.

한편 유럽동물교감치유협회는 2011년 비엔나 유럽총회의 결의에 따라 다음과 같이 동물교감치유를 정의하고 있다(https://www.esaat.org/impressum/).

"동물교감치유는 교육적, 심리적, 사회적으로 통합된, 의도적으로 계획된 개입으로서 동물을 포함하는 개입(Intervention)이다. 사회적·정서적 장애, 운동능력의 장애와 행동상의 문제를 지닌 어린이와 청소년, 성인, 노인 집단에 집중적인 지원을 하며, 건강 증진, 예방과 재활의 조치를 포함한다.

동물교감치유는 내담자와 치유 보조 동물 그리고 동물교감치유사의 삼각관계에 기초하고 있으며, 내담자가 동물과 상호 작용하는 방식, 동물을 통해 의사소통하는 방식을 포함하는 치유이다. 치유의 목적을 정한 후 실행하며, 동물을 대하는 윤리적 원칙과 치유과정에 대한 검증과정이 전제되어야 하며, 치유사의 전문 분야와 관련된 명료한 과정과 주제를 포함해야 한다."

유럽동물교감치유협회의 동물교감치유 정의에서 독특한 점은 세계보건기구가 기준으로 삼는 ICF(International Classification of Functioning, Disability and Health: 국제 기능, 장애 및 건강에 대한 분류)를 근거로 하여 동물교감치유를 다양한 동물교감조치(Animal-Assisted Measures) 혹은 동물교감개입을 포함하는 가장 포괄적이고 일반적인 상위 용어로 사용하고 있다는 것이다.

유럽동물교감치유협회가 동물교감치유를 동물교감개입의 세부 범주에 귀속시키지 않고, 상위의 범주에 두는 것은 ICF의 "치유"에 관한 정의와 관련되어 있는데, ICF는 치유의 범주에 "치유(Therapy)", "지원(Support)", "훈련(Training)", "재활(Rehabilitation)", "학습 과정의 촉진(Initiation of Learning Processes)" 등을 모두 포함시키고 있다.

ICF는 의료적 모델이 강조하는 신체적 장애보다는 사회적 모델이 강조하는 기능적 장애에 초점을 두고 있는데(김시원, 김정연, 2015), 이러한 관점은 스웨덴의 "돌봄견 입문서(Better Care with a Care Dog; ABC for Therapy Dogs)"에서 천명하고 있는 장애에 대한 정의와 일맥상통한다. 즉 장애(Disability)는 기능적 손상을 입은 사람이 결함이나 결핍이 있는 환경(Flawed Environments)을 만났을 때 비로소 발생한다는 것이다(Hook, 2010, p. 99).

델타 소사이어티와 유럽동물교감치유협회가 정의하는 동물교감치유의 공통적 요소를 요약해보면 다음과 같다(신정인, 강영걸, 2016).

- 동물교감치유 과정에는 내담자와 치유 보조 동물, 동물교감치유사 상호관계가 포함된다.
- 동물교감치유에는 치유를 받는 내담자에게 특화된 구체적 목적과 목표가 규정되어야 한다.
- 치유과정에서 치유 보조 동물에 대한 윤리적 원칙이 준수되어야 한다.
- 동물교감치유의 전 과정은 학문적 차원에서 측정되고 검증되어야 한다.
- 동물교감치유는 전문가가 수행하는 장애의 치료와 예방, 재활을 포함하는 조치이다.

IAHAIO(International Association of Human-Animal Interaction Organizations, 국제 사람-동물 상호 작용 연구기관 연합)은 효능 확립을 위한 명확한 정의의 결정적인 중요성을 감안할 때, 공통 용어의 필요성을 강조하기 위해 연구자와 국제기구에서 작업을 수행했다(Fine, Tedeschi, & Elvove, 2015; IAHAIO, 2014; Jones, Rice, & Cotton, 2018, 2019). IAHAIO에서도 동물교감치유와 관련된 정의를 하고 있다. 많은 핵심 사항이 기존 문헌에서 일관되게 나타나며, IAHAIO의 정의로 받아들여졌다. 첫째, 동물교감개입은 인간의 건강, 안녕 또는 교육적 개입에 동물을 의도적이고 의미 있게 포함시키는 것을 가리키는 포괄적인 용어이다. 둘째, 동물교감활동은 인간 복지를 향상시키는 것을 목표로 하는 비공식적 개입이지만 반드시 개별화 되거나 문서화되지는 않는다. 목표는 일반적이고 광범위한 대상 집단에 동등하게 적용될 수 있다. 개입을 제공하는 사람은 자격을 갖춘 전문가일 필요는 없지만 동물과 함께 안전하게 작업할 수 있도록 훈련 및 인증을 받아야 한다. 셋째, 동물교감치유는 측정되고 문서화되는 목표 지향적이고 개별화된 치유이다. 동물교감치유는 전문적인 업무 범위 내에서 자격을 갖추거나 면허가 있는 보건·인간 서비스 전문가에 의해 전달되거나 지시된다. 인간과 동물은 개입을 제공하기 위해 함께 안전하게 활동하도록 훈련 및 인증을 받아야 한다. 전문가는 동물 보호자(삼각형 모형)이거나 전문가와 동물 및 동물 보호자 팀(다이아몬드 모형)이 될 수 있다.

🐝 그림 1.2 동물교감치유 팀 모형

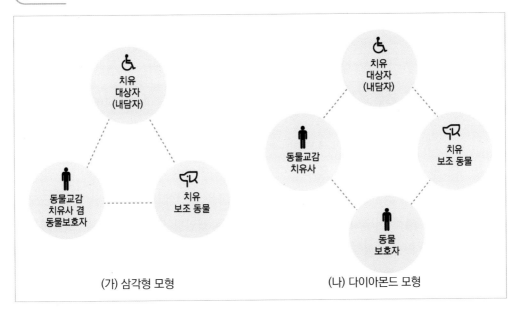

(가) 삼각형 모형   (나) 다이아몬드 모형

　　다음은 동물교감개입과 동물교감치유에 대한 IAHAIO의 정의이다.

　　동물교감개입은 인간의 치유적 이익을 목적으로 건강, 교육 및 인간 서비스에 동물을 의도적으로 포함하거나 통합하는 목표 지향적이고 구조화된 개입으로 관련된 사람들과 치유 보조 동물들에 관한 지식을 가진 사람들을 포함한다. 동물교감개입은 동물교감치유, 동물교감교육(AAE) 또는 특정 조건 하의 동물교감활동과 같은 공식적인 인간 서비스에 인간－동물 팀을 통합하고, 학문간 접근법을 사용하여 개발되고 구현되어야 한다.

동물교감치유는 심리학자 및 사회복지사 등 보건, 교육 또는 인적 서비스 전문가가 지시 또는 전달하는 목표 지향적이고 계획적이며 체계적인 치유적 개입이다. 개입 진행률이 측정되고 전문 문서에 포함된다. 전문가 실무의 범위 내에서 전문 지식을 갖춘 공식적으로 훈련된(자격증 소지, 학위 또는 동등한 자격을 갖춘) 전문가에 의해 전달 및 지시된다. 집단 또는 개인 환경에서 특정 치유 대상자의 신체적, 인지적, 행동적 또는 사회 정서적 기능을 향상시키는 데 초점을 맞춘다. 동물교감치유를 전달하는 전문가(또는 인간 서비스 전문가의 감독 하에 동물을 다루는 사람)는 치유 보조 동물들의 행동, 필요, 건강 및 스트레스 지표에 대해 적절한 지식을 가지고 있어야 한다.

 ## 4. 동물교감교육(또는 동물교감교육학, AAP: Animal-assisted Pedagogy)

동물교감교육(AAE: Animal-assisted Education)은 교육 및 관련 서비스 전문가가 지시 또는 전달하는 목표 지향적이고 계획적이며 체계적인 개입이다. 집단 또는 개별 환경에서 자격있는 일반 및 특수교육 교사에 의해 수행된다. 정규 교육 교사에 의해 전달되는 동물교감교육의 예는 책임감 있는 반려동물 소유를 촉진하는 교육적인 활동이다. 또한 특수(치료)교육 교사들이 동물교감교육을 했을 때 치유적이고 목표 지향적인 개입으로 간주된다. 활동의 초점은 학업 목표, 친사회적 기술, 인지 기능에 있다. 학생의 진행 상황을 측정하고 기록한다. 정규 학교 교사(또는 교육 전문가의 감독 하에 동물을 다루는 사람)를 포함하여 동물교감교육을 전달하는 전문가는 치유 보조 동물들의 행동, 필요, 건강 및 스트레스 지표에 대해 충분한 지식을 가지고 있어야 한다.

5. 동물교감코칭/상담

    동물교감코칭/상담(AAC: Animal-assisted Coaching/Counselling)은 코치 또는 상담자로 면허를 받은 전문가가 지시 또는 전달하는 목표 지향적이고 계획적이며, 체계적인 동물 지원 개입이다. 개입 진행률이 측정되고 문서에 포함된다. 동물교감코칭/상담은 전문가 실무의 범위 내에서 전문 지식을 갖춘 공식적으로 훈련된 (자격증 소지, 학위 또는 동등한 자격을 갖춘) 전문 코치 또는 상담자에 의해 전달 또는 지시된다. 동물교감코칭/상담은 내담자의 개인적 성장, 집단과정의 통찰력 및 향상, 사회성 기술 또는 코치나 내담자의 사회 정서적 기능에 중점을 둔다. 동물교감코칭/상담을 전달하는 코치 또는 상담자의 감독 하에 동물을 다루는 사람은 치유 보조 동물의 행동, 필요, 건강 및 스트레스 지표에 대한 적절한 훈련을 받아야 한다.

    미국 수의학 협회는 동물교감개입은 기본 기준에 따라 관리되어야 하고, 정기적으로 감시되어야 하며, 적절하게 훈련된 인력에 의해 수행되어야 한다고 말한다(AVMA, n.d.). 동물교감개입은 모범 사례를 준수해야 하며 측정 가능한 결과를 가진 목표(건강, 안녕 또는 교육 분야)를 가져야 한다. 관련된 인간과 동물의 건강과 복지가 보장되어야 한다. 동물교감치유에는 교육 및 복지 조건은 물론 신체적, 정신적, 사회적 기능을 개선하기 위해 사람들의 삶에 동물을 통합하는 것이 포함된다(AVMA 2018).

그림 1.3 동물교감개입의 분류

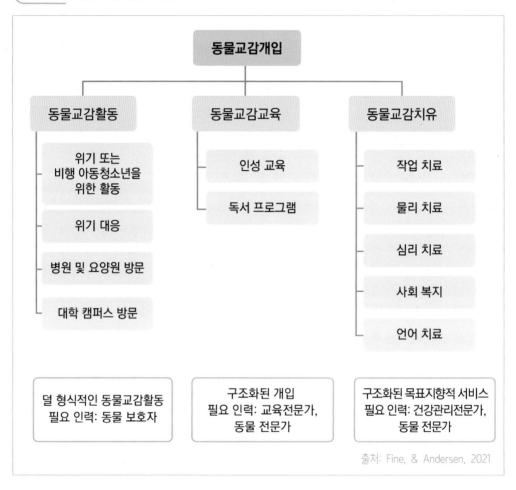

출처: Fine, & Andersen, 2021

주요 용어 간의 차이를 이해하면 내담자와 전문가가 동물교감개입을 추구하는 목표와 방법에 대해 더 명확하게 알 수 있다. 표 1.1은 동물교감치유의 유형과 특징을 요약한 것이다.

표 1.1 동물교감치유의 유형과 특징

	동물교감개입(Animal-Asissted Intervention)			
유형	동물교감활동 Animal-assisted Activity		보조 동물 Service Animal	동물교감치유 Animal-assisted Therapy
특별한 인간의 요구	친구	정서적 지원	신체적 지원	치유
동물 정의	반려동물 Companion Animal	지원동물 Assistant Animal	보조 동물 Service Animal	치유 보조 동물 Therapy Animal
특별한 동물 특징	길들여진 동물 가축 야생 포획 동물	특별한 선택 기준에 만족하도록 훈련된 동물		
특별한 개입 특징	일상에 동물을 통합			전문가의 치료 과정에 동물을 통합
활동 목표	동기, 교육 또는 오락의 기회 제공	반려 및 정서 지원 제공	특별한 업무 수행	측정가능한 목표를 가지고 개입 및 활동 평가
인간 책임	사육 책임	동물과의 접촉 수용		
인간을 위한 개입 목표	심리적 안녕	심리적 장애 극복	신체적 결함 극복 및 도움	장애와 질병 극복

출처: Peršolja, Benko, & von Humboldt, 2019

1.2 동물교감치유의 특징

    실망과 좌절에 빠진 현대인은 인간에게 조건 없는 애정을 베풀어 주는 동물들로부터 새로운 희망과 삶의 용기를 기대하게 되었다(최상안, 김정희 2002). 실제로 동물과의 관계는 대개 인간관계에 비해 상대적으로 덜 복잡하므로, 무엇보다도 상당한 심리적 가치를 지닌다고 말할 수 있다. 고독감과 그로 인한 우울증, 불안, 무감각, 불면증 등으로 약을 복용해도 도움이 되지 않을 정도의 스트레스에 시달리는 사람들이 갈수록 늘어나고 있다. 이런 경우에 개, 고양이, 새 등 동물 한 마리가 놀라운 효과를 발휘할 수 있다. 동물에 대한 애정이 인간에 대한 우정과 사랑을 다시금 경험할 수 있게 해주기 때문이다.

    그 예로 어떤 개는 주인의 심정이 슬픈지 기쁜지를 정확하게 파악하여 조심스럽게 지켜보는 태도를 보임으로써 근심을 덜어준다. 또한 반려동물은 보호자의 보살핌을 필요로 한다. 고독감이나 우울증에 시달리는 사람은 반려동물을 규칙적으로 돌보는 과정에서 치유 효과를 얻을 수 있고, 자신도 무언가 쓸모 있는 존재라는 느낌을 갖게 되며, 자신의 사적인 근심에 몰두하는 시간이 줄어든다. 나아가 동물에게 조건 없는 애정을 쏟다 보면 그동안 상실되었던 신뢰감을 되찾아 절망을 긍정적인 방향으로 돌려놓게 된다.

    반려견을 기르는 삶은 자연스럽게 산책을 데리고 나가야 하므로 자신의 정신적, 육체적 건강에도 도움이 된다. 일찍이 쇼펜하우어는 "감정이 풍부하고 깊은 사람이라면 외로움을 느낄 때마다 개를 친한 친구로 삼을 것"을 권한 바 있는데, 그 이유는 "아무런 의심없이 개의 정직한 얼굴을 들여다보면 인간의 한없는 허위와 가식과 위선으로부터 벗어날 수 있기 때문"이라는 것이다.

 ## 1. 동물교감치유 시스템

　동물교감치유는 몸짓과 태도, 그리고 두 종 사이의 정서적 감각－운동 모델의 활성화로 시작하는 매우 복잡한 **관계형 피드백 시스템**이다(Menna, et al., 2019). 다양한 종들이 동물교감치유에 관여하지만, 다른 종들보다 개는 상호관계가 더 크고 치유 작업이 더 심오한 관계의 구축을 촉진한다(Beck, & Madresh, 2015). 또한, 비교동물학적 특성으로 개는 아이들처럼 게임을 통해 배울 수 있을 뿐만 아니라 적극적인 관계 형성, 의사소통 및 상호 작용을 가능하게 한다(Toth, et al., 2008).

　실제로 모든 유형의 동물교감치유는 숙련된 의사나 심리학자의 조언에 따라 관련된 종, 동물의 개별적 특성, 실행의 목적에 기초하여 동물교감치유사가 수행하는 구조화된 구성이다. 관계는 순환성이 본질적 특성으로 모든 요소들이 서로

그림 1.4 동물교감치유 구성요소

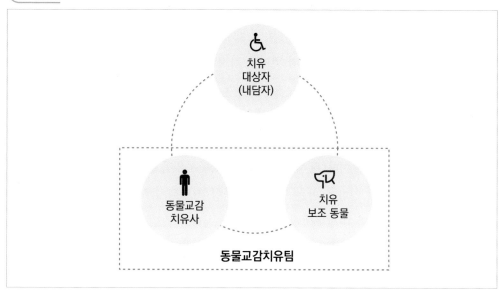

영향을 미치는 복합 시스템이다(Fenelli, et al., 2011; Boeing, 2016; Reda, 2007; Caldwell, 2006; Sander, 2002). 이러한 복합 시스템에 대한 접근은 단순한 분석을 통해 분석적인 관점으로 모든 부분을 검토하려 한다면 이해할 수 없다.

복합 시스템은 복잡한 시스템과 구별된다. **복합 시스템**(Complex Systems)은 무엇보다도 살아있는 유기체로 대표되며, 동일 시스템 내에서 내부 압력으로 인한 역학과 변화의 법칙에 지속적으로 반응한다. 반면에 복잡한 시스템(Complicated Systems)은 항상 동일하다는 점에서 불변의 전자 기기로 표현된다. 복잡한 시스템은 원인과 결과의 법칙에 반응하기 때문에 질서 있고 예측 가능하다. 예를 들어, 컴퓨터는 본질적으로 가장 복잡하게 느끼는 시스템이다. 복합 시스템은 하나의 부분이 서로에게 얼마나 많은 영향을 미치는지 확인하면서 전체의 비전을 얻으려고 노력해야 설명할 수 있다. 이 접근법은 신경과학에서 정보과학, 언어학, 심리학에 이르기까지 지식의 많은 분야에 영향을 미쳤다. 동물교감치유는 두 개의 다른 종에 속하는 생물들의 관계 역학이 있는 시스템이며 동시에, 모든 부분들이 상호 작용하고 서로 영향을 주어 그 부분들보다 더 큰 결과를 만들어내는 복합 시스템이다. 대부분의 의학적 평가는 정확하고 수학적 방법으로 평가를 할 수 있는 선형 시스템과 함께 작동하기 때문에 동물교감치유를 평가하는 새로운 방법이 필요하다. 이러한 동물교감치유의 강점은 관련된 당사자들의 감정, 인지, 언어 및 행동 역학을 포함하는 상호 작용에 있으며, 그 중에는 동물, 특히 개가 대다수인데, 이는 자신의 언어와 역학을 가져오기 때문에 복합성을 증가시킨다.

관계 연구에 대한 접근은 무엇보다도 치유 활동 즉, 동물교감치유를 목표로 할 때 그리고 종간 상호 작용과 관련하여 더욱 더 많은 것을 목표로 할 때 복합성을 인식하는 관찰이 필요하다. 왜냐하면 이 경우에만 역학 및 효과를 완전히 이해할 수 있기 때문이다. 동물교감치유와 같은 치유적 관계는 진화를 조절하는 많은 변수에 의해 영향을 받는 동적 시스템인 것으로 밝혀졌다. 치유적 관계 시스템의 작동 형태가 비선형성이기 때문이다. 선형 시스템의 특성은 추가적이다. 따라서 요소 집단의 효과는 개별적으로 고려한 다음 전체적으로 고려되는 효과의 합이 된다. 단일 요소에 이미 존재하지 않았던 새로운 속성이 나타나지 않는다.

그러나 서로 의존하는 결합된 용어와 요소가 있는 경우 복합체는 부분의 합과 다르고 새로운 효과가 나타난다(Bridgman, 1927). 따라서 동물교감치유의 고유한 양식 때문에 자기 조직화를 포함한 복합 시스템과 관련된 모든 요구 사항에 적응하고 수용할 수 있다. **자기 조직화**(Self-organization)는 새로운 형태와 구조를 만들어 내는 시스템의 경향이며, 시스템의 응집력을 손상시키지 않고 질서의 순간과 무질서의 순간 사이에서 진동하는 내부의 역동적이고 혼란스러운 행동에서 시작된다. 여기에서 나타나는 응집력은 동물교감치유의 모든 관계와 무엇보다도 치유 관계에서 일어나는 역동성의 특징이다. 반대로 질서보다는 무질서가 새로운 진화 가능성의 생성자이다. 예측 불가능성은 혼란스러운 행동과 엄격하게 연관되어 있다. 동물의 작용은 복용량에 비례하는 약물의 효과처럼 용량-반응의 예측 가능한 법칙을 따르지는 않지만, 동일한 시간에 다른 개체 및 동일한 개체에 대해 서로 다른 영향을 미칠 수 있기 때문에 시공간적인 면에서 다르다. 동물의 행동은 단순하거나 복잡한 성질과는 반대로 복합적 체계에서 실현되는 새로운 성질을 표현한다. 이 경우 기본 요소의 합에서 추론할 수 없는 새롭고 예기치 않은 속성이 나타난다. 이러한 예기치 않은 속성 때문에 동물교감치유에서 놀랍고 종종 예상치 못한 결과를 관찰할 수 있다.

　순환 인과관계는 복합 시스템의 또 다른 특성이며 선형 인과관계와는 반대이다. 원인과 결과가 뒤섞이고, 작용과 역행의 현상이 생겨나 악순환과 선순환이 생긴다. 동물교감치유는 환자, 전문 팀, 동물과 같은 복합 시스템의 순환 인과 관계의 표현이다. 동물교감치유를 복합 시스템의 표현으로 만드는 것은 정서적 공명, 반응의 가변성, 정량화할 수 없고 측정할 수 없는 행동이며, 그 자체로 고려되고 연구되어야 한다. 동물교감치유는 이러한 상호 특정 관계와 순환성으로 인하여 치유의 결과, 안전 및 모든 구성요소(치유 보조 동물, 동물교감치유사 및 환자)의 복지에 영향을 미친다. 동물교감치유에서 복합성은 개별 및 결합 수준에서 동적 절차(예: 치유적 또는 교육적 유대, 자기 관련성, 시간적 형태 등)의 작동을 통한 결과 달성(예: 개입 후 발생하는 환자의 행동, 경험 또는 특성의 변화)에 근본적인 역할을 하는 서로 다른 변수의 상호관계에 관한 것이다.

동물교감치유에서 적어도 시스템의 네 가지 부분, 즉 치유 보조 동물, 동물교감치유사, 내담자 및 장면 자체를 고려해야 한다.

 ## 2. 치유 보조 동물의 선택

순환성과 관계적 상호성의 논리를 사용하여 동물교감치유의 종과 개별 동물을 선택할 수 있다.

종의 선택은 인간과 함께 진화하는 공진화 역사, 행동 목록(Ethogram, 어떤 동물의 모든 행동 양식을 상세하게 기록한 것. 동물의 행동을 연구하는 데 가장 기본이 되는 자료) 및 품종으로부터 파생되는 그들의 관계적 능력에 달려 있다(Menna, et al., 2019; Hausberger, et al., 2008; Francia, et al., 2019; Barnard, et al., 2017; Clutton-Brock, & Parker, 1995; Wang, et al., 2016; Nagasawa, et al., 2015; Menanche, 1998).

가축화 과정에서 동물들은 인간과 깊은 관계를 발전시켰다. 인간과의 진화론적 역사는 인간과의 관계에서 비교생물학적 능력과 관계의 상호성에 영향을 미친다. 선사시대 이래로, 인간은 약 20종의 동물을 길들이는데 성공했다. 고고학적 증거는 개가 길들여진 최초의 종이었다는 것을 시사한다(Wang, et al., 2016; Nagasawa, et al., 2015; Menanche, 1998).

인간과 늑대는 포식자 간의 상호 동맹 관계를 구축(Eniko, Viranyi, & Miklosi, 2007)한 반면, 다른 종(예: 말)에서는 이러한 관계가 인간의 포식 행위를 통해서 형성되었다(Hausberger, et al., 2008; Rapporti, 2019). 가축화의 초기 단계에서 고기를 찾는 것이 초기 동기였을 수 있으나 이후 점차적으로 중요한 운송 수단이 되었다(Eniko, Viranyi, & Miklosi, 2007).

각 종들 사이에는 관계적인 차이도 있다. 예를 들어, 말은 무엇보다도 신체적인 접촉을 기반으로 관계를 결정할 수 있다. 비교생태학적 차원에서 말은 단순한 근접성을 찾는 반면에 인간은 실제 물리적 접촉을 추구한다. 따라서, 상호주의는 먹이의 한 종이기 때문에 적절한 조정과 훈련을 통해 만들어져야 하는데,

비교생태학을 기반으로 볼 때 말은 자발적이지 않다. 모르는 사람이 말을 다루어도 말이 똑같이 반응하기 때문에 사람보다 접근과 조작 방법이 더 중요하다는 것을 알 수 있다(Hausberger, et al., 2008).

반면에 고양이와 인간의 공진화는 복잡하다. 고양이는 고독한 생활 방식을 가진 육식동물로 진화했고, 많은 상황에서 사회적 신호를 발달시킬 필요가 없고 심지어 사람의 존재를 좋아하지 않을 수도 있다. 고양이는 시각적 의사소통의 다양성을 가지고 있지 않으며, 동물교감치유를 특징짓는 제한적인 치유 및 활동조건, 운반, 새로운 환경 내에서 비활동 상태가 되어 습관적인 행동을 숨기고 억제할 가능성이 높다(Rapporti, 2019). 고양이와의 상호 작용의 효과에 관한 문헌은 여전히 매우 부족하다.

토끼나 족제비 같은 파격적인 애완동물은 비교행동학적 차원에서 관계성이 높은 동물로 인정받지 못하기 때문에 함께 일하는 것이 바람직하지 않다. 이 동물들과 함께 관계의 즐거움은 보통 그들의 주인에게 배타적으로 표현되며, 그들은 다자간 관계에 개방되어 있지 않다. 이것은 신체 의사소통 능력의 부족으로 동물교감치유에서 취약하고 수동적으로 만들 수 있으며 이러한 비참여는 바람직하지 않은 요소로 심지어 설정된 치유 목표와 모순될 수 있다(Menna, 2018).

더욱이 스트레스와 안녕의 매개변수는 아직 표준화되지 않았을 뿐만 아니라 인수공통전염병 매개체와 관련된 건강 문제(보균자일 수 있음)가 있으며, 동물, 치유사와 동물교감치유와 관련된 사람들을 책임지고 안전에 법적 책임이 있는 수의사가 위험 상황에 노출될 수 있다.

동물 종마다 공진화 과정에 따라 각기 다른 비교생태학적 특성과 관계적 역량을 가지고 있다는 점을 명심할 필요가 있다. 동물 종을 선택할 때 이러한 특성과 역량을 고려하여 동물교감치유를 수행해야 한다. 이러한 방식의 동물 복지는 동물이 적극적으로 관여하지만 결코 착취당하지 않는다는 생명윤리적 관점에서 보호된다.

3. 호환 가능한 동물 성격

　　인간이 치유 보조 동물의 자연적 속성에 반응할 수 있고 동물교감치유에 동물과 인간 모두를 위해 더 이상적인 동물의 기질 즉, 차분한 성격 또는 공격적인 성격과 같은 부류 또는 범위가 실제로 존재할 수 있다(Gee, et al., 2015; Shiloh, Sorek, & Terkel, 2003; Kuhne, Hößler, & Struwe, 2014).

　　입원 중인 청소년 암 참여자 18명 중 8명(44%)은 개가 평온하거나 편안함을 느끼는 모습을 동물교감치유에서 가장 좋아하는 것으로 보고되었다(Chubak, et al., 2017). 일부 연구에서는 특별히 느긋한 치유 보조 동물을 찾았고 또 다른 연구에서는 에너지 넘치는 치유 보조 동물을 찾았다(Ginex, et al., 2018). 이 연구의 연구진들은 이러한 선호에 주목하고 있지만 연구 결과에서 치유 보조 동물의 성격에 합리적으로 기인할 수 있는 실질적인 차이는 없다. 그럼에도 불구하고, 이것은 개개인에 대한 동물교감치유를 개선하기 위한 분명한 관심 분야이다. 예를 들어, 어떤 환자들은 조용한 반려동물이 제공하는 편안한 상호 작용으로부터 이익을 얻는 반면, 다른 환자들은 더 에너지 넘치는 치유 보조 동물이 장려하는 움직임과 장난기 있는 신체적 접촉을 선호할 수 있다. 이것은 양립 가능한 치유 보조 동물의 성격이 다른 기질을 가진 개가 아니라 다른 치유 보조 동물을 동물교감치유로 통합하는 경우를 뒷받침한다. 이것은 감염 우려를 완화하고 특정 동물 혐오증을 극복할 수 있을 뿐만 아니라 각 환자에 대한 동물교감치유의 적응도를 증가시킬 수 있다. 일부 환자들은 화학치료 동안 개와의 차분한 상호 작용을 선호할 수 있는 반면, 다른 환자들은 훈련된 말과의 활발한 상호 작용을 통해서 최대의 이득을 얻을 수 있다.

1.3 동물교감치유의 효과

인간과 동물의 유대는 인간과 동물의 건강과 복지에 긍정적인 영향을 미치는 상호 유익하고 역동적인 관계이다. 인간과 동물의 상호 작용은 심리사회 및 심리생리학적으로 다양한 효과를 제공한다(Beetz, et al., 2012). 동물과 상호 작용하는 것은 인간 사이의 사회적 상호 작용과 신뢰, 공감, 공격성, 그리고 긍정적인 분위기와 같은 측면에서 중요한 관련 요소들에 영향을 미친다.

동물교감치유의 이점은 환자의 특성, 즉 정서적, 인지적, 사회적, 신체적 기능의 다양한 영역으로 확장된다(Amerine & Hubbard, 2016; Koukourikos, Georgopoulou, Kourkouta, & Tsaloglidou, 2019). 2018년까지 발표한 논문을 조사한 결과 총 6개의 주제(정상상태 조성, 행동 활성화 개선, 자존감 향상, 신체적 접촉/소속감/ 그리고 우정, 진정과 위로, 산만함)가 동물교감치유의 효과와 관련된 요소로 확인되었다(Shen, et al., 2018).

1. 일반적 효과

1) 신체적 건강 증진

걷기는 주요 건강 지표이지만 여러 만성 질환을 가진 사람들이 걷기를 고수하는 것은 어려운 일이다. 자신의 개를 산책시키는 것이 충실의 동기를 부여할 수 있다. 한 연구에서 26명의 공공 주택 거주자를 대상으로 26주 또는 50주 동안

20분, 주 5일 동안 걷게 한 결과 전체적으로 50주 집단의 참가자 13명은 평균 72%의 충실도와 6.5Kg(14.4lb)의 체중이 감소하였다(Johnson, & Meadows, 2010). 26주 집단의 13명의 참가자들은 평균 52%의 충실도와 2.3 Kg(5.lb)의 체중이 감소하였다. 참가자들이 가장 흔하게 언급한 충실의 이유는 "개들을 산책시켜줄 필요가 있다"는 것이었다. 자신의 개가 아닌 타인의 개에 대한 헌신은 효과적으로 신체 활동을 촉진할 수 있다.

신체 건강의 핵심 원리는 모든 종류의 동물교감치유에서 모형이 될 수 있다. 동물교감치유에서 사람의 영양에 대한 대화의 시작으로 반려동물의 식단에 대해 논의할 수 있다. 또한 기업의 복지 정책에 참여하여 직원들이 하루 종일 움직일 수 있도록 장려함으로써 신체 건강을 증진시킬 수 있다. 치유 보조 동물은 환자가 의학적 치료에서 회복한 후 다시 걷도록 동기를 주어 건강 회복을 도울 수 있다(Abate, Zucconi, & Boxer, 2011). 이러한 모든 노력을 통해 치유 보조 동물과의 상호 작용과 함께 건강에 대한 대화가 촉진될 때 건강의 중요성을 더 잘 모형화 할 수 있다.

2) 정신 건강 증진

(1) 사회적 지지

동물과의 상호 작용은 사회적 촉매자로 그 자체가 사회적 행동의 한 형태이다. 시각장애인 안내견과 함께 하는 것은 휠체어를 탄 사람들에게 우호적인 사회적 관심, 미소, 그리고 다른 사람들의 대화를 촉진한다(Eddy, Hart, & Boltz, 1988; Hart, Hart, & Bergin, 1987).

여성 실험자를 대상으로 1,800명의 낯선 사람들의 행동을 6가지 다른 조건에서 연구했다(Wells, 2004). 6가지 조건은 라브라도 리트리버 강아지, 성견 라브라도 리트리버, 성견 로트와일러, 테디베어 인형 또는 식물과 함께 있거나 통제 조건으로서 혼자 있는 것이었다. 혼자 있는 상태에서는 테디 베어 인형이나 식물과 함께 있을 때보다 실험자가 더 무시당했지만 개와 함께 있을 때는 더 많은 관심을 받았다. 강아지와 성견 라브라도 리트리버는 대부분의 웃음과 언어적 반응을 이끌어냈지만 로트와일러에게는 거의 반응을 보이지 않았다.

동물교감치유는 대상자의 사회적 상호 작용, 사회화 및 의사소통(언어적 및 비언어적)의 개선을 증가시킨다(Maujean, Pepping, & Kendall, 2015). 자폐 스펙트럼 장애에 대한 메타 연구의 모든 연구 결과에서 사회적 상호 작용이 증가하였다(O'Haire, 2017).

(2) 위기상황 지원

동물교감 위기대응(AACR, Animal Assisted Crisis Response)은 동물교감치유와 밀접한 관련이 있는 분야로 위기 개입 팀, 상담사, 성직자, 기타 훈련된 전문가들에게 위기의 영향을 받는 사람들을 도울 수 있는 추가적인 수단을 제공한다(Eaton-Stull, 2020; Greenbaum, 2006). 동물교감 위기대응은 전반적인 사고 대응 프로그램의 일부로 활용할 경우 효과적일 수 있다. 예를 들어 동물교감 위기대응 팀은 친밀감을 형성하고, 치유를 위한 가교를 구축하고, 경험을 정상화하고, 진정제 또는 신체 움직임의 촉매 역할을 하는 데 활용될 수 있다.

2005년 8월말과 9월초 미국 남부지역을 강타한 최고 시속 280㎞의 강풍과 폭우를 동반한 초대형 허리케인인 카트리나(Hurricane Katrina)는 루이지애나주, 미시시피주, 앨라배마주 등 미국 남부지역 특히 뉴올리언스에 치명적인 피해를 입혔으며 미 역사상 최대 자연재해로 기록되고 있다. 일반적인 재난 대응과 비교할 때 동물교감치유를 활용한 재난 대응은 상호 작용에 대한 피해 대상자의 참여를 시작하고, 긴장과 불안을 완화한다. 또한, 정서적 반응과 개인적 비극에 대한 공유를 촉진하며, 적절한 위로와 양육을 제공하는 데 더 효과적인 것으로 관찰되었다(Chandler, 2008).

동물교감 위기대응에서 개는 관계를 형성하고 영향을 받은 사람들이 이야기할 수 있는 통로 역할을 한다(Graham, 2009). 그런 다음 이러한 공감대를 통해서 성인, 어린이 및 최초 대응자에 대한 외상 반응을 정상화할 수 있다.

(3) 외상 회복 지원

치유 보조견 훈련이 외상후 스트레스 장애가 있는 군인들의 심리적, 사회적 개선과 기능적 독립성을 촉진할 수 있다(Yount, et al., 2013). 또한 어린 보조견의 행동 형성을 위한 관련된 초점, 의도 및 양육적인 사회적 접촉이 외상 후 스트레스 장애(PTSD; Posttraumatic Stress Disorder)에서 조절되지 않는 것으로 알려진 신경생리학적 시스템의 강력한 작용제로 작용할 수 있다.

동물교감치유는 치유에 대한 불안 감소, 강한 치유 관계의 개발 촉진, 소외감 감소, 표현과 대처에 대한 표현적이고 비언어적 방법 제공을 포함하여 외상 이해기반 관리의 핵심인 이점을 제공한다(Stewart, Bruneau, & Elliott, 2016).

침투와 관련하여 동물의 존재는 위험이 더 이상 존재하지 않음을 상기시키는 위안(Yount, et al., 2013)으로 작용하며, 현재의 마음 챙김 경험을 위한 안전기지 역할을 한다(Parish-Plass, 2008). 외상후 스트레스 장애를 가진 사람들은 종종 정서적 무감각을 경험하지만 동물의 존재가 긍정적인 감정과 따뜻함을 이끌어 낸다(Marr, et al., 2000; O'Haire, et al., 2013).

동물은 또한 사람을 연결하고(McNicholas, & Collis, 2000; Wood, et al., 2005) 외로움을 줄일 수 있는 사회적 촉진제(Banks, & Banks, 2002)로서 입증되어 외상 후 스트레스 장애를 가진 개인이 고립에서 벗어나 주변 사람과 연결되도록 도울 수 있다.

외상후 스트레스 장애의 가장 어려운 측면 중 하나는 과각성(Hyperarousal) 경향이다. 동물의 존재는 옥시토신(Beetz, et al., 2012)의 불안한 각성의 감소(Barker, et al., 2003)와 관련이 있으며, 이는 외상을 경험한 개인에게 특히 두드러진 특징이다.

(4) 두려움과 불안 감소

동물교감치유는 생리적 및 주관적 스트레스와 불안 수준을 줄일 수 있다 (Ein, Li, & Vickers, 2018). 정기적인 신체검사 중 미취학 아동이 보인 반려동물의 존재가 생리학적 각성 및 행동적 고통에 미치는 영향을 조사하였다(Nagengast, et al., 1997). 개가 있는 경우와 없는 경우 두 번의 신체검사 동안 3 ~ 6세 사이의 건강한 어린이 23명이 연구에 참여하였다. 연구 결과 통계적으로 유의미한 차이는 개가 있을 때 아동의 수축기 혈압과 평균 동맥압, 심박수, 행동적 고통이 크게 감소하였다. 이 결과는 신체검사 중 아이들이 경험하는 스트레스를 줄이기 위해 반려동물을 사용하는 것이 도움이 된다는 것을 의미한다.

또 다른 실험에서 처음에 참가자들에게 살아있는 타란툴라 거미(Tarantula Spider)를 보여주고 나중에 그것을 잡아달라고 요청할 수도 있다고 한 후, 참가자들을 무작위로 5개 집단에 배정하여 살아있는 토끼, 살아있는 거북이, 장난감 토끼, 장난감 거북이를 쓰다듬거나 그냥 쉬도록 지시했다(Shiloh, et al., 2003). 살아있는 동물을 쓰다듬을 때에만 자기 스스로 보고한 불안이 감소하였다. 이는 쓰다듬는 행위 그 자체로는 불안 감소 효과를 유발하지 않는다는 것을 시사한다. 전기충격요법 전에 정신과 환자의 자기 보고된 불안을 조사한 연구결과(Barker, et al., 2003), 통제 집단이 잡지를 읽는 동안 다른 집단은 15분 동안 동물과 상호 작용했다. 동물과의 상호 작용은 불안과 두려움을 상당히 줄였다. 심부전으로 입원한 성인 환자(그러나 이는 자연적 스트레스 요인으로 해석될 수 있음)를 개와 함께, 또는 개 없이 12분동안 상호 작용의 효과를 정상적인 치료 조건과 비교했다(Cole, et al., 2007). 결과는 치유 보조견과 함께 있을 때 가장 불안감이 줄었다. 조현병 진단을 받은 장기요양원에 거주하는 24명의 환자를 대상으로 동물교감치유를 실시한 결과 심리사회적 치유에 개를 도입하는 것은 긍정적인 결과를 가져올 수 있다는 것을 확인하였다(Villalta-Gil, et al., 2009). 급성 정신질환 증상이 있는 사람에게 개 교감치유를 실시한 전과 후에 불안 증상을 조사하였는데(Lang, et al., 2010) 회기 후 불안과 두려움이 유의하게 감소하는 것을 관찰하였다. 우울증 환자에게 개와 함께 단일 치유 회기를 실시한 결과 개가 없이 단일 치유 회기를 실시한 집단보다 두려움을 감소시키는 것을 관찰하였다(Berget B, Ekeberg O, & Braastad, 2008). 230명의 환자에게 치료 전후 교차 연구 설계를 사용하여 동물교감치유의 효과를 정기적으로 예정된 치유적 레크리에이션의 효과와 비교했다(Barker, & Dawson,

1998). 정신 장애, 기분 장애 및 기타 장애가 있는 환자를 대상으로 동물교감치유를 실시한 이후에 불안 점수가 감소하였으며, 치료 레크리에이션 이후 기분 장애가 있는 환자에게도 불안 점수가 감소하는 것을 발견하였다. 그러나 두 개입 간의 불안 감소에는 유의한 차이가 없었다.

(5) 우울 증상 감소

기존 연구에서 동물과의 상호 작용이 환자의 뇌에 생화학적 변화를 일으키고 기분을 좋게 하고 불안의 이완과 억제를 일으키는 신경전달물질을 분비한다고 한다. 이러한 변화는 시설 상주 노인들의 우울증 증상을 줄이고, 사회적 상호 작용을 촉진하는 역할을 하여 언어적 상호 작용을 증가시키며, 긍정적인 정서적 반응을 이끌어내는 데 효과적이라는 것이 입증되었다(Moretti, et al. 2011, Ambrosi, et al, 2019). 동시에 혈압과 맥박을 낮추고 활동과 이동성을 증가시키는 것과 같은 환자의 신체 기능에 대한 다른 이점이 성취되어 환자 건강의 빠른 회복에 기여한다. 잠재적인 심리적 이점은 정서적 지원, 고립과 외로움의 감퇴, 공감 능력 배양, 자아 이미지와 자신감 회복, 그리고 전반적으로 현실에 대한 지남력을 향상시킨다(Souter, & Miller, 2007).

동물을 다루는 것은 질병과 그 증상에 대해 지나치게 집중하는 것을 막는 정신적 이탈에 기여하고 환자의 삶의 질을 향상시킨다. 치유 보조 동물과 관련하여 수행된 활동은 환자가 활동적이 되도록 하고 또한 정기적인 자기 관리 활동을 수행하도록 촉구한다. 환자와 동물 사이의 긴밀한 연계가 만들어지는 경우가 많고, 치료 절차에 대한 헌신적인 지지와 동기의 원천이 된다. 동시에 동물과의 접촉은 우울증 환자의 사회적 능력을 향상시켜 그의 잠재적인 소외의 한계를 깨고 다른 사람들과의 상호 작용을 위한 기회를 제공하는데 이는 치료 과정에 필수적인 것이다(Horowitz, 2010; Cheung, & Kam, 2017).

결론적으로 동물을 활용하여 우울증을 치료하는 것은 다양한 조사와 연구에서 나온 자료에서 알 수 있듯이 긍정적이고 고무적인 결과를 나타낼 수 있다. 이러한 결과에 대해 일반적인 수용과 확립을 위해서는 추가 연구가 필요하다.

요양원에 있는 노인들의 우울증과 불안감에 대해 동물교감치유 효과를 검증하기 위해 65세 노인 31명을 대상으로 개별적으로 30분씩 10주간 동물교감치유를 실시한 결과 요양원에 있는 노인의 우울증 증상을 줄이는 데 효과적인 것으로 나타났다. 또한 동물교감치유사와의 언어적 상호 작용의 증가는 개가 사회적 상호 작용의 촉진자 역할을 하여 긍정적인 반응을 이끌어낸다는 것을 의미한다(Ambrosi, et al., 2018). 다른 연구에서도 비슷한 효과를 나타낸다. 5개의 연구를 비교 분석한 결과 동물교감치유가 동물교감치유에 참여하지 않는 사람들에 비해서 우울증 증상을 줄이는데 효과적이라는 것을 확인하였다(Souter, & Miller, 2007). 반려동물 보호자들도 동물을 키우는 것이 그들의 삶의 질을 향상시키고 우울증을 줄여준다고 하는 일부 주장도 있다(Budahn, 2013). 이에 대한 사실 유무는 논쟁의 여지가 있지만 우울증에 대한 동물교감치유가 많은 사람들에게 효과적이라는 것은 분명하다. 비록 동물교감치유가 우울증에 직접적으로 도움이 되지 않더라도 사람들이 그들의 문제에 대해 누군가와 이야기하는 것에 대해 마음을 열고 더 받아들이도록 도울 수 있다. 많은 사람들이 처음에는 심리치료에 거부감이 있지만 이러한 프로그램들은 논의의 문을 열어주고 회복에 진전을 가져올 수 있다. 모든 사람이 누군가에게 자신의 문제에 대해 즉시 이야기하는 것을 편안하게 여기지 않을 수도 있다는 것을 알기 때문에 다른 사람과의 상담이 아닌 방식으로 사람들의 마음을 열고 치유하는 것을 도울 수 있는 정신건강을 위한 동물교감치유를 제공할 수 있다.

개를 기른 것과 우울증 증상 사이의 연관성에 대한 보호자의 태도의 잠재적 영향을 조사하기 위해 개에 대해 호의적인 태도를 가진 보호자의 우울증 증상과 비호의적인 태도를 가진 보호자의 우울증 증상을 비교했다(Min, et al., 2019). 연구 결과 개에 대한 호의적이지 않은 보호자는 우울증 증상이 있는 경향을 보여 보호자의 우울증 증상과 개에 대한 비호의적인 태도 사이에 긍정적인 연관성이 있음을 확인하였다.

(6) 정신건강 치유 지원

퇴원한 성인 가정 두 곳의 정신과 환자를 비교한 결과 6주간 반려견 방문을 받은 가정에 거주하는 사람들에게서 사회적 상호 작용, 심리사회적 기능, 삶의 만족도, 정신적 기능, 우울증, 사회적 역량, 심리적 행복이 향상되었다(Francis, Turner, & Johnson, 1985). 치유 보조견과 함께 무작위로 동물교감치유에 배정된 노인 정신과 환자의 기능 및 치료 반응에 차이는 발견되지 않았지만, 두 집단 모두 치매 여성에게서 과민 반응의 감소가 두드러졌다(Zisselman, et al., 1996). 69명의 남녀 정신과 입원 환자를 대상으로 동물교감치유를 포함한 정신과 재활 집단과 일반 정신과 재활 집단으로 나누어 4주간 실시한 연구에서 동물교감치유를 실시한 집단이 다른 환자와 훨씬 더 많이 상호 작용을 했으며 미소와 즐거움이 더 많았고, 더 사교적이고 다른 사람들에게 도움이 되었으며, 주변 환경에 더 적극적으로 반응했다(Marr, et al., 2000). 218명의 정신 병동 입원 환자를 대상으로 동물교감치유 집단과 스트레스 관리 집단으로 나누어 실험한 결과에서도 동물교감치유에 참여한 정신 병동 입원 환자들이 우울증, 불안감, 통증, 맥박에서 유의미한 감소를 보였다(Nepps, Stewart, & Bruckno, 2014).

동물교감치유가 우울증, 불안, 외상 증상, 정신 질환 또는 중독을 포함한 심리적 고통을 줄이는 데 도움이 될 수 있다(Kamioka, et al., 2014; Maujean, Pepping, & Kendall, 2015; Nimer, & Lundahl, 2007; O'Hair, Guerin, & Kirkham, 2015; Germain, et al., 2018; Hoagwood, et al., 2017; Souter, & Miller, 2007).

3) 기타

(1) 정상상태 조성

동물교감치유는 정상적인 사람으로 대우받고 이해되도록 하는데 기여한다(Sobo, Eng, & Kassity-Krich, 2006; Pedersen, Ihlebaek, & Kirkevold, 2012).

동물교감치유를 통해 참가자들은 자신의 질병이 더 이상 주된 초점이 아니라고 느낀다. "그것은 평범한 환경이다… 한 인간으로서 있는 그대로 자신을 다시 느껴 보라"고 말했다(Pedersen, Ihlebaek, & Kirkevold, 2012). 다른 참가자는 "우리는 질병에 대해 이야기하지 않았다"고 말했다(Pedersen, Ihlebaek, & Kirkevold, 2012). 한 아이는 동물에 대해 "살아있음을 느끼게 해준다."(Sobo, Eng, & Kassity-Krich, 2006)라고 구체적으로 언급했다. 질병으로 인해 실직 상태였던 참가자들에게는 "동물들은 당신을 절대 판단하지 않는다."(Pedersen, Ihlebaek, & Kirkevold, 2012)라며 반려동물을 돌보는 것이 위안이 되었다고 이야기하였다.

(2) 행동 활성화 개선

동물교감치유의 가장 가치 있는 부분 중 하나가 활동을 할 수 있는 에너지를 회복하는 것이다(Launer, 2015; Coakley, & Mahoney, 2009; Morrison, et al., 2013; Pedersen, Ihlebaek, & Kirkevold, 2012).

동물교감치유는 참가자들에게 더 많은 에너지를 주고 더 활동적이고 기꺼이 운동을 할 수 있도록 해주며, 이것은 그들을 더 강하게, 덜 피곤하게, 그리고 더 즐겁게 느끼도록 만들어 준다.

개를 기반으로 한 신체활동 개입 연구에서 모든 부모들은 "내 강아지와 아이가 더 활동적이다"고 언급했다(Morrison, et al., 2013). 개와 함께 걷는 것은 참가자들이 집에서 나와 다른 사람들을 만나는 데 도움이 되었다. 한 참가자는 "나는 좀 더 강해졌다"고 말했다(Pedersen, Ihlebaek, & Kirkevold, 2012). 다른 사람은 "피로를 좀 덜어 준다", "팔을 더 많이 움직이고 있다"라고 말했다.

(3) 자존감 향상

페더슨은 농장을 통한 동물교감치유가 참가자들에게 필요하고 도움이 된다는 느낌을 주었다고 했다(Pedersen, Ihlebaek, & Kirkevold, 2012). 농장 활동은 참가자들에게 동물들에게 먹이를 주고 보살피는 것처럼 중요한 일과를 제공했다. 이것은 활동 대상자에게 구조와 "누군가에게 유용한 것을 하는 것은 좋은 일이다. 예를 들어 동물들에게 먹이를 주는 것이다."와 같은 새로운 목적의식을 제공했다.

(4) 신체적 접촉, 소속감, 그리고 우정

신체 접촉과 동물의 교감이 동물교감치유의 효과에 큰 영향을 미친다(Launer, 2017; Coakley, & Mahoney, 2009; Sobo, Eng, & Kassity-Krich, 2006; Conniff, et al., 2005; Morrison, et al., 2013; Solomon, 2010; Pedersen, Ihlebaek, & Kirkevold, 2012; Pedersen, Ihlebaek, & Kirkevold, 2012). 동물교감치유는 참가자들에게 동물들과 가까이 있고, 그들과 소통하고, 걷고 놀 수 있는 기회를 제공한다. 정신 장애가 있는 사람들은 종종 사회로부터 소외감을 느끼는데 동물과 대화하고 상호 작용하는 것은 인간과 동물의 유대감을 형성하는 데 도움이 되었을 뿐만 아니라 다른 치유사들과도 관계를 형성하는 데 도움이 되며, 이를 통해 연결되고 보살핌을 받고 덜 외롭다고 느끼게 된다. 모든 참가자들은 치유 보조 동물들과의 신체 접촉의 중요성을 표현했다. "처음 나는 송아지들과 껴안고 기분이 좋아졌다. 낙심했을 때 나는 외롭지만 내가 송아지들과 함께 있을 때는 송아지들에게 사랑을 주고 그 보답으로 친밀감을 얻는다"(Pedersen, Ihlebaek, & Kirkevold, 2012). 한 아이는 동물이 "안아주기에 좋다"며 "다정하고 껴안고 싶다"고 말했다(Sobo, Eng, & Kassity-Krich, 2006). 다른 사람들은 "개는 나를 친구로 만들어 준다"하고 언급하면서 동료 의식을 언급하기도 했다. 또 다른 사람은 동물교감치유가 연결고리를 조성했고 개를 돌보는 것이 그들이 세상에서 멀어지는 것을 막았다고 말했다(Coakley, & Mahoney, 2009). 동물교감치유는 또한 가족들이 부모-자녀 관계를 개선하는 것을 도왔고 심지어 자폐증을 가진 아이들이 세상에 그들의 마음을 열도록 도왔다. 한 아버지는 자폐증을 앓고 있는 그의 아이가 "자신을 언급하면서 개에 대해 물어보기까지 했다"고 전했다(Solomon, 2010). 자폐증이 있는 아이들의 다른 반응에는 "동물들에게 다른 누구도 들을 수 없는 것을 말해 준다"는 것이 포함되어 있었다(Conniff, et al., 2005). 동물교감치유는 심지어 사람들이 텔레비전을 보는 시간을 줄이고 현실 세계와 더 많은 유대감을 갖도록 도울 수 있다. 동물교감치유는 텔레비전을 보는 시간을 줄이고 더 가까운 유대감을 조성함으로써 어린이, 부모, 동물 모두의 건강을 증진시킬 수 있는 큰 잠재력을 가지고 있다(Morrison, et al., 2013).

(5) 진정과 위로

동물교감치유는 기분을 개선시킨다(Launer, 2017; Coakley, & Mahoney, 2009; Sobo, Eng, & Kassity-Krich, 2006; Conniff, et al., 2005; Morrison, et al., 2013; Pedersen, Ihlebaek, & Kirkevold, 2012). 동물교감치유는 개인들이 불안과 우울을 덜 느끼도록 도와준다. 내담자들은 이 경험이 "행복하고, 매우 즐겁고, 위안이 되고, 하루를 밝게 했고, 기분을 좋게 했다"고 말했다(Coakley, & Mahoney, 2009). 반려동물들은 평온함과 편안함을 느끼게 했다. 한 아이는 "리지(보조견)가 행복을 가져다주었다"라고 말했다(Sobo, Eng, & Kassity-Krich, 2006). 다른 환자들은 동물교감치유가 불안감을 없애고 차분하게 해준다고 보고했다. 환자들은 또한 "우울증의 감소를 경험했다"고 보고했다(Coakley, & Mahoney, 2009).

(6) 주의 분산

동물교감치유는 긍정적인 주의 분산을 제공한다(Launer, 2017; Coakley, & Mahoney, 2009; Sobo, Eng, & Kassity-Krich, 2006; Pedersen, Ihlebaek, & Kirkevold, 2012). 단순한 정서적 지지와 우정뿐 아니라 고통, 스트레스, 그리고 의학적 어려움으로부터 내담자들의 주의를 분산하게 했다. 아이들의 주의가 분산되는 것이 가장 중요한 주제인데, 개는 아이들의 고통과 질병으로부터 주의를 돌리게 했다(Sobo, Eng, & Kassity-Krich, 2006). 한 아이는 "리지가 내 수술 말고도 다른 것들을 생각하도록 도와줬다"라고 말했다(Sobo, Eng, & Kassity-Krich, 2006). 한 부모는 "아이들이 고통에서 마음을 뗄 수 있는 무언가가 있어서 매우 좋다. 그것은 놀라운 방해였다."라고 언급했다(Coakley, & Mahoney, 2009).

(7) 신뢰성 향상

대학생들에게 개와 함께 활동하는 심리치료사와 개가 없이 혼자 활동하는 심리치료사의 활동 모습을 동영상으로 보여준 후 두 명의 심리치료사의 신뢰도를 평가해 달라고 부탁했다(Schneider, & Harley, 2006). 개와 함께 있을 때, 특히 심리치료사에 대한 긍정적인 태도가 가장 낮은 참가자들 조차 개인 정보를 기꺼이 공개할 뿐만 아니라 치료사에 대한 더 일반적인 만족도를 보고했다.

개의 존재 또는 부재가 사회적 상호 작용, 도움, 구애 행동에 미치는 영향을 조사하였다(Gueguen, & Cicotti, 2008). 세 가지 다른 상황 즉, 실험자들은 길거리에서 낯선 사람들에게 돈을 요구하거나, 젊은 여성들에게 공공장소에서 전화번호를 알려달라고 요청하거나, 혹은 남성 실험자가 길거리에 떨어뜨린 동전을 줍도록 사람들이 함께 도움을 주는지 관찰했다. 개의 존재는 전화번호의 요청에 대한 더 높은 순응도와 더 높은 도움 행동 비율로 연결되었다. 특히 젊은 여성이 전화번호 요청에 응한 것은 개를 동반한 낯선 남성에 대한 신뢰가 증가하고 매력을 느끼는 것으로 해석되어 신뢰할 수 있는 사람이라는 인식을 심어줬을 것이다.

(8) 공감

동물과 살다 보면 관찰력이 발달된다. 특히 질문을 던진 후에 동물의 반응을 기다릴 때는 더욱 그렇다는 것을 반려인이라면 알 것이다. 인간의 언어로 이루어지지 않는 상호 작용이 우리의 공감 능력을 발달시키고 이것은 다른 사람의 감정을 이해하는 데 도움을 준다. 공감 능력과 폭력 사이에는 연관성이 있다(이소영, 2012). 타인의 감정에 대한 공감 수준이 높아지면 폭력 수준이 낮아진다. 그래서 폭력적이거나 공격적인 행동을 보이는 사람들은 평균적으로 공감 능력이 떨어지는 사람이라고 볼 수 있다. 폴은 평균 49.5세의 성인 500명을 대상으로 공감 능력을 설문 조사하였다(Paul, 2000). 분석 결과 타인에 대한 공감 능력은 반려동물과 사는 사람이나 그렇지 않은 사람이나 동일하게 나타났다. 하지만 공감 수치는 같아도 반려동물과 함께 사는 집단은 공감 수치가 덜 분산된 양상을 보인다. 즉, 개인적인 차이가 적어 공감 수준이 거의 비슷하다는 것을 의미한다. 자녀가 없는 경우에는 반려동물과 사는 사람들이 그렇지 않은 사람보다 공감 수치가 높았다. 또한 반려동물과 사는 사람들은 동물에 대한 공감 수치가 그렇지 않은 사람보다 당연히 높았다. 반려동물과 함께 사는 반려인의 경우 동물에 대한 공감 수치가 높으면 인간에 대한 공감 수치도 높아 둘 사이에 유의미한 상관관계가 있다. 교실에서 개의 존재가 아이들의 공감 발달에 긍정적인 영향을 미친다(Hergovich, et al., 2002). 대조 집단과 비교했을 때, 개를 동반한 수업이 현장 독립성과 공감 능력에서 더 높은 점수를 보였다. 현장 독립성은 타인의 기분과 욕구에 대한 민감성의 필수 전제조건인 자아(Self)와 비자아(Non-self)를 구별할 수 있는 능력을 평가하기 때문에 더 나은 공감을 나타내는 지표로 해석된다.

(9) 스트레스 감소

가. 호르몬

20분간의 조용한 휴식과 치유 보조견과의 5분 및 20분 상호 작용을 비교한 결과 치유 보조견과 함께 있는 환경에서 혈청과 타액 코티솔의 상당한 감소가 발견되었지만 다른 환경에서는 변화가 없었다(Barker, et al., 2005). 자신의 개 쓰다듬기, 낯선 개 쓰다듬기, 조용히 책 읽기를 할 때 혈장 코티솔 변화를 비교 평가하였는데, 자신의 개, 그리고 익숙하지 않은 개와의 상호 작용을 할 때에 인간의 코티솔 수치가 크게 감소하였다(Odendaal, 2000; Odendaal, & Meintjes, 2003). 가정에 보조견을 도입하기 전과 후 그리고 개를 단기간 동안 배제한 후에 자폐 스펙트럼 장애를 가진 아동의 코티솔 수준을 조사했다(Viau, et al., 2010). 개입이나 반려견의 배제로 인한 하루 평균 코티솔 수치 변화는 관찰되지 않았지만, 기상 후의 코티솔 수치 변화(코티솔 각성 반응)는 반려견이 가정에 있는 아침에 58~10%로 크게 떨어졌고, 반려견 배제 시 다시 48%로 증가했다. 자연적으로 발생하는 스트레스 요인으로 볼 수 있는 심부전으로 입원한 성인을 대상으로 개와 함께한 방문 치유와 병원에서의 일상적인 치료를 비교했다(Cole, et al., 2007). 개를 만나는 동안과 만난 이후에 에피네프린(Epinephrine)과 노르에피네프린(Norepinephrine) 수치가 유의미하게 낮았다.

불안정한 애착 표현을 하는 아동의 코티솔 수준을 조사하기 위해 사회적 스트레스 과제를 하는 동안 친근한 인간의 지지와 강아지의 사회적 지지를 비교하였다(Beetz, et al., 2011). 친근한 개의 지원은 친근한 인간의 지지보다 훨씬 낮은 코티솔 수치와 관련이 있으며, 그 효과는 아이들이 과제를 하는 동안 개와 신체적인 접촉을 하는 시간과 강한 상관관계가 있었다.

나. 혈압 및 심박수

반려동물에 대한 긍정적인 태도는 낮은 평균 동맥압과 수축기 혈압과 관련이 있다. 아이들이 책을 읽거나 쉬는 동안 개의 존재가 아이들에게 미치는 영향을 조사했다(Friedmann, et al., 1983). 관찰 시간의 후반부에 동물을 도입했을 때보다 전체 시간 동안 개가 함께 있을 때 혈압이 더 낮았다. 대학생들에게 개를 쓰다듬는 것과 휴식, 수다, 또는 독서의 효과를 비교한 결과 개를 쓰다듬을 때 혈압은 수다나 독서할 때보다 현저히 낮았지만 휴식보다는 혈압이 높게 나타났다(Grossberg, & Alf, 1985). 대학생들이 개와 시각적, 언어적, 또는 촉각적으로 상호작용하는 동안 혈압은 치유사와 대화할 때 가장 높았고 개를 쓰다듬을 때 가장 낮았다(Vormbrock, & Grossberg, 1988). 동물교감치유로 입원한 아동의 심박수가 감소하고 긍정적인 감정의 표시가 증가했지만 놀이 치료에서는 그렇지 않았다(Kaminski, et al., 2002). 심부전으로 병원에 입원한 성인의 경우, 개와 함께 12분 동안 상호 작용했을 때와 개 없이 사람 혼자 방문하여 상호 작용하였을 때를 비교하였는데 개와 함께 상호 작용 하는 중이나 후에 수축기 폐동맥 압력이 더 크게 감소했다(Cole, et al., 2007). 30분 동안 익숙하지 않은 개와 함께 걷거나 또는 개 없이 걷는 건강한 노인의 자율 신경 시스템 각성과 관련된 매개 변수로 심박수 변동성(Hart Rate Variability)을 사용한 연구에서 개와 산책하는 동안 혼자 걸을 때보다 심박수 변동성이 확연히 더 높았다. 일반적으로 심박수 변동성이 높을수록 이완된 상태와 부교감 활동의 증가를 나타낸다(Motooka, et al., 2006).

큰 소리로 책을 읽을 때보다 집에서 자신의 개를 쓰다듬을 때 혈압이 현저히 낮다(Jenkins, 1986). 마찬가지로 단 3분 동안 자신의 개를 쓰다듬어 주면 55분 후에 개(암컷) 보호자의 심박수 감소로 이어지지만 개를 쓰다듬지 않은 대조 집단에서는 그러한 반응이 관찰되지 않았다(Handlin, et al., 2011). 가벼운 자연 스트레스 요인으로 표준화된 신체검사를 할 때 3~6세 아동의 심박수와 수축기 혈압은 다른 시간에 혼자 검사를 받을 때보다 친근한 개와 함께 있을 때 더 많이 감소된다 (Nagengast, et al., 1997). 유사한 연구에서 표준 신체검사를 받는 2~6세 아동으로 구성된 두 집단 간의 혈압, 심박수, 손가락 끝 온도를 비교했다(Hansen, et al., 1999). 행동 관찰에서 개가 있을 때 겉으로 드러나는 행동적 고통은 덜 하였으나 두 집단 간 생리학적 매개변수에는 유의미한 차이가 없었다. 7~10세 아동의 치과 치료 중 자율신경계 각성의 지표로서 말초 피부 온도를 측정하였는데 치과 치료 과정에서 실험 집단은 개를 옆에 두고 있었고, 대조 집단의 아동은 개나 지지자가 없었다(Havener, et al., 2001). 치료 전에 치과에 가야하기 때문에 스트레스를 받았다고 말한 어린이들만이 스트레스 반응의 상당한 감소를 보였으며, 이는 피부 온도의 감소가 더 적은 것으로 측정되었다. 치과의사가 오기를 기다리는 동안에만 개의 존재가 의미가 있었으며, 집단 수준에서 개입 집단은 통제 집단과 유의미한 차이가 없었다.

성인들이 세 가지 조건에서 경미한 인지 스트레스 요인으로부터 회복하는 과정에 대한 연구에서 반려동물이 있으면서 시각적 접촉, 반려동물이 있으면서 촉각적 접촉, 반려동물 없음이라는 세 가지 조건이었고, 각성을 유도하기 위해 사용된 인지 작업에는 암산, 코딩 및 취소 작업이 포함되었다(Demello, 1999). 예상대로 인지 스트레스 요인으로 인해 심박수와 혈압이 상승했고, 반려동물이 있으면서 시각적 접촉만 한 조건에서 가장 많이 감소했다. 동물을 쓰다듬는 것은 혈압에 영향을 미치지 않았지만 심박수가 현저히 감소하는 결과를 가져왔다. 그러나 개가 없는 대조 집단과 비교할 때 스트레스가 많은 연설 과제를 수행하는 동안 친근한 외형을 가진 낯선 개와 있었던 남학생 집단에서는 심박수와 혈압에 영향을 주지 않았다(Straatman, et al., 1997). 가정과 실험실에서 산술적이고 스트레스 유발 작업을 하는 동안 자신의 반려동물이 있는 경우와 친구가 있는 경우 또는 혼자 있는 경우에 심박수, 혈압, 피부 전도도에 미치는 영향에 대한 연구에서 집에서는 혼자 있을 때나 친구와 있을 때보다 반려동물이 있을 때 맥박수, 혈압, 피부 전도도가 낮았다(Allen, et al., 1991). 친구, 애완동물 또는 배우자와 있는 부부, 이렇게 세 가지 환경에서 두 개의 스트레스 요인(산술 과제와 2분 동안 얼음물에 손 담

그기)이 주어졌을 때, 반려동물이 있는 경우 반려동물 소유자는 작업 전에 심장 박동수와 혈압이 현저히 낮았고 스트레스 요인에 대한 반응 증가가 적었으며, 반려동물을 소유하지 않은 참가자보다 빠른 회복을 보였다(Allen, Blascovich, & Mendes, 2002). 반려동물 보호자의 경우 반려동물의 존재가 배우자의 존재보다 스트레스 반응을 약화시켰다. 고혈압 환자들은 고혈압의 지표인 심박수, 혈압, 혈장 레닌 활동 등 스트레스 관련 매개 변수와 관련하여 반려동물을 기르면서 이익을 얻는다. 모든 고혈압 참가자들은 반려동물을 기르기 전에 정신적 스트레스 요인에 대해 유사한 반응을 보였다(Allen, et al., 2001). 이후 모든 참가자들은 고혈압 약을 복용하기 시작했고 집단의 절반은 반려동물을 기르도록 하였다. 반년이 지난 후에 스트레스 과제는 참가자들의 집에서 반복되었다. 반려동물 보호자들은 작업을 수행하는 동안 반려동물을 데리고 있었고 대조 집단보다 혈압이 낮았으며, 스트레스 요인에 대한 심혈관 반응도도 절반으로 낮아졌다. 또한 심박수와 혈장 레닌 활성은 반려동물이 있을 때 더 낮았다.

(10) 사회적 촉매자(Social Catalyst)

조현병 진단을 받은 성인 환자에게 동물교감치유를 실시한 결과 동물교감치유 집단 내에서 환자의 경험과 관련된 다른 내용이 확인되었다(Nathans-Barel, et al., 2005). 예를 들어, 다른 치료 활동과는 다르게 환자들은 치유 보조견에 대한 애착을 보고했고, 회기 사이에 치유 보조견을 보고 싶어 했으며, 동물교감치유에 대한 기대감으로 회기를 기대했다고 설명했다. 또한 이전에 사회적으로 고립되고 위축된 것으로 확인된 환자들은 치유 보조견과 밀접한 관계를 맺을 수 있었다. 흥미롭게도 환자들은 동물교감치유 회기(예: 목욕, 털 손질 등)를 위해 사회적으로 적절한 준비를 하는 것을 관찰하였고, 적절하게 자신을 표현하고자 하는 욕구와 관련하여 치유사들에게 말했다.

장기요양시설에 거주하는 30명의 노인을 대상으로 사회적 자극을 제공할 때 동물교감치유의 효과를 확인하고자 하였다(Bernstein, et al., 2000). 참여 대상자들은 동물교감치유에 참여하지 않는 집단에 비해 동물교감치유가 진행되는 기간 동안 서로 더 긴 대화를 시작하고 참여할 가능성이 더 높았다. 동물교감치유 기간 동안 동물을 만지는 것은 이러한 행동에 대한 상주 노인들의 참여와 먼저 적극적으로 행동하는 태도를 크게 증가시켰다. 이 연구 결과는 촉각이 사회적 자극과 치료의 필수적인 부분이기 때문에 동물교감치유를 통해 그러한 사회적 행동을 강화하는 것은 더 고려할 가치가 있는 개입이라는 것을 시사한다.

집단 치료 장면에서 요양원 거주자들의 사회적 상호 작용에 대한 동물의 영향을 조사했다(Fick, 1993). 참가자들은 재향군인 의료원에 상주하는 남성 36명으로, 사회적 상호 작용을 개선하기 위해 매주 30분씩 사회화 집단에 배정하여 4주간 진행하였다. 1회기와 4회기에는 회기 전반에, 2회기와 3회기는 회기 후반에 개가 함께 할 수 있도록 하였다. 분석 대상에는 부주의한 행동, 주의 깊은 듣기, 부주의한 듣기, 다른 사람과의 언어적 상호 작용, 다른 사람과의 비언어적 상호 작용, 동물과의 언어적 상호 작용, 동물과의 비언어적 상호 작용이 포함되었다. 개의 존재와 부재 상태 모두에서 가장 자주 관찰되는 세 가지 행동은 주의 깊게 듣는 행동, 부주의한 듣기 그리고 다른 사람과의 언어적 상호 작용이었다. 그러나 개가 존재하는 조건에서 다른 사람에 대한 언어적 상호 작용과 비언어적 상호 작용이 두 배로 증가 되었다. 개가 존재한 상태와 개가 부재한 상태를 비교할 때 다른 사람에 대한 언어적 상호 작용의 횟수가 유의미한 차이를 보였다. 회기 동안 연구 참여자로 하여금 개의 존재가 이전에 소유했던 반려동물들에 대한 대화를 자극했다고 보고하고 있다. 연구자는 개들의 존재가 집단 장면에서 사회화 개선과 관련된 치료 목표에 도움이 되는 편안한 환경을 조성할 것이라고 하였다.

수족관을 관람하는 것이 노인의 스트레스 수준에 미치는 영향을 연구했다(DeSchriver, & Riddick, 1990). 노인요양시설에 거주하는 27명의 참가자는 똑같이 3개 집단으로 나뉘어 수족관, 어류 영상, 위약 영상을 관람하도록 배정하였다. 회기는 주 1회 8분씩 3주 동안 진행되었다. 사전사후 검사에서 치료 평가 척도의 평균 점수의 차이는 없었다. 어류 영상을 보는 참가자들은 맥박이 감소하여 생리적 스트레스에 가장 큰 영향을 미쳤다. 세 집단 모두 피부 온도가 상승하여 스트레스에 대한 반응도 감소하였다. 하지만 가장 큰 증가는 어류 영상 집단에서 일어났다. 전반적으로, 물고기를 관찰한 참가자들은 위약 집단에 비해 맥박이 감소하고 피부 온도가 상승하며 근육 긴장이 감소했다. 또한 자신이 좋아하는 물고기에 대한 참여자의 대화를 듣고 있는 노인 거주자들에게 살아있는 물고기가 사회적 윤활제로 작용했다는 점에 주목했다. 동물은 치유사와 대상자 사이에 대화를 시작하거나 이어주는 역할을 할 수 있다. 이러한 과정을 **잔물결 효과**(Rippling Effect) 또는 **사회적 윤활제**(Social Lubricant)라고 설명하였다(Arkow, 1982; Corson, & Corson, 1980).

(11) 심리적 안녕감

동물의 치유적 잠재력은 심리적인 영역에서 처음 관찰되었다. 오늘날에도 동물교감치유의 주요 지표 중 하나는 심리적 건강을 향상시키는 것이며, 정신과 전문의와 심리학자들을 대상으로 한 조사에 따르면 질문을 받은 사람들 중 거의 50%가 환자를 위해 반려동물을 "처방"한 것으로 나타났다(Guarneri, 2006). 동물교감치유가 사회 및 의사소통 기술 향상, 불안 완화, 분위기 개선, 독립적 생활 촉진, 공감 능력 향상에 특히 효과적인 것으로 보고되고 있는 것을 고려하면 이는 새로운 것은 아니다(Bánszky, et al., 2012). 동물과의 상호 작용은 자신감을 높이고 외로움, 슬픔, 분노, 그리고 불안감을 줄일 수 있는 긍정적인 감정을 촉진함으로써 심리적 건강을 달성하도록 돕는다. 동물과의 상호 작용은 특히, 노인들이 가지는 외로움과 같은 부정적인 감정이 흔한 양로원에 거주하는 사람들에게 특히 중요할 수 있다. 코코아(Cocoa)라는 이름의 개와의 경험을 기술한 저널의 한 기사는 개를 쓰다듬는 행위만으로도 외로움, 우울증, 사회적 고립과 같은 요인들이 줄어들 수 있다고 보고했다(Cangelosi, & Embrey, 2006). 그러한 만남 동안 개는 환자에게 비판적이지 않고 주의를 기울임으로써 격려의 원천이 된다. 반려동물이 휠체어나 침대 머리 옆에 서서 눈을 마주치면 개와 환자 사이의 관계가 발전하여 치유 환경을 조성한다. 소규모 노인 요양원 거주자 21명(평균 연령 80세)을 대상으로 6개월간 90분씩 일주일에 3번 개와의 상호 작용을 한 후 UCLA의 외로움 척도 (Lonelicity Scale)의 간략한 버전을 기준치로 사용하여 측정한 결과 외로움에 대한 인식을 감소시켰다(Vrbanac, et al., 2013).

심리적 안녕감(Psychological Well-being)은 사람들이 행복하고 긍정적인 감정을 경험하며 우울과 불안을 경험하지 않는 정도를 다루는 개념이다(Ryff, 2014). 심리적 안녕감은 개인의 필요와 독립성에 도움이 되는 상황을 만드는 데 더 나은 능력을 보이는 노년층과 관련하여 나이가 들면서 증가할 것으로 예상되는 반면에 반대로 삶의 목적과 지속적인 개인 개발 측면에서는 나이가 들면서 감소할 것으로 예상된다(Ryff, & Keyes, 1995). 신체적, 인지적, 정서적 기능 수준도 노년층의 삶의 질 평가에 중요한 영향을 미친다(Talarska, et al., 2018). 또한 노인의 복지를 위한 핵심 구성 요소는 기능적 능력(독립적인 삶을 가능하게 함)과 인지된 사회적 지원이다(Beard, et al., 2016; Olsen, et al., 2016). 노인의 건강 관련 고려사항은 질병의 유무보다는 노인의 노령화 및 기능 악화에 대한 태도이다(Low, Molzahn, & Schopflocher 2013). 또한 자기 수용과 타인과의 긍정적 관계는 둘 다 심리적 안녕감의 중요한 구성 요소이며 노화와는 관련이 없는 반면에(Springer, Pudrovska, & Hauser, 2011) 연구에 따르면 동물과의 접촉으로 인해 일반적인 긍정적 심리적 기능이 증가할 수 있다는 것을 보여준다(Brooks, et al., 2018). 반려동물은 생존을 위해 보호자에게 의존하며(Stanley, et al., 2014) 따라서 보호자들은 그들의 동물을 돌봐야 한다(Brooks, et al., 2016). 일상생활 활동과 관련하여 반려동물은 일상생활을 제공하고 운동에 참여하도록 격려하며 먹이주기, 털 손질 및 일반 관리와 관련된 습관을 배양한다(Brooks, et al. 2016). 이러한 관리의 복잡성은 동물 종, 소유한 동물의 수, 성숙도에 따라 달라진다(Bradley, & Bennett, 2015). 반려동물의 수준과 활동의 다양성은 성격 그리고 보호자와 특별한 유대감을 형성하기 위해 움직이고, 놀고, 보호자와 연결하고, 유대를 발전시키는 것과 관련이 있다.

반려동물 활동의 일반적인 결과(AVMA 2018)에 따르면 반려동물 양육의 초점은 심리적 안녕감에 있다(Bradley, & Bennett, 2015). 반려동물을 키우는 것은 소유자의 심리적 안녕감에 도움이 된다. 개인적 성장의 필요성은 개인의 발전을 경험하는 것을 의미하며, 자기 수용, 자기 긍정, 자기실현 및 목표 지향, 필요하다는 느낌, 중요한 일을 성공적으로 수행하는 것과 같은 측면을 포함한다(Ryff, 2014).

새롭고 예측할 수 없는 상황에 보호자를 포함시킴으로써 반려동물은 이러한 상황을 안정적으로 수용하게 됨으로써 내담자의 성장을 도와줄 수 있다(Brooks, et al. 2016). 삶의 목적은 삶의 목표와 방향 감각을 포함한다(Ryff, 2014). 반려동물을 소유하는 것이 평생의 선택이기 때문에(Mueller, et al. 2018) 보호자에게 다른 생명체에 대한 가치와 책임감을 줄 수 있는 잠재력이 있다(Stanley, et al. 2014). 반려동물을 성공적으로 돌보는 것은 사람들에게 살아갈 이유와 미래에 대한 희망을 주는 것으로 밝혀졌다(Islam, & Towell, 2013). 반려동물은 긍정적인 정체성과 자아의식을 유지하는 데 중요하다. 인간과 동물 사이의 유대는 정서적 안정과 안심을 촉진하고, 그 결과 감정의 조절을 통해 소유자는 고통스러운 기억을 더 잘 처리할 수 있으며, 이에 따라 자신이 필요하고, 중요하고, 가치 있는 느낌을 받을 수 있다. 보호자가 반려동물과 느끼는 유대감은 동물을 사랑하는 사람의 정체성을 가정할 때 자기 수용을 촉진하고 자신에 대한 감정을 향상시킨다(Islam, & Towell, 2013). 환경 숙달은 환경 관리에 대한 숙달감과 능력을 갖는 것을 의미하며(Ryff, & Keyes, 1995) 반려동물은 양육을 자극하는 데 효과적이다. 따라서 보호자가 동물을 성공적으로 돌볼 수 있다는 것은 자부심의 원천이다(Brooks, et al., 2016; Islam, & Towell, 2013).

표 1.2 심리적 안녕감과 반려동물 사육

심리적 안녕감 요소	반려동물 사육 차원		
	동물 특징	동물 활동	예상되는 인간의 결과
개인의 성장	• 자존감의 원천 • 사회적 지위의 원천 • 의존의 근원	• 도전 • 새로운 상황에 보호자 참여 • 사건의 진행 과정 변경	• 일관된 정체성 유지 • 책임감 함양 • 사회적 정체성 함양
삶의 목적	• 가치의 원천 • 책임의 근원		• 필요한 느낌 • 중요하다는 느낌 • 살아야 할 이유 • 미래에 대한 희망

긍정적 정체성과 자아감	• 만족스러운 여가 시간 • 산만함	• 즐거움 생성 • 시간 필요	• 어려움에 쉽게 대처 • 힘내기, 영감을 주는 미소 • 감동적인 이야기 • 기분 개선 • 걱정 완화
환경 숙달과 자율성	• 동물의 필요에 적응 • 일상적 업무 • 재정적 비용 • 주거 요건	• 보살핌 필요 • 규칙적인 식사와 운동 필요	• 향상된 실체 활동 • 향상된 실행 기능 • 낙상 위험 감소 • 스트레스에 쉽게 적응 • 전반적인 안녕감 개선

긍정적 관계	• 편안함의 근원
	• 애정의 근원
	• 연결의 근원
	• 판단하지 않음
	• 조건없는 사랑의 원천
	• 직관적
		• 존재
		• 요청없이 이용
		• 신체적 접촉
		• 단순한 관계
		• 새로운 사회적 상호 작용에
		  보호자 참여
			• 감정 표현 가능
			• 두려움 없이 말할 수 있음
			• 보다 높은 수준의 사회적
			  상호 작용
			• 보다 많은 사회적 상호 작용
			• 외로움 감소

출처: Persolja, Benko, & von Humboldt, 2021

🐨 **표 1.3** 동물교감치유의 효과(UCLA Health, n.d.)

구분	효과
정신 건강	• 동물을 쓰다듬는 간단한 행동이 자동 이완 반응을 표출: 동물과 상호 작용하는 인간들은 동물을 쓰다듬는 것이 기분을 상승시키는 역할을 할 수 있는 세로토닌(Serotonin), 프로락틴(Prolactin), 옥시토신(Oxytocin)의 분비를 촉진 • 불안감을 낮추고 사람들을 편안하게 해줌 • 외로움을 줄여줌 • 정신적 자극을 증가시킴: 머리 부상이나 알츠하이머 병과 같은 만성 질환이 있는 환자의 기억을 떠올리게 하고 시간적 사건의 순서를 정하는 데 도움 • 일탈이나 행복한 산만함을 제공 • 치유 과정에서 촉매(Catalysts) 역할: 어색한 분위기를 깨는 데 도움이 되고, 치유에 수반될 수 있는 초기 저항을 줄일 수 있음
신체 건강	• 혈압을 낮추고 심혈관 건강을 증진 • 일부 사람들에게 필요한 약물의 양을 줄여줌 • 불안한 사람에게는 호흡이 느려짐 • 초콜릿과 같은 효과가 있는 페닐에틸아민(Phenylethylamine)과 같은 많은 호르몬을 분비 • 전체적인 신체적 고통을 줄여줌 • 운동하는 동안 좀 더 긴장을 풀어줌: 참가자들은 동물교감치유 동안에 동기 부여가 되고, 치유

시간을 더 즐겼으며, 스트레스를 덜 받는다고 느낌
- 자폐 아동: 많은 자폐 아동들이 동물과 깊은 유대감을 느끼고 인간보다 더 나은 관계를 맺을 수 있다고 느끼고, 표준 치료 회기에 비해 동물을 포함하는 치유 회기에서 언어 및 사회적 상호 작용을 훨씬 더 많이 사용

출처: UCLA Health, (n.d.) Animal-Assisted Therapy Research, UCLA Health,
https://www.uclahealth.org/pac/animal-assisted-therapy

 ## 2. 의료기관에서의 효과

의료기관은 동물교감치유가 가장 일반적으로 실행되는 장소로 동물과의 활동을 통해서 다양한 효과를 얻을 수 있다. 동물과의 상호 작용은 치료 과정의 스트레스 상황에서 환자에게 긍정적으로 영향을 미친다. 치료의 전체 환경은 좀 더 친절하며 덜 위협적이게 된다. 동물이 치료 과정에 단순히 존재하는 것만으로도 환자는 좀 더 침착하고 이완된다. 동물은 기쁨과 위로의 유형적 자원이다. 동물과 접촉할 때 세로토닌, 엔돌핀과 같은 신경전달물질이 분비되고 코티솔과 아드레날린과 같은 스트레스 호르몬의 분비가 감소하면서 행복감과 진정시킴으로써 혈압과 심박동을 낮추는 데 기여한다. 부가적으로 동물을 돌봄으로써 환자는 잠재적으로 돌봄과 공감 기술을 발전시키게 된다. 동시에 동물과의 상호 작용은 환자와 치료사 사이에 신뢰를 얻는 데 기여하여 환자와 치료사의 관계에서 촉매적 역할을 한다. 악화된 정서가 정상화되어 웃음과 기쁨의 요소들이 치료 과정에 있게 된다. 이러한 가치는 일반적인 사람들의 정서적 상태와 삶의 질을 향상시킨다 (Bachi, & Parish-Plass, 2017; Fine, 2018).

1) 통증 감소

병원에서 수술을 받은 3~17세 아동청소년 40명을 대상으로 수술 이후 동물교감치유를 진행한 결과 수술 이후 동물교감치유를 받은 아동청소년들의 마취 후 빠른 회복을 촉진하고 감정을 담당하는 전전두엽 반응을 유도하여 통증 인식

이 완화되었다(Calcaterra, et al., 2015). 적응형 심혈관 반응도 나타났다. 소아 병원에 입원한 19명의 아동청소년을 대상으로 동물교감치유를 실시한 결과 고통이 줄어들었고 걱정, 피로, 두려움, 슬픔이 현저히 감소했다(Chubak, et al., 2017). 정형외과에 입원한 72명을 대상으로 15분간 3회의 동물교감치유를 실시한 결과 관절 치환술 이후 환자의 통증 정도와 입원 만족도에 긍정적인 영향을 미쳤으며, 이는 관절 전체 성형술을 받은 일부 환자 집단에게 수술 후 즉각적인 회복을 개선하는 수단으로 동물교감치유를 제공할 수 있다는 것을 의미한다(Harper, et al., 2015). 통증클리닉에서 성인 382명을 대상으로 대기실에서 동물교감활동을 실시한 결과 외래 환자를 대상으로 한 동물교감 활동은 만성 통증 환자에게 상당한 고통과 정서적 고통을 줄여줄 수 있었다(Marcus, et al., 2012). 치유 보조견의 방문은 또한 환자를 동반한 가족과 친구들의 정서적 고통과 안녕의 감정을 크게 개선할 수 있다. 59명의 의료 및 외과 입원 환자가 치유 보조견과의 평균 10분 동안의 상호 작용은 통증과 에너지를 개선하였다(Coakley, & Mahoney, 2009). 또한 불안, 우울증 및 분노에도 상당한 개선이 나타났다. 또 다른 연구에서는 통증이 있는 입원 아동(평균 나이 12세)이 치유 보조견의 15~20분 방문을 받거나 15분 동안 조용히 앉아 있게 하였는데, 치유 보조견의 방문 후에 통증이 더 유의미하게 감소했다(Braun, et al., 2009). 또 다른 소규모 연구에서도 급성 수술 후 통증을 가진 어린이가 치유 보조견과 11~20분을 함께 보냈을 때 얼굴 척도에서 상당한 통증 감소를 보여주었다(Sobo, Eng, & Kassity-Krich, 2006). 만성 통증에 대한 동물교감치유의 효과는 재활시설에서 뇌 또는 척수 손상, 퇴행성 질환 또는 중증 신체장애가 있는 성인 집단에서 간접적으로 평가되었다(Lust, et al., 2007). 필요에 따라 치유 보조견이 시설에 투입된 후 진통제의 사용이 48% 감소했다.

2) 회복율 향상

일반적으로 심부전 환자 537명 중 28%가 보행 거부율을 보였다. 그러나 개교감보행(CAA: Canine-assisted Ambulation)에 참여할 기회를 제공했을 때 연구 모집단의 7.2%만이 보행을 거부했다(Abate, Zucconi, & Boxer, 2011). 69명의 환자 연구

표본 중 13명은 처음에 보행을 거부했지만 개교감보행을 제안했을 때 동의했다. 보행거리는 과거 표본에서는 120.2보를 걸었지만 개교감보행에서는 235.07보로 보행거리가 증가했다. 환자들은 모두 개교감보행이 즐거웠으며 다시 개교감보행에 참여하고 싶다는 것에 동의하였다. 개교감보행은 심부전 환자들을 위한 초기 보행 프로그램에 안전하고 효과적인 보조 수단이다. 개교감보행은 병원 입원 기간을 단축시켜 치료비용을 줄일 수 있다.

3) 불안과 스트레스 감소

치유 보조견은 예약을 기다리는 환자들의 증상을 감소시키는 것으로 나타났다. 예정된 자기공명영상(MRI)을 기다리는 동안 치유 보조견과 15분을 함께 보낸 28명의 환자에게서 불안 점수가 평균 33% 감소한 반면에 치유 보조견 없이 자기공명영상을 기다리는 6명의 환자에게는 변화가 없었다(Ruchman, et al., 2011). 또 다른 연구에서는 심각한 우울증을 앓고 있는 성인 35명을 대상으로 전기 경련 충격 치료(Electroconvulsive Shock Therapy)를 받기 전에 치유 보조견이나 잡지가 있는 방에서 15분을 기다리게 했다(Barker, Pandurangi, & Best, 2003). 잡지를 읽으면서 기다릴 때에 공포감은 유의미하게 감소했고, 불안감은 동물교감활동을 했을 때 유의미한 감소 경향을 보였다. 심부전으로 입원한 성인 76명을 대상으로 12분간의 동물교감활동이 불안을 크게 감소 시켰으며, 심폐 압력이 낮아지고 에피네프린과 노르에피네프린 수치를 낮춘다(Cole, et al., 2007). 입원은 종종 노인에게 정신적 충격을 주며, 입원하는 스트레스는 어떤 조건도 더욱 악화시킬 수 있다. 약리학적 지원과 다른 의학적 개입은 환자들의 질병의 개선에 도움을 줄 수 있지만, 개인이 두렵고, 외롭고, 불안하게 느끼는 심리적 스트레스 요인에 대해서는 치유되지 않고 취약하게 남아있다(Cole, et al., 2007).

동물교감치유는 혈압을 증가시키고, 불안감을 고조시키며, 호흡곤란을 유발하는 일련의 심리적인 사건들을 상쇄하는 데 도움을 주기 위해 급성 치료 환경에서 사용되어 왔다. 급성 치료 환경에서는 촉각 및 신체 지지 부족으로 감각 박탈이 발생하지만 경보와 다양한 의료 장비 소리로 인한 감각 과부하도 발생한다.

동물교감치유는 부드러운 촉감을 제공하는 동시에 환자가 자신의 환경에서 벗어나 개에게 집중함으로써 두려움, 외로움 및 불안감을 완화하게 되어 문제를 해결할 수 있게 된다.

12분간의 병원 방문이 혈류역학적 측정, 신경호르몬 수치, 그리고 심부전이 진행된 성인의 불안감에 미치는 영향을 평가하기 위한 연구에서 개 교감치유 팀의 방문에 함께 참여한 환자들이 심폐압이 개선되고 에피네프린과 노르에피네프린 수치가 감소함에 따라 흥분된 교감신경계의 정신적, 신체적 영향 둘 다 감소를 경험했다는 것을 보여주었다(Cole, et al., 2007).

4) 환자의 두려움과 걱정 감소

6~17세 입원 아동 93명을 대상으로 동물교감치유 집단과 퍼즐 완성 집단으로 나누어 실시한 결과 동물교감치유 집단에서 불안이 현저히 감소하였고, 부모들의 만족도도 매우 높았다(Tsai, Friedmann, & Thomas, 2010). 이는 부모의 만족도를 높이고 도시에 입원한 아동의 불안을 줄이는 도구로 동물교감치유가 좋은 대안임을 의미한다.

5) 스트레스 생체 행동 지표 개선

치과 치료를 받는 7~11세 사이의 아동 40명을 대상으로 동물교감치유를 실시한 결과 처음에 병원에 도착하자마자 언어적으로 고통을 말한 아동의 경우, 치과의사가 오기를 기다리는 동안 반려견의 존재가 생리적 자극을 감소시켰으며(Havener, et al., 2001), 항암치료를 받는 종양 환자를 대상으로 한 동물교감치유는 우울증을 감소시키고, 동맥혈산소포화도(arterial oxygen saturation)를 증가시켜 신체 기능에 치명적으로 영향을 미치는 위험요인을 감소시켰다(Orlandi, et al., 2007).

간호는 전 세계에서 가장 스트레스가 많은 직업 중 하나이기 때문에 경영진은 압박에 대처할 수 있는 가능한 방법을 찾는 데 더 많은 주의를 기울여야 한다. 동물교감치유가 간호사의 스트레스 수준에 영향을 미치는지 20명의 간호사를 대상으로 연구를 진행한 결과, 동물교감치유는 간호사의 스트레스 호르몬인 코르티솔 수준을 감소시켰다. 이는 간호사가 스트레스를 받을 위험이 높은 의료 시설에서 개와 함께 동물교감치유를 포함해야 한다는 것을 의미한다.

6) 활동 및 재활

동물교감치유는 환자의 신체를 강화하기 위한 신체적 활동에 참여하기 위한 혜택과 기회를 제공할 뿐만 아니라 기쁨과 즐거움도 제공한다. 걷기, 조깅, 체육, 동물 놀이는 엔돌핀의 생산과 기분 개선에 기여한다. 또한 정신 장애를 가지고 있는 일부 환자에게 중요한 영향을 미치는 소운동과 대운동의 연습에도 기여한다(Velde, Cipriani, & Fisher, 2005).

자동차 충돌과 같은 외상성 사고에 의해서 척수외상(SCI: Spinal Cord Injury)이 발생한다. 척수외상은 정상적인 감각, 운동 또는 자율 기능에 장애를 초래하고 궁극적으로 환자의 신체적, 심리적, 사회적 행복에 영향을 미치는 외상성 사건이다(Furlan, et al., 2011; Noonan, et al., 2012; Sekhon, & Fehlings, 2001). 외상성 사고는 여성보다 남성에게 더 흔하며 발생율이 가장 높은 연령은 15~30세이며, 평균 상해 후 수명은 약 30년이다(Singh, et al., 2014). 외상성 사고에 의한 재활은 비용이 많이 들고, 심리적, 정서적, 육체적 부담이 크다(Ma, Chan, & Carruthers, 2014). 따라서 스트레스, 통증 및 기분 수준에 긍정적인 영향을 미치는 치료 방법으로 재활 결과를 개선하는 데 특히 관심이 있다. 긍정적인 치료적 개입에 더 많은 참여는 더 나은 장기적 결과를 가져올 수 있다(Cahow, et al., 2012). 척수외상 환자 31명을 대상으로 재활을 위한 작업치료에 동물교감치유를 병행하여 진행하였다(Thompkins, et al., 2019). 작업치료사는 기존 30분 작업치료 회기에 치료의 일부분으로 개와 활동을 통합하였다. 중심되는 치료 활동은 손뻗기, 쓰다듬기, 개와 함께 걷기 등을 하였으며, 부가적으로 소근육 강화를 위해 가방에서 간식 꺼내기, 개에게 사료 주기, 개를 위해 병에 있는 물을 물 그릇에 부어주기, 개의 머리에 핀 꽂아주기, 개 목에 목걸이 채우기를 권장하였다. 치유 보조 동물로는 개가 사용되었으며, 견종 및 크기에 대한 특별한 제한은 없었고, 골든 리트리버, 테리어 혼혈견, 하바네스, 라브라도 리트리버, 셀티, 혼혈견이 참여하였다. 실험 결과 동물교감치유가 척수외상으로부터 재활하는 동안 환자들의 부정적인 영향을 줄이는 데 약간의 영향을 미친다는 것을 확인하였다.

동물교감치유가 진료 대기에 미치는 영향을 평가하기 위한 시범 연구가 수행되었는데, 개의 도움을 받은 심부전 환자들이 개의 도움을 받지 않은 환자들보다 더 빨리 걷기 시작했다는 것을 보여주었다(Abate, Zucconi, & Boxer, 2011). 또한 무작위로 선택된 표본의 120.2 걸음과 비교하여 235.07 걸음을 더 걸었으며, 개 교감 치유팀과 함께 작업하지 않은 사람들보다 더 동기 부여가 높았다. 이러한 발견에 기초하여 연구자들은 개의 도움을 받는 진료 대기가 병원 체류를 단축시켜 심부전 치료 비용을 줄일 수 있다고 결론 짓고, 다른 질병 과정과 다른 환경에 이러한 개입에 대한 추가적인 연구를 촉구했다.

 ## 3. 교육기관에서의 효과

교육기관에서 치유 보조 동물을 통합하면 긍정적인 영향을 미칠 수 있다.

1) 독해율, 정확성, 유창성 및 독해력과 같은 읽기 능력을 배양

문해력 습득(Literacy acquisition)은 성공적인 학문적 발전과 우리 사회의 성공적인 참여를 위해 필수적이다. 학습 장애가 있는 학생은 종종 문해 기술을 습득하는 데 어려움을 겪는다. 학습장애 학생 9명이 치유 보조견 앞에서 치유사−교사와 함께 구술 읽기를 연습하였다(Treat, 2013). 각각 10~15분 정도 10번의 읽기 회기를 진행하였다. 학습 장애가 확인된 학생 8명으로 구성된 대조 집단은 연구자−교사와 함께 안내 구술 읽기를 연습했지만 읽기 시간에는 치유보조견이 상주하지 않았다. 치유 보조견 집단에 참여한 학생들이 읽기 능력에서 통계적으로 유의미한 증가를 보였다. 또한 치유 보조견과 함께 있을 때 독서는 자기효능감을 높이고 불안감을 줄여주며 학생들의 독서 의욕을 높이는 것으로 나타났다.

언어 지연이 심한 단일 아동 참가자의 발성 양에 대한 동물교감치유의 효과와 소아 집단 언어 치료에서 최적의 동물교감치유의 실천방법을 확인하기 위한 연구에서 동물교감치유 개입 단계에서 발성 횟수가 눈에 띄게 증가했고, 그 효과는 영구적이었다(Anderson, Hayes, & Smith, 2019). 참가자는 또한 개입 단계에서 과제와 활동에 대한 관심이 증가했음을 보여주었다. 10분 후에 참가자와 다른 어린이의 예측할 수 없는 강력한 움직임의 증가가 관찰되었다. 동물교감치유로 모든 아동에게 동일한 정도의 발성 증가가 예상되지는 않았지만, 동물교감치유가 의사소통 기술에 심각한 지연이 있는 아동을 치료하는 언어 병리학자에게 잠재적으로 유용한 도구임을 시사한다.

2) 물체 인식 및 분류와 같은 주요 기술 향상

12명의 미취학 아동을 대상으로 개, 개 인형, 인간이 있는 상태에서 잘 어울리는 객체 맞추기 작업을 요청하였다(Gee, Church, & Altobelli, 2010). 물건은 세 가지 모형(분류학적, 주제적, 관련 없음)을 사용하였다. 실제 개의 존재는 개 인형이나 인간이 있는 조건보다 훨씬 더 적게 '관련 없음'을 선택하였다. 또한 미취학 아동들이 주제 선택보다 분류학적 선택을 할 가능성이 더 높고 나이가 많은 아동들의 경우는 그 반대인 발달적 변화를 보여주었다. 이러한 결과는 실제 개의 존재가 객체 분류에서 볼 수 있는 일반적인 수행 형태를 변화시키는 것으로 보이지는 않지만, 개의 존재에서 오류가 더 적었다는 사실은 개의 존재가 인지 작업의 수행에 긍정적인 영향을 미친다는 것을 나타낸다.

3) 스트레스 수준 완화

버지니아 커먼웰스 대학(Virginia Commonwealth University)의 학제간 연구팀은 치유 보조견과 함께 방문하는 것이 기말고사 기간 동안 학생들이 느끼는 스트레스를 상당히 감소시킨다는 것을 확인하였다(Barker, et al., 2016). 치유 보조견을 대학 캠퍼스에 데려오는 것은 부작용이 없는 저렴한 개입이다. 치유 보조견의 방문이 가을 학기 기말고사 일주일 전 78명의 대학생이 인지한 생리학적 스트레스 수준에 영향을 미치는지 조사하였다. 학생들은 15분 동안 치유 보조견과 상호 작용하고 15분은 개가 없는 중립적인 환경인 통제 조건에서 보냈다. 스트레스는 대학생에게 주요 문제이며, 시험은 주요 스트레스 요인 중 하나로 간주 된다. 학생들에게 캠퍼스에서 치유 보조견과 상호 작용할 수 있는 기회를 제공하는 것은 학생들이 쉽게 접근할 수 있고 전문적인 자원이 거의 필요하지 않는 저비용 봉사활동 개입으로 작용할 수 있다.

치유 보조견이 학업 성취도에 미치는 영향을 확인하기 위해 세 가지 연구가 수행되었다(Trammell, 2017). 연구 1에서는 치유 보조견과 상호 작용을 선택한 대학생들이 상호 작용을 하지 않은 대학생들에 비해 스트레스의 현저한 감소를 보였으며, 기말고사에서도 5.5점 더 높은 점수를 받았다. 기억력 회복에 대해서 조사한 연구 2에서는 기말고사 직전에 치유 보조견과 상호 작용하도록 배정된 대학생들은 개에 관한 영화를 본 대학생들에 비해 약간 더 스트레스가 감소하였지만 시험 점수에서는 차이가 없었다. 기억력 통합을 조사하기 위한 연구 3에서는 대학생들이 일부 자료를 학습한 후 즉시 치유 보조견과 상호 작용하거나 영화를 보도록 지정했다. 조건 및 시험 문제 유형 사이의 유의미한 상호 작용은 개에 관한 영화를 본 대학생들과 비교했을 때 치유 보조견과의 상호 작용한 대학생들은 상호 작용 직전에 학습한 자료에 대해서는 기억력이 떨어지지만, 다른 시간에 접한 내용에 대해서는 기억력이 향상되었다. 전반적으로 치유 보조견과의 상호 작용은 스트레스를 감소시키는 것으로 보이지만, 연구 2에서는 기억력 회복에 영향을 미치지 않았고, 연구 3에서는 관련 자료의 기억 강화에서 다른 영향을 미치는 것으로 나타났다.

4) 학습에 대한 동기 부여, 자극 및 집중의 원천 제공

미취학 아동이 실제 반려견이 있을 때 사진 자극을 개 인형이나 사람과 비교해 다르게 분류하는지 여부를 조사하기 위해 17명의 미취학 아동에게 각각 세 가지 협력자 조건(실제 개, 개 인형, 사람)으로 생물과 무생물 개체를 두 가지 환경(농장 및 해양)으로 분류하도록 요청하였다(Gee, et al., 2012). 예상한 대로 생물에서 주요 효과가 있었다. 즉, 아이들은 무생물(예: 트랙터)보다 생물(예: 소)의 표본을 더 정확하게 분류했다. 또한 생물 변수는 협력자와 상호 작용하여 실제 개가 있을 때 생물에 대한 영향이 컸지만, 개 인형이나 사람이 있는 경우 효과가 크지 않았다. 실제 개의 존재가 어린이들이 목록에 있는 다른 생물에 더 많은 관심을 집중하도록 하는 매우 두드러진 자극으로 작용했음을 나타낸다. 이 결과는 개의 존재가 미취학 아동이 과제 요구에 주의를 제한하는 데 도움이 된다는 추가 증거를 제공한다. 이것은 실제 개의 존재가 인지 작업 수행에 영향을 미친다는 것을 나타내는 새롭고 흥미로운 발견이다.

1.4 동물교감치유의 장점과 한계

1. 동물교감치유의 장점

반려동물은 많은 사람에게 효과적인 애착의 대상이다(Levinson, 1969; Zilcha-Mano, Mikulincer, & Shaver, 2011). 또한 감각 및 신체적 자극, 추억, 사회적 상호 작용의 유익한 원천이다(Filan, & Llewellen-Jones, 2006). 치료에서 반려동물을 사용하는 것의 또 다른 장점은 반려동물이 무비판적이고 인간보다 신체언어에 더 의존한다는 것인데, 이것은 언어능력이 손상된 환자와 일할 때 특히 가치가 있다(Filan, & Llewellen-Jones, 2006; Tribet, Boucharlat, & Myslinski, 2008). 어린이, 청소년, 성인, 노인 등 정신 질환을 앓고 있는 환자를 지원하기 위한 동물 지원 프로그램이 시행되고 있다. 이러한 프로그램의 유익성은 훈련된 동물과의 상호 작용을 통해 달성된다. 상호 작용은 동물을 직접 만지고 관리하는 것이나 단순히 동물과 치유사 팀과 간호사와의 관계를 관찰하는 것들도 포함된다. 이러한 잠재적 이익은 동물과의 접촉이 동물에 대한 수용과 긍정적인 반응으로 인해 환자에게 도움이 되는 강력한 지원적 자원이라는 사실을 기초로 한다(Yap, Shheinberg, & Williams, 2017; AVMA, 2018).

동물은 치유적 역할을 한다. 동물교감치유의 이점은 정서, 인지, 사회적, 신체적 기능 등 환자 개인의 다양한 영역으로 확장된다(Amerine, & Hubbard, 2016). 지카 마노에 의하면 인간이 심리적으로 질환을 가지고 있을 때 반려동물과 함께

하는 시간이 많을 경우 심리적 치료의 효과를 가질 수 있다고 한다(Zilcha-Mano, et al., 2011). 반려동물이 무조건적인 사랑을 제공하고 보호자의 고통이 있을 때 떠나지 않을 것이라는 것을 보호자가 느낄 수 있기 때문에 안전한 피난처이자 안전 기지로 경험될 가능성이 있다(Levinson, 1969). 반려동물과의 긍정적인 경험은 치유사의 공감적 개입과 지도를 통해 보다 안전한 대인 애착을 만들고 부적응적인 동작 모델과 애착 지향성을 재평가하고 수정할 수 있는 길을 열어줄 수 있다. 경험적 연구 결과는 사람들이 자신의 반려동물과 애착 관계를 형성할 수 있음을 보여 주지만 치료실에서 반려동물이 애착 인물의 역할을 완전히 수행할 수 있는지는 의문의 여지가 있다. 실제로 자신의 반려동물과의 관계와는 달리 치유 보조 동물과의 관계는 치유 회기로 제한되어 시간제한이 있기 때문이다. 이런 맥락에서 일부 내담자에게는 치유사와 애착을 형성하기 어려운 것처럼 반려동물과 완전한 애착 관계를 형성하는 것이 어려울 수도 있다. 그러나 치유 보조 동물과의 관계가 완전한 애착(Doherty, & Feeny, 2004)을 정의하는 데 사용되는 엄격한 기준을 충족하거나 치유 보조 동물이 내담자의 1차 애착 대상이 되지 않을지라도 치유 보조 동물이 잠재적으로 내담자의 애착 계층에 있는 대상들 중 하나가 될 수 있고, 치유 기간 동안 내담자에게 일종의 안전한 안식처와 안전 기지를 제공할 수 있다고 주장하고 있다. 좋은 치료적 성과를 얻기 위한 중요한 부분으로 동작 모델의 변화가 중요하다(Mikulincer, & Shaver, 2007). 따라서 내담자의 동작 모델의 자동적 투영에도 불구하고, 진정성 있고 유익한 애착 유대가 형성될 수 있는 상황을 만드는 것이 중요하다. 반려동물이 상대적으로 부적응적인 투영으로부터 자유로울 수 있는 애착 유대의 형성을 촉진할 수 있고, 따라서 내담자들의 부적응적인 동작 모델을 수정하는 것을 도와 줄 수 있다.

 ## 2. 동물교감치유의 한계

두려움, 동기 부여, 그리고 시간 부족은 동물교감치유 장벽으로 그 효과를 감소시키는 요인이다(Conniff, et al., 2005; Morrison, et al., 2013).

특정 동물 종을 싫어하거나 동물이나 질병에 대한 두려움은 동물교감치유 실천에 영향을 미친다. 게다가 맞벌이 부모의 시간 갈등은 동물교감치유 실천에 영향을 미치는 또 다른 잠재적 요소이다. 이해관계자들은 가족, 특히 주변 환경이 가족이 산책하기에 안전하지 않다고 느낄 수 있는 덜 부유한 지역의 사람들이 참여하도록 동기를 부여하는 방법에 대한 우려를 언급하고 있다(Morrison, et al., 2013). 특히 일하는 부모들에게 실질적인 시간문제의 장벽을 반복적으로 강조하고 있다. 사람들은 매력적인 동물 즉, 유아 도식과 관련된 일부 기능, 즉 큰 눈과 넓은 눈을 선호한다. 또한 특정 인간과 유사한 속성 즉, 색깔이 있는 눈동자와 웃는 것 같이 입이나 눈꼬리가 올라가는 것을 선호한다. 이러한 사람의 매력적인 동물에 대한 선호도도 동물교감치유의 치유 보조 동물의 선택에 영향을 준다(Hecht, & Horowitz, 2015). 그러나 동물교감치유 경험을 평가할 때 치유 보조견의 외모가 그들의 동물교감치유 경험에 영향을 미친다고 언급한 참가자는 없었다. 이전의 정량적 연구는 외모가 동물 선호도에서 중요한 요소라는 것을 분명히 보여준다(Hecht, & Horowitz, 2015). 정량적 데이터와 대조적으로 정성적 연구는 어떤 참가자도 동물의 외모를 기반으로 한 선호도를 언급하지 않았다는 것이 발견되었다(Shen, et al., 2018). 비록 이 발견이 동물의 외모가 동물교감치유 효과에 영향을 미친다는 것을 증명하지는 않지만 성공적인 동물교감치유 회기에서 사람들은 동물과의 상호 작용에 더 높은 가치를 두고 그들의 외모에 덜 주의를 기울인다는 것을 보여줄 수 있다. 참가자들은 동물교감치유 감각 자극의 이점은 보고했지만 시각적 자극의 이점은 보고하지 않았다. 이 결과는 참가자들이 동물과 물리적으로 상호 작용할 수 없기 때문에 온라인이나 비대면 회기와 같은 원격 동물교감치유가 덜 효과적일 수 있음을 시사한다.

동물교감치유는 정상의 감정을 함양함으로써 정신 질환에 대한 환자들의 낙인을 줄이는 데 도움을 준다. 동물교감치유는 전통적인 요법에 대한 훌륭한 대안으로 도움이 되며 다양한 내담자의 요구에 맞게 정의할 수 있다. 그러나 이 책무를 수행하는 동안 발생할 수 있는 우려를 이해하는 것이 중요하다.

1) 윤리적 문제

동물과 함께 일할 때 기억해야 할 가장 중요한 것은 동물도 감정을 가진 살아있는 존재라는 것이다. 그들은 보살핌과 사랑이 필요하다. 동물들의 하루를 회기로 꽉 차게 하는 것은 피곤할 수 있으며 정신 건강에 영향을 미칠 수 있다. 더욱이 치유사는 때때로 동물이 겪는 피로를 간과할 수 있다.

동물교감치유가 계속 성장함에 따라 치유사는 동물뿐만 아니라 내담자의 안녕과 안전을 보장하기 위해 따라야 하는 공식적인 훈련 지침과 관행을 개발하는 것이 필수적이다. 동물이 얼마나 오랫동안 치유 보조 동물이 될 수 있는지에 대한 더 나은 이해가 있어야 한다. 또한 치유사는 인간과 동물의 유대를 계속 연구하고 다양한 인구와 환경에서 동물교감치유의 치료적 이점을 조사하는 심층적이고 측정 가능한 연구를 수행해야 한다.

2) 위험

동물과 함께 일할 때 가장 큰 위험은 동물이 아무리 잘 행동하더라도 대개 본능에 따라 움직인다는 것이다. 훈련을 받은 치유 보조 동물은 의도적으로 인간을 해치는 일은 거의 하지 않지만 때때로 사고가 발생할 수 있다. 이 위험을 완전히 완화할 수는 없지만 피하는 가장 쉬운 방법은 정기적으로 치유 보조 동물의 기질을 평가하고 치유 보조 동물과의 행동에 대해 내담자와 경계를 설정하는 것이다. 또 다른 큰 위험은 내담자가 치유 보조 동물에 알레르기를 일으키는 것이다. 따라서 동물교감치유를 시작하기 전에 내담자에게 알레르기 검사를 받도록 요청하는 것이 좋다. 때때로 치유 보조 동물에 대한 과도한 애착은 내담자가 그 동물에 대한 주인의식을 느끼게 할 수 있으며, 이는 모두에게 도움이 되지 않을 수 있다. 그러한 상황이 발생하면 내담자와 함께 해결하고 내담자가 치유 보조 동물과 상호 작용하는 시간을 천천히 줄이는 것이 가장 좋다.

마지막으로 일부 치유 보조 동물은 노인요양 시설 및 기타 시설을 정기적으로 방문하게 되는데 여기에는 전염성 질병이 있는 내담자가 있을 수 있으며, 치유 보조 동물의 털은 이러한 질병의 매개체가 될 수 있다. 따라서 치유 보조 동물을 항상 깨끗하고 위생적으로 유지하고 정기적으로 목욕을 시키는 것이 가장 중요하다.

3) 책임 보험 적용 범위

동물교감치유를 시작할 때 가장 중요한 측면 중 하나는 책임 보험에 가입하는 것이다. 어떤 사고를 피하기 위해 동물을 올바르게 훈련시키는 것이 가장 중요하지만 만일을 대비하여 항상 책임 보험에 가입하는 것이 좋다.

말과 함께 일하다가 불행하게도 말 한 마리가 고객의 발을 밟고 실수로 발가락이 부러지거나 실수로 치유 보조견의 목줄에 내담자의 차가 흠집이 났을 때 등의 일들로 소송을 당할 수도 있다. 그리고 이런 예상치 못한 사건은 자주 발생한다. 따라서 항상 모든 부분에서 보장받을 수 있는 보험에 가입하는 것이 좋다.

4) 연구 방법의 한계

동물교감치유에 관한 연구는 증거 기반의 강도에 의문을 제기하는 방법론적 단점에 시달리고 있다. 대다수의 발표된 연구결과는 반려동물 결합 및 그 결과(예: 외로움)와 같은 개념에 대한 표준화된 측정 방법의 사용이 부족하고, 표본 크기가 작으며, 단기적인 효과에 대한 내용이 대부분으로 종단적 연구가 매우 부족하다. 관련된 동물과 동물과의 인간 상호 작용은 잘 설명되지 않는 경우가 많으며, 표본과 방법론을 설명할 때 포함된 반려동물 소유의 기록이나 반려동물과의 관여 정도가 거의 없다(Kazdin, 2015).

동물교감치유를 포함하는 많은 연구에서 데이터 분석에 적절한 공변량 절차의 사용과 같은 무작위 통제 시험이나 기타 엄격한 통제 또는 비교 절차를 채택하지 않는다. 동물교감치유는 특성에 따른 정확한 인과 관계를 밝히는 것이 매우 어렵다. 반려동물 효과가 실제보다 과장되었다는 지적도 있다(김세영, 박형인, 2017). 반려동물 효과의 실효성을 검토한 연구들 중에는 개별 연구에서 나타난 약한 효과를 언론에서 다소 과장했다고 비판하였다(Herzog, 2011). 또한 인간－반려동물 관계에 대한 일부 연구는 개념을 모호하게 정의하고 연구 방법이 엄격하지 않다고 하였다. 대표적인 예는 반려동물이 될 수 있는 작은 종의 동물을 선발하고, 이 동물들을 사람들에게 무선적으로 배정하는 절차가 현실적으로 불가능하다는 것이다(Gilbey & Tani, 2015; Herzog, 2011; Winefield, Black, & Chur-Hansen, 2008). 따라서 반려동물 효과를 발표한 연구들의 대부분은 무선 배정, 통제집단 비교, 사전-사후 검사와 같은 엄격한 실험 설계 보다 혼자 사는 사람, 노인, 청소년과 어린이 등 다양한 계층을 대상으로 설문조사와 심층 면접을 실시하고 있다.

참고 문헌

1.1 동물교감치유의 정의 및 용어

김시원, 김정연 (2015). 국제 기능·건강·장애 분류(ICF) 관련 국내 연구 동향 분석(2002 – 2014년). 특수교육재활과학연구, 54(3), 149 – 172.

농촌진흥청 국립축산과학원. (2019). 동물교감치유: 인식과 사례. 진한엠앤비.

신정인, 강영걸. (2016). 동물매개치료(AAT: Animal – Assisted Therapy)에 대한 이해와 상담 적용적 함의. 특수교육재활과학연구, 55(1), 191 – 214.

AVMA(American Veterinary Medical Association). (2018.). Animal – assisted interventions: Definitions. AVMA.

Chalquist, C. (2009). A look at the ecotherapy research evidence. Ecopsychology, 1, 64 – 74.

Delta Society. (2011). Animal – Assisted Activities (AAA); Animal – Assisted Therapy (AAT).

Delta Society. (2020). http://https://petpartners.org/learn/terminology

Fine, A. H., & Andersen, S. J. (2021). A Commentary on the Contemporary Issues Confronting Animal Assisted and Equine Assisted Interactions. Journal of Equine Veterinary Science, 100, 103436

Fine A, Tedeschi P, Elvove E. Forward Thinking: The Evolving Field of Human – Animal Interactions. In: Fine A, editor. Handbook on Animal – Assisted Therapy Foundations and guidelines for Animal – Assisted Interventions. 4 ed. California: Academic Press; 2015. p. 21-35.

Hook, I. (2010). Better Care with a Care dog; ABC for therapy dogs. Tryck Partner International AB.

IAHAIO IAoH – AIO.(2014). IAHAIO White Paper. The IAHAIO Definitions for Animal Assisted Intervention and Guidelines for Wellness of Animals Involved AAI.

Jones, M. G., Rice, S. M., & Cotton, S. M. (2018). Who let the dogs out? Therapy dogs in clinical practice. Australasian Psychiatry, 26(2), 196–199. pmid:29400550

Jones, M. G., Rice, S. M., & Cotton, S. M. (2019). Incorporating animal−assisted therapy in mental health treatments for adolescents: A systematic review of canine assisted psychotherapy. PLoS ONE, 14(1): e0210761.

Kruger, K. A., & Serpell, J. A. (2006). Animal−assisted interventions in mental health: Definitions and theoretical foundations. In A. H. Fine (Ed.), Handbook on animal assisted therapy: Theoretical foundations and guidelines for practice (2n ed., pp. 21−38). San Diego, CA: Elsevier Inc.

Kruger, K. A. & Serpell, A. (2010). Animal−assisted interventions in mental health. In A. H. Fine (3rd ed.), *Handbook on animal−assisted therapy: theoretical foundations and guidelines for practice*(pp. 33−48), ISBN 978−0−12−381453−1, New York: Academic Press.

LaJoie, K. R. (2003). An evaluation of the effectiveness of using animals in therapy. Louisville, KY(University Microfilms No. 3077675): Unpublished doctoral dissertation, Spalding University.

1.2 동물교감치유의 특징

최상안, 김정희 (역). (2002). 그림을 통해서 본 개와 인간의 문화사. H. Brackert와 C. van Kleffens의 Von Hunden und Menschen: Geschichit einer Lebens geminschaft(1989). 서울: 백의

Barnard, S., Marshall−Pescini, S., Pelosi, A., Passalacqua, C., Prato−Previde, E., & Valsecchi, P. (2017). Breed, sex, and litter effects in 2−month old puppies' behaviour in a standardised open−field test. Scientific Reports, 7, 1802. doi: 10.1038/s41598−017−01992−x.

Beck, L., & Madresh, E. A. (2015). Romantic Partners and Four−Legged Friends: An Extension of Attachment Theory to Relationships with Pets. Anthrozoös. 21(1), 43-56. doi: 10.2752/089279308X274056.

Boeing, G. (2016). Visual Analysis of Nonlinear Dynamical Systems: Chaos, Fractals, Self−Similarity and the and the Limits of Prediction. Systems. 4(4), 37. doi: 10.3390/systems4040037.

Bridgman, P. (1927). The Logic of Modern Physics. The MacMillan Company; New York, NY, USA.

Caldwell, B. (2006). Popper and Hayek: Who Influenced Whom? In: Jarvie, I., Milford, K., Miller, D. M., editors. Karl Popper: A Centenary Assessment. Taylor & Francis Ltd; London, UK.

Chubak, J., Hawkes, R., Dudzik, C., Foose−Foster, J. M., Eaton, L., Johnson, R. H., & Macpherson, C. F. (2017). Pilot study of therapy dog visits for inpatient youth with cancer. J Pediatr Oncol Nurs. 34(5), 331−341. doi:10.1177/1043454 217712983.

Clutton−Brock, T. H., & Parker, G. A. (1995). Punishment in animal societies. Nature, 373, 209-216. doi: 10.1038/373209a0.

Enikő K., Virànyi Z., & Miklosi A. (2007). Comparative social cognition: From wolf and dog to Humans. Comp. Cogn. Behav. Rev. 2.\, 26-46. doi: 10.3819/ ccbr.2008.20002).

Fenelli, A., Volpi, C., Guarracino, E., Galli, V., & Esposito, M. (2011). The reciprocity rule in bord construction is as the reading key in relational processes. Rivista di Psichiatria, 46(5), 296−299. doi: 10.1708/1009.10975.

Francia, N., Borgi, M., Collacchi, B., & Cirulli, F. (2019). Metodologie per la valutazione dell'idoneità e del benessere animale negli Interventi Assistiti con gli Animali. Rapporti ISTISAN 19/4, ISTITUTO SUPERIORE DI SANITÀ.

Gee, N. R., Friedmann, E., Coglitore, V., Fisk, A., & Stendahl, M. (2015). Does physical contact with a dog or person affect performance of a working memory task? Anthrozoos, 28, 483−500. doi:10.1080/08927936.2015.1052282.

Ginex, P., Montefusco, M., Zecco, G., Mattesich, N. T., Burns, J., Hedal−Siegel, J., Kopelman, J., & Tan, K. S. (2018). Animal−facilitated therapy program: outcomes from caring canines, a program for patients and staff on an inpatient surgical oncology unit. Clin J Oncol Nurs. 22(2), 193−198. doi:10.1188/ 18.CJON.193−198.

Hausberger, M., Roche, H., Henry, S., & Visser, E. K. (2007). A review of the human-horse relationship. Applied Animal Behaviour Science, 109(1), 1-24. doi: 10.1016/j.applanim.2007.04.015.

Kuhne, F., Hößler, J. C., & Struwe, R. (2014). Behavioral and cardiac responses by dogs to physical human−dog contact. J Vet Behav Clin Appl Res., 9, 93−97. doi:10.1016/j.jveb.2014.02.006.

Menanche, S. (1998). Dogs and Human Beings: A Story of Friendship. Society & Animals, 6, 67-86. doi: 10.1163/156853098X00069.

Menna, L. F., Santaniello, A., Amato, A., Ceparano, G., Di Maggio, A., Sansone, M., Formisano, P., Cimmino, I., Perruolo, G., & Fioretti, A. (2019). Changes of Oxytocin and Serotonin Values in Dialysis Patients after Animal Assisted Activities (AAAs) with a Dog—A Preliminary Study. Animals. 9(8), 526. doi: 10.3390/ani9080526

Menna L. F., Santaniello A., Todisco M., Amato A., Borrelli L., Scandurra C., Fioretti A. (2019). The human−animal relationship as the focus of animal−assisted interventions: A one−health approach. International Journal of Environmental Research and Public Health. 16(19), 3660. doi: 10.3390/ijerph16193660.

Nagasawa, M., Mitsui, S., En, S., Ohtani, N., Ohta, M., Sakuma, Y., Onaka, T., Mogi, K., & Kikusui, T. (2015). Oxytocin−gaze positive loop and the coevolution of human−dog bonds. Science, 348(6232), 333-336. doi: 10.1126/science. 1261022.

Réda, B. (2007). La Teoria Della Complessità. 1st ed. Bollati Boringhieri; Torino, Italy.

Sander, L. W. (2002). Thinking differently. Principles of process in living systems and the specificity of being known. Psychoanalytic Dialogues. 12(1), 11-42. doi: 10.1080/10481881209348652.

Shiloh, S., Sorek, G., & Terkel, J.(2003). Reduction of state−anxiety by petting animals in a controlled laboratory experiment. Anxiety Stress Coping, 16, 387−395. doi:10.1080/1061580031000091582.

Tóth, L., Gácsi, M., Topál, J., & Miklósi, A. (2008). Playing styles and possible causative factors in dogs' behaviour when playing with humans. Applied Animal Behaviour Science, 114(3−4), 473-484. doi: 10.1016/j.applanim. 2008.02.011.

Wang, G. D., Zhai, W., Yang, H. C., Wang, L., Zhong, L., Liu, Y. H., Fan, R. X., Yin, T. T., Zhu, C. L., Poyarkov, A. D., Irwin, D.M., Hytonen, M. K., Lohi, H., Wu,

C. I., Savolainen, P., & Zhang, Y. P. (2016). Out of southern East Asia: The natural history of domestic dogs across the world. Cell Research, 26, 21–33. doi: 10.1038/cr.2015.147.

1.3 동물교감치유의 효과

이소영, (2012). 인간과 개, 고양이의 관계 심리학, 책공장더불어.

Abate, S. V., Zucconi, M., & Boxer, B. A. (2011). Impact of Canine–Assisted Ambulation on Hospitalized Chronic Heart Failure Patients' Ambulation Outcomes and Satisfaction, The Journal of Cardiovascular Nursing, 26(3), 224–230.

Allen, K., Blascovich, J., & Mendes, W. B. (2002). Cardiovascular reactivity and the presence of pets, friends, and spouses: the truth about cats and dogs. Psychosomatic Medicine, 64, 727–739.

Allen, K., Blascovich, J., Tomaka, J., & Kelsey, R. M. (1991). The presence of human friends and pet dogs as moderators of autonomic responses to stress in women. Journal of Personality and Social Psychology, 61(4), 582–589.

Allen, K., Shykoff, B. E., & Izzo, J. L. (2001). Pet ownership, but not ACE inhibitor therapy, blunts home blood pressure responses to mental stress. Hypertension, 38(4), 319–324.

Ambrosi, C., Zaiontz, C., Peragine, G., Sarchi, S., & Bona, F. (2018). Randomized controlled study on the effectiveness of animal–assisted therapy on depression, anxiety, and illness perception in institutionalized elderly. Psychogeriatrics, 19(1), 55–64.

Ambrosi, C., Zaiontz, C., Peragine, G., Sarchi, S., & Bona, F. (2019). Randomized controlled study on the effectiveness of animal–assisted therapy on depression, anxiety, and illness perception in institutionalized elderly. Psychogeriatrics, 19(1), 55–64.

Amerine, J. L., & Hubbard, G. B. (2016). Using Animal assisted Therapy to Enrich Psychotherapy. Advances in mind–body medicine, 30(3), 11–1, PMID:27541053.

Anderson, H. K., Hayes, S. L., & Smith, J. P. (2019). Animal Assisted Therapy in Pediatric Speech−Language Therapy with a Preschool Child with Severe Language Delay: A Single−Subject Design. The Internet Journal of Allied Health Sciences and Practice, 17(3), Article 1.

Arkow, P. (1982). Pet therapy: A study of the use of companion animals in selected therapies. Colorado Springs, CO: Humane Society of Pikes Peak Region.

Bachi, K., & Parish−Plass, N. (2017). Animal−assisted psychotherapy: A unique relational therapy for children and adolescents. Clinical Child Psychology and Psychiatry, 22(1): 3-8.

Banks, M. R., & Banks, W. A. (2002). The effects of animal−assisted therapy on loneliness in an elderly population in long−term care facilities. The Journals of Gerontology, Series A: Biological Sciences and Medical Sciences. 57, M428-M432. doi: 10.1093/gerona/57.7.M428

Bánszky, N., Kardos, E., Rózsa, L., & Gerevich, J. (2012). The psychiatric aspects of animal assisted therapy [in Hungarian]. Psychiatria Hungarica, 27(3), 180−190.

Barker, S. B., Anand, K., & Best, A. M. (2003). Effects of Animal−Assisted Therapy on Patients' Anxiety, Fear, and Depression Before ECT. The Journal of ECT, 19(1), 38−44.

Barker, S. B., Barker, R. T., McCain, N. L., & Schubert, C. M. (2016). A randomized cross−over exploratory study of the effect of visiting therapy dogs on college student stress before final exams. Anthrozoös, 29(1), 35−46.

Barker, S. B., & Dawson, K. S. (1998). The effects of animal−assisted therapy on anxiety ratings of hospitalized psychiatric patients. Psychiatr Serv., 49(6), 797-801. doi: 10.1176/ps.49.6.797

Barker, S. B., Knisely, J. S., McCain, N. L., & Best, A. M. (2005). Measuring stress and immune responses in health care professionals following interaction with a therapy dog: a pilot study. Psychol. Rep. 96, 713-729.

Barker, S. B., Pandurangi, A. K., & Best, A. M. (2003). Effects of animal−assisted therapy on patients' anxiety, fear, and depression before ECT. The Journal of ECT. 19(1), 38-44. doi: 10.1097/00124509−200303000−00008

Beard, J. R., Officer, A., de Carvalho, I. A., & Sadana, R. (2016). The World report on aging and health: a policy framework for healthy aging. Lancet, 387(10033), 2145−2154. doi:10.1016/s0140−6736(15)00516−4

Beetz, A., Kotrschal, K., Hediger, K., Turner, D., & Uvnäs−Moberg, K. (2011). The effect of a real dog, toy dog and friendly person on inseucrely attached children during a stressful task: an exploratory study. Anthrozoos, 24(4), 349-368.

Beetz, A., Uvnäs−Moberg, K., Julius, H., & Kotrschal, K. (2012). Psychosocial and psychophysiological effects of human−animal interactions: the possible role of oxytocin. Frontiers in Psychology. 3, 234. doi: 10.3389/fpsyg.2012.00234

Berget B, Ekeberg O, Braastad BO. Animal−assisted therapy with farm animals for persons with psychiatric disorders: effects on self−efficacy, coping ability and quality of life, a randomized controlled trial. Clin Pract Epidemiol Ment Health (2008) 4:9. doi: 10.1186/1745−0179−4−9

Bernstein, P. L., Friedmann, E., & Malaspina, A. (2000). Animal−assisted therapy enhances resident social interaction and initiation in long−term care facilities. Anthrozoos, 13(A), 213−224. doi: 10.2752/089279300786999743

Bradley, L., & Bennett, P. C. (2015). Companion−Animals' Effectiveness in Managing Chronic Pain in Adult Community Members. Anthrozoös, 28(4), 635−647. doi:10.1080/08927936.2015.1070006

Braun, C., Stangler, T., Narveson, J., & Pettingell, S. (2009). Animal−assisted therapy as a pain relief intervention for children. Complementary Therapies in Clinical Practice, 15(2), 105-109.

Brooks, H. L., Rushton, K., Lovell, K., Bee, P., Walker, L., Grant, L, & Rogers, A. (2018). The power of support from companion animals for people living with mental health problems: a systematic review and narrative synthesis of the evidence. BMC Psychiatry, 18(1), 31. doi:10.1186/s12888−018−1613−2

Brooks, H., Rushton, K., Walker, S., Lovell, K., & Rogers, A. (2016). Ontological security and connectivity provided by pets: a study in the self−management of the everyday lives of people diagnosed with a long−term mental health condition. BMC Psychiatry, 16(1), 409. doi:10.1186/s12888−016−1111−3

Budahn, N. M. (2013). Effectiveness of Animal－Assisted Therapy: Therapists' Pers－
pectives. Retrieved from Sophia, the St. Catherine University repository
website: https://sophia.stkate.edu/msw_papers/159

Cahow, C., Gassaway, J., Rider, C., Joyce, J. P., Bogenschutz, A., Edens, K., Kreider,
S. E. D., & Whiteneck, G. (2012). Relationship of therapeutic recreation
inpatient rehabilitation interventions and patient characteristics to outcomes
following spinal cord injury: The SCIRehab project. The Journal of Spinal
Cord Medicine, 35(6), 547-564.

Calcaterra, V., Veggiotti, P., Palestrini, C., De Giorgis, V., Raschetti, R., Tumminelli,
M., Mencherini, S., Papotti, F., Klersy, C., Albertini, R., Ostuni, S., & Pelizzo,
G. (2015). Post－operative benefits of animal－assisted therapy in pediatric
surgery: a randomised study. PloS One, 10(6), e0125813

Cangelosi, P. R., & Embrey, C. N. (2006). The healing power of dogs: Cocoa's story.
Journal of Psychosocial Nursing and Mental Health Services, 44(1), 17－20.

Chandler, C. K. (2008). Animal assisted therapy with Hurricane Katrina survivors.
Based on a program presented at the ACA Annual Conference and Exhibition,
Honolulu, HI.

Chubak, J., Hawkes, R., Dudzik, C., Foose－Foster, J. M., Eaton, L., Johnson, R. H., &
Macpherson, C. F. (2017). Pilot study of therapy dog visits for inpatient youth
with cancer. Journal of Pediatric Oncology Nursing, 34(5), 331－341.

Coakley, A. B., & Mahoney. E. K. (2009). Creating a therapeutic and healing
environment with a pet therapy program. Complementary Therapies in
Clinical Practice, 15(3), 141－146.

Cole, K. M., Gawlinski, A., Steers, N., & Kotlerman, J. (2007). Animal－assisted
therapy in patients hospitalized with heart failure. American Journal of Critical
Care, 16(6), 575－585.

Conniff, K. M., Scarlett, J. M., Goodman, S., & Appel, L. D. (2005). Effects of a pet
visitation program on the behavior and emotional state of adjudicated female
adolescents. Anthrozoös, 18(4), 379－395.

Corson, S., & Corson, E. (1980). Pet animals as nonverbal communication mediators
in psychotherapy in institutional settings. In S. Corson & E. Corson (Eds.),

Ethology and Nonverbal Commnication in Mental Health(pp. 83−110). Oxford, England: Pergamon Press.

Demello, L. R. (1999). The effect of the presence of a companion−animal on physiological changes following the termination of cognitive stressors. Psychology & Health, 14(5), 859‒868.

DeSchriver, M. M., & Riddick, C. C. (1990). Effects of watching aquariums on elders' stress. Anthrozoos, 4(1), 44−48. doi: 10.2752/089279391787057396

Eaton−Stull, Y. (2020). Animal−assisted Crisis Response: Specialized Canine Intervention for Individuals Affected by Disasters and Crises. NASW Press.

Eddy, J., Hart, L., & Boltz, R. P. (1988). The effects of service dogs on social acknowledgements of people in wheelchairs. J. Psychol. 122, 39‒45.

Ein, N., Li, L., & Vickers, K. (2018). The effect of pet therapy on the physiological and subjective stress response: A meta−analysis. Stress and Health, 34(4), 477−489.

Fick, K. M. (1993). The influence of an animal on social interactions of nursing home residents in a group setting. *The American Journal of Occupational Therapy*, 47(6), 529−534.

Fine, A. H. (2018). The role of therapy and service animals in the lives of persons with disabilities. Rev Sci Tech, 37(1), 141−149. doi: 10.20506/rst.37.1.2747.

Friedmann, E., Katcher, A. H., Thomas, S. A., Lynch, J. J., & Messent, P. R. (1983). Social interaction and blood pressure: influence of animal companions. The Journal of Nervous and Mental Disease, 171(8), 461‒464.

Francis, G., Turner, J. T., & Johnson, S. B. (1985). Domestic animal visitation as therapy with adult home residents. International Journal of Nursing Studies, 22(3), 201−206.

Furlan, J. C., Noonan, V., Singh, A., & Fehlings, M. G. (2011). Assessment of impairment in patients with acute traumatic spinal cord injury: a systematic review of the literature. Journal of Neurotrauma, 28(8), 1445‒1477.

Gee, N. R., Church, M. T., & Altobelli, C. L. (2010). Preschoolers make fewer errors on an object categorization task in the presence of a dog. Anthrozoös, 23(3), 223−230.

Gee, N. R., Gould, J. K., Swanson, C. C., & Wagner, A. K. (2012). Preschoolers categorize animate objects better in the presence of a dog. Anthrozoös, 25(2), 187−198.

Germain, S. M., Wilkie, K. D., Milbourne, V. M. K., & Theule, J. (2018). Animal−assisted Psychotherapy and Trauma: A Meta−analysis. Anthrozoös. 31(2), 141−164.

Graham, L. B. (2009). Dogs Bring Comfort in the Midst of a Natural Disaster. Reflections: Narratives of Professional Helping, 15(1), 76−84.

Greenbaum, S. D. (2006). Introduction to working with Animal Assisted Crisis Response animal handler teams. International Journal of Emergency Mental Health, 8(1), 49−63.

Grossberg, J. M., & Alf, E. F. (1985). Interaction with pet dogs: effects on human cardiovascular response. Journal of the Delta Society, 2(1), 20-27.

Guarneri, M. (2006). The Heart Speaks: A Cardiologist Reveals the Secret Language of Healing. New York, NY: Touchstone.

Gueguen, N., & Cicotti, S. (2008). Domestic dogs as facilitators in social interaction: an evaluation of helping and courtship behaviors. Anthrozoos 21, 339-349.

Handlin, L., Hydbring−Sandberg, E., Nilsson, A., Ejdebäck, M., Jansson, A., & Uvnäs−Moberg, K. (2011). Short−term interaction between dogs and their owners- effects on oxytocin, cortisol, insulin and heart rate-an exploratory study. Anthrozoos, 24(3), 301-316.

Hansen, K. M., Messenger, C. J., Baun, M., & Megel, M. E. (1999). Companion animals alleviating distress in children. Anthrozoos 12(6), 142-148.

Harper, C. M., Dong, Y., Thornhill, T. S., Wright, J., Ready, J., Brick, G. W., & Dyer, G. (2015). Can therapy dogs improve pain and satisfaction after total joint arthroplasty? A randomized controlled trial. Clinical Orthopaedics and Related Research®, 473(1), 372−379.

Hart, L. A., Hart, B., & Bergin, B. (1987). Socializing effects of service dogs for people with disabilities. Anthrozoos 1, 41-44.

Havener, L., Gentes, L., Thaler, B., Megel, M. E., Baun, M. M., Driscoll, F. A., Beiraghi, S., & Agrawal, S. (2001). The effects of a companion animal on distress in children undergoing dental procedures. Issues Comprehensive Pediatric Nurssing, 24(2), 137-152.

Hergovich, A., Monshi, B., Semmler, G., & Zieglmayer, V. (2002). The effects of the presence of a dog in the classroom. Anthrozoos 15, 37-50.

Hoagwood, K. E., Acri, M., MOrrissey, M., & Peth−Pierce, R. (2017). Animal−assisted therapies for youth with or at risk for mental health problems: A systematic review. Applied Developmental Science. 21(1), 1−13. pmid: 28798541

Horowitz, S. (2010). Animal−assisted therapy for inpatients: Tapping the unique healing power of the human−animal bond. Alternative and Complementary Therapies, 16(6), 339−343.

Islam, A., & Towell, T. (2013). Cat and Dog Companionship and Well−being: A Systematic Review. *International Journal of Applied Psychology*, 3(6), 149−155. doi:10.5923/j.ijap.20130306.01

Jenkins, J. (1986). Physiological effects of petting a companion animal. Psychological Reports, 58(1), 21-22.

Johnson, R. A., & Meadows, R. L. (2010). Dog−Walking: Motivation for Adherence to a Walking Program. Clinical Nursing Research, 19(4), 387−402. doi:10.1177/1054773810373122

Kaminski, M., Pellino, T., & Wish, J. (2002). Play and pets: the physical and emotional impact of child−life and pet therapy on hospitalized children. Children's Health Care 31(4), 321-335.

Kamioka, H., Okada, S., Tsutani, K., Park, H. T., Okuizumi, H., Handa, S., Oshio, T., Park, S. J., Kitayuguchi, J., Abe, T., Honda, T., & Mutoh, Y. (2014). Effectiveness of animal−assisted therapy: A systematic review of randomized controlled trials. Complement Ther Med. 22(2), 371−390. pmid:24731910.

Koukourikos, K., Georgopoulou, A., Kourkouta, L., & Tsaloglidou, A. (2019). Benefits of Animal Assisted Therapy in Mental Health. International Journal of Caring Sciences, 12(3), www.internationaljournalofcaringsciences.org.

Lang, U. E., Jansen, J. B., Wertenauer, F., Gallinat, J., & Rapp, M. A. (2010). Reduced anxiety during dog assisted interviews in acute schizophrenic patients. Eur J Integr Med., 2(3), 123−127. doi: 10.1016/j.eujim.2010.07.002

Launer., S. C. (2015). Client—centered effects of an animal—assisted intervention in interviewing. ProQuest.

Low, G., Molzahn, A. E., & Schopflocher, D. (2013). Attitudes to aging mediate the relationship between older peoples' subjective health and quality of life in 20 countries. Health and Quality of Life Outcomes, 11, 146—146. doi:10.1186/1477—7525—11—146

Lust, E., Ryan—Haddad, A., Coover, K., & Snell, J. (2007). Measuring clinical outcomes of animal—assisted therapy: Impact on resident medication usage. The Consultant Pharmacist, 22(7), 580-585.

Ma, V. Y., Chan, L., & Carruthers, K. J. (2014). Incidence, prevalence, costs, and impact on disability of common conditions requiring rehabilitation in the United States: Stroke, spinal cord injury, traumatic brain injury, multiple sclerosis, osteoarthritis, rheumatoid arthritis, limb loss, and back pain. Archives of Physical Medicine and Rehabilitation, 95, 986-995.

Machová, K., Součková, M., Procházková, R., Vaníčková, Z., & Mezian, K. (2019). Canine—Assisted Therapy Improves Well—Being in Nurses. Int J Environ Res Public Health. 16(19). pii: E3670. doi: 10.3390/ijerph16193670.

Marcus, D. A., Bernstein, C. D., Constantin, J. M., Kunkel, F. A., Breuer, P., & Hanlon, R. B. (2012). Animal—assisted therapy at an outpatient pain management clinic. Pain Medicine, 13(1), 45—57.

Marr, C. A., French, L., Thompson, D., Drum, L., Greening, G., Mormon, J., Henderson, I., & Hughes, C. W. (2000). Animal—assisted therapy in psychiatric rehabilitation. Anthrozoös, 13(1), 43—47.

Maujean, A., Pepping, C. A., & Kendall, E. (2015). A systematic review of randomized controlled trials of animal—assisted therapy on psychosocial outcomes. Anthrozoös, 28(1), 23—36.

McNicholas, J., & Collis, G. M. (2000). Dogs as catalysts for social interaction: robustness of the effect. British Journal of Psychology, 91, 61-70. doi: 10.1348/000712600161673

Min, K. D., kim, W. H. Kim, Cho, S. B.., & Cho, S. I. (2019). Owners' Attitudes toward Their Companion Dogs Are Associated with the Owners' Depression Symptoms—An Exploratory Study in South Korea. Int. J. Environ. Res. Public Health 2019, 16(19), 3567; https://doi.org/10.3390/ijerph16193567

Moretti, F., Ronchi, D. D., Bernabei, V., Marchetti, L., Ferrari, B., Forlani, C., Negretti, F., Sacchetti, C., & Atti, A. R. (2011). Pet therapy in elderly patients with mental illness. Psychogeriatrics, 11(2), 125－129.

Morrison, R., Reilly, J. J., Penpraze, V., Westgarth, C., Ward, D. S., Mutrie, N., Hutchison, P., Young, D., McNicol, L., Calvert, M., & Yam, P. S. (2013). Children, parents and pets exercising together (CPET): Exploratory randomised controlled trial. BMC Public Health, 13(1), 1096.

Motooka, M., Koike, H., Yokoyama, T., & Kennedy, N. L. (2006). Effect of dog－walking on autonomic nervous activity in senior citizens. Th Medical Journal of Australia, 184(2), 60-63.

Mueller, M. K., Gee, N. R., & Bures, R. M. (2018). Human－animal interaction as a social determinant of health: descriptive findings from the health and retirement study. BMC Public Health, 18, 305. doi:10.1186/s12889－018－5188－0.

Nagengast, S. L., Baun, M. M., Megel, M., & Leibowitz, J. M. (1997). The effects of the presence of a companion animal on physiological arousal and behavioral distress in children during a physical examination. Journal of Pediatric Nursing, 12(6), 323－330.

Nathans－Barel, I., Feldman, P., Berger, B., Modai, I., & Silver, H. (2005). Animal assisted therapy ameliorates anhedonia in schizophrenia patients: A controlled pilot study. Psychotherapy and Psychosomatics, 74, 31－35. doi: 10.1159/000082024

National Spinal Cord Injury Statistical Center. (2018). Facts and figures at a glance. Birmingham, AL: University of Alabama at Birmingham.

Nepps, P., Stewart, C. N., & Bruckno, S. R. (2014). Animal－assisted activity: Effects of a complementary intervention program on psychological and physiological variables. Journal of Evidence－based Complementary & Alternative Medicine, 19(3), 211－215.

Nimer, J., & Lundahl, B. (2007). Animal－Assisted Therapy: A Meta－Analysis. Anthrozoos. 20(3), 225－238.

Noonan, V. K., Fingas, M., Farry, A., Baxter, D., Singh, A., Fehlings, M. G., & Dvorak, M. F. (2012). Incidence and prevalence of spinal cord injury in Canada: a national perspective. Neuroepidemiology, 38(4), 219–226.

Odendaal, J. S. (2000). Animal—assisted therapy – magic or medicine? J. Psychosom. Res. 49, 275–280.

Odendaal, J. S., & Meintjes, R. A. (2003). Neurophysiological correlates of affiliative behavior between humans and dogs. Vet. J. 165, 296–301.

O'Haire, M. E. (2017). Research on animal—assisted intervention and autism spectrum disorder, 2012-2015. Applied Developmental Science, 21(3), 200 – 216. doi: 10.1080/10888691.2016.1243988

O'Haire, M. E., Guerin, N. A., & Kirkham, A. C. (2015). Animal—Assisted Intervention for trauma: a systematic literature review. Front Psychol. 6, 1121.

O'Haire, M. E., McKenzie, S. J., Beck, A. M., & Slaughter, V. (2013). Social behaviors increase in children with autism in the presence of animals compared to toys. PLoS ONE 8:e57010. doi: 10.1371/journal.pone.0057010

Olsen, C., Pedersen, I., Bergland, A. & Enders—Slegers, M. J. (2016). Effect of animal—assisted interventions on depression, agitation and quality of life in nursing home residents suffering from cognitive impairment or dementia: a cluster randomized controlled trial. International Journal of Geriatric Psychiatry, 31(12), 1312 – 1321. doi:10.1002/gps.4436

Orlandi, M., Trangeled, K., Mambrini, A., Tagliani, M., Ferrarini, A., Zanetti, L., Tartarini, R., Pacetti, P., & Cantore, M. (2007). Pet therapy effects on oncological day hospital patients undergoing chemotherapy treatment. Anticancer Research, 27(6C), 4301 – 4303.

Parish—Plass, N. (2008). Animal—assisted therapy with children suffering from insecure attachment due to abuse and neglect: a method to lower the risk of intergenerational transmission of abuse? Clinical Child Psychology and Psychiatry, 13, 7–31. doi: 10.1177/1359104507086338

Paul, E. S. (2000). Empathy with animals and with humans: are they linked?. Anthrozoös, 13(4), 194 – 202.

Pedersen, I., Ihlebæk, C., & Kirkevold, M. (2012). Important elements in farm animal−assisted interventions for persons with clinical depression: A qualitative interview study. Disability and Rehabilitation, 34(18), 1526−1534.

Persolja, M., Benko, E., & von Humboldt, S. (2021). Pet−raising and psychological well−being. Encyclopedia of Gerontology and Population Aging, Springer, Cham. DOI:10.1007/978−3−319−69892−2_82−1

Ruchman, R., Ruchman, A., Jaeger, J. Durand, D., & Kelly, P. (2011). Animal−assisted anxiolysis prior to MRI. American Journal of Roentgenology, 196, A120−134.

Ryff, C. D. (2014). Psychological Well−Being Revisited: Advances in Science and Practice. *Psychotherapy and psychosomatics*, 83(1), 10−28. doi:10.1159/000353263

Ryff, C. D., & Keyes, C. L. M. (1995). The structure of psychological well−being revisited. Journal of personality and social psychology, 69(4), 719.

Schneider, M. S., & Harley, L. P. (2006). How dogs influence the evaluation of psychotherapists. Anthrozoos 19, 128-142.

Sekhon, L, H., & Fehlings, M. G.. (2001). Epidemiology, demographics, and pathophysiology of acute spinal cord injury. Spine (Phila Pa 1976), 26(Suppl 24), S2-S12.

Shen, R. Z. Z., Xionga, P., Choua, U. I., & Hall, B. J. (2018). "We need them as much as they need us": A systematic review of the qualitative evidence for possible mechanisms of effectiveness of animal−assisted intervention (AAI), Complementary Therapies in Medicine, 41, 203-207. doi: 10.1016/j.ctim.2018.10.001.

Shiloh, S., Sorek, G., & Terkerl, J. (2003). Reduction of state−anxiety by petting animals in a controlled laboratory experiment. Anxiety, Stress & Coping, 16(4), 387−395.

Singh, A., Tetreault, L., Kalsi−Ryan, S., Nouri, A., & Fehlings, M. G. (2014). Global prevalence and incidence of traumatic spinal cord injury. Clinical Epidemiology, 6, 309-331.

Sobo, E. J., Eng, B., & Kassity—Krich, N. (2006). Canine visitation (pet) therapy: Pilot data on decreases in child pain perception. Journal of Holistic Nursing, 24(1), 51–57.

Solomon. O. (2010). What a dog can do: Children with autism and therapy dogs in social interaction. Ethos, 38(1), 143–166.

Souter, M. A., & Miller, M. D. (2007). Do animal—assisted activities effectively treat depression? A meta—analysis. Anthrozoös, 20(2), 167–180.

Springer, K. W., Pudrovska, T., & Hauser, R. M. (2011). Does Psychological Well—Being Change with Age?: Longitudinal Tests of Age Variations and Further Exploration of the Multidimensionality of Ryff's Model of Psychological Well—Being. Social science research, 40(1), 392–398. doi:10.1016/j.ssresearch.2010.05.008

Stanley, I. H., Conwell, Y., Bowen, C., & Van Ordern, K. A. (2014). Pet Ownership May Attenuate Loneliness Among Older Adult Primary Care Patients Who Live Alone. Aging & Mental Health, 18(3), 394–399. doi:10.1080/13607863.2013.837147.

Stewart, L. A., Bruneau, L., & Elliott, A. (2016). The role of animal—assisted interventions in addressing trauma—informed care. ACA Vistas, Spring, 15.

Straatman, I., Hanson, E., Endenburg, N., and Mol, J. (1997). The influence of a dog on male students during a stressor. Anthrozoos, 10(4), 191-197.

Talarska, D., Tobis, S., Kotkowiak, M., Strugala, M., Stanislawska, J., & Wieczorowska—Tobis, K. (2018). Determinants of Quality of Life and the Need for Support for the Elderly with Good Physical and Mental Functioning. Medical Science Monitotor, 24, 1604–1613.

Thompkins, A. M., Adkins, S. J., Leopard, M., Spencer, C., Bentley, D., Bolden, L., Jagielski, C. H., Richardson, E., Goodman, A. M., & Schwebel, D. C., (2019) Dogs as an Adjunct to Therapy: Effects of Animal—Assisted Therapy on Rehabilitation Following Spinal Cord Injury, Anthrozoös, 32(5), 679–690.

Trammell, J. P. (2017). The effect of therapy dogs on exam stress and memory. Anthrozoös, 30(4), 607–621.

 70 1장 동물교감치유의 기본적 이해

Treat, W. A. (2013). Animal−assisted literacy instruction for students with identified learning disabilities: Examining the effects of incorporating a therapy dog into guided oral reading sessions. Doctoral dissertation, UC Santa Cruz.

Tsai, C. C., Friedmann, E., & Thomas, S. A. (2010). The effect of animal−assisted therapy on stress responses in hospitalized children. Anthrozoös, 23(3), 245−258.

Velde, B.P., Cipriani, J., & Fisher, G. (2005). Resident and therapist views of animal−assisted therapy: Implications for occupational therapy practice. Australian Occupational Therapy Journal, 52(1), 43-50.

Viau, R., Arsenault−Lapierre, G., Fecteau, S., Champagne, N., Walker, C. D., & Lupien, S. (2010). Effect of service dogs on salivary cortisol secretion in autistic children. Psychoneuroendocrinology, 35(8), 1187.

Villalta−Gil, V., Roca, M., Gonzalez, N., Domenec, E., Cuca, Escanilla, A., Asensio, M. R., Esteban, M. E., Ochoa, S., & Haro, J. M. (2009). Dog−assisted therapy in the treatment of chronic schizophrenia inpatients. Anthrozoös, 22(2), 149−159.

Vormbrock, J. K., & Grossberg, J. M. (1988). Cardiovascular effects of human−pet dog interactions. Journal of Behavioral Medicine, 11, 509-517.

Vrbanac Z, Zecević I, Ljubić M, Belić, M. Stanin, D., Bottegaro, N. B., Jurkić, G., Skrlin, B., Bedrica, L., & Zubcić, D. (2013). Animal assisted therapy and perception of loneliness in geriatric nursing home residents. Collegium Antropologicum, 37(3), 973−976.

Wells, D. L. (2004). The facilitation of social interactions by domestic dogs. Anthrozoos 17, 340-352.

Wood, L., Giles−Corti, B., & Bulsara, M. (2005). The pet connection: pets as a conduit for social capital?. Social Science & Medicine, 61, 1159-1173. doi: 10.1016/j.socscimed.2005.01.017

Yount, R., Ritchie, E. C., St Laurent, M., Chumley, P., & Olmert, M. D. (2013). The role of service dog training in the treatment of combat−related PTSD. Psychiatric Annals, 43, 292. doi: 10.3928/00485713−20130605−11

Zisselman, M. H., Rovner, B. W., Shmuely, Y., & Ferrie, P. (1996). A pet therapy intervention with geriatric psychiatry inpatients. American Journal of Occupational Therapy, 50(1), 47−51.

1.4 동물교감치유의 장점과 한계

김세영, 박형인 (2017). 반려동물효과: 반려동물 소유와 심리적 건강 간 관계의 메타분석 연구. 사회과학연구, 28(1), 101−115.

Amerine, J. L., & Hubbard, G. B. (2016). Using Animal assisted Therapy to Enrich Psychotherapy. Advances in mind−body medicine, 30(3), 11−1, PMID: 27541053.

AVMA, (2018). "Animal−assisted interventions: definitions", American Veterinary Medical Association.

Conniff, K. M., Scarlett, J. M., Goodman, S., & Appel, L. D. (2005). Effects of a pet visitation program on the behavior and emotional state of adjudicated female adolescents. Anthrozoös, 18(4), 379−395.

Filan, S. L., & Llewellyn−Jones, R. H. (2006). Animal−assisted therapy for dementia: A review of the literature. International Psychogeriatrics, 18, 597-611. doi 10.1017/S1041610206003322.

Gilbey, A., & Tani, K. (2015). Companion animals and loneliness: A systematic review of quantitative studies. Anthrozoös, 28(2), 181−197.

Herzog, H. (2011). The impact of pets on human health and psychological well−being: Fact, fiction, or hypothesis? Current Directions in Psychological Science, 20(4), 236−239.

Hecht, J. A., & Horowitz, A. (2015). Seeing dogs: Human preferences for dog physical attributes. Anthrozoös, 28(1), 153−163.

Hutchison, P., Young, D., McNicol, L., Calvert, M., & Yam, P. S. (2013). Children, parents and pets exercising together (CPET): Exploratory randomised controlled trial. BMC Public Health, 13(1), 1096.

Levinson, B. M. (1969). Pet−oriented child psychotherapy. Springfield, IL: CC Thomas. Google Scholar.

Morrison, R., Reilly, J. J., Penpraze, V., Westgarth, C., Ward, D. S., Mutrie, N., Hutchison, P., Young, D., McNicol, L., Calvert, M., & Yam, P. S. (2013). Children, parents and pets exercising together (CPET): Exploratory randomised controlled trial. BMC Public Health, 13(1), 1096.

Shen, R. Z. Z., Xionga, P., Choua, U. I., & Hall, B. J. (2018). "We need them as much as they need us": A systematic review of the qualitative evidence for possible mechanisms of effectiveness of animal−assisted intervention (AAI), Complementary Therapies in Medicine, 41, 203-207. doi: 10.1016/j.ctim.2018.10.001.

Tribet, J., Boucharlat, M., & Myslinski, M. (2008). Le soutien psychologique assisté par l'animal à des personnes atteintes de pathologies démentielles sévères [Animal−assisted therapy for people suffering from severe dementia]. L'Encéphale, 34, 183-186. doi 10.1016/j.encep.2007.01.006.

Winefield, H., & Black, A., & Chur−Hansen, A. (2008). Health effects of ownership of and attachment to companion animals in an older population. International Journal of Behavioral Medicine, 15(4), 303−310.

Yap, E., Scheinberg, A., & Williams, K. (2017). Attitudes to and beliefs about animal assisted therapy for children with disabilities. Complementary Therapies in Clinical Practice, 26, 47-52.

Zilcha−Mano, S., Mikulincer, M., & Shaver, P. R. (2011). Pet in the therapy room: An attachment perspective on animal−assisted therapy. Attachment & Human Development, 13, 541-561. doi 10.1080/14616734.2011.608987.

2 장

동물교감치유의
역사

2.1 국내 동물교감치유의 역사

국내의 동물교감치유는 초창기 한국동물병원협회 주도로 '동물은 내 친구' 활동(1990년)이 동기가 되어 1992년에는 이삭애견훈련소(현재 한국장애인도우미견학교)에서 장애인 보조견 훈련과 보급활동이 시작되었고, 1993년에는 삼성화재 안내견 학교가 설립되었으며, 2001년에는 삼성재활 승마단이 발족되었다. 이후 2002년에는 삼성 치료도우미견센터 발족으로 국내 동물교감치유 활동이 확산되는 계기가 되었다.

1990년 한국동물병원협회(KAHA)가 주관한 '동물은 내 친구'(CAPP: Companion Animal Partnership Program) 활동은 반려동물에 대한 올바른 개념을 심어주고 소동물병원에 대한 국민의 인식을 개선하기 위한 사업이었다(백승희, 최승희, 2020). 1995년~1997년까지 총 20여회에 걸쳐 반려동물과 함께 인천보육원, 구세군어린이집을 방문하였고 1996년에는 수의사뿐만 아니라 일반인들에게도 문호를 개방하자는 취지로 협회와 별도로 '동물은 내 친구'라는 사회단체를 결성하여 재정적인 후원을 해오고 있다.

1992년 시각과 지체장애인을 위한 장애인도우미견 훈련을 시작한 이삭애견훈련소는 1996년 재활승마프로그램을 실시하였으며, 2008년에 한국동물매개치료복지 협회로 이름을 바꾸어 활동하고 있다. 동물교감활동을 할 수 있는 도우미견을 훈련하고 번식시키며, 후보견을 관리하고 분양하여 장애인들에게 사회참여의 기회를 제공하고 있다.

1992년에 설립된 (사)삽살개보존협회는 1999년 경북대학교 사회복지학과와 연계한 치유 보조견팀 운영을 시작하였으며, 2000년에 치유 보조견과 정신건강에 대한 학술심포지엄을 개최하였다. 2001년에 미국과 국내복지단체, 구치소, 양로원, 고아원, 홍보 단체 등을 대상으로 삽살개 치유 보조견 입양프로그램을 진행하였다. 2008년에 경북대학교 애견연구소를 설립, 2010년에 한국삽살개재단으로 명칭을 변경하면서 사회적 기업 삽사리테마파크를 설립하였다. 대구 소재 대동병원 연계 동물교감치유 프로그램 운영과 삽사리 활용 초등학교 동화교실 운영, 2012년 칠곡교육지원청 Wee센터 연계 동물교감치유캠프, 2013년 경산시 다문화가족 동물교감치유체험캠프, 2014년 경산교육지원청 Wee센터 연계 학교폭력 문제 학생 힐링캠프, 경산시 드림스타트 센터 연계 동물교감치유 등의 활동을 하고 있다

1996년 최초의 재활승마치료 프로그램을 시작으로 2001년에 설립된 삼성전자승마단은 재활승마 치료사와 삼성서울병원 의료진이 협력하여 환자들의 치료를 위한 프로그램을 운영하고 있다. 재활승마는 장애인의 심폐기능과 근력을 강화시키고, 살아 있는 말과의 교감을 통하여 정신적 안정감과 사회성도 향상시키는 것으로 나타났다. 2001년~ 2012년까지 약 3천 800여 명의 자원봉사자들이 참여하여 860여 명의 뇌성마비 아동들이 수혜를 받았다. 2002년에 설립된 삼성 치료도우미견센터는 치료 도우미견과의 접촉이나 산보, 다양한 놀이 등을 통해 자폐 등 심리적 발달장애가 있는 아동과 노인 등 112명을 대상으로 134차례에 걸쳐 동물교감치유를 실시하였다.

2005년 한국마사회에서 재활승마가 시작되었는데, 렛츠런승마힐링센터 (LetsRun Therapeutic Riding Center)는 한국마사회의 대표적인 사회공헌사업 중 하나다. 이곳은 말을 매개로 사람들에게 도움을 주기 위해 건립되었다. 장애인의 재활과 발달을 돕고, 학교 안과 학교 밖의 청소년들이 사회에 적응하는 데 승마를 활용하자는 발상으로 승마힐링센터가 시작되었다. 승마힐링센터는 2016년 국제 재활승마협회로부터 우수센터 인증을 획득할 만큼 국제 기준에 맞춘 프로그램을 갖추고 있다. 현재 과천 본점, 부산점, 원당점 등 3개의 직영점을 운영하고 있으며, 하반기에 제주점을 개장할 예정이다. 또한 승마힐링센터의 운영 노하우를 전

파하는 협력시설도 계속 선정하고 있다.

2018년 농촌진흥청이 전문가와 국민들의 의견을 수렴해 '동물매개치료'용어를 '동물교감치유'로 바꿔 부르기로 하였다. 동물교감치유는 사람과 동물의 교감을 통해 정서적·인지적·사회적·신체적인 문제 예방과 회복의 효과를 얻을 수 있는 활동을 의미한다. 농촌진흥청은 반려동물과 치유 농업에 대한 관심과 수요가 늘고 동물이 지닌 치유 가치의 중요성이 주목받음에 따라, 동물교감치유의 보편성과 타당성을 확보하기 위한 치유 모델을 개발하고 있다.

2021년 치유농업 연구개발 및 육성에 관한 법률(치유농업법)이 발효되어 농업과 농업자원을 활용한 치유가 주목받는 가운데, 전통의 치유 매개체인 반려동물과 식물도 다시 인기를 얻고 있다.

대관령 당나귀목장 돈키호테 센터에서는 만 4세 이상 개인이나 단체를 대상으로 당나귀 먹이주기, 타기, 양떼몰이, 오리떼몰이, 토끼잡기 등의 동물관련 체험을 진행하고 있으며, 창파동물매개치료연구센터에서는 지적장애인 청소년을 대상으로 동물에게 먹이주기, 단장하기, 산책하기 등의 동물교감치유 활동을 진행하고 있다.

2.2 국외 동물교감치유의 역사
(Morrison, 2007; Serpell, 2019)

동물들은 수천 년 동안 인간의 삶에 매우 중요한 역할을 해 왔다. 우리 조상의 삶에서 동물들은 사냥꾼, 보호자, 동료로서 그리고 다양한 종교적인 역할 안에서 기능했다(Enders-Slegers, 2000). 인간의 초기 예술적 표현들은 동굴 벽화, 고대 그림, 그리고 조각상들에 걸쳐 동물의 중요성을 묘사했다. 놀랄 것도 없이 오늘날 동물들과 우리의 친밀감은 인간이 자연과 더 가까워졌을 때 물려받은 조상들의 특성에서 비롯될 수 있다. 고대 애니미즘(Animism, 정령숭배)과 샤머니즘(Shamanism, 무속신앙)적 신념 체계에서 동물의 영혼은 물질적 영역과 영적 영역 사이를 개입하는 것으로 생각되며, 이들의 개입은 아픔과 질병을 완화시키는 데 매우 중요하다. 고대 세계에서는 개와 뱀과 같은 특정 동물들과 치유의 다양한 신들 사이의 연관성이 더 공식화되었고, 심지어 동물교감치유의 초기 사례로 이어졌다. 중세 기독교에서는 동물과 치유 사이의 이러한 이교적 연결이 대부분 억압되었다. 그러나 동물들이 아동과 정신질환자들에게 긍정적인 영향을 미칠 수 있다는 개념이 19세기 말 그리고 과학 의학이 출현하면서 동물교감치유를 다시 호의적으로 만들었다. 이러한 현상에 대한 관심은 1960년대와 1970년대에 다시 시작되었으며, 동물교감치유의 정신적 및 신체적 건강상의 이점과 그 효과에 책임이 있는 가능한 기본 메커니즘에 관한 과학적 연구의 물결을 촉발시켰다.

동물과 인간은 12,000년 이상 서로 치유적 관계로 존재해 왔다. 9세기 벨기에의 길(Gheel)에서는 장애인 치료 계획에 동물을 사용했다(Burch, et al., 1995;

Pettit Crossman, 1997; Serpell, 2019). 길(Gheel) 거주자들은 장애인에게 가족 돌봄을 확대했으며, 첫 번째 순위는 아니지만 개, 소, 새와 같은 동물들을 치료자로 통합하였다. 1791년 영국 요크(York) 근처의 정신병원에 있던 한 여성이 사망한 후 수용된 정신 질환 환자들의 처우에 대해 의문을 품기 시작했다. 이 비극적인 사건 이후 윌리엄 튜크(William Tuke, 1732~1822)는 퀘이커 교도들에게 더 나은 형태의 치료가 통제되고 관리되는 환경에서 제공될 수 있다고 제안했다. 이리하여 요크 리트리트(York Retreat)가 설립되었다(Burch, et al., 1995; Serpell, 2006). 정원 가꾸기, 안뜰 운동, 새와 토끼와 같은 동물의 존재를 치료 계획에 포함시켜 자제력을 배우는 치료에 사용되었다(Hooker, Freeman, & Stewart, 2002; Salotto, 2001). 환자들은 동물들을 돌보는 일에 참여하게 되었고, 기록된 설명에 따르면 거주자들과 동물들과의 관계는 사회적이고 자애로운 감정을 촉진하였다고 한다. 요크 수용소는 동물을 치료자로 구현한 최초의 기록이다(Burch, et al., 1995; Jorgenson, 1997; Serpell, 2006).

🐝 그림 2.1 요크 리트리트(York Retreat)

출처: https://en.wikipedia.org/wiki/The_Retreat

19세기에 정신 건강 시설 내에 동물을 도입한 것은 영국을 포함해서 모든 곳에서 점점 더 인기를 끌었다(Serpell, 2006). 1830년대 베들렘 병원(Bethlem Hospital) 수용자들이 견딘 끔찍한 환경에 대한 매우 비판적인 보고서에서 영국 자선단체 위원회 위원들은 정신병원들이 "양, 산토끼, 원숭이, 기타 가축 또는 사회적 동물을 사육하여 더 즐겁고 덜 감옥 같은 분위기를 조성해야 한다고 권장하였다(Serpell, 2019).

동물의 치료적 잠재력은 1800년대 후반 현대 간호학의 창시자로 여겨지는 플로렌스 나이팅게일(Florence Nightingale, 1820-1910)이 동물교감치유와 관련하여 중요한 발견을 했을 때 처음 인정되었다(Connor, & Miller, 2000). 그녀는 작은 애완동물이 정신과 시설에 살고 있는 아동과 성인들의 불안감을 줄이는데 도움이 된다는 것을 관찰했고, 그녀의 저서 '간호에 관한 노트(Notes on Nursing)'에 작은 동물들과 함께 있는 것이 환자들의 회복에 도움이 된다라고 하는 점을 "작은 애완동물은 종종 아픈 사람들에게, 특히 만성질환자들에게 훌륭한 동반자"라고 썼다(Serpell, 2019). 그 후에 동물교감치유는 불안의 치료와 휴식을 위한 방법으로 성장했다. 플로렌스 나이팅게일은 간호 환경 내 업무도 다음과 같은 점에 주목하면서 동물 교제의 유익한 효과를 인식하는 데 기여했다.

- 작은 애완동물은 특히 오랜 만성적인 환자들에게 종종 훌륭한 동반자가 된다.
- 우리 안에 있는 애완용 새는 가끔 병자의 유일한 즐거움이다.
- 몇 년 동안 같은 방에 틀어박혀 있던 사람이 직접 동물을 먹이고 청소할 수 있다면, 그 사람에게는 항상 그렇게 하도록 권장되어야 한다.

1867년 치료 환경 내에서 동물을 통합한 뇌전증을 가진 사람들을 위한 집인 베델(Bethel)이 독일 비엘펠트(Bielefield)에 설립되었으며, 가축과 말을 치료 계획에 포함시켰다(Burch, et al., 1995; Bustad, 1980). 1977년까지 약 5,000명의 거주자와 5,000명 이상의 직원들로 확장되었으며, 새, 고양이, 개, 말, 그리고 다른 농장 동물들이 많은 거주지와 작업장에 포함되었다.

19세기 동물교감 시설에서 치료의 명백한 성공에도 불구하고, 과학 의학의 출현으로 20세기 초까지 병원 환경에서 동물들이 거의 사라졌다(Allderidge, 1991). 이후 50년 동안 사실상 동물이 언급된 유일한 의학적 상황은 인수공통전염병 및 공중 보건과 관련된 상황이나 정신 질환의 기원에 관한 정신 분석 이

🐾 그림 2.2 플로렌스 나이팅게일
(Florence Nightingale)

출처: https://en.wikipedia.org/wiki/
Florence_Nightingale

론의 상징적 지시 대상이었다. 신경증의 기원에 관한 지그문트 프로이트(Sigmund Freud, 1856~1939)의 생각은 인간의 본래 짐승 같은 본성을 가지고 있다는 홉스적 생각(Hobbesian idea)을 반복하는 경향이 있었다(Myers, 1998). 프로이트에 따르면 영유아는 먹기, 배설, 성욕, 그리고 자기 보호와 같은 기본적인 생물학적 기능을 중심으로 조직된 본능적인 갈망이나 충동에 의해 지배된다는 점에서 본질적으로 동물과 유사하다. 이러한 인간 본성의 기본적이고 동물적인 측면을 **이드**(Id)라고 불렀다. 아동이 성숙함에 따라 성인 보호자들은 아동들이 이러한 내적 충동에 너무 충동적으로 반응할 때마다 두려움이나 죄책감을 심어줌으로써 아동을 길들이거나 사회화한다. 아동들은 의식으로부터 이러한 충동을 억제함으로써 순응으로 외부 압력에 반응한다. 억눌린 동물적 충동이 만년에 건강하고 창의적인 배출구를 찾지 못하고 걷잡을 수 없이 의식 속으로 분출될 때 정신질환이 나타난다고 주장했다(Shafton, 1995). 환자들의 꿈과 '자유 연상'에서 표면화된 반복적인 동물 이미지를 사람들이 받아들일 수 없는 생각이나 감정을 위장하는 은유적 장치로 해석했다. 꿈을 꾸는 사람에게 야생 동물은 자신의 것이든 타인의 것이든 사람이 두려워하는 열정적인 충동을 나타낸다고 주장했다(Freud, 1959). 이러한 본능적인 생각과 충동은 **자아**(Ego)를 심각하게 위협하기 때문에 최소한 깨어 있는 시간 동안에는 안전하게 무시될 수 있는 잠재의식의 어두운 구석에 가두어 둔다. 프로이트와 그의 추종자들에게 정신분석의 목적은 이러한 무의식의 무서운 거주자들을 폭로하고 그들의 진정한 본성을 드러내어 효과적으로 무력화시키는 것이다 (Serpell, 2019). 다양한 출처에서 프로이트가 심리 치료 회기 동안 그의 사무실에 그의 개 조피(Jofi)를 데리고 있었다는 것으로 알려져 있다. 개는 원래 정신분석학자에게 위안을 주기 위해 방에 있었는데, 정신분석학자는 개가 근처에 있을 때 더 편안해졌다고 주장했다. 하지만 프로이트는 곧 이 개의 존재가 환자들이 치료를 받는 동안에도 도움이 되는 것 같다는 것을 알아차리기 시작했다. 개의 존재가 있고 없고의 차이는 프로이트가 어린이나 청소년을 다룰 때 가장 두드러졌다. 개가 방에 있을 때 환자들이 더 기꺼이 공개적으로 이야기하는 것처럼 보였고, 고통스러운 문제에 대해 더 기꺼이 이야기했다. 긍정적인 결과는 어린이에게만 국한된 것이 아니라 성인에게도 나타났다.

1919년 미국은 동물들을 치료 환경 안에 포함시키기 시작했다. 미국 병원 환경에서 동물을 처음으로 광범위하게 사용한 것은 1942년대 뉴욕 폴링(Pawling)에 있는 육군항공대 병동 요양병원(U.S. Army Air Corps Convalescent Hospital)에서 시작되었다(Jorgenson, 1997). 이 요양원은 전통적인 의학적 치료와 비교하여 일부 환자들에게 안식처(Restful)로 농장 동물들과 함께 일하는 것을 고려하였다(Bustad, 1980). 부상이나 수술 피로의 영향으로 부터 회복되고 있던 참전용사들은 휴식을 취하면서 마음이 움츠러들지 않도록 활발하게 유지할 수 있는 프로그램을 필요로 했다(Burch, et al., 1995). 이 프로그램은 환자가 뱀, 개구리 및 거북이와 상호 작용하는 것 외에도 돼지, 소, 말 및 가금류와 상호 작용 할 수 있도록 농장에서 일하도록 권장했다.

사회학자 제임스 보사드(James Bossad)는 반려동물과 주인의 유익한 관계에 대해 논의한 '개 소유 정신위생(The Mental Hygiene of Owning a Dog)'이라는 제목의 동물교감치유 관련 첫 과학저널 기사를 1944년 정신위생지(Mental Hygiene)에 게재하였다.

1960년대 후반과 1970년대에는 뉴욕시 예시바 대학의 영향력 있는 아동 심리 치료사이자 심리학 교수였던 보리스 레빈슨(Boris M. Levinson)의 저서로 동물교감치유에 관한 연구가 본격적으로 시작되었다. 뉴욕 심리학자 보리스 레빈슨 박사는 청소년 치료 계획에 자신의 개 징글스(Jingles)를 포함시킨 다음 정신위생지에 '공동 치료사로서의 개(The Dog as the Co-therapist)'라는 제목으로 논문을 게재하였다(Levinson, 1962). 동물교감치유의 창시자인 레빈슨은 자신의 책 "반려동물과 인간의 발달(Pets and Human Development)"에서 인간이 현재 어려움을 겪는 주된 이유 중 하나는 내면의 자아와 조화를 이루지 못하고 있기 때문이라고 하였다. 이성적인 인간은 비이성적인 자아, 동물에 의인화된 자신의 과거를 마주하기를 거부함으로써 자신으로부터 소외된다는 것이다(Levinson, 1972). 레빈슨에 따르면, 이러한 소외감에 대한 해결책은 개, 고양이, 그리고 다른 애완동물과 같은 실제 동물들과 긍정적인 관계를 맺음으로써 자신의 무의식적인 동물 본성과의 치유 관계를 회복하는 것이었다. 그는 반려동물이 "정서적 안녕으로 돌아가는 길의 중간 지점"을 나타내며(Levinson, 1969), "우리는 내면의 자아를 강화하기 위한 동맹으로서 동물이 필요하다"고 하였다(Levinson, 1972). 따라서 레빈슨은 동물이 우리가 본질적으로 두려워하는 것들에 대한 상징적인 위장이라는 프로이트의 생각을 넘어 동물과의 관계가 인간 진화에서 매우 중요한 역할을 하여 현재 우리의 심리적 안녕에 필수적이라고 주장했다(Levinson, 1972).

그림 2.3 보리스 레빈슨(Boris M. Levinson)

출처: https://en.wikipedia.org/wiki/Boris_ M._Levinson

1960년대 재활승마가 정식 치료 방식으로서 시작되었다(Chandler, 2005).

1970년대에는 다양한 발달장애와 심각한 정서적 행동적 장애를 가진 어린이들을 위해 뉴욕에서 거주자 치료 센터인 그린 침니스 아동 서비스(Green Chimneys Children's Services)가 설립되었다(Green Chimneys, 2005). 그린 침니스는 위험에 처한 청소년들을 위해 치유 보조 동물을 사용하는 초기 선구자 중 하나이다. 그린 침니스는 현재 동물과 자연 치유를 모두 통합한 센터로 유명하다(Ascione, et al., 2006). 약 64만 제곱미터에 위치하고 있으며, 세계에서 가장 강력하고 다양한 치유 프로그램 중 하나로 여겨진다(Ascione, et al., 2006). 야외교육, 직업훈련, 스포츠 활동 등의 프로그램과 함께 특정 농장, 동물, 식물, 야생생활 보조활동을 포함한다. 그린 침니스에 들어가는 아이들은 종종 심각한 외상과 기분, 불안 장애, 정신이상과 같은 심각한 심리적 장애의 이력을 가지고 있다. 그린 침니스에 위탁된 이유와 상관없이 일반적으로 참여 아동들은 프로그램에 빠르게 통합되어 인간과 동물의 유대 내에서 치료를 시작한다. 참여 아동들은 사람, 동물, 식물, 자연을 포함한 자신과 다른 사람들 사이의 관계를 발전시키는 것의 중요성을 알게 된다.

1970년 필라델피아 심리학자 에델 울프(Ethel Wolff)는 미국의 의료 기관을 대상으로 한 설문조사를 실시하여 조사 대상 기관의 48%가 심리 치료를 위해 어떤 식으로든 동물을 이용하고 있다고 결론지었다(Wolff, 1970). 1972년 레빈슨에 의해 수행된 또 다른 조사에 따르면 뉴욕주에서 조사된 435명의 심리치료사들 중 3분의 1이 애완동물을 치료의 도구로 활용한다는 것을 발견했다(Arkow, 2004). 1970년대에 동물교감치유와 관련한 주목할 만한 점은 스키저(Skeezer)라는 이름의 방문 치료견이 미시간주 앤아버(Ann Arbor)에 있는 아동정신병원의 영구 거주자가 되었으며(Yates, 1973), 콜로라도의 동물보호소(Humane Society of Pikes Peak region)는 동물을 요양원에 데려가 방문하는 '펫모빌(Petmobile)' 프로그램을 시작했다(Arkow, 2004). 정신과 의사 마이클 맥컬로크(Michael McCulloch)는 환자의 삶의 질을 향상시키기 위한 치료 방안으로 애완동물을 처방하기 시작했다(Salotto, 2001). 워싱턴 주립대학교 수의과 대학 학장인 레오 버스타드(Leo Bustad) 박사는 풀만 메모리얼 병원(Pullman Memorial Hospital)과 타코마 루터 요양원(Tacoma Lutheran Nursing Home)에서 동물교감치유 프로그램을 개발했다(Salotto, 2001).

동물이 인간의 건강과 복지에 미치는 영향에 대한 연구는 1970년대 후반에 시작되었다. 1977년 정신과 의사인 딘 캐처(Dean Katcher) 박사와 그의 조수 에리카 프리드만(Erika Friedmann)이 이끄는 펜실베니아 대학의 연구팀은 반려동물이 환자의 혈압에 미치는 영향을 조사했다. 그들은 반려동물과 상호 작용하는 사람들과 가족을 포함한 사람들과 상호 작용하는 사람들을 비교하여 반려동물과 상호 작용하는 사람들의 혈압이 더 낮다는 것을 발견했다. 추가 연구에서는 심각한 심근경색증을 겪은 환자들은 집에서 가족만 기다리거나 집에 혼자 있는 환자와 비교하여 집에서 반려동물과 생활하면 1년 사망률이 개선된다는 사실이 밝혀졌다(Salotto, 2001).

1976년 영국에서 뉴저지로 이주한 간호사 일레인 스미스(Elaine Smith, 1930-2012)는 영국에서 치유 보조견들과 함께 성공적으로 일한 경험을 바탕으로 세계 최초로 병원, 요양원, 재난 구호 쉼터를 방문하기 위한 개와 자원봉사자들을 검증하고 인증하는 단체인 테라피 독스 인터내셔널(TDI, Therapy Dogs International)을 설립했다(TDI, 2009a). 이 조직은 우울증 치유 보조견의 가용성을 높이는 데 중

그림 2.4 테라피 독스 인터내셔널(TDI, Therapy Dogs International)

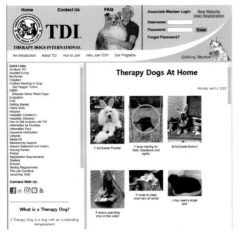

출처: https://www.tdi-dog.org/default.aspx

점을 두고 있다. TDI는 미국에서 가장 오래되고 가장 큰 치유 보조견 조직이다(Chandler, 2005). 현재 22,000마리 이상의 개 및 치유 팀이 미국 50개 주, 캐나다 및 기타 일부 국가에서 TDI에 등록되어 있다(Therapy Dogs International, 2009b).

1980년 맥컬로크(McCulloch), 부스타드(Bustad), 캐처(Katcher)는 "인간과 동물의 유대"에 초점을 맞춘 국제 비영리 단체인 델타 소사이어티(Delta Society)를 설립했다(Pet Partners, 2022). 1990년에 델타 소사이어티는 병원, 요양원, 재활 센터, 학교 및 기타 시설에서 방문 동물 프로그램을 진행하기 위한 자원봉사자들을 훈련시키고 자원봉사자들과 그들의 애완동물들을 선별하기 위해 펫 파트너스 프로그램(Pet Partners program)을 시작했다(Delta Society, 2009b). 2012년 델타 소사이어티는 사명을 명확하게 전달하기 위해서 펫 파트너스(Pet Partners)로 이름을 변경하였으며, 펫 파트너스의 사명은 인간과 동물의 유대감을 통해 인간의 건강과 복지를 증진시키는 것이다. 펫 파트너스는 미국 50개 주와 13개국에서 개인에게 서비스를 제공하는 10,000개 이상의 동물교감치유 팀이 있으며, 매년 100만 명 이상의 사람들을 돕고 있다(Delta Society, 2008). 펫 파트너스는 치유 보조 동물과 훈련사를 등록할 책임이 있으며 동물교감치유 팀에 대한 엄격한 평가 요건으로 인정받고 있다(Chandler, 2005).

그림 2.5 펫 파트너스(Pet Partners)

출처: https://petpartners.org/

영국의 SCAS(The Society for Companion Animals Studies)와 프랑스의 AFIRAC (Association Francaise d'Information et de Recherche sur l'Animal de Compagnie), 미국의 델타 소사이어티, 이 세 단체가 중심이 되어 1977년에 인간과 동물의 상호 작용 국제학회(IAHAIO, International Association of Human-Animal Interaction Organizations)가 설립되었다. 1977년 런던에서 최초로 학회가 개최된 이후 3년에 한 번씩 '인간과 동물과의 유대'에 관한 연구발표가 이루어지고 있다. 오늘날 IAHAIO는 전 세계적으로 90개 이상의 회원 조직을 보유하고 있으며, 연구원 및 실무자가 인간－동물 상호 작용의 이점과 모범 사례를 연결하고 홍보할 수 있는 글로벌 플랫폼을 제공하면서 그 뿌리를 유지하고 있다.

1996년 벡(Alan M. Beck)과 캐쳐(Aaron H. Katcher)는 그들의 저서 '반려동물과 사람 사이(Between Pets and People)'에서 동물 동반자의 중요성에 대해서 기술했다. 또한 반려동물 보호자와 반려동물 사이의 관계와 반려동물 소유의 이점을 분석하였고, 반려동물을 키우는 것의 의학적 이점에 대해서도 탐구하였다(Beck, & Katcher, 1996).

R.E.A.D.(Reading Education Assistance Dogs)는 1999년 개에게 책을 읽어주는 아이디어를 중심으로 만들어진 최초의 종합 문해 프로그램으로 시작되었는데, 이 프로그램은 전 세계적으로 성장하고 있다.

2004년 한 연구에서 교실과 병원에서 아동들의 학습과 안녕에 대한 치유 보조견의 영향을 조사한 결과 치유 보조 동물이 어린이의 정신 건강에 긍정적인 영향을 미칠 수 있음을 발견하였으며, 교실과 병원을 방문하는 치유 보조 동물이 아동의 신체 건강, 심리적 안녕, 사회적 상호 작용 및 학업

🐾 그림 2.6 R.E.A.D.(Reading Education Assistance Dogs)

출처: https://therapyanimals.org/read/

성취를 촉진하는 데 도움이 될 수 있다는 것을 알게 되었다(Jalongo, Astorino, & Bomboy, 2004).

그림 2.7 Mutt-i-grees

출처: https://education.muttigrees.org/

2008년에는 Mutt-i-grees 가 설립되었다. Mutt-i-grees는 보호소 개를 의미한다. 이 프로그램은 보호소 개에 대한 인식을 높이기 위해 만들어졌다. 21세기 예일 학교(Yale School)는 Mutt-i-grees와 협력하여 학교에서 어린이 및 Mutt-i-gree 개와 함께 사회 및 정서 학습을 가르치는 데 사용할 수 있는 교육과정을 설계하였다. 이 교육과정에서는 어린이와 반려동물 간의 자연스러운 친화력을 사용하여 학업 성공과 성공적인 삶에 중요한 사회 정서 학습(SEL: Social Emotional Learning) 기술을 가르친다.

표 2.1 동물교감치유의 약사

년도	주요 내용
9세기	• 벨기에의 길에서는 장애인 치료 계획에 동물을 사용
1790	• 영국 요크에서는 토끼와 닭이 정신질환자들의 자제력을 배우는 치료에 사용
1830	• 영국 자선단체 집행위원은 정신병원들에 "더 즐겁고 덜 감옥 같은 분위기를 조성하기 위해" 동물을 사육할 것을 권장
1867	• 서독 빌레필드의 베델에 있는 뇌전증 환자들은 가축과 말을 치료 계획에 포함
1942	• 뉴욕 폴링에 있는 미 육군항공대 요양병원은 전통적인 의학적 치료와 비교하여 일부 환자들에게 안식처로 농장 동물들과 함께 일하는 것을 고려
1944	• 사회학자 제임스 보사드가 반려동물과 보호자의 유익한 관계에 대해 논의한 '개 소유 정신위생'이라는 제목의 동물교감치유 관련 첫 과학저널 기사를 게재

1962	• 심리학자 보리스 레빈슨 박사는 청소년 치료 계획에 자신의 개 징글스를 포함시킨 다음 '공동 치료 사로서의 개'라는 제목으로 논문을 개제
1970 년대	• 스키저라는 이름의 방문 치유보조견이 미시간주 앤아버에 있는 아동정신병원의 영구 거주자가 됨 • 정신과 의사 마이클 맥컬로크는 환자의 삶의 질을 향상시키기 위한 치료 방안으로 반려동물을 "처 방"하기 시작 • 워싱턴 주립대학교 수의과 대학 학장인 레오 버스타드 박사는 풀만 메모리얼 병원과 타코마 루터 요양원에서 동물교감치유 프로그램을 개발
1972	• 뉴욕 주에서 조사된 435명의 심리치료사들 중 3분의 1이 애완동물을 치료의 도구로 활용
1973	• 콜로라도의 동물보호소는 동물을 요양원에 데려가 방문하는 '펫모빌' 프로그램을 시작
1977	• 딘 캐처 박사와 에리카 프리드만은 혈압과 사망률에 대한 애완동물의 영향에 대한 초기 연구 수행
	• IAHAIO 설립
1980	• 인간과 동물의 유대에 초점을 맞춘 비영리 단체인 델타 소사이어티가 설립
1996	• 벡과 캐쳐는 '반려동물과 사람 사이(Between Pets and People)' 저술
1999	• R.E.A.D. 프로그램
2008	• Mutt-i-grees 설립

출처: https://www.uclahealth.org/pac/Workfiles/PAC/ReviewofBenefits_Morrison.pdf
https://www.uclahealth.org/pac/animal-assisted-therapy

고대부터 인간의 존재는 동물의 존재와 밀접한 관계가 있다. 동물들은 처음에는 생계(식량) 또는 생계 수단(예: 밭갈이)으로써 그 중 일부가 후에 가축화되었다. 나중에는 순수 개인적인 즐거움과 행복을 위해 길들여진 동물로 인간과 함께했다. 동물의 존재는 사람들의 일상생활에서 생기는 긴장과 스트레스를 완화시키고, 해소시키며, 배출시킨다. 비록 동물과 함께한 인간의 역사는 오래되었지만 치료 목적으로 동물을 사용하게 된 것은 20세기에 이르러서야 확대되었다. 많은 연구자들과 건강 전문가들이 가지고 있는 관심은 동물과 인간 사이의 상호 작용의 긍정적인 결과와 잠재적인 건강상의 이익에 관해 발전시키는 것이다(Hughes, et al., 2019). 상호 작용과 관련하여 주 관심은 동물의 접촉이 여러 가지 질병, 특히 정신 건강과 관련된 질병의 치료에 제공할 수 있는 도움에 집중되어 왔다. 이러한 연구 결과는 동물교감치유로 알려진 다양한 유형의 정신 질환에 대한 보완적 또는 대체적 치유법의 통합으로 이어졌다(Mandra, et al., 2019). 이러한 목적을 위해 특별히 훈련된 동물과의 상호 작용은 환자의 정신적, 사회적, 정서적, 신체적 기능을 향상시키기 위해 적용된다. 치유 회기는 다양한 시설에서 시행되며 게임, 운동, 동물 돌봄과 같은 활동을 포함한다. 치유는 다른 형태의 치유와 마찬가지로 개별적으로 또는 그룹으로 이루어지며, 각 환자의 요구에 맞게 맞춤화 된다(Jackson, 2012). 치유에는 주로 개, 고양이, 돌고래가 사용된다. 하지만 적절하고 가능하다면 말, 토끼, 다양한 새와 같은 농장 동물들도 이 프로그램에 포함된다. 치료 내에 동물들의 존재가 어른과 아동 모두에게 침착하고 낙관적인 감정을 유발할 수 있다는 것은 문헌에 잘 기록되어 있다. 동시에 치료목표의 달성과 환자와 치료사의 신뢰를 확립하는 데 도움이 된다.

참고 문헌

2.1 국내 동물교감치유의 역사

백승희, 최승희. (2020). 동물매개치료의 사회복지실천에의 적용 가능성 − 국내 프로그램
연구동향을 중심으로−. 슈퍼비전과 실천연구, 5, 61−97.

안제국·임신재·배귀석·권혜영·김옥진·최윤주·손민우·이명수. 2007.『동물매개치료』.
학지사.

선우미정 (역) (2003). 개는 왜 우리를 사랑할까. S. Coren의 Why we love the dogs we
do. 서울: 들녘.

2.2 국외 동물교감치유의 역사

Allderidge, P. H. (1991). A cat, surpassing in beauty, and other therapeutic animals.
Psychiatric Bulletin, 15, 759- 762.

Arkow, P. (2004). Animal−assisted therapy and activities: A study, resource guide
and bibliography for the use of companion animals in selected therapies (9th
ed.). Stratford, NJ: Phil Arkow.

Ascione, F. R., Barnard, S., Brooks, S., & Sell−Smith, J. (2006). Animal abuse and
developmental psychopathology: Recent research, programmatic, and therapeutic
issues and challenges for the future. In A. H. Fine (Ed.), Handbook on animal
assisted therapy: Theoretical foundations and guidelines for practice (2n ed.,
pp. 355−388). San Diego, CA: Elsevier Inc.

Beck, A. M., & Katcher, A. H. (1996). Between Pets and People: The Importance of
Animal Companionship (New Directions in the Human−Animal Bond).
Purdue University Press.

Burch, M. R., Bustad, L. K., Duncan, S. L., Fredrickson, M. & Tebay, J. (1995). The role of pets in therapeutic programmes. In I. Robinson (Ed.), The Waltham book of human−animal interaction: Benefits and responsibilities of pet ownership(55−70). Tarrytown, NY: Elsevier Science Inc.

Bustad, L. (1980). Animals, aging and the aged. Minneapolis: University of Minnesota Press.

Chandler, C. K. (2005). Animal assisted therapy in counseling. New York: Taylor & Francis Group.

Connor K, & Miller J. (2000). Animal assisted therapy: an in−depth look. Dimens Crit Care Nurs. 19(3), 20−26.

Delta Society. (2008). Fast facts.

Delta Society. (2009b). Pet Partners program.

Enders−Slegers, M. J. (2000). The meaning of companion animals: Qualitative analysis of the life histories of elderly cat and dog owners. In A. L. Podberscek, E. S. Paul, & J. A. Serpell (Eds.), Companion animals & us: Exploring the relationships between people & pets (pp. 237−256). New York: Cambridge University Press.

Freud, S. (1959). The interpretation of dreams, trans. J. Strachey. New York: Basic Books.

Green Chimneys. (2005). Our story. Retrieved from http://www.greenchimneys.org/index.php?option=com_flippingbook&book_id=2&Itemid=147

Jackson, J. (2012). Animal−Assisted Therapy: The human−animal bond in relation to human health and wellness.

Jalongo, M. R., Astorino, T., & Bomboy, N. (2004). Canine Visitors: The Influence of Therapy Dogs on Young Children's Learning and Well−Being in Classrooms and Hospitals. Early Childhood Education Journal, 32(1), 9−16. DOI:10.1023/B:ECEJ.0000039638.60714.5f

Jorgenson, J. (1997). Therapeutic use of companion animals in health care. Journal of Nursing Scholarship, 29(3), 249−254.

Hooker, S.D., Freeman, L.H. & Stewart, P. (2002). Pet therapy research: a historical review. *Holistic Nursing Practice, 17*, 17−23.

Hughes, M. J., Verreynne, M. L., Harpur, P., & Pachana, N. A. (2019). Companion Animals and Health in Older Populations: A Systematic Review. Clinical Gerontologist, 43(4), 365−377.

Levinson, B. (1962). The dog as co−therapist. Mental Hygiene, 46, 59−65.

Levinson, B. (1969). Pet−oriented child psychotherapy. Springfield, IL: Charles C. Thomas.

Levinson, B. (1972). Pets and human development. Springfield, IL: Charles C. Thomas.

Mandrá, P. P., Moretti, T. C. D. F., Avezum, L. A., & Kuroishi, R. C. S. (2019). Animal assisted therapy: systematic review of literature. Codas, 31(3), e20180243.

Morrison, M. L., (2007). Health Benefits of Animal−Assisted Interventions. Com−plementary Health Practice Review, 12(1), 51−62. DOI: 10.1177/1533210 107302397

Myers, O. E. (1998). Children and animals. Boulder, CO: Westview Press.

Ogilvie, G.K. (2016). A Clinician's Viewpoints on Wellness and the Human−Animal Bond in Practice. Advances in Small Animal Medicine and Surgery, 29(9): 1-3.

Pet Partners. (2022). The Pet Partners Story.

Pettit−Crossman, S. (1997). A helpful history of therapeutic animals. Abilities, 32, 24−26.

Salotto, P. (2001). Pet assisted therapy: A loving intervention and an emerging profession: Leading to a friendlier, healthier, and more peaceful world. Norton, MA: D. J. Publications.

Serpell, J. A. (2006). Animal−assisted interventions in historical perspective. In A. H. Fine (Ed.), Handbook on animal assisted therapy: Theoretical foundations and guidelines for practice (2nd ed., pp. 3−20). San Diego, CA: Elsevier Inc.

Serpell, J. A. (2019). Animal−Assisted Interventions in Historical Perspective. In A. H. Fine (Ed.), Handbook on animal−assisted therapy: Theoretical foundations and guidelines for practice (5th ed., chap. 2). San Diego: Academic Press.

Shafton, A. (1995). Dream reader: Contemporary approaches to the understanding of dreams . Albany, NY: SUNY Press.

Therapy Dogs International. (2009a). Mission statement and history. Therapy Dogs International. (2009b). About TDI.

Wolff, E. (1970). A survey of the use of animals in psychotherapy in the United States. Denver, CO: American Humane Association.

Yates, E. (1973). Skeezer: Dog with a mission. New York: Harvey House.

3장

동물교감치유의 이론

3.1 원 헬스(One Health)

 1. 원 헬스의 정의(김영아, 2020)

우리가 살고 있는 지구는 인간, 동물, 환경이라고 하는 세 영역이 상호 연관되어 끊임없이 변화하면서 역학을 만들어 낸다. 이 세 영역을 원으로 표시한다면 이 원들은 서로 밀고 당기면서 상호 작용을 통해 커다란 힘을 만들어 낸다. 세 영역 중 어디에라도 우리가 어떤 행동이나 개입을 하게 되면 다른 영역에 영향을 미치게 된다. 전 세계적으로 인구와 동물의 수가 증가하면서 인간과 동물 사이의 상호 작용은 빨라지고 확대되고 있으며 갈수록 중대해지고 있다.

그림 3.1 원 헬스의 3영역과 영향력

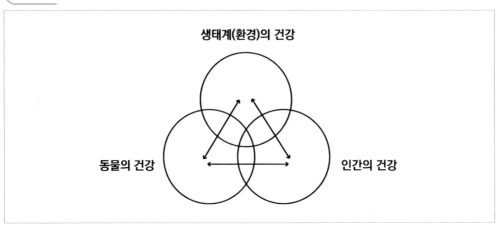

인간에게 발생하는 대부분의 신종 감염병은 인수공통감염증이다. 인간이 환경을 파괴하면서 미생물은 새로운 서식지에 노출된다. 변화된 서식지에 노출된 미생물은 선택 압력으로 새로운 독성을 획득한다. 이렇게 미생물이 새로운 독성을 획득하는 것은 대개 인간에게 질병을 발생시키는 새로운 요인이 된다. 미생물이 동물에게 전파되고, 이후 유전적인 변화를 거치면서 인간에게 전파되는 것이다. 미생물은 빠르게 진화한다. 인구가 증가함에 따라 인간은 새로운 환경에 접하게 되고, 서식지의 생태계가 파괴된다. 인간과 동물이 야생에 노출되면 이전에는 일부 지역에만 국한되었던 질병이 넓은 지역으로 전파되게 되는데 이 과정은 한 방향으로만 일어나는 것이 아니다. 때로는 인간을 매개로 동물에게 치명적인 감염병이 발생할 수도 있다. 해양 포유류의 톡소포자충증, 강에 사는 수달의 렙토스피라증, 박쥐흰코증후군(Bat White-nose Syndrome)과 같이 동물을 멸종 위기로 몰아넣고 생물다양성을 감소시키는 질병들이 적지 않다.

미생물 폭풍은 미생물의 적응, 해외여행, 무역, 운송, 숙주의 감수성, 기후 변화, 경제의 발달, 토지 이용, 인구와 인간 행동, 가난, 사회 불균형, 공중보건과 동물 보건에 대한 사회 기반시설의 붕괴, 전쟁과 위해를 가하려는 의도 등과 같은 다양한 요인들에 의해 만들어진다(Smolinski, Hamburg, & Lederberg, 2003). 이러한 요인은 대부분 인간에 의해서 생긴 것으로 전 세계적으로 새로운 환경과 재료들이 하나의 커다란 혼합 용기에 담겨 있는 것이라고 할 수 있다. 이 도가니 속에서 미생물은 새로운 서식지를 확립할 기회가 더 많아지게 되면서 종을 넘나들며 전 세계로 이동하고, 내성을 갖게 되고, 신속하게 인간, 동물, 환경을 공격한다. 미생물은 숙주 사이에서 직접 전파되거나, 음식과 물을 통해 간접적으로 전파되거나, 모기나 진드기와 같은 매개체를 통해 전파된다. 그리고 숙주 바깥의 자연에서 환경의 오염균으로 혹은 미생물 개체군으로 생존할 수 있다.

그 결과 인수공통감염증으로 대표되는 신종 감염병과 재출현 감염병의 시대가 새롭게 도래하고 있다. 지난 30년에 걸쳐 인간에서 발생했던 신종 질병의 약 75%가 인수공통감염증이었으며, 이들 중 많은 것들이 야생동물에서 유래하거나 혹은 야생동물을 통해서 들어왔다(Taylor, Latham, & Woolhouse, 2001). 그리고 이런 질병들은 이전에는 없었던 지역에서도 발견된다. 예를 들면 웨스트나일바이러스 감염증은 1999년, 원숭이마마, 중증급성호흡기증후군(SARS)은 2003년 미국에서 발생했는데, 이 질병들은 이전까지만 해도 서반구에서는 발생하지 않았던 것들이었다. 최악의 미생물 폭풍을 만드는 요인들은 여전히 계속 생겨나고 있다. 따라서 신종 감염병과 새로운 인수공통감염증의 시대는 지속될 것이다. 한 연구에서는 매년 2~4개의 질병이 새로 출현할 것으로 예측했다. 가장 높은 확률로 출현이 예상되는 질병은 인간－동물의 공유영역에서 발견되는 RNA 바이러스와 관련되어 있다(Brownlie, et al., 2006).

1) 인간영역

세계 인구는 매년 1.2%씩 증가하며, 다음 세기에도 기하급수적으로 증가할 것으로 예상된다. 현재 세계 인구는 70억 명을 넘어섰으며, 금세기의 중간 즈음 90억 명을 초과할 것으로 추산된다. 이러한 인간의 재배치 현상 외에도 매년 10억 명 이상이 국경을 넘는다. 사람들뿐만 아니라 동물, 매개체, 식품을 비롯한 상품들 역시 이동하는데, 이는 미생물이 전례없이 빠르게 이동할 수 있도록 해준다. 국제축산연구소가 수행한 연구에서 빈곤, 기아, 가축사육, 인수공통감염증 사이에는 상관관계가 아주 높다는 것을 보여주었다(Grace, et al., 2012). 전 세계적으로 상위 13개의 인수공통감염증은 매년 24억 명의 환자를 발생시키고, 220만 명을 사망에 이르게 한다.

2) 동물 영역

세계 인구가 현저히 증가함에 따라 반려동물이나 말과 같은 단순히 유희 목적의 동물 집단 역시 빠르게 늘어가고 있다. 또 외래 반려동물이 증가하면서 이러한 동물들의 불법적인 수출과 이동이 점증하고 있다. 이로 인해 인간이 잠재적으로 새로운 인수공통감염증에 노출될 수 있고, 새로운 동물 종에서 새로운 질병이 출현할 가능성이 농후해지고 있다. 인간의 식생활에서 동물성 단백질 수요가 증가하면서 식용 동물의 수가 빠른 속도로 늘고 있다. 많은 수의 식용 동물을 생산하려면 가축과 가금의 생산 방식이나 생산지에 변화를 초래할 수밖에 없고, 결과적으로 환경에도 중대한 변화를 유발하는 가축 혁명이 일어나고 있다.

3) 식량 체제

식량의 수출입은 세계의 가장 대표적인 무역과 상업 시장 가운데 하나이다. 그러나 세계 식량 시스템의 발전은 미생물 운반이라는 또 다른 문제를 낳는다. 미생물은 잠복기보다 더 빠른 속도로 전 세계로 이동할 수 있다. 미생물은 식품과 물 등 병원체를 전파하는 잠재적인 매개체와 함께 인간과 동물 모두의 건강에 큰 위험이 된다. 인간의 질병처럼 동물의 질병 역시 새롭게 발생하기도 하고, 예전 질병들이 재출현하기도 한다. 우리는 광우병과 구제역의 유행을 겪으면서 가축과 가금의 질병이 가져온 결과를 알게 되었다. 이러한 질병의 유행은 동물 집단 그 자체의 크나큰 손실 외에도 인간의 삶을 바꾸고, 많은 개인과 공동체에 장기적으로 깊은 사회적, 경제적, 정신적인 상처를 남긴다. 앞으로 이러한 질병이 습격하게 되면 과거보다 훨씬 더 심각한 결과가 나타날 것이며, 농업공동체에만 국한되지 않고 훨씬 더 널리 그리고 깊게 영향을 미칠 것이다.

4) 식품 안정성

매년 전 세계에서 약 10억 명이 식품 매개 질병에 걸리는 것으로 추정된다. 노로바이러스 감염증이나 간염과 같은 많은 식품 매개 질병은 음식물을 매개체로 하여 사람 사이에서 직접 전파된다. 하지만 많은 식품 매개 질병이 인수공통감염증이다. 녹색 잎채소, 토마토, 싹과 같은 식물 유래 식품과 관련된 식품 매개 질병이 점점 더 많이 발병하고 있다. 새로운 기회가 생기면 미생물의 매개체가 바뀔 수도 있다. 예를 들어, 니파 바이러스(Nipah Virus)는 처음에는 말레이시아에서 돼지와 사람에게 집단 발병되어 사망에 이르도록 만들었던 인수공통감염증으로 알려졌는데, 최근에는 방글라데시에서 음식 재료로 쓰이는 대추야자의 수액에서 오염된 것이 확인되었다. 과일박쥐(Pteropus)는 무증상 보균 동물이다. 크루스파 동편모충(Trypanosoma Cruzi))은 샤가스병(Chagas Disease)을 일으키는 기생체이고, 대개 흡혈 곤충을 통해 인간에게 전파되지만, 브라질에서 사탕수수 주스에서 발견되고 있다. 식품 매개 질병에 관계되는 식품과 병원체의 종류는 매우 광범위하고, 또한 끊임없이 역동적으로 변하고 있다. 농작물은 식품 매개 병원균의 매개체로서 점점 더 중요 해지고 있지만 동물 병원소가 이러한 감염의 기원이 되는 경우가 많다.

5) 환경 영역

우리의 환경은 계속해서 생태계를 해치는 방향으로 바뀌어 가고 있다. 이런 위험이 생기는 이유는 주로 인간의 활동 때문이다. 환경이 파괴되고 변화된 결과로 질병이 생긴다는 점도 잘 이해되고 있다. 라임병의 발생이 증가한 것은 인간이 환경을 변화시킨 결과이다. 산림이 줄어들고 개발됨으로 인해서 포식자가 사라지고, 사슴과 흰발생쥐 개체군이 늘어나면서 참진드기와 보렐리아균이 번식하게 되었다. 질병은 이들의 새로운 서식처와 그 서식처와 가까운 곳에 위치하고 있는 인구집단으로 계속해서 흘러 들어간다. 생태계가 자연적인 생물다양성과 함께 파괴되면 다양한 생물 종이 주는 방어 효과도 사라진다(Ostfeld, 2011).

어떤 과학자는 오늘날의 시대를 지구의 6번째 멸종의 시대라고 말한다 (Wake, & Vredenburg, 2008). 동식물종들이 대부분 인간의 파괴적인 활동으로 인해 전례 없는 멸종을 당하고 있다는 것이다. 결과적으로 우려스러운 것은 생물 다양성을 통한 방어적 완충 효과가 사라지고 있으며, 미생물이 그동안 숙주로 이용했던 종이 사라지면서 인간에게 직접 침입할 수 있게 되었다는 것이다.

진균이 전 세계적으로 농업, 임업, 야생동물에게 전에 알던 것보다 더 큰 위협이 되고 있다는 것이 증명되었다. 무수한 양서류가 죽었으며, 일부 종은 멸종하였고, 밀, 쌀, 콩과 같은 곡식이 심각하게 오염되었다. 세계 양서류 개체군의 1/3이 진균 감염의 유행으로 인해 멸종 위기에 있거나 멸종되었다(Kupferschmidt, 2012).

자연은 우리 인간이 하고자 하는 많은 일을 도와준다. 삼림은 물을 여과시키고, 벌과 새는 작물을 수정시키고, 다양한 동물 종은 감염 미생물에 대한 여과기와 완충기의 역할을 하여 인간이 유해한 병원체에 노출되지 않도록 보호한다. 전 지구적인 온난화로 해서 매개체의 범위와 생활사가 현저히 변할 것이고, 인간의 벡터 매개 질병(Vector-borne Diseases, 모기나 진드기와 같은 벡터에 의해 전염되는 기생충, 바이러스 및 박테리아에 의해 유발되는 인간의 질병)과 수인성 질병에 대한 노출 양상이 바뀔 것이다.

상호 연관성이 점점 더 늘어나고 문제 해결이 어렵기 때문에 이 3영역의 건 강(인간, 동물, 환경)에 대한 위협을 다룰 새로운 해결 방안과 전략을 재구성할 필요 가 생겼다. 원 헬스는 질병 생태학을 포용하는 개념이다. 우리는 생태계와 우리 의 연결성을 전체적인 관점에서 이해해야 질병의 통제와 예방 그리고 건강증진 에 대한 새로운 통찰력을 얻을 수 있다. 원 헬스는 환원주의와 생태학적 관점 사 이에 균형을 유지하게 하고, 보다 효과적으로 의학적인 개입을 이끌어 내게 할 수 있다. 원 헬스는 인간과 동물 그리고 환경에서 최적의 건강을 위해 지역 내, 국가적 혹은 전 세계적 규모에서 여러 분야의 전문가가 상호 협동하는 것이다 (King, et al., 2008). 이는 인간과 동물과 환경의 상호 연결성을 인식하고 질병의 예 방을 강조한다. 감염병에 대해서 그때그때 대응하는 방식보다는 감염병을 예방 하는 새로운 틀을 만드는 것이 필수적이라는 것이다. 세계보건기구는 건강을 "단 지 질병이 없는 것만이 아니라, 더욱 활기차고 안전하고 행복하고 더 생산적인 삶을 살 수 있도록 하는 신체적, 정신적, 영적인 건강을 포괄하는 양질의 삶"이라 고 정의한다.

최악의 미생물 폭풍을 일으키는 요인이 줄어들거나 약화되고 있다는 증거는 없다. 우리의 세계는 계속해서 점점 더 연결되고 있다. 무역, 여행, 상업이 늘어 가고 인구, 동물, 야생동물의 개체군들이 증가하며, 동물과 인간 사이의 상호 작 용은 가속화되고 심화된다. 세계 식량 시스템은 확장되고 있고, 서식지의 파괴와 환경의 오염은 무분별하게 지속되고 있다. 기후 변화로 인해서 벡터를 매개로 한 감염과 수인성 감염에 대한 노출 양상이 바뀌고 있다. 식물과 동물의 생물 다양 성 역시 빠르게 감소되고 있으며, 건강의 악화가 계속해서 빈곤의 결과이자 원인 이 되고 있다. 또한, 취약 인구집단이 증가하고 있다. 미생물은 새로운 서식지를 구축하고 항생제에 내성을 획득하는 능력으로 우위를 점하게 되었다. 그 결과 인간, 동물, 환경의 3가지 영역의 건강이 위협받고 있다. 이러한 많은 요인에 의한 위협을 감소시키기 위한 방안으로 원 헬스 접근법을 이해하고 받아들여야 한다.

 ## 2. 맨해튼 원칙(The Manhattan Principles)

2004년 9월 전 세계의 건강 전문가들은 야생동물 보호 협회(Wildlife Conservation Society, WCS)가 조직하고 록펠러 대학교(Rockefeller University)가 주최한 심포지엄에서 만나게 되었다. 이 심포지엄은 인간, 가축 및 야생동물 사이의 질병의 현재 및 잠재적 움직임에 초점을 맞추었다. 이 심포지엄의 산물인 맨해튼 원칙(The Manhattan Principles)은 전염병 및 동물 유행성 혈병을 예방하고 인간과 가축 그리고 우리 모두를 지원하는 기본적인 생물 다양성을 위해 생태계 무결성을 유지하기 위한 보다 총체적인 접근 방식을 수립하기 위해 12가지 권장 사항을 제시하였다.

웨스트 나일 바이러스(West Nile Virus), 에볼라 출혈열(Ebola Hemorrhagic Fever), 사스(SARS), 원숭이 두창(Monkeypox), 광우병(Mad Cow Disease) 및 조류 인플루엔자(Avian Influenza)의 최근 발병은 인간과 동물의 건강이 밀접하게 연결되어 있음을 상기시킨다. 건강과 질병에 대한 더 넓은 이해는 인간, 가축 및 야생동물의 건강이 원 헬스(One Health)의 통합을 통해서만 달성할 수 있는 단일한 접근 방식을 요구한다. 종족 감소, 서식지 파괴, 오염, 외래종 침입, 지구 기후 변화와 같은 현상은 육지와 바다에서부터 인구 밀도가 가장 높은 도시에 이르기까지 지구의 삶을 근본적으로 변화시키고 있다. 새롭게 부상하고 되살아나는 전염병의 증가는 인간(그리고 그들의 식량 공급과 경제)뿐만 아니라, 우리 세계의 생활 인프라를 지탱하는 데 필수적으로 필요한 생물 다양성을 구성하는 동식물군을 위협하고 있다. 인류의 환경 관리와 미래 건강의 책임감과 효율성은 그 어느 때보다 명확하게 연결되어 있다. 미래 세대를 위한 지구의 생물학적 무결성을 보장하면서

21세기의 질병 전쟁에서 승리하려면 보다 광범위한 환경 보존뿐만 아니라 질병 예방, 감시, 모니터링, 통제 및 완화에 대한 학제 간 및 분야 간 접근 방식이 필요하다.

① 인간, 가축 및 야생동물의 건강과 질병이 사람, 식량 공급 및 경제에 미치는 위협 사이의 본질적인 연관성, 그리고 우리 모두가 필요로 하는 건강한 환경과 작동하는 생태계를 유지하는 데 필수적인 생물 다양성을 인식하라.

② 토지와 물 사용에 관한 결정이 건강에 실질적인 영향을 미친다는 것을 인식하라. 생태계의 복원력 변화와 질병 출현 및 확산 형태의 변화는 우리가 이 관계를 인식하지 못할 때 드러난다.

③ 야생동물 건강 과학을 세계적인 질병 예방, 감시, 통제 및 완화의 필수 구성요소로 포함하라.

④ 인간 건강 프로그램이 보존 노력에 크게 기여할 수 있다는 것을 인식하라.

⑤ 종 사이의 복잡한 상호 연관성을 완전히 고려하며 새로운 질병과 재발하는 질병의 예방, 감시, 통제 및 완화에 대한 적응적이고 총체적이며 미래 지향적인 접근법을 고안하라.

⑥ 전염병 위협에 대한 해결책을 개발할 때 생물다양성 보존의 관점과 인간의 요구(가축 건강과 관련된 요구 포함)를 완전히 통합할 수 있는 기회를 모색하라.

⑦ 야생동물의 개체수를 보호할 뿐만 아니라 질병 이동, 이종 간 전파, 새로운 병원체−숙주 관계로의 발전의 위험을 줄이기 위해 국제 야생동물과 야생동물 고기 거래에 대한 수요를 줄이고 더 잘 규제하라. 공중보건, 농업 및 보존에 미치는 영향 측면에서 세계적인 무역의 비용은 엄청나며, 세계 사회는 이러한 무역을 세계 사회경제적 안보에 대한 진정한 위협으로 다루어야 한다.

⑧ 질병 통제를 위한 야생 생물 종의 대량 도살에 대해 야생 생물 개체군이 인간의 건강, 식품 보안 또는 야생동물의 건강에 더 광범위하게 긴급하

고 중대한 위협이 된다는 다학제적이고 국제적인 과학적 합의가 있는 상황으로 제한한다.

⑨ 사람, 가축 및 야생 동물에 대한 질병 위협의 출현 및 재발의 심각한 특성에 상응하여 인간 및 동물 건강 기반 시설에 대한 국제적인 투자를 늘린다. 국제적인 인간 및 동물 건강 감시 및 (언어 장벽을 고려한) 명확하고 시기적절한 정보 공유를 위한 역량 강화는 정부 및 비정부 기관, 공공 및 동물 보건 기관, 백신/제약 제조업체 및 기타 이해관계자 간의 대응 조정 개선에 도움이 될 수 있다.

⑩ 정부, 지역 주민, 민간 및 공공(즉, 비영리) 부문 간의 협력 관계를 형성하여 국제적 보건 및 생물 다양성 보존 문제를 해결한다.

⑪ 질병 위협의 출현과 재발에 대한 조기 경보 시스템의 일환으로 공공 보건 및 농업 동물 건강 공동체와 질병 정보를 교환하는 글로벌 야생동물 건강 감시망에 대한 적절한 자원과 지원을 제공한다.

⑫ 더 건강한 지구에 대한 전망을 개선하고 건강과 생태계 무결성 간의 관계를 더 잘 이해해야 한다는 인식을 높이기 위해 세계인들의 교육 및 인식 제고, 정책 과정에 영향을 미치는 데 투자한다.

오늘날 세계화된 세계에서 질병의 출현이나 재발을 막을 충분한 지식과 자원을 가진 학계나 사회 분야가 없다는 것은 분명하다. 어느 나라도 사람과 동물의 건강을 해칠 수 있고 실제로 서식지 감소와 멸종 형태를 되돌릴 수는 없다. 기관, 개인, 전문 분야의 장벽을 허물어야만 사람과 가축, 야생 동물의 건강과 생태계의 무결성에 대한 수많은 심각한 문제를 해결하는 데 필요한 혁신과 전문성을 발휘할 수 있다. 어제의 접근으로는 오늘의 위협과 미래의 문제를 해결할 수 없다. 우리는 "하나의 세계, 하나의 건강(One World, One Health)"의 시대에 있으며 의심할 여지 없이 우리 앞에 놓여 있는 도전에 적응적이고 미래 지향적이며 다학제적인 해결책을 고안해야 한다.

3.2 유대 이론

    개는 인간과 공존하도록 사육되었고, 목축, 경비, 사냥, 낚시, 그리고 가장 친한 친구가 되는 등 수많은 역할을 수행해 왔다(Cloutton-Brock, 1995). 레빈슨에 의하면 동물들은 일반적으로 인간의 생태적 적응에 큰 역할을 해왔다(Levinson, 1969). 동물을 길들이는 이유와 마찬가지로 믿을 만한 또 다른 이유는 반려 목적으로 사용하기 때문이다. 다시 말해서 인간의 노동력을 구하거나 식량에 대한 굶주림을 충족시키는 것과 같은 물질적 목적을 위해 동물을 사용해야 하는 것만큼이나 인간의 심리적 욕구가 동물을 길들이는 주요 원인이라고 믿을 만한 이유가 많다. 또한 개는 도움이 필요한 사람들의 삶의 질을 지원하는 보조 동물로 널리 사용되었다. 현재 개 행동과 인지에 대한 과학의 이해에 대한 통찰력이 증가하고 있다. 아마도 가장 강력한 통찰력 중 하나는 우리의 행동을 이해하는 개의 능력과 관련이 있다(Custance, & Mayer, 2012; Hare, 2007; Hare, & Tomasello, 2005; Hare, et al., 2002; Massen, Sterck, & de Vos, 2010; Schirmer, Seow, & Penney, 2013). 개가 인간과 의사소통하는 데 있어 강점은 중요한 정보, 안심 및 안내를 위해 우리의 얼굴을 살피는 경향이 있는 능력과 관련이 있다고 설명한다(Horowitz, 2009). 이러한 특성은 상호 작용에 확실한 자산이다(Archer, & Monton, 2011; Lawrence, 1989, 57-76; Thorn, et al., 2015). 본질적으로 개들은 우리의 반응을 예리하게 관찰한다(Waller, et al., 2013). 시간이 지남에 따라 동물과의 관계가 사람들의 복지에 기여한다는 강한 믿음을 바탕으로 수많은 개입이 발전했다.

    콘라드 로렌츠(Konrad Lorenz, 유명한 동물학자), 보리스 레빈슨(Boris Levinson, 동물교감치유의 아버지로 여겨지는 심리 치료학자), 레오 부스타드(Leo Bustad, 지금은 Pet Partners라고 불리는 델타 소사이어티의 설립자)는 아마도 인간과 동물의 유대라는 용어를 개척한 세 명의 가장 영향력 있는 사람들이다. 로렌츠는 동물을 기르고자 하는 욕구는 일반적으로 자연과의 유대에 대한 일반적인 열망에서 비롯된다고 말했다. 부스타드는 이러한 유대는 가장 순수하고 고귀한 형태로 사랑과 우정의 감정과 함께 하는 인간의 기능과 유사하다고 말했다(Bustad, 1983). 벡은 "유대(Bond)"라는 용어는 부모와 자녀들이 소중히 여기는 관계와 관련된 용어에서 차용되었다고 언급했다(Beck, 1999). "인간－동물 유대(Human-animal Bond)"라는 용어는 1979년 3월 23일부터 25일까지 스코틀랜드 던디(Dundee)에서 열린 "인간－반려동물 유대 연구를 위한 모임 회의(Proceedings of the Meeting of Human-Companion Animal Bond)"에서 처음 사용되었다(Fogle, 1983).

🐾 그림 3.2 인간과 동물의 유대

동물교감치유의 효과는 치유사, 치유 보조 동물, 내담자, 그리고 동물교감치유에 관련된 다른 의료 전문가들 사이의 관계에 달려있다. 인간도 다른 포유동물과 마찬가지로 유대감을 형성하여 관계를 형성하게 된다. 특히 종간 관계는 동물교감치유의 초점이며, 애착 유형은 치료 목표가 달성되어야 할 때 주요한 역할을 한다. 이것은 목표가 교육적인(동물교감교육) 또는 지원적일(동물교감활동) 때에는 유대가 형성되지 않기 때문에 변화를 기대하는 것은 바람직하지 않다. 그러나 동물교감교육과 동물교감활동에서도 모든 중요한 관계가 각각의 내부 작동 모델을 활성화하기 때문에 애착 유대가 중요한 역할을 한다고 가정할 수 있다. 따라서 유대가 지속적인 교육 훈련 중인 동물 훈련사와 동물의 조합 또는 작업 조합 내에서 발생한다고 가정할 수 있다.

이러한 애착 관점은 모든 종류의 관계를 지원하는 구조이다. 인간－개 관계가 부모－자녀 관계와 많은 공통점을 가지며 애착 관계의 네 가지 전제조건(애착 대상 찾기, 근접 추구, 안전한 피난처, 안전기지)을 충족한다(Payne, Bennett, & McGreevy, 2015). 애착 관계는 두 개인 사이의 긴밀하고 감정적인 관계이다(Bowlby, 1958). 개－인간 조합은 양육자와 유아 사이의 관계를 특징짓는 것과 유사한 애착 관계를 수반하는 것으로 믿어진다(Serpell, 1996). 개는 정의된 애착 관계를 나타내는 행동을 보인다(Bowlby, 1958). 그러한 행동 중 하나는 동물이 스트레스에 대처하는 수단으로 애착 대상을 찾는 근접 추구(Proximity Seeking)이다(Schoeberl, et al., 2012). 반대로 애착 대상이 없으면 개가 분리 관련 고통을 나타내는 행동을 유발할 수 있다(Topal, et al., 1969). 인간의 존재는 또한 스트레스가 많은 사건의 영향을 약화시킬 수 있으며, 따라서 애착 이론의 소위 안전 피난처 효과(Safe Haven Effect)를 구성할 수 있다(Gácsi, et al., 2013). 개들은 또한 애착 인물의 존재가 개들이 새로운 물체를 더 자유롭게 조사할 수 있도록 하는 이른바 안전한 기지 효과(Secure Base Effect)를 보여준다(Horn, Huber, & Range, 2013). 따라서 개－인간 애착 유대는 양육자－영유아 관계에서 발생하는 애착 유대의 네 가지 특징을 모두 지닌다.

자신의 동물을 사회적 동반자 또는 의미 있는 동반자로 여기는 사람들의 개는 상대적으로 타액 코티솔 농도가 낮다(Schoeberl, et al., 2012). 이것은 긍정적인 보호자의 태도가 반려견의 스트레스를 완화시킬 수 있음을 시사한다. 또한 개에 대해 더 긍정적인 태도를 가진 개 보호자는 동물 공감 점수가 더 높았으며, 이는 개에 대한 고통을 평가하는 방법과 상관관계가 있다(Ellingsen, et al., 2010). 따라서 긍정적인 태도를 가진 공감하는 개 보호자는 동물의 고통을 더 잘 인식하고 쉽게 반응하여 스트레스를 최소화할 수 있다. 그러한 보호자들은 블로인이 설명한 정서적 이익을 제공하는 대리인으로 간주하는 동물, 즉 동물에 대한 인본주의적 관점(Humanistic Views) 또는 자신의 이익과 함께 가치 있는 동반자로 간주하는 동물에 대한 보호주의적 관점(Protectionistic Views)을 가질 수 있다(Blouin, 2013). 블로인은 또한 동물을 하등하게 보고 유용성으로만 가치를 매기는 세 번째 관점인 지배주의적 관점(Dominionistic Views)을 밝혔다. 지배적인 보호자는 반려동물에 대해 덜 긍정적인 태도를 가질 것이며 결과적으로 개나 인간에 대한 정서적 이점이 제한될 수 있다고 예측할 수 있다. 특정 애착 스타일이 유익하다면, 인간의 행동은 더 많은 기능적인 조합을 만들기 위해 적절히 조정될 수 있다.

인간과 동물의 유대를 설명하는 세 가지 이론이 인정되고 있으며(Fine, & Weaver, 2018; Fine, & Mackintosh, 2016), 이 이론에는 **사회적 지지, 애착 이론, 생명존중가설**이 포함된다(Beck, 2014). 애착 이론과 동물들이 사회적 지지 역할을 한다는 이론은 왜 그렇게 많은 젊은이들과 노인들이 의존적인 동물을 돌보는 일에 관여하는지를 논리적으로 설명할 수 있게 해준다. 가족이 집에 동물을 키우는 가장 좋은 시기는 아동기와 초기 청소년기이다. 그럼에도 불구하고 반려동물의 역할이 아이들에게만 국한된 것은 아니다. 동물은 과도기에 있는 사람들(예: 이혼이나 배우자의 죽음을 경험한 사람들), 신혼부부, 그리고 노인들의 삶에서 중요한 위치를 차지한다. 반려동물 보호자들은 일반적으로 동물과의 관계를 인본주의적인 관점에서 바라본다. 많은 사람들은 동물에 대한 의인적인 태도를 발달시키고, 동물에 그들 자신의 인간적인 감정, 동기, 특성을 투영하고, 종종 반려동물을 다른 사람의 대체물로 인식한다(Selby & Rhoades, 1981). 반려동물과 우리의 삶을 공유하면 일반적으로 사람들이 더 안전하다고 느끼고 일상생활에서 더 많은 일관성을 얻을 수 있다(Beck, & Katcher, 2003).

반려동물은 필요한 **사회적 지원**을 촉진한다(McConnell, Brown, Shoda, & Martin, 2011). 대부분의 인간은 어려운 상황에 적응하는 데 도움이 되는 사회적 지원을 구한다(Bryant, 2008). 사회적 지지가 건강한 기능과 정신 건강을 위한 기초가 된다. 반려동물은 사람들이 사회적 지원을 확보할 수 있는 신체적, 정신적 건강에 긍정적인 영향을 미칠 수 있는 훌륭한 자원이다. 개가 있으면 다른 사람들과의 사회적 상호 작용을 촉진한다(McNicholas, & Collis, 2000; Chijiiwa, Kuroshima, Hori, Anderson, & Fujita, 2015; Lockwood, 1983). 혼자 걷는 것보다 개와 함께 걸을 때 완전히 낯선 사람과 대화할 기회가 상당히 더 많다(Wells, 2009). 하지만 그것은 동물의 특성에 따라 달라진다. 동물의 생김새가 유아적일수록 그리고 동물의 외양이 독특할수록 초기 상호 작용에 더 큰 영향력을 미친다(Beck, 2014; Serpell, 1986). 개인과 개의 관계는 동물이 편안함을 제공하고 긍정적인 사회적 배출구를 제공하는 인간 대 인간 관계와 유사하다(Bonas, McNicholas, & Collis, 2000). 동물의 존재는 스트레스의 완충제 역할을 할 수 있다(Allen, Blascovich, & Mendes, 2002).

반려동물과의 건전한 관계가 가정 내에서 부모 간 갈등으로부터 아이들을 완충시키는 데 도움이 될 수 있다(Strand, 2004). 부모들이 논쟁하는 동안 동물은 피난처를 찾는 아이들에게 건강한 대안이 될 수 있다. 물고기, 새, 원숭이의 비디오 녹화물을 보는 것(살아있는 동물에 둘러싸여 있는 것이 아니라) 또한 스트레스로부터 완충 효과가 있다(Wells, 2005). 평온한 환경에서 동물을 관찰하는 것이 우리의 행동에 진정시키는 효과가 있다는 것을 시사한다. 또한 동물이 사회적 자본(Social Capital)으로서 가지는 역할을 인식하는 것은 매우 중요하다. 간단히 말해서 사회적 자본은 건강한 사회적 상호 작용을 위한 촉매제 역할을 하는 개인이 가지고 있는 관계망을 나타낸다.

생명존중가설(Biophilia Hypothesis)은 인간이 다른 생명체와 연결하고자 하는 선천적인 욕구를 나타낸다(Fine, & Weaver, 2018). 자연에 대한 매력은 선천적이어서 치매를 이겨낼 수 있게 한다(Edwards, & Beck, 2002). 자연을 보는 것만으로도 건강이 향상될 수 있다(Ulrich, 1984). 에드워드 윌슨(E. O. Wilson)의 생명존중가설은 인간과 동물간의 유대관계를 설명하려고 시도하는 하나의 이론이다(Wilson, 1984; 1993). 에드워드 윌슨에 따르면 인간은 "생명과 생명의 변환과정에 집중하는 타고난 경향"을 지니고 있다고 한다. 생명존중가설은 인간이 다른 생물과 교감해야 할 근본적인 욕구로 단순히 동물에 대한 사랑이 아니라 모든 생물에 대한 선천적인 관심을 의미한다(Melson & Fine, 2006). 또한 일반적으로 자연 혹은 자연과 유사한 요소들 및 자연 작용들에 친밀감을 갖거나 정성을 쏟는 선천적 경향을 의미한다(Joye, 2011).

진화심리학을 바탕으로 인간은 환경적 단서에 대한 관심과 지식을 통해 생존의 기회를 늘려왔다(Kruger & Serpell, 2006). 이와 같이 인간의 뇌는 동물과 다른 다양한 환경 자극 특성에 관심을 기울이도록 연결되어 있었다. 생명존중가설은 환경적, 문화적 영향이 인간의 생명존중 표현을 형성하고 전달하는 데 기여한다는 것을 인정한다(Kahn, 1997). 진화적으로 말하면 인간은 동물에게 위험이나 안전의 지표로서 반응하는 방법을 배웠다. 따라서 흥분하고 공격적인 동물들에 의해 부과되는 부정적 효과와는 대조적으로 다정하고 침착한 동물들은 자신의 기분을 진정시키는 효과를 가질 가능성이 있다(Melson, & Fine, 2006). 이와 같이 생명존중가설은 아이들이 반려동물에 대한 애착과 야생동물 및 공룡에 대한 관심 외에 특정 동물을 학대하고, 두려워하고, 싫어한다는 증거와 일치한다.

생명존중가설은 치유 환경에 동물을 포함시키는 것과 관련된 몇 가지 함축적 의미를 제공한다. 이 가설은 인간이 생명체에 선천적인 관심을 가지고 있다는 것을 암시하기 때문에, 치유를 받는 아동들이 장난감 같은 다른 대상과는 반대로 살아있는 동물에 더 많이 주의하고 반응하게 되는 것이다(Melson, & Fine, 2006). 동물들은 치유적 참여를 돕기 위해 아동의 관심을 얻기 위한 촉매 역할을 할 수 있다. 생명존중가설 또한 친근한 치유 보조 동물이 치유 환경이 안전한 장소라는 것을 아동에게 전달할 수 있다는 것을 의미한다. 아이들은 침착함을 경험할 수 있고, 따라서 치유적 개입을 더 잘 수용한다고 느낄 수 있다. 그러나 이 가설은 또한 치유사가 동물의 행동과 기질을 주의 깊게 감시하고 인지해야 한다는 것을 내포하기도 한다. 또한 생명존중은 살아있는 유기체의 존재에게 일시적인 기분 변화만을 예측하기 때문에, 특히 그 동물이 더 이상 존재하지 않을 때에는 장기적인 변화에 대해서는 확신할 수 없다(Melson, & Fine, 2006).

듀크 대학의 의과대학 생활 센터장인 윌리엄 크라우스(William Kraus)는 5,300명의 중환자실 환자들을 대상으로 인간관계가 심장에 미치는 영향에 대한 연구를 수행했다(Holtzman, & Britz, 1986). 아이러니하게도 병원 명성이나 첨단 기술의 발달 같은 변수를 당연하게 여겼을지 모르지만 환자에게 가장 큰 영향을 준 변수는 간병인과 환자의 관계였다. 본질적으로 환자를 안고, 이야기하고 안심시키는 것이 병원의 중환자실 생존율에 대한 최고의 요소였다(Walsh, 2016). 18명의 피실험자와 그들의 반려견을 부드럽게 쓰다듬고 대화하는 것의 효과에 대한 연구가 동물들이 우리의 생물학적 정서 건강에 미치는 관계에 대한 최고의 연구로 여겨지고 있다(Odendaal, & Meintjes, 2003). 연구결과 참여자의 옥시토신 수치가 거의 두 배로 증가하였으며, 유사한 결과가 그들의 동물에서도 발견되었다. 또한 코티솔 수치의 감소뿐만 아니라 두 집단의 긴장 감소도 발견되었다. 마지막으로 인간에게서 베타 엔도르핀과 도파민 생산이 증가했다는 것을 보여주었다.

3.3 애착 이론

응시(Gaze)는 인간의 의사소통에서 중요한 역할을 한다. 응시는 타인의 의도에 대한 이해를 촉진할 뿐만 아니라 타인과 친밀한 관계를 형성하는 데에도 도움이 된다(Nagasawa, et al., 2015). 인간의 경우 상호 간의 시선은 엄마와 아기 사이의 사회적 애착의 가장 근본적인 표현이며(Dickstein, et al., 1984), 엄마의 옥시토신은 엄마와 영아의 시선이 지속되는 시간과 긍정적으로 연관되어 있다(Kim, et al., 2014).

옥시토신은 일부일처제 종에서 엄마와 아기, 성적 파트너 사이의 사회적 유대관계를 조절하는 데 중요한 역할을 한다(Ross, & Young, 2004; Young, & Wang, 2004). 또한 옥시토신 시스템의 활성화는 사회적 보상을 강화하고(Dolen, et al., 2013) 시상하수체 – 뇌하수체 – 뇌하수체 축(hypothalamic-pituitary-adrenal axis)의 스트레스 유발 활동을 억제한다(Neumann, 2002). 따라서 이러한 기능은 옥시토신에 의한 긍정적 순환과 엄마와 유아 사이의 모성 행동과 같은 조합들의 상호 작용을 촉진할 수 있다(Nagasawa, et al., 2012; Rilling, & Young, 2014). 모성 양육은 유아의 옥시토신 작용 시스템을 활성화하여 애착을 강화하며 이 애착은 옥시토신 활성을 자극하여 모성 행동을 촉진한다(Ross, & Young, 2009). 이러한 옥시토신에 의한 긍정적 순환의 확립은 사회적 신호 공유와 특정 동반자의 인식을 요구하기 때문에 옥시토신에 대한 애착 연구는 종내 관계로 국한되어 왔다.

헌신과 사랑에 옥시토신의 역할에 대한 가장 강력한 증거 중 일부는 초원들쥐(Prairie Voles)에 대한 연구에서 확인할 수 있다(Mendelson, & Baggot, 2007). 초원들쥐는 보통 평생 짝짓기라고 불리는 짝짓기를 보이는 반면, 산악들쥐(Montane Voles)는 그렇지 않다. 몇몇 연구들은 이와 밀접한 관련이 있는 종들 사이의 일차적인 차이가 중추신경계(CNS: Central Nervous System)에서 옥시토신 수용체의 위치라는 것을 입증했다(Certer, Devries, & Getz, 1995; Gavish, & Carter, 1981; Olmert, 2009, p. 247). 일부일처제 초원들쥐에게서 옥시토신을 특정 중추신경계 위치에 직접 주사하면 다른 동반자보다 단일 동반자에 대한 선호도가 높아지고, 특정 옥시토신 길항제를 주사하면 단일 동반자에 대한 선호도가 저하된다.

애착 이론의 가정 중 하나는 중요한 다른 사람과의 사회적 상호 작용(애착 인물이라 함)이 자기와 관계 대상(자아와 타인의 내부 작동모델)의 의식적이고 무의식적인 정신적 표현 형태로 내재되어 있다는 것이다(Bowlby, 1973, 1980, 1982). 이러한 모델은 일생 동안 밀접한 관계에서 감정 조절 전략과 행동에 영향을 미친다(Mikulinker, & Shaver, 2007). 이 이론을 간략하게 정리하자면 필요할 때 이용가능하고 지지적인 애착 인물과의 상호 작용은 애착 안정성(Sroufe, & Waters, 1977)과 긍정적이고 낙관적인 내부 작동모델의 발달을 촉진하여 자존감, 적응적 정서 조절 전략, 효과적인 심리사회적 기능, 그리고 호의적인 정신 건강에 기여한다(Mikulincer, & Shaver, 2007). 애착 인물이 필요할 때 거부하거나 이용할 수 없으면 애착 안정성이 훼손되고, 자기와 다른 사람들의 부정적인 모델이 형성되고, 이후에 정서적 문제와 부적응의 가능성이 증가한다. 성인에 대한 대부분의 연구들은 한 사람의 애착 형태, 즉 한 사람의 애착 이력에서 비롯되는 상대적 기대, 정서, 행동의 체계적인 형태에 초점을 맞추었다(Fraley, & Shaver, 2000).

애착 유형은 대략 직교적인 두 차원, 즉 애착 관련 불안과 회피의 관점에서 측정할 수 있다(Brennan, Clark, & Shaver, 1998). 불안(또는 불안 애착)은 상대방이 필요할 때 이용할 수 없을 것이라고 우려하는 정도를 나타내며, 이론가들이 말하는 과민반응 애착 전략(관계 대상자로부터 보살핌, 지지, 사랑을 얻으려는 활동적이고 지속적인 시도)을 걱정 조절 수단으로 채택한다(Mikulincer, & Shaver, 2003). 회피(또는 회피적 애착)는 관계 대상자의 호의를 불신하고, 관계 대상자와의 행동적 독립성과 정서적 거리를 유지하려고 노력하며, 애착 관련 생각과 감정의 억제와 같은 비활성화

전략에 의존하는 정도를 나타낸다(Mikulincer, & Shaver, 2003). 이 2가지 차원 모두에서 낮은 점수를 받은 사람들은 안전하거나 안전한 애착 유형을 가지고 있다고 할 수 있다.

애착지향성은 많은 연구에서 보여주듯이 초기 아동기에 1차 돌봄자와의 상호 작용에서 형성되지만(Cassidy, & Shaver, 2008), 바울비는 평생 동안 기억에 남는 다른 사람들과의 상호 작용이 사람의 작동 모델을 바꾸고 2차원 공간의 한 영역에서 다른 영역으로 이동시킬 수 있다고 주장했다(Bowlby, 1988). 또한 비록 애착지향성은 친밀한 관계를 향한 하나의 전체적인 지향성으로 개념화되는 경우가 많지만, 실제로는 인지적, 정서적 과정과 정신적 표현의 복잡한 연결망에 뿌리를 두고 있는데, 여기에는 일반적인 애착 표현뿐만 아니라 많은 일화적, 맥락적, 관계 특이적 표현이 포함된다(Mikulincer, & Shaver, 2003). 이후 연구에서 애착 이론이 신, 특정 장소(친숙한 가정이나 공동체 환경 등)와 무생물과 같은 관계가 개별적인 차이를 개념화하는 데 도움이 될 수 있다는 것을 보여줌으로써 생물에서 무생물로 애착이론이 확장되었다(Granqvist, Mikulincer, & Shaver, 2010; Milligan, 1988; Rowatt, & Kirkpatrick, 2002; Vaske, & Kobrin, 2001).

많은 연구자들은 애착 이론이 인간-반려동물의 유대감을 이해하는 데 유용한 틀을 제공한다고 주장해 왔다(Zilcha-Mano, Mikulincer, & Shaver, 2011). 훨씬 앞서 레빈슨은 반려동물이 무생물이나 추상적 또는 상징적 물체보다 더 적절한 자연적인 애착 대상이라고 주장했다(Levinson, 1969). 살아있는 생물과 관계를 맺는 것은 더 넓은 범위의 행동과 더 상호적인 형태를 가능하게 한다(Karen, 1994). 인간-반려동물 유대에 관한 문헌은 그들이 애착 유대의 4가지 전제 조건인 근접성 추구, 안전한 안식처, 안전 기지 및 분리 걱정을 충족한다는 것을 나타내고 있다(Ainsworth, 1991; Hazan, & Zeifman, 1994). 따라서 반려동물은 애착을 가진 인물로 볼 수 있다. 많은 연구들은 반려동물 보호자들이 자신의 반려동물과 감정적으로 친밀감을 느끼고 이 친밀감을 찾고 즐긴다는 것을 입증했다(Barker, & Barker, 1988; Kidd, & Kidd, 1995; Kurdek, 2008, 2009). 또한 반려동물 보호자는 반려동물이 안전한 안식처를 제공하고, 필요할 때 지지, 편안함 및 안심의 원천을 구성한다고 느끼는 경우가 많다(Allen, Balscovich, & Mendes, 2002). 반려동물을 잃는 것은 고통의 감정을 유발시키고 종종 슬픔의 과정을 일으킨다(Gerwolls, & Labott, 1995; Hunt, Al-Awadi, & Johnson, 2008; Kwong, & Bartholomew, 2011; Wrobel, & Dye, 2003). 또한 반려동물은 주인이 세상을 더 자신 있게 탐험할 수 있는 안전한 기지를 제공한다(Brickel, 1985; Cusack, 1988; Hardigg, 1983; McNicholas & Collis, 1995). 이러한 사실에 따라 부부관계와 부모관계에 대한 연구에서 개인의 차이가 개념화되었기 때문에 인간─반려동물 관계 내에서 애착의 개별적 차이를 개념화하는 것이 가능해야 한다. 설문을 통한 연구에서 인간─반려동물 관계에서 반려동물 애착 지향성과 인지, 정서, 행동 사이의 연관성을 이론적으로 예측하였다 (Zilcha-Mano, 2009; Zilcha-Mano, et al., 2011). 첫째, 반려동물 애착 불안이나 회피 수준이 높다고 보고한 사람은 명시적(자기 보고) 및 암시적(인지적 과제에서의 반응 시간) 수준에서 반려동물에 대한 부정적인 기대를 더 많이 가지고 있었다. 또한 반려동물 회피 애착이 높을수록 반려동물의 수용감이 낮아지고 반려동물이 있는 경우 자기효능감이 낮아지는 것과 관련이 있었다. 반려동물 회피 애착 수준이 높다고 보고한 사람들도 반려동물의 사망 이후 괴로움을 덜 느꼈고, 잃어버린 반려동물에 대한 애착과 관련된 열망도 덜 표현하였다. 반려동물 애착 불안이 높다고 보고한 사람들은 반려동물이 죽은 후 만성적이고 해결되지 않은 슬픔을 보일 가능성이 더 높았다. 그들은 잃어버린 반려동물에 만성적으로 몰두하고, 극심한 감정적 고통을 겪었으며, 그들의 탐구 활동이 방해받았고, 기능장애적인 대처 전략에 의존하고, 잃어버린 반려동물에 대한 분노와 적개심과 함께 상실에 따른 혼란스러운 슬픔과 정체성 혼란을 겪었다.

인간과 개의 관계는 **종간 애착** 형태이다. 개들은 개별 인간을 구별할 수 있다 (Nagasawa, Mogi, & Kikusui, 2009; Topal, et al., 2005). 또한 개는 손으로 기른 늑대와 비교할 때 돌보는 사람에 대해 확연히 다른 행동을 보이며 개와의 상호 작용은 인간에게 사회적 완충 효과(Social Buffering Effect)를 부여한다(Topal, et al., 2005). 마찬가지로 개도 같은 종족보다 인간과의 상호 작용에서 더 많은 사회적 완충 효과를 얻는다(Tuber, et al., 1996). 인간과 동물의 상호 작용은 심리사회 및 심리생리학적으로 다양한 효과를 제공한다(Beetz, et al., 2012). 동물과 상호 작용하는 것은 인간 사이의 사회적 상호 작용과 신뢰, 공감, 공격성, 그리고 긍정적인 분위기와 같은 측면에서 중요한 관련 요소들에 영향을 미친다. 인간과 개 사이의 촉각적 상호 작용은 인간과 개 모두의 말초 옥시토신 농도를 증가시킨다(Mitsui, et al., 2011; Odendaal, & Meintjes, 2003). 또한 개의 응시에 의해 시작된 사회적 상호 작용은 보호자의 소변 옥시토신을 증가시키는 반면에 개의 응시에 대한 방해는 이러한 증가를 억제한다(Nagasawa, et al., 2009). 이러한 결과는 인간과 유사한 사회적 의사 소통의 습득이 인간과 개의 친화적 상호 작용의 질을 향상시키고, 이는 엄마와 유아 관계와 유사한 인간-개 유대관계로 이어진다.

인간의 기능적 자기 공명 영상 연구에 따르면 보호자와 개로 구성된 가족의 얼굴이 옥시토신 시스템에 의해 강하게 작용하는 영역인 전방 대상 피질(Anterior Cingulate Cortex)을 활성화시켰다는 것을 보여준다(Shinozaki, Hanakawa, & Fukuyama, 2007). 보호자의 소변 옥시토신 변이는 개의 응시에 의해 시작되는 행동 교환 빈도와 높은 상관관계가 있다(Nagasawa, et al., 2009). 이러한 결과는 인간이 인간 가족 구성원에 대해 느끼는 것과 유사하게 반려견에 대한 애정을 느낄 수 있으며, 개의 시선 접촉과 같은 개와 관련된 시각적 자극이 옥시토신 시스템을 활성화시킨다는 것을 시사한다. 따라서 개를 길들이는 동안 응시에 의한 옥시토신 방출과 마찬가지로 인간의 옥시토신 애착 시스템을 활성화하는 응시 의사 소통을 구현하는 신경계가 진화하여 인간과 개의 유대를 촉진하기 위해 종간 옥시토신에 의한 긍정적 순환이 생성된다(Nagasawa, et al., 2015). 사람과 개 사이의 초기 유대감은 빠르게 형성될 수 있으며, 이 유대감은 개에 대한 애착으로 발전시키는 강한 감정적 요소가 있으며(Dwyer, Bennett, & Coleman, 2006; Beetz, et al., 2012), 이는 개에 대한 애착의 발달로 이어진다(Zasloff, 1996).

특별한 의학적 또는 정신 건강 상태가 있든 없든 간에 여러 다른 영역과 다양한 연령 집단에서 인간과 동물의 상호 작용은 다음과 같은 긍정적인 영향을 분명하게 나타낸다(Beetz, et al., 2012),

- 사회적 관심, 행동, 대인관계 및 기분 개선
- 코티솔, 심박수, 혈압과 같은 스트레스 관련 매개변수의 감소
- 자가 보고된 두려움과 불안의 감소
- 정신적 및 신체적 건강, 특히 심혈관 건강의 향상

3.4 접촉 이론(Eckstein, et al., 2020)

촉각은 인간이 가장 먼저 발달시키는 감각 중 하나이다. 신생아는 옷이나 요람과 같은 환경과 가장 먼저 접촉한다. 특히 부모가 만지는 것은 피부에 닿는 느낌이 아동의 발달에 중요한 영향을 미치지만 적극적으로 움직일 때 촉각 압력을 느끼는 것도 아동의 발달에 중요한 영향을 미친다(McGlone, Wessberg, & Olausson, 2014; Cascio, Moore, & McGlone, 2019).

성인이 되어서도 다른 사람과 접촉하는 것은 사회적 상호 작용과 사회적 관계의 중심 요소이다(Field, 2010). 사회적 접촉은 사회적 관계의 유익한 건강 효과에 대한 메카니즘 중 하나이다. 긍정적인 사회적 상호 작용의 효과는 일반적으로 금연이나 스포츠와 같은 잘 확립된 행동 요인의 효과 크기와 같거나 크다(Holt-Lunstad, et al., 2015). 그들 중 일부는 접촉이나 친밀감 때문일 수 있다. 접촉은 또한 유대감(Dunbaar, 2010), 의사소통(Hertenstein, et al., 2006; Hertenstein, et al., 2009; Hauser, et al., 2019) 및 보상(Pawling, 2017) 과정에서 중요한 기능으로 여겨져 왔다. 사회적 접촉이 스트레스를 완화하고 진정 효과가 있다고 종종 제안되어 왔지만(Burleson, & Davis, 2013; Morrison, 2016), 이러한 긍정적 효과의 근본적인 전제 조건과 메커니즘은 아직 충분히 조사되지 않았다.

여러 연구에 따르면 접촉 후 신경 생리학적 및 내분비적 결과에서 정신생물학적 공포 또는 스트레스 반응의 감소를 보여준다(Ditzen, et al., 2007; Triscoli, et al., 2017; Kreuder, et al., 2019). 물론 접촉은 공격적 행동을 발생하거나 상호 작용 상대를 위협하기 위해 발생할 수도 있다. 이러한 부정적인 상호 작용 상황에서는 기대와 신체적 특성이 모두 다르며(Hertenstein, et al., 2006; Hertenstein, et al., 2009; Scheele, et al., 2014), 폭력은 극단적인 형태의 접촉이고 신체적 고통은 잠재적인 결과이다.

동물과의 접촉은 광범위한 조건과 환자에게서 인간의 건강을 개선하기 위한 비약리학적 개입인 동물교감치유의 한 요소이다. 이러한 유형의 치유법은 특히 치매, 우울증 및 외상 후 스트레스 장애와 같은 임상적 질환에 대해 점점 더 대중화되어 가고 있다. 60명의 참가자를 대상으로 6분 동안 지속되는 다양한 유형의 개 상호 작용(촉각, 언어-촉각, 개가 있을 때와 없을 때의 대화, 휴식)에서 심박수와 혈압을 수집했다(Vormbrock, & Grossberg, 1988). 촉각 상태는 개를 쓰다듬어 주거나 말을 하지 않고 무릎에 앉히도록 지시했다. 혈압은 언어 및 언어-촉각 상태보다 촉각 및 휴식 상태에서 더 낮았다. 혈압은 또한 다른 모든 조건에서보다 대화 중에 더 높았다. 따라서 개를 쓰다듬는 것과 휴식을 취하는 것은 촉각의 뚜렷한 이점 없이 유사한 효과가 있었던 것으로 보인다. 관련 연구에서 10명의 개 보호자와 10명의 대조 집단이 참여했다(Handlin, et al., 2011). 개 보호자는 의자에 앉아 3분 동안 개를 쓰다듬고 대화를 나누는 반면 대조 집단은 그냥 앉아 있게 하였다. 자율 신경계의 활성화를 측정하기 위한 코티솔 및 심박수 수준은 상호 작용 또는 앉아 있는 동안 및 이후 57분 동안 평가되었다. 또한 스트레스와 각성에 대한 상호 작용의 영향을 조사하기 위해 미주신경 긴장도와 옥시토신을 반영하기 위해 인슐린을 측정했다. 코티솔과 인슐린 수치는 두 집단 모두에서 감소한 반면에 심박수는 개 보호자에게서만 감소했다. 동시에 개 보호자의 옥시토신 수치는 상호 작용 직후 증가했다. 따라서 개 보호자의 심박수 감소는 접촉 자체 또는 개와의 유대감때문일 수 있다. 개가 없이 가만히 앉아 있는 집단에서도 코티솔이 감소했기 때문에 이 연구는 스트레스 반응에 대한 개의 특정한 유익 효과에 대해 약한 증거만 제공한다. 대부분의 연구는 접촉 대상으로 개를 사용하여 수행되었지만 말을 사용한 연구도 있다. 심박수 및 주관적 각성은 90초 동안 말을 쓰다듬기 전, 중, 후 18명의 참가자에게서 측정되었다(Hama, Yogo, & Matsuyama, 1996). 심박수는 쓰다듬기를 시작한 처음 10초 동안 가장 높았고 나머지 시간 동안 꾸준히 감소했다. 주관적인 각성도 감소하고 피로도가 증가했다. 그러나 통제 조건이 적용되지 않았기 때문에 심박수의 변화가 뇌졸중에 특이적인지 여부는 알 수 없었다. 따라서 동물을 만지는 것의 스트레스 감소 효과에 대한 증거는 지금까지 이 연구에서 그다지 강하지 않다.

개와의 관계의 역할은 조용한 독서를 통제 조건으로 사용하는 연구에서 조사되었다(Baun, et al., 1984). 여기에서 혈압, 심박수 및 호흡수는 3개 회기에서 9분 동안 모르는 개, 알고 있는 개를 쓰다듬거나 조용히 책을 읽는 동안 24명의 참가자를 측정했다. 혈압은 모르는 개보다 알고 있는 개를 쓰다듬었을 때 더 많이 감소했다. 사후 비교는 개 상태에 대해서만 수행되었지만 혈압 감소는 알고 있는 개와 독서에서 유사했으며, 혈압은 독서에서 전반적으로 가장 낮은 것으로 나타났다. 심박수 및 호흡수는 값이 다소 유사한 다른 두 조건에 비해 독서에 대해 가장 낮은 것으로 나타났다. 따라서 알고 있는 개를 쓰다듬어주는 것은 각성에 긍정적인 영향을 미치는 반면, 조용히 책을 읽는 것은 동일한 진정 효과를 가지고 있다.

모르는 개만을 사용한 유사한 연구에서 20명의 피험자에게서 11분의 독서와 18분의 구두 상호 작용 없이 개를 쓰다듬는 동안 혈압과 심박수를 비교한 후 개와 5분 동안 인사하게 했다(Jenkins, 1986). 독서를 할 때보다 개를 쓰다듬는 동안 심박수가 아닌 혈압이 낮았다. 그러나 두 조건의 지속시간은 7분과 5분의 개와의 인사 시간이 다르기 때문에 혈압 변화가 반려견과의 촉각적 접촉 때문인지 시간의 경과에 따른 것인지는 명확하지 않다. 큰 소리로 책 읽기와 조용히 읽기를 92명의 학생(104명)을 대상으로 한 연구에서 10분 동안 개를 쓰다듬고 대화하는 통제 조건이 사용되었다. 전후에 혈압, 평균동맥압, 심박수, 상태 불안, 특성 불안을 측정하였다. 평균 동맥압, 혈압 및 심박수는 다른 모든 활동보다 개를 쓰다듬을 때 더 낮았다. 다른 활동에 비해 조용히 책을 읽고 쓰다듬어 주는 것이 상태 불안이 더 낮았다. 기술적으로 이 모든 측정값은 조용한 독서에서 가장 낮았다. 개를 쓰다듬는 것은 조용한 독서보다 스트레스 감소에 대한 명확한 이점이 없었다. 그러나 이것이 개와의 촉각적 상호 작용의 효과가 없다는 것을 의미하지는 않지만 스트레스 감소의 척도로서 조용한 독서가 아마도 과소 평가되었다는 것을 의미한다. 이러한 효과의 기초가 되는 메카니즘이 유사한지는 분명하지 않다. 다른 감각 수용체와 과정이 관련되기 때문에 최소한 상향식 메카니즘은 다르다.

　비슷한 결과를 얻은 다른 연구에서는 18명의 참가자가 조용히 책을 읽거나 18마리의 개 중 한 마리와 상호 작용하기 전후에 혈압과 여러 호르몬(코티솔 포함)을 측정했다(Odendaal, & Meintjes, 2003). 이 상호 작용에는 30분 동안 말하기, 쓰다듬기, 개와 놀기, 몸과 귀 긁어주기 등이 포함되었다. 두 조건 모두 모든 측정에서 유사한 변화를 유도했으며 혈압, 코티솔, 페닐 아세트산(Phenyl Acetic Acid) 및 도파민 수치에는 유의한 차이가 없었다. 이러한 모든 조치는 개와 함께 책을 읽고 상호 작용한 후 유사하게 감소했다. 베타－엔돌핀, 옥시토신, 프로락틴만이 독서를 할 때보다 개와 상호 작용한 후 더 많이 증가했다. 이것은 스트레스 완화에 대한 특정 효과보다 유대에 더 중점을 둔다. 그럼에도 불구하고, 이러한 모든 연구는 개를 쓰다듬는 것이 최적의 방법으로 접촉 제공자에게 친숙한 개를 쓰다듬는 것이 다양한 측정에서 명백한 진정 효과를 가질 수 있음을 나타낸다. 이것은 개가 안전 신호 역할을 할 가능성이 있음을 나타낸다.

3.5 심리치료 이론과 동물교감치유

동물교감치유를 위한 이론적 근거는 윤리학, 학습이론, 발달심리학, 사회심리학, 대상 애착 등 다양한 이론들을 근거로 한다(Kidd, & Kidd, 1987). 이러한 이론들이 근거의 일부를 설명할 수 있지만 하나의 이론만으로 인간과 동물 사이의 유대를 적절히 설명하는 데에는 한계가 있다. 모든 학제간 관련 분야가 수용되어야 하는 인간과 동물의 유대를 위한 단일 이론을 만드는 것이 거의 불가능하기 때문에 더욱 복잡하다. 그러나 좀 더 나은 이론적 이해를 확립하기 위한 몇 가지 개념은 존재한다. 현재 고려되고 있는 이론적 틀로는 자기심리학, 인지적·사회적 인지이론, 학습이론, 역할이론, 사회중재론, 생태학적 체계이론, 게슈탈트 이론에 근거한 이론 등이 있다.

 1. 자기 심리학(Self Psychology)

하인즈 코헛(Heinz Kohut)이 개발한 자기 심리학은 어머니상과의 관계를 통해 유아기 성격 구조의 발달에 초점을 맞추고 있다(Brown, 2004). '자기'로 알려진 비판적 자기심리학 개념은 개인에게 안녕, 자존감, 일반적인 응집력을 제공하는 인격의 핵심인 심리적 구조이다. 건강한 자아감을 유지하기 위해서는 이러한 자아감을 유지하고 증진시킬 수 있는 환경으로부터의 특정한 반응이 필요하다. 이러한 반응들(예를 들어 공감, 진정, 긍정, 지속 또는 진정 반응)은 사람, 동물, 사물, 경험 또는 환경과 같은 대상에 의해 제공되며, '자기 대상(Self-object)'기능이라고 한다. 사람이나 동물, 사물, 생각 또는 경험이 자기 대상으로 간주되기 위해서는 개인의 자아 감각 유지가 중요한 역할을 해야 한다. 따라서 자기대상 체험이 개인의 자아감을 유지하는 데 매우 중요하지 않다면 자기대상체험으로 인식되지 않는 것이다.

코헛은 자아를 그대로 유지하기 위해 작용하는 세 가지 유형의 자아 대상 기능을 확인했다. 그것은 **자기 반사 대상**(Mirroring Self-objects), **이상적 자기 대상**(Idealized Self-objects), **쌍둥이 자기 대상**(Alter-ego Self-objects, Twinship Self-objects)이다. 자기 반사 대상은 선과 온전함 속에서 긍정, 확인, 자기 인식과 같은 경험을 제공함으로써 자아를 지속한다. 이상적 자기 대상은 존경받고 존경받는 자아의 일부가 되는 경험을 허용함으로써 자아를 지속시킨다. 쌍둥이 자기 대상은 타인의 자아와 본질적인 유사성을 경험함으로써 자아를 지탱한다.

반려동물은 아동 발달의 자기 대상 요구를 제공하는 데 중요한 역할을 할 수 있다. 반려동물은 세 가지 유형의 자기 대상 기능을 모두 수행할 수 있으므로 아동의 자아 감각 발달에 기여한다. 예를 들어, 부모가 감정적 적응(미러링)을 제공할 수 없다면, 반려동물은 아동에게 일관되고, 감정적이며, 긍정적인 미러링을 제공할 수 있으며, 이것은 아동에게 더 큰 응집감과 존중감을 발달시키는 데 도움을 줄 수 있다. 외상 이력을 가진 사람들은 자기 대상으로 반려동물에게 크게 의존하는 경향이 있다(Brown, 2004). 브라운(Brown)이 실시한 연구에 따르면, 종종 외상과 학대 이력과 관련이 있는 해리 수준이 높은 개인은 반려동물 애착 수준이 더 높다고 한다. 학대 이력을 가진 사람들은 종종 자존감, 신뢰, 사회적 고립, 안전하지 못한 느낌으로 어려움을 겪는다. 신뢰할 수 있는 사람들과의 관계를 잃는 것은 외상을 입은 사람에게 자기 대상을 상실하게 한다. 안전한 자아감이 부족하면 개인은 반려동물과 같은 신뢰할 수 있고 안전한 자기 대상을 찾을 수 있다.

자기 심리학은 왜 개인이 반려동물과의 관계를 중시하는지에 대한 특별한 이해를 제공한다. 자기 심리학은 반려동물에 대한 애착의 개별적인 차이를 이해하는 모델을 제공할 수 있지만 연구자가 자기-대상 관계의 깊이와 기능을 평가하기 위한 구조를 개발할 수 있다면 유익할 것이다(Brown, 2004). 예를 들어 동물과 함께 일하는 치유사는 동물이 내담자에게 제공하는 자기 대상의 유형을 알면 도움을 받을 수 있다. 이러한 지식은 치유가 필요한 특정 영역을 대상으로 치유 목표를 확인하고 설계하는 데 있어 치유사에게 권한을 부여할 수 있게 해준다. 동물교감치유 환경에서의 자기 심리학에 대해 고려할 추가 시사점이 있다. 한 가지 중요한 고려사항은 그것이 자아에 기여하는 관계의 질이라는 개념이다(Melson, & Fine, 2006). 예를 들어 아이들은 의인화하는 경향이 있기 때문에, 자기 대상 경험은 인간-동물 관계에서 발생할 가능성이 더 높다. 최적의 조건 하에서 치유 보조 동물과 함께 활동하는 아동에게 자기 발달을 용이하게 하는 안전한 애착 유대를 확립하기에 충분한 시간이 제공될 필요가 있다. 제한된 회기 또는 다양한 동물과의 접촉은 애착 과정을 억제할 수 있다. 치유 보조 동물의 종류는 또 다른 중요한 고려사항이다. 개는 일반적으로 인간에 더 잘 반응한다. 따라서 합일, 활성화 및 안전한 애착과 같은 자기 대상 경험을 제공할 가능성이 더 높아진다.

2. 인지 및 사회적 인지 이론(Cognitive and Social Cognitive Theories)

인지 및 사회적 인지 이론은 자신의 생각, 행동 및 환경 사이에 상호 관계가 있다는 믿음에 따라 작동한다(Kruger, & Serpell, 2006). 따라서 치유 목표는 행동 변화를 촉진하기 위해 개인의 자기 인식에 긍정적인 변화를 촉진하는 데 중점을 둔다. 학습과 변화는 관찰, 모방, 직접 교육 및 연관을 통해 이루어질 수 있다.

동물교감치유와 관련된 인지 및 사회적 인지 이론에는 몇 가지 관점이 있다. 관찰 또는 모델링을 통해 내담자에게 적절한 행동을 가르치는 것은 동물교감치유 문헌 전반에 걸쳐 흔히 볼 수 있다. 치유 보조 동물들은 내담자들이 내담자들의 행동의 원인과 효과를 포함한 적절한 사회적 상호 작용을 배우도록 도울 수 있다. 예를 들어 동물은 쾌적하고 불편한 자극에 반응하면서, 내담자 행동에 대한 피드백을 제공할 수 있다. 동물교감치유는 종종 자기효능감(Self-efficacy), 수행 성취(Performance Accomplishment), 개인 대행자(Personal Agency)와 같은 사회적 인지이론의 세 가지 상호 관련 측면을 향상시키는 것을 중심으로 구성된다 (Kruger, & Serpell, 2006). 자기효능감은 바람직한 결과를 창출할 행동을 수행할 수 있는 능력에 대한 믿음이며, 수행 성취란 한때 두려워했던 행동의 성공적인 성과를 말한다. 개인 대행자는 개인이 자신과 다른 사람들에게 이익이 될 일을 할 수 있다고 믿는 구조다. 동물교감치유 연구에서 다양한 연령대, 치유 설정 및 진단을 포함하여 세 가지 영역 모두에서 긍정적인 결과를 보여 준다.

3. 학습 이론(Learning Theory)

학습 이론은 치유 보조 동물에 의한 불안 감소 이점을 설명하고자 제안되었다. 학습 이론은 불쾌하거나 불안을 유발하는 활동이 회피 또는 위축 행동을 초래할 가능성이 더 높다고 가정한다. 반대로 즐거운 활동은 자기 강화가 될 것이며, 미래에 일어날 가능성이 더 높다(Kruger, & Serpell, 2006). 치유 보조 동물은 완충 역할을 하여 내담자가 직면한 불안 유발 자극으로부터 주의를 돌릴 수 있다. 동물에게 주의를 돌리는 것은 회피와 위축 대신 그 자극에 노출되는 것에 대해서 자기 스스로 조절할 수 있다(Kruger, & Serpell, 2006). 예를 들어 아동은 치유사에게 직접 드러내는 대신 치유 보조 동물에게 성 학대를 먼저 노출시킬 수 있다. 동물에게 주의를 돌리는 반복적인 노출은 비혐오적인 결과와 함께 불안의 감소 또는 소멸을 가져오게 한다.

4. 역할 이론(Role Theory)

사회적 인지 이론과 유사하게 역할 이론은 개인이 사회 환경에서 발전하는 과정에서 역할을 형성하는 방법을 강조한 것이다(Kruger, & Serpell, 2006). 개인은 새로운 역할에 들어갈 때, 그 특정한 역할의 기대에 부합하기 위해 행동을 수정한다. 긍정적 또는 부정적 행동 변화는 가정되는 역할과 그것이 가정되는 맥락에 따라 달라질 것이다(Kruger, & Serpell, 2006). 행동을 수정하기 위해 설계된 개입은 때때로 내담자에게 학습과 긍정적인 변화를 위한 새로운 기회를 제공할 수 있는 새로운 역할을 맡을 것을 요구한다.

동물교감치유에 대한 내포된 의미에서 역할 이론은 개인에게 동물을 훈련시키거나 돌볼 기회를 제공할 수 있다. 이러한 경험들은 개인이 교사나 관리인의 역할을 수행하도록 촉진시킨다.

 ## 5. 사회적 중재(Social Mediation)

동물은 사회적 욕구에 대한 인식을 바꾸고 낯선 사람 사이의 긍정적인 사회적 상호 작용을 증가시킬 수 있는 능력이 있다(Kruger, & Serpell, 2006). 대학생들을 대상으로 한 연구에서 사람들이 동물이 없는 사진과는 대조적으로 친근한 동물과 함께 사진에 등장할 때 더 행복하고, 더 친근하고, 더 부유하고, 덜 위협적이고, 더 느긋하게 인식된다는 것을 밝혔다. 익숙하고 낯선 지역에서 개를 산책시키거나 개 없이 산책하는 참가자를 조사한 세 가지 연구는 개가 있을 때 낯선 사람과의 긍정적인 사회적 상호 작용이 유의하게 증가한다는 것을 발견했다. 사회적으로 위축된 성인 및 청소년 정신과 입원환자에 대한 개 산책 프로그램의 효과에 대한 연구에서 환자들이 치료사들이 묻는 질문에 대한 응답 시간이 감소하였고, 응답에 사용되는 단어가 기하급수적으로 증가하였으며, 응답의 비율도 증가했다고 보고하고 있다. 동물의 사회적 중재 효과는 동물교감치유에 관한 중요한 의미를 제공한다. 동물교감치유 문헌에서 자주 논의되는 흥미로운 개념은 치유사와 내담자 사이의 유대관계를 형성하는 과정을 촉진하는 치유 보조 동물의 능력이다(Kruger, & Serpell, 2006). 동물과 함께 일하는 치유사는 행복하고, 친근하며, 덜 위협적으로 보일 수 있는데, 이것은 치유사가 더 사회적으로 바람직한 것으로 인식될 가능성을 증가시킬 수 있다. 또한 치유 보조 동물의 존재는 대화를 자극하고 초점을 맞출 수 있는 중립적이고 외부적인 주제를 제공할 수 있다(Levinson, 1969). 이를 통해 규정 준수, 치유 유지 및 치유 결과와 직접 관련될 수 있는 치유적 활동 연합의 개발을 가속화하고 강화할 수 있다.

 ## 6. 생태학적 체계 이론(Ecological System Theory)

브론펜브레너(Bronfenbrenner)는 생태계가 가족부터 이웃, 학교, 지역, 문화에 이르는 발전적인 맥락을 강조한다(Melson, & Fine, 2006). 이러한 맥락은 서로 영향을 주고, 체계를 형성하는 등 서로 연관되어 있다. 또래 집단, 이웃 놀이 집단, 종교적인 설정, 그리고 대가족과 같은 맥락은 잠재적으로 스트레스를 받을 때 아동과 가족을 돕기 위한 사회적 지원을 제공할 수 있다. 연구자들은 개인에게 사랑, 무조건적인 수용, 존경, 유대감을 제공하는 데 있어 사회적 지지가 중요하다는 것을 입증해 왔다. 최근에 연구자들은 아동들이 스트레스를 경험할 때 반려동물을 안심하고 정서적으로 지탱해주는 원천으로 인식한다는 것을 발견했다. 예를 들어 반려동물들은 편안함을 위해 쉽게 활용될 수 있으며, 특히 인간이 활용될수 없을 때 더욱 그렇다(Melson, & Fine, 2006). 아이들 그리고 때때로 어른들은 그들의 반려동물을 가족으로 보는 경향이 있기 때문에 반려동물은 가족의 축소판 안에 존재한다. 이와 같이 생태계의 관점에서 일하는 치유사들은 가족 제도 내에서 반려동물의 역할을 고려하는 쪽을 선택할 수도 있다. 예를 들어, 가정 관찰은 치유적 개입이 필요한 형태를 나타낼 수 있다. 치유 환경에서 치유 보조 동물은 다른 구성원과의 관계나 가정의 분위기에 대한 정보를 아동에게 공유하도록 도우면서 반려동물 및 다른 가족 구성원과 관련된 연관성을 유발할 수 있다. 따라서 생태계의 관점에서 행해지는 동물교감치유는 임상의사에게 동물과의 관계를 통해 아동과 다른 사람과의 관계에 대한 정보를 추정할 수 있는 창의적인 방법을 제공할 수 있다. 고려해야 할 또 다른 측면은 종내의 유대와 종간의 유대가 긍정적으로 상관하는 경향이 있기 때문에 부모간의 유대가 강하고 또래 관계가 좋은 아이는 동물에게 긍정적인 반응을 보일 가능성이 더 높을 수 있다는 것이다. 치유 보조 동물의 존재로부터 얻은 아동에 대한 지지와 지원에 대한 의식이 아이의 사회적 능력, 공감, 사회적 적응에 관한 정보를 반영할 수도 있다.

7. 게슈탈트 이론(Gestalt Theory)

게슈탈트 이론 치료의 예는 게슈탈트 말 심리치료(GEP, Gestalt Equine Psychotherapy)로 게슈탈트 치료와 말 활용 심리치유(EFP, Equine Facilitated Psychotherapy)를 창의적으로 통합한 것으로, 개인 내담자, 부부, 가족 또는 집단과 함께 수행되며 치유사는 정신건강 및 말 전문가로 이중 인증을 받은 사람이 진행한다 (Smith, 2010). 회기는 한 마리 이상의 말과 함께 수행될 수 있으며, 말과 함께 지상 작업과 승마 활동을 포함할 수 있다. 게슈탈트 말 심리치료는 '여기 지금(Here and Now)'에서 전개되는 현상학적, 비해석적, 경험적 과정에 초점을 맞추고 치유의 주요 원천은 내담자, 말, 치유사 간의 관계에서 발생한다고 믿는다(Kirby, 2010). 그 핵심에는 상호 연결성과 대화를 강조하는 존중 속의 대화(I-Thou Relating) 개념(Buber, 1958)이 있으며, 자아의식을 잃지 않으면서 진정한 만남과 지원 그리고 치유 관계의 상호 간 생성이 특징이다(Hycner, 1990).

또한 이러한 주관적인 일대일 접근은 서로 다른 것을 바라지 않고 있는 그대로 수용하는 상호 존중의 만남을 말하며, 수용과 차별화를 통해 치유와 변화가 일어날 수 있다(Philippson, 2001).

게슈탈트 말 심리치유(GEP, Gestalt Equine Psychotherapy) 및 휴머니즘 놀이치료(HPT, Humanistic Play Therapy)의 주요 개념이 어린이와 함께 작업하는 데 호환될 수 있는 지에 대해 연구가 진행되었다(Lac, 2014). 게슈탈트 말 심리치유와 휴머니즘 놀이치료 사이의 연관성은 자아를 구체화된 관계적 과정으로 보는 철학적 틀과 치유적 만남 내에서 놀이와 실험의 중요성에 대한 믿음에서 볼 수 있다.

두 접근법 모두 치유적 관계의 중요성과 아동이 스스로 성장하고 학습할 수 있다는 신뢰를 강조한다. 게슈탈트 말 심리치유와 휴머니즘 놀이치료는 치유 관계를 구축하는 데 있어서 치유사와 아동 모두에게 진정성, 일치성 및 일관성의 중요성에 대한 증거를 제공하기 위해 신경과학 연구에서 도출할 수 있다. 이 연구를 통해 게슈탈트 말 심리치유와 휴머니즘 놀이치료가 내담자의 성장 과정을 지원하는 통합 접근 방식이 될 수 있는 방법을 보여주었다.

3.6 동물교감치유 이론의 구조적 모형

다음은 동물교감치유에 대한 이론들에 대한 구조를 설명하고자 한다(Holder, et al., 2020). 이러한 구조가 모든 이론에서 내담자의 변화까지 모든 것을 포함시키지는 못하였지만 동물교감치유 이론의 구조를 이해하는 데에는 도움이 될 것이다.

그림 3.3 동물교감치유 이론의 다층 모형

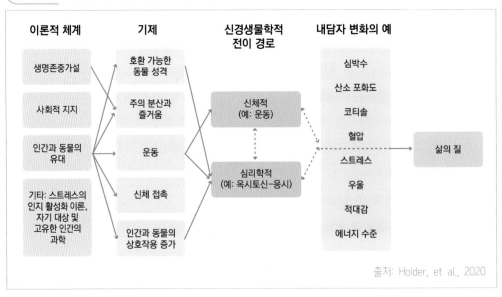

출처: Holder, et al., 2020

1. 이론적 체계

1) 생명존중가설(Biophilia Hypothesis)

생명존중가설은 1993년 켈러트(Stephen R. Kellert)와 윌슨(Edward O. Wilson)에 의해 처음 제시되었다. 인간은 동식물과 같은 다른 생물에 자연적인 매력을 느끼고 있다(Hosey, & Melfi, 2014; Kellert, & Wilson, 1993; Yin, et al., 2019; Chang, et al., 2020; Fine, 2018). 동물교감치유의 경우 이러한 생각은 내담자가 동물과 상호 작용할 수 있는 초기 자극을 제공한다. 따라서 생명존중가설(특히 주의 분산 메커니즘 경로)은 환자의 지원망에 완전히 통합되거나 유대 관계가 형성될 시간이 없는 짧은 기간 동안 단일 회기 동물 개입으로 얻을 수 있는 이점을 설명할 수 있다. 또한 켈러트와 윌슨의 가설이 암시하는 선천적인 끌림이 치유 보조 동물과 형성된 미래의 유대나 지원망으로 나아가게 한다는 점을 뒷받침할 수 있다. 단일 개입과 단기 연구의 결과에 따르면 대부분의 참가자들이 반려동물이 방에 들어오는 것을 매우 간절히 바라며 개입하는 동안 미소를 짓는 것을 보여준다(Chubak, et al., 2107; Coakley, & Mahoney, 2009; Kumasaka, et al., 2012). 그 결과 추가적인 치유적 이점이 생긴다면 이것은 생물학적 끌림이 더 복잡한 인간−동물 상호 작용의 문을 열 수 있다.

2) 사회적 지지 가설(Social Support Hypothesis)

동물교감치유의 사회적 지지 개념은 일반적인 사회적 지지 이론과 밀접한 관련이 있다(Cohen, & Wills, 1985; Helgeson, 2003; Ibarra-Rovillard, 2011). 본질적으로 인간은 스트레스에 반응하는 방식을 정의할 수 있는 다양한 복잡성과 규모의 지지망에 존재한다(Wells, 2009; Beetz, et al., 2011; Ritchie, 2001; Woodgate, 2006; Horowitz, 2008). 이 체계 하에서 동물교감치유의 경우 치유 보조 동물은 내담자의 지지망에서 또 다른 유용한 방법이다. 그러나 내담자의 지지망에 추가된 치유 보조 동물은 특정한 함정을 피하고 전통적인 인간 상호 작용과는 다른 이점을 제공한다(예: 치유 보조 동물은 치유를 받는 대상자를 판단할 수 없다)(McNicholas, & Collis, 2006). 치유 보조 동물이 무비판적 청취자가(Yom, 2016; Kumasaka, et al., 2012; White, et al., 2015; Petranek, Pencek, & Dey, 2018; Muschel, 1984) 될 수도 있고 의료진과의 상호 작용을 촉진할 수도 있으며(Silva, & Osorio, 2018; White, et al., 2015; Muschel, 1984; Schmitz, et al,, 2017; Bibbo, 2013), 둘 다 스트레스를 받는 치료 과정 동안 내담자의 지지 의식을 증가시킨다.

환자 지원에 대한 이러한 개념은 또한 치유 보조 동물이 어느 누군가의 반려 동물과 대조적으로 의료 지원 직원의 일부로 환자에게 구체적으로 소개된다는 점에서 이전에 논의된 기계적 수단(예: 호환되는 성격, 긍정적인 신체적 접촉, 개선된 인간 상호 작용 및 근본적인 신경생물학적 요인)을 설명할 수 있다. 주의 분산과 즐거움 및 운동 기제의 경우 사회적 지지 이론은 간접적으로만 설명력을 가질 수 있다. 다시 말해서 주의를 분산하게 하고 움직임에 자극을 주는 것이 지지 집단의 결정적인 기능일 수 있지만 반드시 그런 것은 아니다. 동물교감치유 연구자들이 자주 인용하는 사회적 지지 이론은 정의상 지극히 일반적이며, 따라서 예측력이 부족하다는 점에 주목할 필요가 있다.

3) 인간과 동물의 유대 가설

인간과 동물의 유대 센터(The Center for the Human Animal Bond)는 인간－동물의 유대를 "사람과 동물이 서로의 심리적, 생리적 상태에 영향을 미치는 역동적인 관계"로 정의한다. 그 결과 인간과 동물의 유대가 성숙해짐에 따라 양쪽 모두에게 이익이 된다는 것이다. 동물교감치유에서 농장 동물에 이르기까지 모든 것을 포함하는 인간－동물 상호 작용에 대한 검토에서 흥미로운 점이 제기되었다(Rehn, & Keeling, 2016; Hosey, & Melfi, 2014). 인간과 동물의 유대와 인간과 동물 관계 사이에는 근본적이고 정의적인 구별이 있어야 한다는 것이다(Ainsworth, 1989). 관계는 각 개인에 대해서 효과가 유사하지 않을 뿐만 아니라 일부 명확하지 않은 상호 작용을 나타내지만 유대는 특정 개인과의 연결이 형성되었음을 나타낸다(Rehn, & Keeling, 2016; Ainsworth, 1989). 다시 말해 인간과 동물의 관계는 단기 또는 장기적으로 환자와 치유 보조 동물의 긍정적인 상호 작용만을 의미한다. 인간과 동물의 유대는 특정 치유 보조 동물에 대한 환자의 상호 연결을 정의한다. 보호자와 반려동물 간은 밀접한 관계가 유지되지만 환자의 경우 보호자와 반려동물 간의 관계처럼 밀접한 관계가 유지되지는 않는다. 그러나 인간은 여러 인간과 유대를 형성할 수 있으므로 여러 치유 보조 동물과 관계 및 유대를 형성할 수 있다. 인간-동물 유대감과 사회적 지지 이론은 의미에서 다르다는 점을 유념해야 한다. 사회적 지지를 위해서는 스트레스에 대한 탄력성을 제공하는 기존 지지망에 동물을 통합할 필요가 있다. 여기서 치유 보조 동물은 내담자에게 직접적인 이점을 제공하는 동시에 내담자가 다른 지지 부분(예: 간호사, 의사 및 가족 구성원)과의 상호 작용을 개선한다. 반면에 인간-동물 유대 이론은 지지망 통합을 요구하지 않으며, 인간과 동물을 넘어서는 부수적인 이익을 암시하지도 않는다. 오히려 동물교감치유의 유익한 효과는 특정 스트레스 상황(예: 암 치료)에 대처하는 것 이상으로 확장되며, 이러한 동일한 효과가 유대감이 강화됨에 따라 다른 맥락에서도 지속될 수 있음을 시사한다. 사회적 지지 가설과 인간과 동물의 유대 관계는 상호 배타적이지 않으며, 관찰된 긍정적인 결과를 도출하는 데 상호 보완적일 가능성이 높다.

4) 자기 대상 가설(Self-Object Hypothesis)

자기 대상 가설에서는 치유 보조 동물을 인간이 안정적인 애착을 형성하는 이상적인 대상으로 간주한다. 또한 치유 보조견은 판단하지 않고 유대감이 있는 사람과 상호 작용할 때 기쁨을 나타내기 때문에 환자의 삶을 특히 향상시킨다 (Schmitz, et al., 2017; Wolfe, 1989; Levinson, 1962, 1964). 종합하면 자기 대상 가설은 경험하는 긍정적인 동물교감치유의 효과가 치유 보조 동물과의 상호 작용을 통해 자기에 대한 더 나은 이해에서 비롯된다는 것을 의미한다. 동물교감치유 전에 환자는 마치 자신이 자신의 질병인 것처럼 느끼거나 담당 의료진이 고칠 때까지 수동적으로 기다리는 것처럼 느낄 수 있다(Petranek, Pencek, & Dey, 2018). 따라서 관찰된 이점은 연구에 참여하는 것이 "자신만이 아니라 다른 사람을 위해 건설적이거나 좋은 일을 하는 것"일 수 있다는 환자의 인식에서 직접 나온다고 주장한다. 동물교감치유와 보완 의약품이 일반적으로 환자가 자신의 질병과 삶의 질을 통제할 수 있도록 도우므로 긍정적인 효과를 가져오는 적극적인 참여의 느낌을 갖게 해준다는 점이다(Johnson, et al., 2003). 기본적으로 환자는 치유 보조 동물의 자기 대상과의 상호 작용을 통해 자신을 질병 이상으로 개념화할 수 있다. 이 가설의 가장 큰 장점은 보완적 치료로서의 동물의 중요성에 대해 명확한 긍정적 사례를 만든다는 것이다. 예를 들어 치료용 마사지, 박제된 동물, 친근한 낯선 사람과의 대화는 자기 대상 구성에 의해 가정된 특정 심리적 경로를 사용하지 않는다. 살아있는 치유 보조 동물만이 이 역할을 맡을 수 있는 모든 관련 특성을 가지고 있다.

5) 스트레스의 인지 활성화 이론(Cognitive Activation Theory of Stress)

스트레스의 인지 활성화 이론은 일반적인 각성 및 활성화 이론을 기반으로 하며, 스트레스에 대한 반응의 효과를 특성화하고 평가하기 위해 스트레스의 특정 정의에 중점을 둔다(Buettner, et al., 2011; Ursin, & Eriksen, 2004). 스트레스에 대한 인지 활성화 이론의 필수적인 요소는 대처가 긍정적인 결과 기대치로 정의될 때만 건강 및 질병과의 관계를 예측한다는 것이다(Ursin, & Eriksen, 2004).

동물교감치유의 경우 스트레스의 인지 활성화 이론은 심리생물학적 토대를 형성한다(Buettner, et al., 2011). 기본적으로 동물교감치유는 암 진단 및 치료의 스트레스에 대한 반응을 개입하는 데 도움이 되는 만큼 이 틀에 있는 환자에게만 유용하다. 이 이론은 사회적 지지망과 다소 유사하지만 스트레스의 인지 활성화 이론은 전체적인 개념에서 그 틀 아래의 생화학적 작용 메커니즘에 이르는 더 명확한 경로를 제시한다. 치유 보조 동물은 유동적 지지망에서 일반화된 방법으로 존재하기보다는 일반적인 개입 동안 환자의 스트레스 반응과 그에 수반되는 생리학적 상관관계(예: 코티솔 또는 심박수)를 직접 변화시킨다.

6) 고유한 인간 과학(Science of Unitary Humans)

이 틀 내에서 유기체는 몸, 마음, 감정 및 환경으로 구성된 에너지 장으로 간주된다(Coakley, & Mahoney, 2009; Rogers, 1970). 정신신경면역학 요소는 심리적 변수가 스트레스 호르몬에 직접적인 영향을 미치고, 이는 차례로 면역 기능과 심리 사회적 안녕을 조절할 수 있는데, 이는 스트레스의 인지 활성화 이론과 다소 유사하다(Johnson, et al, 2008; Cole, et al., 2007).

따라서 동물교감치유에서 인간의 영역은 개입이 진행됨에 따라 치유 보조 동물의 영역과 상호 작용하고 그에 따라 변화한다. 이러한 상호 작용과 에너지의 변화는 생리적 스트레스를 감소시키고 상호 작용에 참여하는 양쪽 당사자에게 긍정적인 영향을 증가시킬 수 있다. 고유한 인간 과학은 일부 회의론과 타당한 비판이 있지만 이 이론은 동물교감치유의 개념을 치료에 관련된 두 행위자(환자와 동물)의 물리적 특성을 넘어 확장해준다(Rosa, et al., 1998; O'Mathuna, et al., 2002). 즉, 동물교감치유의 주요 행위자는 신체뿐만 아니라 치유사와 내담자에게도 영향을 미치는 특정한 환경에서의 상호 작용하는 마음과 감정이라는 것이다.

7) 애정 교환 이론(Affection Exchange Theory)

애정 교환 이론은 일반적으로 "애정 표현은 종종 관계 발전을 시작하고 가속화하며" 따라서 "인간 생존의 열쇠"라고 주장한다(Floyd, 2006). 간단히 말해서 애정 교환 이론에는 5가지 구성 요소가 있다(McCullough, 2014). (1) 인간은 본질적으로 애정을 원한다. (2) 애정의 감정이 항상 애정의 표현을 동반하는 것은 아니다. (3) 애정 어린 표현은 장기적으로 인간의 번식을 돕는다. (4) 개인은 애정의 욕구가 다양하다. (5) 개인의 애정 욕구를 위반하는 것은 해롭다.

세 번째 이론을 제외하고 이 이론의 신조는 동물교감치유에 쉽게 적용될 수 있으며, 적절하게 이해하면 이러한 가정 중 상당수는 이전에 논의된 다른 개념(예: 생명 존중 가설)을 반영하기도 한다(McCullough, 2014). 따라서 환자와 치유 보조 동물 사이의 상호 애정 교환은 동물교감치유 참가자가 경험하는 신체적, 정신적 안녕의 향상으로 이어질 수 있다(McCullough, 2014). 애정 교환 이론은 앞서 언급한 사회적 지지 가설과 잘 상호 작용한다. 추가적으로 네 번째 가정은 다른 성격을 가진 동물들이 동물교감치유에 어떻게 영향을 미칠 수 있는지를 밝혀줄 수 있는 몇 안 되는 설명 개념 중 하나이며, 이를 환자의 선호(즉, 활동적인 동물보다 조용한 치유 보조 동물을 선호)로 뒷받침한다.

8) 애착 이론(Attachment Theory)

애착은 "관계에서 얻은 안정감과 편안함에 의한 애정적 유대감"으로 정의된다(Rehn, & Keeling, 2016; Ainsworth, 1989). 부모－자식 애착에서 볼 수 있는 다양성과 마찬가지로 인간－동물 애착은 매우 다양하며 "평균적인 동물에 대해 이야기하기보다는 개별적인 동물 수준에서 조사해야 한다."(Rehn, & Keeling, 2016). 동물교감치유에 가능한 예측은 애착의 강도와 그에 따른 전반적인 유대의 질이 어느 한쪽 당사자가 관계의 편안함에서 파생되는 심리적, 생리학적 이점과 직접적으로 관련이 있다는 것이다. 인간－동물 상호 작용에 관한 다른 연구에서 인간과 개 모두에게서 더 가까운 관계가 옥시토신 작용 시스템의 활성화로 인해 효과가 더 강하게 관찰된다는 사실이다(Odendaal, 2000; Handlin, et al., 2011). 개별 치유 보조 동물의 애착과 특정 환자의 보살핌 행동을 분석함으로써 애착 이론은 형성된 이후 광범위한 인간－동물 유대의 틀안에서 유대의 질을 구별하는 데 사용할 수 있다.

2. 기제(Mechanism)

1) 호환 가능한 동물 성격

인간이 치유 보조 동물의 자연적 속성에 반응할 수 있고, 다른 동물보다 동물교감치유에 더 이상적인(동물과 인간 모두를 위한) 기질의 부류 또는 범위가 실제로 존재할 수 있다는 개념을 표현한다(즉, 차분한 성격 vs 공격적인 성격)(Gee, et al.,

2015; Shiloh, Sorek, & Terkel, 2003; Kuhne, Hößler, & Struwe, 2014).

입원 중인 청소년 암 참여자 18명 중 8명(44%)은 동물교감치유에서 개가 평온하거나 편안함을 느끼는 모습을 가장 좋아하는 것으로 보고했다(Chubak, et al., 2017). 일부 연구에서는 특별히 느긋한 치유 보조 동물을 찾았고, 또 다른 연구에서는 에너지 넘치는 동물을 찾았다(Ginex, et al., 2018). 이 연구의 연구자들은 이러한 선호에 주목하고 있지만 이 연구들의 결과에서 동물의 성격에 합리적으로 기인할 수 있는 실질적인 차이는 없다. 그럼에도 불구하고 이것은 개개인에 대한 동물교감치유를 개선하기 위한 분명한 관심 분야이다.

예를 들어 어떤 환자들은 조용한 반려동물이 제공하는 편안한 상호 작용으로부터 이익을 얻는 반면에 다른 환자들은 더 에너지 넘치는 치유 보조 동물이 장려하는 움직임과 장난기 있는 신체적 접촉을 선호할 수 있다. 게다가 양립 가능한 동물의 성격은 다른 기질을 가진 개가 아닌 다른 동물을 동물교감치유로 통합하는 경우를 뒷받침한다. 이것은 감염 우려를 완화하고 특정 동물 혐오증을 극복할 수 있을 뿐만 아니라 각 환자에 대한 동물교감치유의 적응도를 증가시킬 수 있다. 일부 환자들은 화학요법 동안 개와의 차분한 상호 작용을 선호할 수 있는 반면에 다른 환자들은 훈련된 말과의 활발한 상호 작용을 통해서 최대의 이득을 얻을 수 있다.

2) 주의 분산과 즐거움

주의 분산과 즐거움의 구조는 동물의 방문이 환자의 정기적 또는 병원 생활의 단조로움을 깨뜨리는 역할을 할 수 있으며, 관찰된 많은 혜택이 동물교감치유의 참신함으로부터 온다(Haylock, & Cantril, 2006; Moreira, et al., 2016; Yom, 2016). 주의 분산 효과는 진단 및 치료와 관련된 스트레스 요인으로부터 벗어나는 데 도움이 되는 것으로 알려져 있는 재활승마로 확장된다(Haylock, & Cantril, 2006). 종단적 동물교감치유 연구는 동물교감치유의 참신함이 사라진 후 충분한 시간이 지나면 점차 이점이 감소하는 것을 볼 수 있다. 연구 내내 개별 피실험자와 동일한 치유 보조 동물을 연결해주기 위해 모든 노력을 기울인 연구에서 환자에 대해 유의미한 변화가 없었다(McCullough, et al., 2017). 이와 유사한 결과를 염두에 두고 연구자들은 특정 동물과의 유대감을 장려하는 것과 새로운 치유 보조 동물을 도입하여 새로운 것을 극대화하기 위해 매 회기마다 새로운 치유 보조 동물을 도입하는 것 중 하나를 선택할 수 있다. 후자의 제안은 잠재적으로 확장 불가능하고 자원 집약적이다. 치유 효과를 유지하기 위해 지속적으로 새로운 치유 보조 동물을 도입하는 것은 치유 팀, 내담자 및 동물교감치유 프로그램의 자원에 막대한 부담을 줄 수 있다.

3) 운동

운동 기제는 명시적으로 신체적 운동에 의존한다. 조용히 앉아서 치유 보조 동물을 쓰다듬는 것과 달리 이 메커니즘은 참가자들이 치유 보조 동물과 함께 돌아다니며 이러한 운동의 부수적인 이점을 경험할 수 있는 자극을 제공할 것이다 (Schmitz, et al., 2010; Barbaric, et al., 2010; Holmes, et al., 2005; Beasley, et al., 2012). 동물교감치유 그룹의 산소 포화도에서 관찰된 유의미한 증가는 화학요법을 받는 동안에만 있는 것이 아니라 치유 보조견과 물리적으로 움직이고 상호 작용하기 때문일 수 있다. 이러한 신체 활동 기제는 움직임 증가로 인한 동물교감치유의 이점을 경험하기 위해 충분히 걸을 수 없는 많은 환자를 필연적으로 배제하게 된다.

4) 신체 접촉

신체 접촉 기제는 동물교감치유에서 볼 수 있는 이점에 대한 외부 기제로서 동물을 쓰다듬는 것을 명시적으로 언급한다(Kaiser, et al., 2002). 개의 털을 쓰다듬는 것은 촉각적인 편안함을 제공하고, 긴장을 줄여주며, 환자들이 그들의 환경에서 안전함을 느낄 수 있게 해준다(Walsh, 2009; McNicholas, & Collis, 2006). 치유 보조 동물을 만지는 것은 환자와 다른 고립된 개인에게서 "접촉 배고픔(Skin Hunger)" 또는 만지고자 하는 선천적인 욕구를 충족시킨다(Odendaal, 2000). 한 연구에서는 실험 집단이 통제 집단에 비해 기분과 행동 변화만을 보였지만, 친화적 접촉이 인지적 요인보다 동물교감치유의 효과에 더 많이 기여한다고 주장하였다

(Kaminski, Pellino, & Wish, 2002; Vormbrock, & Grossberg, 1988). 또한 개와의 접촉이 심박수와 혈압의 감소와 상당한 관련이 있다는 것을 보여주었다(Friedmann, 1980). 손질과 승마의 물리적 접촉이 승마자와 말의 관계를 강화한다고 언급하면서 신체 접촉의 중요성을 재활승마로 확장시켰다(Cerulli, et al., 2014).

어린이(92%)와 부모(55%)가 가장 많이 선택한 활동은 치유 보조견 쓰다듬기였으며, 이는 환자와 동물의 상호 작용에 대한 연구에서 예외가 아닌 규칙이 되었다(McCullough, et al., 2017). 인간과 동물 사이의 신체 접촉이 옥시토신과 베타엔도르핀의 증가와 같은 특정 생화학적 효과를 직접적으로 이끌어 낸다는 것이 관찰되었다(Odendaal, & Meintjes, 2003). 인간과 치유 보조 동물 사이의 애정 어린 접촉의 이점을 뒷받침하는 이러한 증거에도 불구하고, 일부 연구는 살아있는 동물과 비교했을 때 박제된 동물(비교적으로 만지기 즐거운 동물)을 사용하여 유사한 긍정적인 효과를 보인 반면에 다른 연구는 이러한 발견과 모순되는 결과를 보이기도 한다(Shiloh, Sorek, & Terkel, 2003). 또한 특정 형태의 접촉은 치유 보조 동물에게 불쾌감을 줄 수 있다(Kuhne, Hößler, & Struwe, 2014). 그러나 치유 보조 동물을 쓰다듬는 것이 가장 흔한 친애 행동이었고 관련된 동물들로부터 높은 스트레스의 징후는 거의 없었다(McCullough, et al., 2017; Kaminski, Pellino, & Wish, 2002). 신체 접촉은 동물교감치유 동안 활성화되는 여러 기제 중 하나일 뿐이며, 인간과 동물의 상호 작용에 내재된 여러 기제의 조합이 궁극적으로 동물교감치유를 완전히 유익하게 만들 수 있다.

5) 인간과 동물의 상호 작용 증가

다른 인간과의 친화적인 사회적 상호 작용은 환자에게 관찰 가능한 이점을 제공할 수 있고, 치유 보조 동물은 이러한 상호 작용을 촉진하는데 기여할 수 있다(Wood, Giles-Corti, & Bulsara, 2005; Rogers, Hart, & Boltz, 1993). 인간 상호 작용 기제의 본질은 동물교감치유가 환자에게 직접적인 긍정적 영향을 미치는 것 외에도 환자의 결과를 개선하는 일련의 긍정적인 사건이나 환경을 만나도록 하는 기회를 제공한다는 것이다. 치유 보조 동물은 집단 치료 환경에서 친근한 동물 보호자 및 다른 환자와의 유익한 상호 작용을 촉진한다. 그러나 치유 보조 동물과의 양질의 시간과 상호 작용은 인간 상호 작용의 증가로 인해 집단 환경에서 제한될 수 있으며, 치유 보조 동물이 제공하는 직접적인 이익은 이러한 시나리오에서 적절하게 균형을 이루어야 한다.

6) 주의력(Attentionis Egens)

인간과 진보된 사회 시스템을 가진 다른 종들은 무엇보다도 "주의가 필요한 행동(Attention-need Behaviors)"을 진화시킨다(Odendaal, 2000). 이러한 사실은 인간-동물 상호 작용과 그 영향을 이해하기 위한 메커니즘으로서 주의력을 제시하도록 이끈다(Odendaal, 2000). 주의력은 단순히 "성공적인 사회적 상호 작용을 위한 전제 조건으로서 정상적이고 기본적인 정서적 수준에 대한 주의의 필요성"을 나타낸다. 동물교감치유의 성공은 치유 보조 동물이 일반적으로 다른 인간이 담당하는 역할을 효과적으로 맡는 양방향주의 추구 행동에 크게 기초한다(Odendaal, 2000). 인간의 관심에 대한 강한 요구는 동물의 사회적 행동을 증가시키고, 이는 결국 인간-동물의 유대감을 전반적으로 강화시킨다. 주의력 요구를 효과적으로 처리하면 관련된 인간과 동물에게 상호 이익이 되는 생리학적 변화(즉, 일반적으로 부수적인 신경화학물질의 증가)로 직접 이어진다. 이 개념은 개를 치료 환경에 성공적으로 포함시키는 것을 설명하는 데 도움이 된다. 개는 매우 사회적인 동물이며 사회적으로 고립되거나 고통받는 개인에게 관심과 지원을 제공하는 이종 간 제공자 역할을 할 수 있다(Friedmann, & Son, 2009). 주의력은 증가된 인간 상호 작용 메커니즘과 병치될 때 흥미로운 개념이다. 후자는 치유 보조 동물이 더 많은 인간의 관심을 끌기 위한 경로라고 주장하지만, 주의력은 치유 보조 동물과의 상호 작용 자체가 관심의 대상이 될 수 있다고 말한다.

7) 감각 자극(Sensory Stimulation)

신체 접촉과 그 이점은 치유 보조 동물이 제공하는 긍정적 감각 자극의 여러 원천 중 하나일 뿐이다. 사실 일부 연구에서 개가 각 감각에 영향을 주어 코티솔 수치를 낮추고 "혈압, 심박수 및 호흡수 감소를 포함한 신체적 이점"을 유발할 수 있다고 한다(Johnson, 2011; Chandler, 2012). 예를 들어 보호자가 개를 쳐다보는 것만으로도 두 종의 중요 옥시토신 농도를 상당히 증가시키기에 충분하다는 것을 발견했다(Nagasawa, et al., 2015). 유사하게 "단순히 사람이 다시 나타날 수 있음"이 개에게서 옥시토신의 분비를 유발할 수 있음이 발견되었다. 이러한 옥시토신의 분비는 상당한 기간 동안 지속될 수 있다(Rehn, et al., 2014). 신체 접촉은 가장 철저하게 연구된 감각 자극 패러다임이지만 환자가 동물교감치유에서 치유보조 동물을 보고, 듣고, 냄새 맡음으로써 추가적인 이점을 얻을 수 있고, 이미그렇게 할 가능성이 매우 높다(Johnson, 2011).

8) 책임/과제 완료(Responsibility/Task Completion)

이 개념은 동물과 함께 정의된 작업 및 활동을 완료하면 관련된 인간에게 긍정적인 이점을 줄 수 있다는 것이다. 예를 들어, 치유 보조견은 환자가 장난감 항목을 찾도록 돕거나 치유 보조 말은 승마 코스를 횡단하기 위해 환자와 함께 일할 수 있다. 어느 시나리오에서든 목표 달성을 위한 책임과 인지적 부담은 의식적이든 무의식적이든 환자와 치유 보조 동물과 공유된다. 또 다른 예는 동물을 돌보고 손질하는 환자를 포함한다. 이는 이미 많은 재활승마에 포함된 치유 구성요소이다(Haylock, & Cantril, 2006; Cerulli, et al, 2014; Mills, & Hall, 2014). 이 책임 개념이 제공하는 추가 이점은 동물교감치유 시나리오 고유의 신체 운동이나 접촉외에 주로 추가적인 책임을 지는 데 따른 자부심과 성공적으로 작업을 완료하여얻는 성취감에 있다(Kazdin, 2015; Hauge, et al., 2015).

3. 신경생물학적 전이 메커니즘(Neurobiological Transduction Mechanisms)

지금까지 논의된 메커니즘은 동물교감치유의 효과에 대한 관찰 가능한 원인을 제안하지만 주로 인간 참가자의 외부 요인에 초점을 맞춘것이다. 동물교감치유가 어떻게 긍정적인 감정과 효과를 발생시키는지에 대한 이해는 신경생물학적 전이 메커니즘을 고려하지 않고서는 불완전하다. 이는 동물교감치유 메커니즘과 관찰된 생리학적 또는 심리적 결과 사이의 정확한 연결과 경로를 언급하며, 모두 포괄적인 틀에 따른다.

　　인간과 개의 애정 어린 상호 작용이 인간과 개 모두의 도파민, 코티솔, 옥시토신, 프로락틴, 엔도르핀, 페닐에틸아민 농도에 긍정적인 영향을 미친다(Odendaal, & Meintjes, 2003; Odendaal, & Lehmann, 2000). 또한 혈류에서 엔도르핀과 아드레날린의 분비는 동물교감치유의 긍정적인 효과에 대해 주의분산 메커니즘보다 더 중요하게 언급된다(Moreira, et al., 2016). 그들은 또한 이러한 생화학물질들이 실제 생리학적 상관관계이며 심박수 변동성의 감소로 관찰된 결과와 연관성이 있다고 주장한다. 일반적으로 동물과의 상호 작용이 신체에 심리적인 영향을 미치지만 내분비계 및 면역계와 함께 피드백 루프로 작용한다는 점에 주목한다(Johnson, et al., 2003). 동물교감치유에서 언급된 효과가 실제로 생성하는 생화학물질에 대한 많은 연구가 물리적 접촉 메커니즘에 초점을 맞추었지만 신경생물학적 전이의 개념은 다른 모든 메커니즘에도 확장된다(Odendaal, 2000; Odendaal, & Meintjes, 2003; Handlin, et al., 2011; Odendaal, & Lehmann, 2000; Handlin, et al., 2012; Beetz, et al., 2012). 즉, 각 틀의 신조는 특정 메커니즘의 상호 작용을 허용하고 이러한 메커니즘은 차례로 환자의 신경생물학에 직접적인 영향을 미친다. 예를 들어 신체 접촉 메커니즘은 의식적 마음이 긍정적인 물리적 자극과 상황적 맥락(즉, 동물교감치유 회기)을 처리하기 전에 감각 신경 경로(이 경우 접촉)의 동원을 필요로 한다. 여기에서 뇌는 자연적으로 도파민, 에피네프린 및 기타 신경 화학 물질을 분비함으로써 자연스럽게 반응하여 기분이 좋아지고 일반적으로 긍정적인 효과를 얻는다(Odendaal, 2000; Odendaal, & Meintjes, 2003; Odendaal, & Lehmann, 2000). 이러한 전달 경로는 운동 메커니즘을 통해 치유 보조 동물과 함께 운동할 때 사용되는 경로와 다를 수 있다. 여기서 환자의 긍정적인 영향에 미치는 요인은 운동의 긍정적인 이점과 운동이 방출하는 신경화학물질에서 비롯된다.

　　남아 있는 각각의 메커니즘에 대해 유사한 이론적 경로를 가정할 수 있다.

단 호환 가능한 동물 성격은 예외된다. 전달 경로는 궁극적으로 유사한 일련의 신경 화학 물질의 분비로 끝날 수 있지만 분비 경로는 각 메커니즘마다 약간 다르다. 미래에 이러한 신경생물학적 전이 개념은 틀을 구성하는 특정 메커니즘의 효과를 구별하는 강력한 방법이 될 수 있다.

다시 말하면 둘 다 도파민의 분비로 이어질 수 있지만, 신체 접촉 대 치유 보조 동물과의 상호 응시는 동일한 긍정적 효과를 달성하기 위해 다른 생화학적 경로를 활용 한다. 적절하게 구성된 동물교감치유를 사용하여 각 메커니즘과 해당 경로를 분리하여 특정 틀에 대한 이해를 높이고 메커니즘이 상호 작용하는 방식을 명확히 할 수 있다.

다양한 치료법이 다양한 스트레스 요인에 효과적일 수 있으므로 신경생물학적 전달 개념은 환자의 다양한 요구에 대해 동물교감치유 유형을 표적화할 수 있는 가능성을 열어준다. 신경생물학적 전달의 개념은 또한 어떤 메커니즘이 특정 생리학적 경로를 우회하지 않고도 직접적인 심리적 이점을 제공하는지를 구별하는 데 도움이 될 수 있다. 예를 들어 접촉이나 운동과 같은 일부 메커니즘은 분명히 물리적 전달 경로에 의존하는 반면, 치유 보조 동물 응시와 같은 다른 메커니즘은 단지 인간이 개를 보고 긍정적인 이점을 심리적으로 인식하도록 요구한다. 그러나 메커니즘의 신경생물학적 경로 내에 생화학물질의 복잡한 조절이 있을 가능성이 높고 시스템 내의 인과관계가 간단하지 않다. 이것은 동물교감치유가 신경화학물질을 통합할 수 있는 하나의 방법이 될 수 있으며, 동물교감치유의 모든 유익한 효과가 특히 옥시토신 작용 시스템을 자극하는 산물일 가능성이 있다는 강력한 사례를 제시한다(Beetz, et al., 2012). 또한 옥시토신과 함께 코티솔이 주요 작용자임을 의미한다(ohnson, 2011). 모든 메커니즘과 관련한 전달 경로는 옥시토신을 방출하는 것을 목표로 하여 관찰된 모든 동물교감치유의 이점(예: 우울증 감소, 산소 포화도 증가 등)으로 이어진다(Beetz, et al., 2012). 이 이론은 옥시토신이 결합 또는 계열 신경화학적 펩티드로 잘 이해되고 있기 때문에 매우 그럴듯하다(Carter, 1998; Carter, et al., 1992; Keverne, & Kendrick, 1994; Witt, Winslow, & Insel, 1992). 또한 이러한 옥시토신 방출은 단기의 긍정적 상호 작용의 결과에 여전히 영향을 미칠 수 있으며, 이는 단기간, 낮은 빈도 또는 둘 모두를 사용한 개입에서 동물교감치유의 효능을 설명한다. 최종 관심의 신경화학물질인 옥시토신은 특정한 성별 특성적 동물교감치유 효과를 설명한다(예: 반려견 상호 작용 후 여성의 옥시토신은 증가하지만 남성의 옥시토신은 감소)(Miller, et al., 2009). 또한 옥시토신은 코티솔의 분비를 억제하는 것으로 알려져 있으므로 관찰된 환자의 스트레스 감소에 중요한 직접적인 역할을 할 수 있다.

참고 문헌

3.1 원 헬스

김영아 (역) (2020). 원헬스: 사람 · 동물 · 환경. 서울: 범문에듀케이션.

Baylis, M. and Nicoll, A. (2006). Foresight. Infectious Diseases: preparing for the future. Future Threats, Office of Science and Innovation, London.

Cook, R. A., Karesh, W. B., & Osofsky, S. A. (2004). The Manhattan Principles on "One World, One Health". Wildlife Conservation Society. https://oneworld−onehealth.wcs.org/About−Us/Mission/The−Manhattan−Principles.aspx

Grace, D., Mutua, F., Ochungo, P., Kruska, R., Jones, K., Brierley, L., Lapar, L., Said, M., Herrero, M., Phuc, P. M., Thao, N. B., Akuku, I. & Ogutu, F. (2012). Mapping of poverty and likely zoonoses hotspots. Zoonoses Project 4. Report to the UK Department for International Development. Nairobi, Kenya: ILRI. https://hdl.handle.net/10568/21161

King, L. J., Anderson, L. R., Blackmore, C. G., Blackwell, M. J., Lautner, E. A., Marcus, L. C., Meyer, T. E., Monath, T. P., Nave, J. E., Ohle, J., Pappaioanou, M., Sobota, J., Stokes, W. W., Davis, R. M., Glasser, J. H., & Mahr, G. K. (2008). Executive summary of the AVMA One Health Initiative Task Force report. Journal of the American Veterinary Medical Association, 233(2), 259−261. doi: 10.2460/javma.233.2.259.

Kupferschmidt, K. (2012). Mycology. Attack of The Clones. Science, 337(6095), 636−638. doi: 10.1126/science.337.6095.636.

Ostfeld, R. S. (2011). Lyme Disease: The Ecology of a Complex System. Oxford University Press, New York, NY. p 113−143.

Smolinski, M. S., Hamburg, M. A., & Lederberg, J. (2003). Microbial Threats to Health

Emergence, Detection, and Response. The National Academies Press, Washington, DC. p19.

Taylor, L. H., Latham, S. M., & Woolhouse, M. E. (2001). Risk factors for human disease emergence. Philosophical Transactions of the Royal Society Lond B Biollgical Sciences, 2356(1411), 983－989. doi: 10.1098/rstb.2001.0888.

Wake, D. B., & Vredenburg, V. T. (2008). Colloquium Paper: Are We in The Midst of The Sixth Mass Extinction? A View from The World of Amphibians. Proceedings of the National Academy of Sciences of the United States of America. 105(Supplement 1):11466－73. doi: 10.1073/pnas.0801921105.

3.2 유대 이론

Allen, K. M., Blascovich, J., & Mendes, W. B. (2002). Cardiovascular reactivity and the presence of pets, friends and spouses: The truth about cats and dogs. Psychosomatic Medicine, 64, 727-739.

Archer, J., & Monton, S. (2011). Preferences for infant facial features in pet dogs and cats. Ethology, 117(3), 217- 226.

Beck, A. M. (1999). Companion animals and their companions: Sharing a strategy for survival. Bulletin of Science, Technology and Society, 19(4), 281-285.

Beck, A. M. (2014). The biology of the human－animal bond. Animal Frontiers, 4(3), 32-36.

Beck, A. M., & Katcher, A. H. (2003). Future directions in human－animal bond research. American Behaviorial Scientist, 47, 79-93.

Blouin, D. D. (2013). Are dogs children, companions, or just animals? Understanding variations in people's orientations toward animals. Anthrozoos, 26(2), 279-294.

Bonas, S., McNicholas, J., & Collis, G. (2000). Pets in the network of family relationships: An empirical study. In: Poderscek, A. L., Paul, E. S., Serpell, J. A., eds. Companion animals and us: Exploring the relationships between people and pets . Cambridge, UK: Cambridge University Press.

Bowlby, J. (1958). The nature of the childs tie to his mother. The International Journal of Psychoanalysis, 39(5), 350-373.

Bryant, B. K. (2008). Social support in relation to human animal interaction. In: Paper presented at in: NICHD/ Mars meeting on directions in human−animal interaction research: Child development, health and therapeutic interventions: Bethesda, Maryland.

Bustad, L. K. (1983). Symposium summary. In: Paper presented at in: The international symposium on human−pet relationship: Vienna, Austria.

Carter, C. S., Devries, A. C., & Getz, L. L. (1995). Physiological substrates of mammalian monogamy: The prairie vole model. Neuroscience and Biobehavioral Reviews, 19, 303-314.

Chijiiwa, H., Kuroshima, H., Hori, Y., Anderson, J. R., & Fujita, K. (2015). Dogs avoid people who behave negatively to their owner: Third−party affective evaluation. Animal Behaviour, 106, 123-127.

Clutton−Brock, J. (1995). Origins of the dog: Domestication and early history. In: Serpell, J, ed. The dometic dog: Its evolution, behaviour and interactions with people. Cambridge, UK: University of Cambridge.

Custance, D, & Mayer, J. (2012). Empathic−like responding by domestic dogs (Canis familiaris) to distress in humans: An exploratory study. Animal Cognition, 15(5), 851- 859.

Edwards, N. E., & Beck, A. M. (2002). Animal−assisted therapy and nutrition in Alzheimer's disease. Western Journal of Nursing Research, 24(6), 697-712.

Ellingsen, K., Zanella, A. J., Bjerkås, E., & Indrebø, A. (2010). The relationship between empathy, perception of pain and attitudes toward pets among Norwegian dog owners. Anthrozoos, 23(3), 231-243.

Fine, A. H., & Mackintosh, T. K. (2016). Animal−assisted interventions: Entering a crossroads of explaining an instinctive bond under the scrutiny of scientific inquiry. In: Friedman, H. S., ed. 2nd ed. Encyclopedia of mental health. Vol. 1. Waltham, MA: Academic Press.

Fine, A. H., & Weaver, S. (2018). Animal assisted intervention: Continuing development in a growing field. In: van den Bosch, M., Bird, W., eds. Nature and public health: The role of nature in improving the health of a population. Oxford, UK: Oxford Press, 132-138.

Fogle, B. (1983). How did we find our way here? In: Katcher, A. H, Beck, A., eds. New perspectives on our lives with companion animals (p. xxiv). Philadelphia: University of Pennsylvania Press.

Gácsi, M., Maros, K., Sernkvist, S., Faragó, T., & Miklósi, A. (2013). Human analogue safe haven effect of the owner: behavioural and heart rate response to stressful social stimuli in dogs. PLoS One, 8(3), e58475.

Gavish, L., Carter, C. S., & Getz, L. L. (1981). Further evidence for monogamy in the prairie vole. Animal Behaviour, 29, 955-957.

Hare, B. (2007). From nonhuman to human mind what changed and why? Current Directions in Psychological Science, 16(2), 60-64.

Hare, B., Brown, M., Williamson, C., & Tomasello, M. (2002). The domestication of social cognition in dogs. Science, 298(5598), 1634-1637.

Hare, B., & Tomasello, M. (2005). Human-like social skills in dogs?. Trends in Cognitive Sciences, 9, 439-444.

Holtzman, A. H., & Britz, W. (1986). Pet ownership and health status during bereavement. Omega, 17(21), 187-193.

Horn, L., Huber, L., & Range, F. (2013). The importance of the secure base effect for domestic dogs - evidence from a manipulative problem-solving task. PLoS One, 8(5), e65296.

Horowitz, A. (2009). Inside of a dog: What dogs see, smell, and know. New York: Scribner.

Joye, Y., (2011). Biophilia in Animal-Assisted Interventions-Fad or Fact?, Anthrozoos, 24(1), 5-15.

Kahn, P. H., Jr. (1997). Developmental psychology and the biophilia hypothesis: Children's affiliation with nature. Developmental Review, 17, 1-61. doi: 10.1006/ drev. 1996.0430.

Kruger, K. A., & Serpell, J. A. (2006). Animal-assisted interventions in mental health: Definitions and theoretical foundations. In A. H. Fine (Ed.), Handbook on animal assisted therapy: Theoretical foundations and guidelines for practice (2n ed., pp. 21-38). San Diego, CA: Elsevier Inc.

Lawrence, E. A. (1989). Neoteny in American perceptions of animals. In: Hoage, R. J., ed. Perceptions of animals in American culture (pp. 57- 76). Washington, DC: Smithsonian Institution Press.

Levinson, B. (1969). Pet-oriented child psychotherapy. Springfield, IL: Charles C. Thomas.

Lockwood, R. (1983). The influence of social contact with other people by pet dogs. In: Katcher, A. H., Beck, A. M., eds. New perspectives on our lives with companion animals. Philadelphia: University of Pennsylvania Press.

Massen, J. J., Sterck, E. H., & de Vos, H. (2010). Close social associations in animals and humans: Functions and mechanisms of friendship. Behaviour, 147(11), 1379- 1412.

Melson, G. F., & Fine, A. H. (2006). Animals in the lives of children. In A. H. Fine (Ed.), Handbook on animal assisted therapy: Theoretical foundations and guidelines for practice (2nd ed., pp. 207 – 226). San Diego, CA: Elsevier Inc.

McConnell, A. R., Brown, C. M., Shoda, T. M., Stayton, L. E., & Martin, C. E. (2011). Friends with benefits: On the positive consequences of pet ownership. Journal of Personality and Social Psychology, 101(6), 1239.

McNicholas, J., & Collis, G. (2000). Dogs as catalysts for social interactions: Robustness of the effect. British Journal of Psychology, 9, 61-70.

Mendelson, J., & Baggot, M. (2007). Love: A chemical connection. Is there a pharmacology of love?. San Francisco Medicine, 80(6), 10-15.

Odendaal, S. J., & Meintjes, R. (2003). Neurophysiological correlates of affiliative behavior between humans and dogs. The Veterinary Journal, 165, 296-301.

Olmert, M. D. (2009). Made for each other. Philadelphia: De Capo Press.

Payne, E., Bennett, P. C., & McGreevy, P. D. (2015). Current perspectives on attachment and bonding in the dog-human dyad. Psychology Research and Behavior Management, 8, 71-79. doi: 10.2147/PRBM.S74972

Schirmer, A, Seow, C. S., & Penney, T. B. (2013). Humans process dog and human facial affect in similar ways. PLoS One, 8(9), e745Selby, L. A., & Rhoades, J. D. (1981). Attitudes of the public towards dogs and cats as companion animals. Journal of Small Animal Practice, 22(3), 129-137.91.

Schoeberl, I., Wedl, M., Bauer, B., Day, J., Moestl, E., & Kotrschal, K. (2012). Effects of owner−dog relationship and owner personality on cortisol modulation in human−dog dyads. Anthrozoos, 25(2), 199-214.

Serpell, J. (1986). In the company of animals: A study of human−animal relationships . New York: Basil Blackwell.

Serpell, J, A. (1996). Evidence for an association between pet behavior and owner attachment levels. Applied Animal Behaviour Science, 47(1-2), 49-60.

Strand, E. B. (2004). Interparental conflict and youth maladjustments: The buffering effects of pets. Stress, Trauma, and Crisis, 7, 151-168.

Thorn, P., Howell, T. J., Brown, C., & Bennett, P. C. (2015). The canine cuteness effect: Owner−perceived cuteness as a predictor of human- dog relationship quality. Anthrozoös, 28(4), 569-585.

Topál, J., Miklósi, A., Csányi, V., & Dóka, A. (1998). Attachment behavior in dogs (Canis familiaris): a new application of Ainsworth's (1969) Strange Situation Test. Journal of Comparative Psychology, 112(3), 219-229.

Ulrich, R. S. (1984). View through a window may influence recovery from surgery. Science, 224, 420-421.

Waller, B. M., Peirce, K., Caeiro, C. C., Scheider, L., Burrows, A. M., McCune, S., & Kaminski, J. (2013). Paedomorphic facial expressions give dogs a selective advantage. PLoS One, 8(12), e82686, 1-6.

Walsh, A. (2016). Love: The biology behind the heart . New York: Routledge.

Wells, D. L. (2005). The effect of videotapes of animals on cardiovascular responses to stress. Stress and Health, 21, 209-213.

Wells, D. L. (2009). The effects of animals on human health and well−being. Journal of Social Issues, 65(3), 523-543.

Wilson, E. O. (1984). Biophilia. Cambridge, MA: Harvard University Press.

Wilson, E. O. (1993). Biophilia and the conversation ethic. In S. R. Kellert & E. O. Wilson (Eds.), The biophilia hypothesis (pp. 31−41). Washington, DC: Island Press.

3.3 애착 이론

Ainsworth, M.D.S. (1991). Attachment and other affectional bonds across the life cycle. In C.M. Parkes, J. Stevenson—Hinde, & P. Marris (Eds.), Attachment across the life cycle (pp.33-51). New York, NY: Routledge.

Allen, K. M., Balscovich, J., & Mendes, W. B. (2002). Cardiovascular in the presence of pets, friends, and spouses: The truth about cats and dogs. Psychosomatic Medicine, 64, 727-739.

Allen, K. M., Blascovich, J., Tomaka, T., & Kelsey, R. M. (1991). Presence of human friends and pet dogs as moderators of autonomic responses to stress in women. Journal of Personality and Social Psychology, 61, 582-589.

Barker, S., & Barker, R. (1988). The human-canine bond closer than family ties. The Journal of Mental Health Counseling, 10, 46-56.

Beetz, A, Uvnäs—Moberg, K, Julius, H, & Kotrschal, K. (2012). Psychosocial and psychophysiological effects of human—animal interactions: the possible role of oxytocin. Frontiers in Psychology, 3, 234.

Bowlby, J. (1973). Attachment and loss: Vol. 2. Separation: Anxiety and anger. New York, NY: Basic Books.

Bowlby, J. (1980). Attachment and loss: Vol. 3. Sadness and depression. New York, NY: Basic Books.

Bowlby, J. (1982). Attachment and loss: Vol. 1. Attachment (2nd ed.). New York, NY: Basic Books. (Original work published 1969)

Brennan, K. A., Clark, C. L., & Shaver, P. R. (1998). Self—report measurement of adult romantic attachment: An integrative overview. In J.A. Simpson & W.S. Rholes (Eds.), Attachment theory and close relationships (pp. 46-76). New York: Guilford Press.

Brickel, C.M. (1985). Initiation and maintenance of the human-animal bond: Familial roles from a learning perspectives. Marriage Family Review, 8, 31-48.

Cassidy, J., & Shaver, P. R. (2008). Handbook of attachment: Theory, practice and clinical applications. New York: Guilford Press.

Cusack, O. (1988). Pets and mental health. New York, NY: Haworth Press.

Cusack, O., & Smith, E. (1984). Pets and the elderly: The therapeutic bond. New York, NY: Hayworth.

Dickstein, S., Thompson, R. A., Estes, D., Malkin, C., & Lamb, M. E., (1984). Social referencing and the security of attachment. Infant Behavior and Development, 7(4), 507–516.

Dölen, G., Darvishzadeh, A., Huang, K. W., & Malenka, R. C., (2013). Social reward requires coordinated activity of nucleus accumbens oxytocin and serotonin. Nature 501, 179–184.

Dwyer, F., Bennett, P. C., & Coleman, G. J. (2006). Development of the monash dog owner relationship scale (MDORS). Anthrozoös 19 243–256. 10.2752/08927930 6785415592

Fraley, R. C., & Shaver, P. R. (1999). Loss and bereavement: Attachment theory and recent controversies concerning 'grief work' and the nature of detachment. In J. Cassidy & P.R. Shaver (Eds.), Handbook of attachment: Theory, research and clinical applications (735–759). New York, NY: Guilford Press.

Friedmann, E. (1995). The role of pets in enhancing human well−being: Psychological effects. In I. Robinson (Ed.), The Waltham book of human-animal interaction: Benefits and responsibilities of pet ownership (pp. 33–53). Oxford: Pergamon Press.

Friedmann, E., Katcher, A. H., Thomas, S. A., Lynch, J. J., & Messent, P. R. (1983). Social interactions and blood pressure: Influence of animal companions. Journal of Nervous and Mental Disease, 171, 461–465.

Geisler, A. M. (2004). Companion animals in palliative care. American Journal of Hospice & Palliative Care, 21, 285–288.

Gerwolls, M. K., & Labott, S. M. (1995). Adjustment to the death of a companion animal. Anthrozoo¨s, 7, 172.

Granqvist, P., Mikulincer, M., & Shaver, P. R. (2010). Religion as attachment: Normative processes and individual differences. Personality and Social Psychology Review, 14, 49–59.

Hardigg, V. (1983). All in the family? It's no longer taboo to acknowledge links between human and beasts. US News and World Report, 115, 69–70.

Hazan, C., & Zeifman, D. (1994). Sex and the psychological tether. In K. Bartholomew & D. Perlman (Eds.), Advances in personal relationships: Attachment processes in adulthood (Vol. 5, pp. 151-177). London: Jessica Kingsley.

Karen, R. (1994). Becoming attached: First relationships and how they shape our capacity to love. New York, NY: Oxford University Press.

Kidd, A. H., & Kidd, R. M. (1995). Children's drawings and attachment to pets. Psychological Reports, 77, 235-241.

Kim, S., Fonagy, P., Koos, O., Dorsett, K., & Strathearn, L., (2014). Maternal oxytocin response predicts mother−to−infant gaze. Brain Research, 1580, 133-142.

Kurdek, L. A. (2008a). Pet dogs as attachment figures. Journal of Social and Personal Relationships, 25, 247-266.

Kurdek, L. A. (2009b). Pet dogs as attachment figures for adult owners. Journal of Family Psychology, 23, 439-446.

Levinson, B. M. (1969). Pet−oriented psychotherapy. Springfield, IL: Charles C. Thomas Publisher.

McNicholas, J., & Collis, G. M. (1995). The end of a relationship: Coping with pet loss. In I. Robinson (Ed.), The Waltham book of human-animal interaction: Benefits and responsibilities of pet ownership (pp. 127-143). Oxford: Pergamon Press.

Mikulincer, M., & Shaver, P. R. (2003). The attachment behavioral system in adulthood: Activation, psychodynamics, and interpersonal processes. In M.P. Zanna (Ed.), Advances in experimental social psychology (35, 53-152). New York, NY: Academic Press.

Mikulincer, M., & Shaver, P. R. (2007). Attachment in adulthood: Structure, dynamics and change. New York, NY: Guilford Press.

Milligan, M. J. (1988). Interactional past and potential: The social construction of place attachment. Symbolic Interaction, 21, 1-33.

Nagasawa, M., Mitsui, S., E. S., Ohtani, N., Ohta, M., Sakuma, Y., Onaka, T., Mogi, K., & Kikusui, T. (2015). Social evolution. Oxytocin−gaze positive loop and the coevolution of human−dog bonds. Science, 17, 348(6232), 333−336.

Mitsui, S., Yamamoto, M., Nagasawa, M., Mogi, K., Kikusui, T., Ohtani, N., & Ohta, M., (2011). Urinary oxytocin as a noninvasive biomarker of positive emotion in dogs. Hormones and Behavior, 60(3), 239-243.

Nagasawa, M., Kikusui, T., Onaka, T., & Ohta, M., (2009). Dog's gaze at its owner increases owner's urinary oxytocin during social interaction. Hormones and Behavior, 55(3), 434-441.

Nagasawa, M., Mogi, K., & Kikusui, T., (2009). Attachment between humans and dogs. Japanese Psychological Research, 51(3), 209-221.

Nagasawa, M., Okabe S., Mogi, K., & Kikusui, T., (2012). Oxytocin and mutual communication in mother-infant bonding. Frontiers in Human Neuroscience, 6, 31.

Rilling, J. K., & Young, L. J., (2014). The biology of mammalian parenting and its effect on offspring social development. Science, 345(6198), 771-776.

Neumann, I. D., (2002). Involvement of the brain oxytocin system in stress coping: Interactions with the hypothalamo-pituitary-adrenal axis. Progress in Brain Research, 139, 147-162.

Odendaal, J. S., & Meintjes, R. A., (2003). Neurophysiological correlates of affiliative behaviour between humans and dogs. The Veterinary Journal, 165(3), 296-301.

Ross, H. E., & Young, L. J., (2004). Oxytocin and the neural mechanisms regulating social cognition and affiliative behavior. Frontiers in Neuroendocrinology, 30(4), 534-547.

Rowatt, W. C., & Kirkpatrick, L. A. (2002). Two dimensions of attachment to God and their relation to affect, religiosity, and personality constructs. Journal for the Scientific Study and Religion, 41, 637-651.

Shinozaki, J., Hanakawa, T., & Fukuyama, H., (2007). Heterospecific and conspecific social cognition in the anterior cingulate cortex. Neuroreport, 18(10), 993-997.

Sroufe, L. A., & Waters, E. (1977). Attachment as an organizational construct. Child Development, 48, 1184-1199.

Topál, J., Gácsi, M., Miklósi, Á., Virányi, Z., Kubinyi, E., & Csányi, V., (2005). Attachment to humans: A comparative study on hand-reared wolves and differently socialized dog puppies. Animal Behaviour, 70(6), 1367-1375.

Tuber, D. S., Sanders, S., Hennessy, M. B., & Miller, J. A., (1996). Behavioral and glucocorticoid responses of adult domestic dogs (Canis familiaris) to companionship and social separation. Journal of Comparative Psychology, 110(1), 103-108.

Vaske, J. J., & Kobrin, K. C. (2001). Place attachment and environmentally responsible behavior. Journal of Environmental Education, 32, 16-21.

Young, L. J., & Wang, Z., (2004). The neurobiology of pair bonding. Nature Neuroscience, 7, 1048-1054.

Zasloff, R. L. (1996). Measuring attachment to companion animals: a dog is not a cat is not a bird. Applied Animal Behaviour Science, 47(1−2), 43-48. 10.1037/a0015213.

Zilcha−Mano, S. (2009). The relation to pets from an attachment perspective: Conceptualization and assessment of individual variations (Unpublished doctoral dissertation). Bar−Ilan University, Ramat Gan, Israel.

Zilcha−Mano, S., Mikulincer, M., & Shaver, P. R. (2011). An attachment perspective on human−pet relationships: Conceptualization and assessment of pet attachment orientations. Journal of Research in Personality, 45(4), 345-357.

3.4 접촉 이론

Baun, M. M., Bergstrom, N., Langston, N. F., & Thoma, L. (1984). Physiological effects of human/companion animal bonding. Nursing Research, 33, 126-129. 10.1097/00006199−198405000−00002.

Burleson, M. H., & Davis, M. C. (2013). 10 social touch and resilience. In: Kent M, Davis MC, ReichRoutledge JW, editors. The Resilience Handbook: Approaches to Stress and Trauma. London: Routledge. 131.

Cascio, C. J., Moore, D., & McGlone, F. (2019). Social touch and human development. Developmental Cognitive Neuroscience, 35, 5-11. 10.1016/j.dcn.2018.04.009.

Ditzen, B., Neumann, I. D., Bodenmann, G., von Dawans, B., Turner, R. A., Ehlert, U., & Heinrichs, M. (2007). Effects of different kinds of couple interaction on cortisol and heart rate responses to stress in women. Psychoneuroen−docrinology, 32(5), 565–574. 10.1016/j.psyneuen.2007.03.011.

Dunbar, R. I. (2010). The social role of touch in humans and primates: behavioural function and neurobiological mechanisms. Neuroscience & Biobehavioral Reviews, 34(2), 260–268. 10.1016/j.neubiorev.2008.07.001.

Eckstein, M., Mamaev, I., Ditzen, B., & Sailer, U. (2020). Calming Effects of Touch in Human, Animal, and Robotic Interaction—Scientific State−of−the−Art and Technical Advances. Frontiers in Psychiatry, 11, 555058, doi: 10.3389/fpsyt.2020.555058.

Field, T. (2010). Touch for socioemotional and physical well−being: a review. Developmental Review, 30(4), 367–83. 10.1016/j.dr.2011.01.001.

Hama, H., Yogo, M., & Matsuyama, Y. (1996). Effects of stroking horses on both humans' and horses' heart rate responses. Japanese Psychological Research, 38(2), 66–73. 10.1111/j.1468−5884.1996.tb00009.x.

Handlin, L., Hydbring−Sandberg, E., Nilsson, A., Ejdebäck, M., Jansson, A., & Uvnäs−Moberg, K. (2011). Short−term interaction between dogs and their owners: effects on oxytocin, cortisol, insulin and heart rate—an exploratory study. Anthrozoös, 24(3), 301–315. 10.2752/175303711X13045914865385.

Hauser, S. C., McIntyre, S., Israr, A., Olausson, H., & Gerling, G. J. (2019). Uncovering human−to−human physical interactions that underlie emotional and affective touch communication. In: 2019 IEEE World Haptics Conference, WHC. Tokyo: IEEE. 407–412. 10.1109/WHC.2019.8816169.

Hertenstein, M. J., Holmes, R., McCullough, M., & Keltner, D. (2009). The communication of emotion via touch. Emotion, 9(4), 566–573. https://doi.org/10.1037/a0016108

Hertenstein, M. J., Keltner, D., App, B., Bulleit, B. A., & Jaskolka, A. R. (2006). Touch communicates distinct emotions. Emotion, 6(3), 528–533. https://doi.org/10.1037/1528−3542.6.3.528

Holt−Lunstad, J., Smith, T. B., Baker, M., Harris, T., & Stephenson, D. (2015). Loneliness and social isolation as risk factors for mortality: a meta−analytic review. Perspectives on Psychological Science, 10(2), 227–237. 10.1177/1745691614568352.

Jenkins, J. L. (1986). Physiological effects of petting a companion animal. Psychological Reports, 58(1), 21–22. 10.2466/pr0.1986.58.1.21.

Kreuder, A. K., Wassermann, L., Wollseifer, M., Ditzen, B., Eckstein, M., Stoffel−Wagner, B., Hennig, J., & Hurlemann, R. (2019). Oxytocin enhances the pain−relieving effects of social support in romantic couples. Hum Brain Mapp. 40, 242–251. 10.1002/hbm.24368.

McGlone, F., Wessberg, J., & Olausson, H. (2014). Discriminative and affective touch: sensing and feeling. Neuron, 82(4), 737–55. 10.1016/j.neuron.2014.05.001.

Morrison, I. (2016). Keep calm and cuddle on: social touch as a stress buffer. Adaptive Human Behavior and Physiology, 2, 344–362. 10.1007/s40750−016−0052−x.

Odendaal, J. S. J., & Meintjes, R. A. (2003). Neurophysiological correlates of affiliative behaviour between humans and dogs. The Veterinary Journal, 165(3), 296–301. 10.1016/S1090−0233(02)00237−X

Pawling, R., Cannon, P. R., McGlone, F. P., & Walker, S. C. (2017). C−tactile afferent stimulating touch carries a positive affective value. PLoS ONE, 12, e0173457. 10.1371/journal.pone.0173457.

Scheele, D., Kendrick, K. M., Khouri, C., Kretzer, E., Schläpfer, T. E., Stoffel−Wagner, B., Gunturkun, O., Maier, W., & Hurlemann, R. (2014). An oxytocin−induced facilitation of neural and emotional responses to social touch correlates inversely with autism traits. Neuropsychopharmacology, 39, 2078–85. 10.1038/npp.2014.78.

Triscoli, C., Croy, I., Steudte−Schmiedgen, S., Olausson, H., & Sailer, U. (2017). Heart rate variability is enhanced by long−lasting pleasant touch at CT−optimized velocity. Biological Psychology, 128, 71–81. 10.1016/j.biopsycho.2017.07.007.

Vormbrock, J. K., & Grossberg, J. M. (1988). Cardiovascular effects of human−pet dog interactions. Journal of Behavioral Medicine, 11, 509–517. 10.1007/BF00844843.

3.5 심리치료 이론과 동물교감치유

Brown, S. E. (2004). The human−animal bond and self psychology: Toward a new understanding. Society & Animals, 12(1), 67−86. doi: 10.1163/15685300 4323029540.

Buber, M. (1958). I and thou (Smith, R. G. , Trans.). New York, NY: Scribner.

Hycner, R. A. (1990). The I−thou relationship and Gestalt Therapy. Gestalt Journal, 13(1), 41−54.

Kidd, A. H., & Kidd, R. M. (1987). Reactions of infants and toddlers to live and toy animals. Psychological Reports, 61(2), 455-464. https://doi.org/10.2466/pr0.1987.61.2.455.

Kirby, M. (2010). Gestalt equine psychotherapy. Gestalt Journal of Australia and New Zealand, 6(2), 60−68.

Kruger, K. A., & Serpell, J. A. (2006). Animal−assisted interventions in mental health: Definitions and theoretical foundations. In A. H. Fine (Ed.), Handbook on animal assisted therapy: Theoretical foundations and guidelines for practice (2n ed., pp. 21−38). San Diego, CA: Elsevier Inc.

Lac, V. (2014). Horsing Around: Gestalt Equine Psychotherapy as Humanistic Play Therapy. Journal of Humanistic Psychology, 56(2), 194−209.

Levinson, B. M. (1969). Factor Scales in Evaluation of Intellectual Deficit. Psychological Reports, 25(3), 898−898.

Melson, G. F., & Fine, A. H. (2006). Animals in the lives of children. In A. H. Fine (Ed.), Handbook on animal assisted therapy: Theoretical foundations and guidelines for practice (2nd ed., pp. 207−226). San Diego, CA: Elsevier Inc.

Philippson, P. (2009). The emergent self. London, England: Karnac.

Smith, D. (2010). Interview with Duey Freeman and Joan Rieger. Gestalt Journal of Australia and New Zealand, 6(2), 49−59.

3.6 동물교감치유 이론의 구조적 모형

Ainsworth, M. S. (1989). Attachments beyond infancy. American Psychologist, 44(4), 709-716. https://doi.org/10.1037/0003-066X.44.4.709

Barbaric, M., Brooks, E., Moore, L., & Cheifetz, O. (2010). Effects of physical activity on cancer survival: a systematic review. Physiotherapy Canada, 62(1), 25-34. doi:10.3138/physio.62.1.25.

Beasley, J. M., Kwan, M. L., Chen, W. Y., Weltzien, E. K., Kroenke, C. H., Lu, W., Nechuta, S. J., Cadmus-Bertram, L., Patterson, R. E., Sternfeld, B., Shu, X. O., Pierce, J. P., & Caan, B. J. (2012). Meeting the physical activity guidelines and survival after breast cancer: findings from the after breast cancer pooling project. Breast Cancer Res Treat. 131(2), 637-643. doi:10.1007/s10549-011-1770-1.

Beetz, A., Kotrschal, K., Turner, D. C., Hediger, K., Uvnäs-Moberg, K., & Julius, H. (2011). The effect of a real dog, toy dog and friendly person on insecurely attached children during a stressful task: an exploratory study. Anthrozoos. 24(4), 349-368. doi:10.2752/175303711X13159027359746.

Bibbo, J. (2013). Staff members' perceptions of an animal-assisted activity. Oncol Nurs Forum. 40, E320-E326. doi:10.1188/13.ONF.E320-E326.

Buettner, L. L., Wang, Y., Stevens, K., Jessup, H., & Magrinat, G. C. (2011). Perceived benefits of animal-assisted therapy in the oncology waiting room. Am J Recreat Ther. 10, 25-34. doi:10.5055/ajrt.2011.0008

Carter, C. S. (1998). Neuroendocrine perspectives on social attachment and love. Psychoneuroendocrinology, 23(8), 779-819. doi:10.1016/S0306-4530(98)00055-9.

Carter, C. S., Williams, J. R., Witt, D. M., & Insel, T. R. (1992). Oxytocin and social bonding. Annals of The New Yo가 Academy of Sciences, 652(1), 204-211. doi:10.1111/j.1749-6632.1992.tb34356.x

Cerulli, C., Minganti, C., De Santis, C., Tranchita, E., Quaranta, F., & Parisi, A. (2014). Therapeutic horseback riding in breast cancer survivors: a pilot study. The Journal of Alternative and Complementary Medicine, 20(8), 623-629. doi:10.1089/acm.2014.0061.

Chandler, C. K. (2012). Animal Assisted Therapy in Counseling. 2nd ed. Routledge. doi:10.4324/9780203832103.

Chang, C. C., Cheng, G. J. Y., Nghiem, T. P. L., Song, X. P., Oh, R. R. Y., Richards, D. R., & Carrasco, L. R. (2020). Social media, nature, and life satisfaction: global evidence of the biophilia hypothesis. Scientific Repports, 10, 4125. doi:10.1038/s41598−020−60902−w.

Chubak, J., Hawkes, R., Dudzik, C., Foose−Foster, J. M., Eaton, L., Johnson, R. H., & Macpherson, C. F. (2017). Pilot study of therapy dog visits for inpatient youth with cancer. Journal of Pediatric Oncollogy Nursing, 34(5), 331−341. doi:10.1177/1043454217712983.

Coakley, A. B., & Mahoney, E. K.. (2009). Creating a therapeutic and healing environment with a pet therapy program. Complement Ther Clin Pract.15(3), 141−146. doi:10.1016/J.CTCP.2009.05.004.

Cohen, S., & Wills, T. A. (1985). Stress, social support, and the buffering hypothesis. Psychological Bulletin, 98(2), 310-357. https://doi.org/10.1037/0033−2909. 98.2.310.

Cole, K. M., & Gawlinski, A. (2000). Animal−assisted therapy: the human−animal bond. AACN Advanced Clinical Care, 11(1), 139−149.

Cole, K. M., Gawlinski, A., Steers, N., & Kotlerman, J. (2007). Animal−assisted therapy in patients hospitalized with heart failure. Ameican Journal of Critical Care, 16(6), 575−585.

Fine, A. H. (2018). The role of therapy and service animals in the lives of persons with disabilities. Scientific & Technical Review, 37(1), 141−149. doi:10.20506/rst.37.1.2747.

Floyd, K. (2006). Communicating Affection. Cambridge University Press. doi:10.1017/cbo9780511606649.

Friedmann, E., Katcher, A. H., Lynch, J. J., & Thomas, S. A. (1980). Animal companions and one−year survival of patients after discharge from a coronary care unit. Public Health Reports, 95(4), 307−312.

Friedmann, E., & Son, H. (2009). The human−companion animal bond: how humans benefit. Veterinary Clinics of North America: Small Animal Practice, 39(2), 293−326. doi:10.1016/j.cvsm.2008.10.015.

Gee, N. R., Friedmann, E., Coglitore, V., Fisk, A., & Stendahl, M. (2015). Does physical contact with a dog or person affect performance of a working memory task? Anthrozoos, 28, 483−500. doi:10.1080/08927936.2015.1052282.

Ginex, P., Montefusco, M., Zecco, G., Mattesich, N. T., Burns, J., Hedal−Siegel, J., Kopelman, J., & Tan, K. S. (2018). Animal−facilitated therapy program: outcomes from caring canines, a program for patients and staff on an inpatient surgical oncology unit. Clin J Oncol Nurs. 22(2), 193−198. doi:10.1188/18.CJON.193−198.

Handlin, L., Hydbring−Sandberg, E., Nilsson, A., Ejdebäck, M., Jansson, A., & Uvnäs−Moberg, K. (2011). Short−term interaction between dogs and their owners: effects on oxytocin, cortisol, insulin and heart rate−an exploratory study. Anthrozoos, 24(3), 301−315. doi:10.2752/175303711X13045914865385.

Handlin, L., Nilsson, A., Ejdebäck, M., Hydbring−Sandberg, E., & Uvnäs−Moberg, K. (2012). Associations between the psychological characteristics of the human−dog relationship and oxytocin and cortisol levels. Anthrozoos, 25(2), 215−228. doi:10.2752/175303712X13316289505468.

Hauge, H., Kvalem, I. L., Enders−Slegers, M. J., Berget, B., & Braastad, B. O. (2015). Persistence during tasks with horses in relation to social support, general self−efficacy and self−esteem in adolescents. Anthrozoos, 28(2), 333−347. doi:10.1080/08927936.2015.11435406.

Haylock, P. J., & Cantril, C. A. (2006). Healing with horses: fostering recovery from cancer with horses as therapists. Explore (NY), 2(3), 264−268. doi:10.1016/j.explore.2006.03.013.

Helgeson, V. S. (2003). Social support and quality of life. Quality of Life Research, 12(suppl 1), 25−31. doi:10.1023/A:1023509117524.

Holder, T. R. N., Gruen, M. E., Roberts, D. L., Somers, T., & Bozkurt, A. (2020). A Systematic Literature Review of Animal−Assisted Interventions in Oncology (Part II): Theoretical Mechanisms and Frameworks. Integrative Cancer Therapies, 19, doi: 10.1177/1534735420943269.

Holmes, M. D., Chen, W. Y., Feskanich, D., Kroenke, C. H., & Colditz, G. A. (2005). Physical activity and survival after breast cancer diagnosis. JAMA, 293(20), 2479−2486. doi:10.1001/jama.293.20.2479.

Horowitz, S. (2008). The human−animal bond: health implications across the lifespan. Alternative and Complementary Therapies, 14(5), 251−256. doi:10.1089/act.2008.14505.

Hosey, G., & Melfi, V. (2014). Human−animal interactions, relationships and bonds: a review and analysis of the literature. International Journal of Comparative Psychology, 27(1), 117-142.

Ibarra−Rovillard, M. S., & Kuiper, N. A. (2011). Social support and social negativity findings in depression: perceived responsiveness to basic psychological needs. Clinical Psychollgy Review, 31(3), 342−352. doi:10.1016/j.cpr.2011.01.005.

Johnson, R. A. (2011). Animal−assisted intervention in health care contexts. In P. McCardle, S. McCune, J. A. Griffin, & V. Maholmes (Eds.), How animals affect us: Examining the influences of human-animal interaction on child development and human health (183-192). American Psychological Association. https://doi.org/10.1037/12301−010

Johnson, R. A., Meadows, R. L., Haubner, J. S., & Sevedge, K. (2003). Human−animal interaction. American Behavioral Scientist, 47(1), 55−69. doi:10.1177/0002764203255213.

Johnson, R. A., Meadows, R. L., Haubner, J. S., & Sevedge, K. (2008). Animal−assisted activity among patients with cancer: effects on mood, fatigue, self−perceived health, and sense of coherence. Oncology Nursing Forum, 35(2), 225−232. doi:10.1188/08.ONF.225−232.

Kaiser, L., Spence, L. J., McGavin, L., Struble, L., & Keilman, L. (2002). A dog and a "happy person" visit nursing home residents. Western Journal of Nursing Research, 24(6), 671−683. doi:10.1177/019394502320555412.

Kaminski, M., Pellino, T., & Wish, J. (2002). Play and pets: the physical and emotional impact of child−life and pet therapy on hospitalized children. Child Health Care. 31(4), 321−335. doi:10.1207/S15326888CHC3104_5.

Kazdin, A. E. (2015). Methodological standards and strategies for establishing the evidence base of animal−assisted therapies. In: Fine AH. ed. Handbook on Animal−Assisted Therapy: Foundations and Guidelines for Animal−Assisted

Interventions. 4th ed. Elsevier. 377−390. doi:10.1016/b978−0−12−801292−5.00027−4.

Kellert , S. R., & Wilson, E. O. (1993). The Biophilia Hypothesis. Island Press.

Keverne, E. B., & Kendrick, K. M. (1994). Maternal behaviour in sheep and its neuroendocrine regulation. Acta Paediatrica, 83(s397), 47−56. doi:10.1111/j.1651−2227.1994.tb13265.x

Kuhne, F., Hößler, J. C., & Struwe, R. (2014). Behavioral and cardiac responses by dogs to physical human−dog contact. J Vet Behav Clin Appl Res., 9, 93−97. doi:10.1016/j.jveb.2014.02.006.

Kumasaka, T., Masu, H., Kataoka, M., & Numao, A. (2012). Changes in patient mood through animal−assisted activities in a palliative care unit. Int Med J. 19, 373−377.

Levinson, B. M. (1962). The dog as a "co−therapist." Mental Hygiene. New York, 46, 59-65.

Levinson, B. M. (1964). Pets: a special technique in child psychotherapy. Ment Hyg. 48, 243−248.

Martin, F., & Taunton, A. (2006). Perceived importance and integration of the human−animal bond in private veterinary practice. J Am Vet Med Assoc. 228(4), 522−527. doi:10.2460/javma.228.4.522.

McCullough, A. (2014). Social Support and Affectionate Communication in Animal−Assisted Interventions: Toward a Typology and Rating Scheme of Handler/Dog Messages [dissertation]. University of Denver.

McCullough, A., Ruehrdanz, A., Jenkins, M. A., Gilmer, M. J., Olson, J., Pawar, A., Holley, L., Sierra−Rivera, S., Linder, D. E., Pichette, D., Grossman, N. J., Hellman, C., Guerin, N. A., & O'Haire, M. E., (2017). Measuring the effects of an animal−assisted intervention for pediatric oncology patients and their parents: a multisite randomized controlled trial. Journal of Pediatric Hematology/Oncology Nursing, 35(3), 159−177. doi:10.1177/1043454217748586.

McNicholas, J., & Collis, G. (2006). Animals as social supports: insights for understanding animal−assisted therapy. In: Fine AH. ed. Handbook on

Animal—Assisted Therapy: Theoretical Foundations and Guidelines for Practice. 2nd ed. Elsevier; 49—71.

Miller, S. C., Kennedy, C., DeVoe, D., Hickey, M., Nelson, T., & Kogan, L. (2009). An examination of changes in oxytocin levels in men and women before and after interaction with a bonded dog. Anthrozoos, 22(1), 31—42. doi:10.2752/175303708X390455.

Mills, D., & Hall, S. (2014). Animal—assisted interventions: making better use of the human—animal bond. Vet Record, 174(11), 269—273. doi:10.1136/vr.g1929.

Moreira, R. L., do Amamral Gubert, F., de Sabino, L. M. M., Benevides, J. L., Tome, M. A. B. G., Martins, M. C., & de Assis Brito, M. (2016). Assisted therapy with dogs in pediatric oncology: relatives' and nurses' perceptions. Revista Brasileira de Enfermagem, 69(6), 1188—1194. doi:10.1590/0034—7167—2016—0243.

Muschel, I. J. (1984). Pet therapy with terminal cancer patients. Families in Society; The Journal of Contemporary Social Services, 65(8), 451—458.

Nagasawa, M., Mitsui, S., En, S., Ohtani, B., Ohta, M., Sakuma, Y., Onaka, T., Mogi, K., & Kikusui, T. (2015). Oxytocin—gaze positive loop and the coevolution of human—dog bonds. Science. 348(6232), 333—336. doi:10.1126/science.1261022.

Odendaal, J. S. (2000). Animal—assisted therapy—magic or medicine?. Journal of Psychosomatic Research, 49(4), 275—280.

Odendaal, J. S. J., & Lehmann, S. M. C. (2000). The role of phenylethylamine during positive human—dog interaction. Acta Veterinaria Brno, 69(3), 183—188. doi:10.2754/avb200069030183.

Odendaal, J. S. J., & Meintjes, R. A. (2003). Neurophysiological correlates of affiliative behaviour between humans and dogs. The Veterinary Jouranl, 165(3), 296—301. doi:10.1016/S1090—0233(02)00237—X.

O'Mathúna, D. P,, Pryjmachuk, S., Spencer, W., Stanwick, M., & Matthiesen, S. A. (2002). critical evaluation of the theory and practice of therapeutic touch. Nursing Philosophy, 3(2), 163—176. doi:10.1046/j.1466—769x.2002.00089.x.

Pet Partners. (2019). Benefits of the human—animal bond. Pet Partners. Benefits of the human—animal bond.

Petranek, S., Pencek, J., & Dey, M. (2018). The effect of pet therapy and artist interactions on quality of life in brain tumor patients: a cross−section of art and medicine in dialog. Behavioral Sciences(Basel), 8(5), 43. doi:10.3390/bs8050043.

Purdue University College of Veterinary Medicine. (2019). Center for the Human−Animal Bond. What is the human−animal bond?. https://vet.purdue. edu/chab/about.php

Rehn, T., Handlin, L., Uvnäs−Moberg, K., & Keeling, L. J. (2014). Dogs' endocrine and behavioural responses at reunion are affected by how the human initiates contact. Physiology & Behavior, 124, 45−53. doi:10.1016/j.physbeh.2013. 10.009.

Rehn, T., & Keeling, L. J. (2016). Measuring dog−owner relationships: crossing boundaries between animal behaviour and human psychology. Applied Animal Behavviour Science, 183, 1−9. doi:10.1016/j.applanim.2016.07.003.

Ritchie, M. A. (2001). Sources of emotional support for adolescents with cancer. Jounal of Pediatric Oncology Nurssing, 18(3), 105−110. doi:10.1177/10434542 0101800303.

Rogers, J., Hart, L. A., & Boltz, R. P. (1993). The role of pet dogs in casual conversations of elderly adults. The Journal of Social Psychology, 133(3), 265−277. doi:10.1080/00224545.1993.9712145.

Rogers, M. E. (1970). An Introduction to the Theoretical Basis of Nursing. FA Davis.

Rosa, L., Rosa, E., Sarner, L., & Barrett, S. (1998). A close look at therapeutic touch. J Am Med Assoc. 279(13), 1005−1010. doi:10.1001/jama.279.13.1005.

Schmitz, A., Beermann, M., MacKenzie, C. R., Fetz, K., & Schulz−Quach, C. (2017). Animal−assisted therapy at a university centre for palliative medicine—a qualitative content analysis of patient records. BMC Palliat Care. 16, 50. doi:10.1186/s12904−017−0230−z.

Schmitz, K. H., Courneya, K. S., Matthews, C., Demark−Wahnefried, W., Galvao, D.,A., Pinto, B. M., Irwin, M. L., Wolin, K. Y., Segal, R. J., Lucia, A., Schneider, C. M., von Gruenigen, V. E., & Schwartz, A. L. (2010). Luciaet al. American College of Sports Medicine Roundtable on exercise guidelines for cancer survivors. Medicine & Science Sports & Exercise, 42(7), 1409−1426. doi:10.1249/MSS.0b013e3181e0c112.

Shiloh, S., Sorek, G., & Terkel, J. (2003). Reduction of state−anxiety by petting animals in a controlled laboratory experiment. Anxiety, Stress & Coping, 16(4), 387−395. doi:10.1080/1061580031000091582.

Silva, N. B., & Osório, F. L. (2018). Impact of an animal−assisted therapy programme on physiological and psychosocial variables of paediatric oncology patients. PLoS One, 13, e0194731. doi:10.1371/journal.pone.0194731.

Ursin, H., & Eriksen, H. R. (2004). The cognitive activation theory of stress. Psychoneuroendocrinology, 29(5), 567−592. doi:10.1016/S0306−4530(03)00091−X.

Vormbrock, J. K., & Grossberg, J. M. (1988). Cardiovascular effects of human−pet dog interactions. Journal of Behavioral Medicine, 11, 509−517.

Walsh, F. (2009). Human−animal bonds II: the role of pets in family systems and family therapy. Family Process, 48(4), 481−499. doi:10.1111/j.1545−5300.2009.01297.x.

Wells, D. L. (2009). The effects of animals on human health and well−being. Journal of Socical Issues, 65(3), 523−543.

White, J. H., Quinn, M., Garland, S., Dirkse, D., Wiebe, P., Hermann, M., & Carlson, L. E. (2015). Animal−assisted therapy and counseling support for women with breast cancer: an exploration of patient's perceptions. Integrative Cancer Therapies, 14, 460−467. doi:10.1177/1534735415580678.

Witt, D. M., Winslow, J. T., & Insel, T. R. (1992). Enhanced social interactions in rats following chronic, centrally infused oxytocin. Pharmacology Biochemistry and Behavior, 43(3), 855−861. doi:10.1016/0091−3057(92)90418−F.

Wolfe, B. (1989). Heinz Kohut's self psychology: A conceptual analysis. Psychotherapy: Theory, Research, Practice, Training, 26(4), 545-554. https://doi.org/10.1037/h0085475.

Wood, L., Giles−Corti, B., & Bulsara, M. (2005). The pet connection: pets as a conduit for social capital?. Social Science & Medicine, 61(6), 1159−1173. doi:10.1016/j.socscimed.2005.01.017.

Woodgate, R. L. (2006). The importance of being there: perspectives of social support by adolescents with cancer. Journal of Pediatric Oncology Nurssing, 23(3), 122−134. doi:10.1177/1043454206287396.

Yin, J., Arfaei, N., MacNaughton, P., Catalano, P. J., Allen, J. G., & Spengler, J. D. (2019). Effects of biophilic interventions in office on stress reaction and cognitive function: a randomized crossover study in virtual reality. Indoor Air, 29(6), 1028−1039. doi:10.1111/ina.12593

Yom, S. S. (2016). The softer (and furrier) side of oncology. Practical Radiation Oncollgy, 6(5), 285−286. doi:10.1016/j.prro.2016.01.003.

4장

동물교감치유의
유형

4.1 동물교감치유의 유형

 1. 개념

동물교감치유의 유형을 이해하기 위해서는 용어의 작성 구조를 알아야 한다. 일반적으로 ○－보조(교감)－△의 형식으로 구성되어 있다. ○ 부분은 활용되어지는 동물을 말하는 것으로 개, 말이 그 예가 된다. 보조와 교감은 활용 정도에 따라 단순한 활용인 경우에는 보조라고 하고 활용의 정도가 높아 서로 깊은 상호 작용을 하게 되면 교감이라고 할 수 있다. 마지막 △ 부분은 사용되어지는 분야를 의미한다. 예를 들면, 교육, 상담 등이 이에 해당된다. 따라서 개를 활용한 교육이라고 한다면 개교감교육이라고 할 수 있다. 대표적인 동물교감치유의 유형에 대해 소개하면 다음과 같다.

1) 동물교감개입(AAI: Animal Assisted Intervention)

동물교감개입은 인간의 치유적 이득을 목적으로 보건, 교육 및 인간 서비스(예: 사회사업)에 동물을 의도적으로 포함시키거나 통합하는 목표 지향적이고 구조적인 개입으로 관련된 사람들과 동물들에 대한 지식을 가진 사람들을 포함한다. 동물교감개입은 인간과 동물 팀을 동물교감치유(AAT), 동물교감교육(AAE)과 같은 공식적인 인간 서비스에 포함시키거나 특정 조건 하에서 동물교감활동(AAA)을 포함한다. 그러한 개입은 학제간 접근방식을 사용하여 개발되고 실행되어야 한다.

2) 동물교감치유(AAT: Animal Assisted Therapy)

동물교감치유는 보건, 교육 및 인적 서비스 전문가가 지시하거나 전달하는 목표 지향적이고 계획적이며, 구조화된 치유적 개입으로 개입 과정을 측정하여 문서에 포함시킨다. 동물교감치유는 전문 인력의 실무 범위 내에서 전문지식을 갖춘 공식적으로 훈련된(자격증, 학위 또는 동등한) 전문가에 의해 전달 및 지도된다. 동물교감치유는 특정 대상자의 신체적, 인지적, 행동적 및 사회 감정적 기능을 강화하는데 초점을 맞춘다. 동물교감치유를 전달하는 전문가(또는 휴먼 서비스 전문가의 감독 하에 동물을 취급하는 사람)는 관련된 동물의 행동, 요구, 건강, 지표 및 스트레스 조절에 대해 적절한 지식을 갖춰야 한다.

3) 동물교감활동(AAA: Animal Assisted Activity)

동물교감활동은 인간-동물 치유팀이 동기부여, 교육 및 오락 목적으로 실시하는 계획적이고 목표 지향적인 비공식적 상호 작용 및 방문이다. 인간-동물 치유팀은 비공식 방문에 참여하기 위해 적어도 소개 훈련, 준비 및 평가를 받아야 한다. 동물교감활동을 제공하는 인간-동물 치유팀은 또한 의료, 교육자 및 인간 서비스 제공자와 문서화할 수 있는 특정 목표에 대해 공식적으로 직접 협력할 수 있다. 이 경우 전문의가 수행하는 동물교감치유 또는 동물교감교육에 참여한다.

동물교감활동의 예로는 외상, 위기 및 재난 생존자에 대한 위로와 지원을 제공하는 데 초점을 맞춘 동물 보조 위기 대응, 요양원 거주자들과 '만나고 맞이하는' 활동을 위한 반려동물 방문 등이 있다. 동물교감활동을 전달하는 사람은 관련된 치유 보조 동물의 행동, 요구, 건강 및 스트레스 지표에 대한 적절한 지식을 가지고 있어야 한다.

4) 동물교감교육 또는 동물교감교육학(AAE: Animal Assisted Education or AAP, Animal Assisted Pedagogy)

동물교감교육은 교육 및 관련 서비스 전문가가 지시하거나 전달하는 목표

지향적이고 계획적이며, 구조적인 개입이다. 동물교감교육은 자격 있는 일반 및 특수 교육 교사들이 담당한다. 정규 교육 교사가 전달한 동물교감교육의 예로는 반려동물의 책임있는 보호를 촉진하는 교육적 방문이 있다. 동물교감교육은 특수(치유교정) 교육 교사에 의해 수행될 경우 치유적, 목표 지향적 개입으로 간주된다. 활동의 초점은 학문적 목표, 친사회적 기술, 인지적 기능에 있다. 활동의 초점별 학생의 변화를 측정하고 기록한다. 특수교육 교사가 전달한 동물교감교육의 예로는 개가 보조하는 독서 프로그램이 있다. 정규 학교 교사(또는 교육 전문가의 감독 하에 동물을 관리하는 사람)를 포함한 동물교감교육을 전달하는 전문직 종사자는 관련 교육 보조 동물의 행동, 요구, 건강 및 지표, 스트레스 규제에 대한 적절한 지식을 갖춰야 한다.

5) 동물교감코칭(AAC: Animal Assisted Coaching)

동물교감코칭은 코치로 면허를 받은 전문가가 지시하거나 전달하는 목표 지향적이고 계획적이며, 구조화된 동물 보조 개입으로 개입 과정을 평가하여 전문 문서에 포함시킨다. 동물교감코칭은 전문가 실천의 범위 내에서 전문지식을 갖춘 정식 훈련된(자격증, 학위 또는 이에 준하는) 전문 코치에 의해 전달 및 감독된다. 동물교감코칭은 대상자의 개인적 성장을 향상시키고, 집단 프로세스의 통찰력과 강화에 초점을 맞추거나, 대상자의 사회적 기술 및 사회 감정 기능에 초점을 맞춘다. 동물교감코칭을 전달하는 코치(또는 코치의 감독 하에 동물을 관리하는 사람)는 관련된 코칭 보조 동물의 행동, 요구, 건강 및 지표와 스트레스 조절에 대해 적절한 교육을 받아야 한다.

6) 동물교감상담

동물교감상담(AATC: Animal-assisted Therapy in Counseling)은 전문 상담사가 치유 과정의 일부로 인간-동물의 유대를 사용하는 상담 과정에 특별히 훈련되고 평가된 동물을 통합하는 것이다(Chandler, 2012). 특별히 훈련되고 평가된 상담 보조 동물, 적절한 자격을 갖춘 의료 또는 인적 서비스 제공자, 치유에 대해 명확하게 정의된 동물교감상담 목표와 같은 동물교감치유와 공통점을 공유한다.

그러나 동물교감치유의 적용 및 전달은 관련된 의료 또는 서비스 제공자(예: 물리 치료사, 간호사, 의사, 정신 건강 전문가)의 직업적 정체성에 따라 크게 다르다. 따라서 동물교감상담은 전문 상담가, 상담 심리학자 및 임상 사회 복지사와 같은 정신 건강 전문가에게 동물교감치유 분야 내에서 진화하는 하위 전문 분야이다 (Stewart, Chang, & Rice, 2013). 적절한 교육 및 훈련으로 동물교감상담이 시행되면 매우 긍정적인 방식으로 다양한 환경에서 다양한 내담자의 치유 경험에 영향을 미칠 수 있다(Chandler, 2012; Chandler, et al., 2010; Fine, 2015).

치유 과정에서의 많은 이점이 동물교감상담과 관련되어 있어 치유 동맹을 촉진 및 강화하고(Chandler, 2012; Fine, 2015; Wesley, Minatrea, & Watson, 2009), 치유에서 언어의 필요성을 줄이고(Fine, 2015), 내담자 공개를 증가시키며(Reichert, 1998), 외상 생존자에게 중추적인 치유 경험을(Reichert, 1998; Yorke, Adams, & Coady, 2008) 제공할 수 있다. 동물교감상담의 사용과 인기가 증가하고 있으며, 그 효능에 대한 긍정적인 경험적 결과에 따라 지원도 꾸준히 증가하고 있다(Stewart, Chang, & Jaynes, 2013). 개입에 광범위하고 유연한 적용 가능성과 치유 과정에 대한 긍정적인 영향은 많은 전문 상담가에게 매력적이고 가치 있는 치유 선택사항이 된다. 따라서 상담 분야에서 이러한 접근방식의 인기와 보급은 계속해서 증가할 것이다. 전문 상담가가 이러한 개입을 윤리적이고 효과적으로 제공하려면 전문지식과 훈련이 필요하다.

7) 동물교감 위기대응

동물교감 위기대응(AACR: Animal-assisted Crisis Response)은 자연재해, 인적재해 또는 기술 재해의 영향을 받은 사람들에게 위안을 제공하는 동물교감활동의 일종이다(Pet Partners, 2019). 동물교감 위기대응은 동물에 대한 안전, 친숙함, 새로움, 관심이 위기의 영향을 받은 사람과 친밀감을 형성할 때 영향을 미친다는 것이 밝혀졌기 때문에 효과적이다. 동물교감 위기대응팀은 위로를 제공하고 불안감을 줄여주며, 접촉과 참여의 기회를 제공할 수 있고, 필요할 경우 응급요원 및 전문가에게 의뢰인을 연결해 추가 도움을 받을 수 있다. 동물교감 위기대응은 전문적인 정신 건강 개입이 아니다. 동물교감 위기대응 팀은 정신건강 응급처치(Psychological First Aid Concepts)라고도 하는 심리적 응급처치(Mental Health First Aid) 개념을 포함하는 교육을 이수해야 한다. 심리적 응급처치는 안정의 한 형태이다. 개인을 안정시키면 회복이 가능한 환경이 조성된다. 동물교감 위기대응은 전문적인 개입을 대신하는 것이 아니라 경청과 공감 그리고 치유 보조 동물과 무조건적인 사랑을 나누는 것을 통해 지원을 제공한다.

동물교감치유와 혼동되지만 직접적으로 관련이 없는 다른 용어로 사용되는 것으로 정서 지원동물(ESA: Emotional Support Animals)과 관련된 용어가 있다. 정서 지원 동물은 종종 반려동물이고 특별한 훈련이 필요로 하지 않을 수도 있지만 보호자나 심리적 장애로 진단된 사람들에게 정서적 지원과 편안함을 제공한다. 모든 반려견과 마찬가지로 정서 지원 동물은 보호자에게 치유 효과가 있을 수 있지만 정식 치유 보조견으로 간주할 수도 없다(Wlodarczyk, 2019).

4.2 자연치유와 전통 치유

1. 자연치유

1) 자연치유의 정의

자연치유(Nature Therapy)는 생태치유(Echotherapy) 또는 녹색치유(Green Therapy)라고도 한다. **생태치유**(Echotherapy)는 상호 치유와 성장의 관계에 자연 세계를 포함하는 치유양식을 뜻하는 포괄적인 용어로 응용생태심리학의 한 형태이다(Buzzell, & Chalquist, 2009).

인간은 자연과 함께 진화하면서 상호 긍정적인 관계로 발전해왔다. 자연생태계는 음식물을 제공해줄 뿐 아니라 삶의 질도 향상시켜 준다. 우리는 이러한 관계의 가치와 중요성에 대해서 간과해 왔으나 자연과의 접촉이 인간의 건강과 복지를 향상시킨다는 결과들이 나타나고 있다(Bird, 2007; Frumkin, 2003; Health Council of the Netherlands, 2004; Maas, et al., 2006; Maller, et al., 2002; Pretty, et al., 2005; Van den Berg, Hartig, & Staats, 2007).

그러나 사회가 점점 도시화 되어가면서, 20세기에서 21세기까지 약 2세기에 걸쳐 도시환경에서 살고있는 사람들이 점점 증가하였다. 세계 인구의 절반 이상이 도시지역에 살고 있으며(UNFPA, 2007), 이 비율은 계속적으로 증가하고 있고 도시 외곽으로 점점 확대해가면서(Pretty, 2007) 자연과 녹색 공간으로의 접근은 점점 제한되어가고 있다. 그 결과 많은 사람들은 자연으로부터 단절되어가고 시골과 자연적인 세상과의 친밀감을 잃어가고 있다. 이러한 자연으로부터의 단절은 정신적 건강과 복지에 영향을 주어 새로운 건강 비용을 지불하도록 하고 있으며 정신적 스트레스나 육체적 긴장으로부터 회복할 수 있는 기회를 제한하고 있다(Pretty, et al., 2005).

산업화된 국가에 살고 있는 우리는 우리 삶의 90% 이상을 실내에서 보내기 시작했다(National Research Council, 1981). 다양한 추정에 의해 외부에서의 시간은 그 이후로 1~5%로 줄어들었다. 이것은 인류 진화 역사에서 처음 있는 일이다.

숲이나 공원과 같은 자연 환경에서 걷는 것은 단기 기억력, 집중력, 코티솔 수치, 자연 살해 세포 수 및 활동, 심박수 및 혈압 개선과 관련이 있다. 실내에서 운동하는 것보다 자연에서 운동하는 것(물이나 녹지에서 그리고 가급적이면 가까운 곳에서)이 더 효과적이고 치료적이다. 한 연구에서는 도시 환경에서 90분 걷는 것에 비해 자연에서 90분 걷기를 한 후에 반추하는 것이 현저히 감소하였다(Bratman, et al., 2015). 또한 하루에 30분 동안 자연에서 걷기를 한 사람들은 부정적인 사고가 감소하였다. 자기공명영상 결과 자연에서 걷는 보행자는 도시에서 걷는 보행자에 비해 정신질환 위험과 연관된 뇌 영역의 활동량이 낮았다. 반추는 불안장애를 가진 사람들에게서 흔히 볼 수 있다. 따라서 단순히 러닝머신에서 지역 공원으로 아침 달리기를 전환하는 것만으로도 신체적으로나 정신적으로 얻을 수 있는 혜택의 종류를 배가하고 다양화될 수 있다.

마인드(Mind)는 녹색 운동(러닝머신에서 공원으로의 보행 등)이 다양한 정신 건강 문제를 가진 참가자들에게 어떤 영향을 미치는지 연구했다(Mind, 2007). 그들은 "친환경 산책"을 한 참가자들 중 71%가 우울증이 감소한 반면에 실내 쇼핑 센터를 걸은 참가자들 중 45%만이 우울증이 감소했다. 22%는 실제로 소비자 중심의 실내 공간을 걸은 후 우울증이 증가했다고 느꼈다는 것을 발견했다. 친환경 보행자는 71%가 긴장감을 덜 느꼈고, 실내 보행자는 50%가 더 긴장감을 느꼈다. 그리고 자존감 면에서는 시골길을 걷는 사람들의 90%가 활력을 느꼈고, 윈도우 쇼핑 산책을 하는 사람들의 44%는 실제로 자신의 자존감이 떨어졌다고 느꼈다.

자연과 상호 작용하는 것은 단지 우리를 개인으로서만 더 좋게 만드는 것이 아니다. 그것은 실제로 우리를 더 친절하고 덜 이기적으로 만들며, 생태 치유의 효과를 지역 사회에 전파할 수 있게 한다. 로체스터 대학(University of Rochester)의 한 연구는 참가자들에게 그들의 삶의 목표에 대한 일련의 질문을 하기 전에 자연이나 도시 이미지 중 하나를 보도록 요청했다(Weinstein, Przybylski, & Ryan, 2009). 자연을 본 참가자들은 도시 이미지를 본 참가자들보다 공동체 및 연결 가치를 더 높게 평가하고 자기중심적 가치를 더 낮게 평가했다. 두 번째 실험에서는 참가자들에게 기금을 분배해달라는 과제가 포함되었는데, 다시 자연 이미지 집단의 참가자들은 도시 이미지 집단의 참가자보다 훨씬 관대하고 욕심이 적었다.

두려움 때문이든 접근성이 부족하든, 대자연에 접근할 수 없는 사람들에게 대자연을 가져다주는 것은 큰 영향을 미칠 수 있다. 심지어 자연의 포스터를 붙이거나 창밖의 자연을 내다보는 것만으로도 건강상의 이점을 얻을 수 있다. 심리학자 로저 울리치(Roger Ulrich)는 창문이 보이는 병실의 환자와 창문이 없는 병실의 환자를 비교 연구했다(Ulrich, 1984). 수술 후 환자 23명 중 침대에서 자연을 바라보는 환자는 벽면을 응시한 환자에 비해 합병증이 적고 약물이 덜 필요했으며 더 빨리 퇴원했다. 실내에서 자연치유를 받는 또 다른 방법은 화초를 가꾸는 것이다. 그리고 우리 중 많은 사람들은 집에서 사랑하는 반려동물의 형태로 동물 치유법을 내장하고 있다.

자연의 혜택을 누릴 수 있는 또 다른 방법은 가상현실을 이용하는 것이다 (Puma, n.d.). 독감 주사를 맞는 아동들을 대상으로 한 연구에서 가상현실 집단에 속한 환자들은 백신 접종 전후에 총 30초 정도 무료 앱(수족관 VR)을 사용했다. 가상현실을 사용한 아동은 대조 집단보다 통증이 48% 적었고, 부모의 고통에 대한 인식도 대조 집단 부모보다 45% 적었다. 의료진은 가상현실 아동이 대조 집단보다 통증이 74.7% 적다고 보고했다.

텍사스 A & M 대학의 연구에 의하면, 단지 꽃과 식물을 직장에 추가하는 것만으로도 근처에 녹지가 없는 통제 집단보다 15%의 혁신적인 아이디어와 더 창의적이고 유연한 문제 해결이 가능해 질 수 있다는 것을 보여준다(Ulrich, 2003). 자연 풍경을 보여주는 것만으로도 유방암 수술 환자의 주의력이 향상되고 주의 피로가 감소하였으며(Cimprinch, 1993), 더 완전한 회복((English, 2006)을 가져왔다. 일부 환자에게서는 혈압이 저하되었고 수술 후 회복이 개선되었다(Coss, 1990).

자연과의 단절은 다음과 같은 문제를 유발한다(Buzzell, & Chalquist, 2009). 우리가 자연계와 단절되면 불안, 좌절, 우울증 등 다양한 심리적 증상이 나타난다. 이러한 증상은 단지 내적 또는 가족 내적 역동에만 기인한다고 말할 수 없다. 정원을 통해서든 동물을 통해서든, 자연에서 걸어 다니든, 아니면 자연이 실내로 들어오든 자연과의 재연결은 이러한 증상을 완화시킬 뿐만 아니라 건강, 자아 존중감, 자기 관계, 사회적 연결, 즐거움을 위한 더 큰 능력을 가져다 준다. 또한 재연결은 자신, 타인, 세상으로부터의 병리적 내적 무감각이나 소외감에서 내적 생명력과 즐거움이 다시 되살아날 수 있도록 한다.

2) 자연치유의 유형(Sharma, 2021)

자연치유는 자연에 의미 있는 노출을 강조하는 안녕에 대한 접근법으로 신체적, 정신적 건강에 대한 수많은 이점을 제공한다. 자연과의 연결은 무수히 많은 방법으로 일어날 수 있기 때문에, 자연치유는 다양한 형태를 가질 수 있다. 자연치유는 자연을 사용하고 경험하는 방법에 따라 그림 4.1처럼 세분화하여 분류

그림 4.1 자연치유의 유형

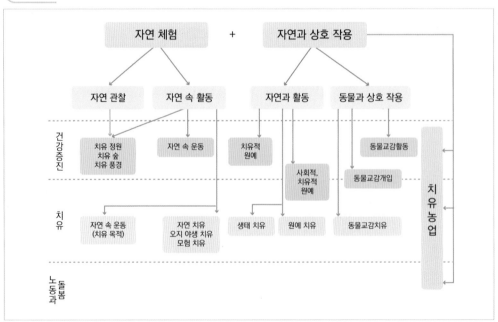

할 수 있다(Haubenhofer, et al., 2010).

(1) 간단한 자연 기반 경험(Brief Nature-Based Experiences)

자연으로의 짧고 즐거운 여행으로 일일 하이킹, 삼림욕(휴식과 즐거움을 위한 숲 여행), 그리고 방랑(환경에 대한 구조화되지 않은 탐험)을 포함한다.

(2) 자연 명상(Nature Meditations)

자연 명상은 공원과 같은 자연환경에서 이루어지며 때로는 집단 치유로 행해진다. 집단의 구성원들은 자신들을 끌어들이는 자연 속의 무언가를 확인하고 나서 자연의 이러한 측면이 자신들과 어떻게 연관되어 있는지 그리고 그것으로부터 무엇을 배울 수 있는지 숙고할 수 있다. 예를 들어, 무가치한 감정으로 힘들어하는 노인

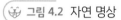

그림 4.2 자연 명상

은 숲의 오래된 나무들이 어떻게 새들에게 쉼터를 제공하고 어린 식물들에게 그늘을 제공하는지에 대해 명상하고 나서 더 큰 자존감을 키울 수 있다. 활동은 보통 집단 구성원이 배운 것을 공유하는 것으로 끝이 난다.

(3) 자연 의식(Nature Ceremonies)

특히, 야외에서 행해지는 자연에 감사를 표하거나 자연과의 친밀감을 조성하는 의식으로 노래와 북치기, 차 모임, 향 또는 촛불 켜기, 모

그림 4.3 자연 의식

닥불 노래 등이 해당된다.

(4) 자연 예술과 공예(Nature Arts and Crafts)

🐾 그림 4.4 자연 예술

창조적인 공예와 자연을 결합한 것으로 공원이나 숲과 같은 녹색 공간에서 그림을 그리기 위해 창의력을 사용할 수 있다. 천연 재료를 사용하여 야외에서 예술과 공예품을 만드는 것으로 나뭇잎이나 바위에 그림 그리기, 조개껍데기로 보석 만들기, 나뭇가지와 점토로 조각하기 등이 이에 해당된다.

(5) 어두운 자연(Dark Nature)

🐾 그림 4.5 별 관측

어두운 자연 활동은 밤에 일어나는 것으로 별 관측 활동 등이 이에 해당된다.

(6) 모험 치유(Adventure Therapy)

모험 치유는 감정 치유를 위한 강력한 도구이다. 암벽 등반, 래프팅, 캠핑이 이 치유의 예이다. 이 치유는 모든 연령대의 사람들이 고요함과 평온함에 둘러싸여 자연의 치유 특성을 경험할 수 있도록 도와준다. 이 치유는 집단 활동과 팀워크 운동에 참여함으로써 대인관계 기술을 연마하는데 도움을 준다.

그림 4.6 래프팅

(7) 치유 농업(Care Farming)

치유 농업은 동물을 돌보고, 농작물과 식물을 재배하고, 삼림 관리를 함으로써 스트레스를 해소하는 또 다른 방법이다. 이 치유법은 농장 동물과 농작물에 대한 보살핌을 제공하기 위해 농부들과 건강 관리자들이 함께 일하는 것을 포함한다. 농장에서 일하고 농장 생활을 하는 것은 육체적 노동에 도움을 줄 수 있고 스트레스를 푸는 좋은 장소를 제공할 수 있다.

그림 4.7 치유 농업

(8) 그린 체육관(Green Gym)

녹색 환경에서 규칙적으로 신체 운동하는 것이 체육관에서 운동하는 것보다

😺 그림 4.8 그린 체육관

훨씬 효과적이다. 이것은 걷기, 조깅, 자전거 타기, 또는 공원에서 요가와 같은 활동이 포함될 수 있다. 신선한 공기와 산들바람에 둘러싸인 채 땀을 흘리며 운동하는 것은 혈액 순환에 도움을 줄 뿐만 아니라 부정적인 기운과 스트레스를 자연스럽게 씻어내는 방법을 제공한다.

(9) 원예 치유(Horticulture Therapy)

😺 그림 4.9 원예 치유

원예 치유는 나무를 심고, 흙을 파고, 잎을 다듬고, 정원을 가꾸는 것이 정신적, 육체적 건강을 증진시키는 데 도움이 되는 행위이다. 많은 연구들은 정원에서 걷고 시간을 보내는 것이 정신뿐만 아니라 혈압과 심박수의 문제를 향상시킬 수 있다는 것을 발견했다. 치매 환자는 이 치유로 큰 혜택을 볼 수 있다. 이러한 유형의 개입은 스트레스, 탈진, 약물 남용의 경우뿐만 아니라 노인들의 사회적 고립의 경우에도 권장될 수 있다.

(10) 동물교감치유(Animal-assisted Therapy)

휴식과 치유를 위해 동물들과 좋은 시간을 보내는 것이다.

(11) 야생 치유(Wilderness Therapy)

오지 야외 환경(예: 서바이벌 캠핑)에서 수일 간 여러 기술들을 향상시키는 집단 활동이다.

3) 자연치유의 장점

자연에서 몇 분을 보내는 것은 마음과 영혼을 진정시키는 효과를 제공할 수 있다. 강박증, 양극성장애(조울증) 또는 다른 심리적인 장애를 가지고 있는 경우 녹지와 같은 위로로 둘러싸인 자연에서 시간을 보낸다면 영혼을 진정시키고 우울감과 공황 상태를 줄이는데 도움이 될 수 있다. 자연치유는 우리에게 다음과 같은 장점을 제공한다.

(1) 자연과 녹지 주변에 있는 것은 마음을 안정시키는 데 도움이 된다. 자연은 고요하고 자연 속에서 시간을 보내면서 얻는 평화로움은 가장 편안한 방법으로 피로와 스트레스를 줄일 수 있다. 자연에서 시간을 보내는 것은 신경계와 면역력을 조절하는 데 도움이 된다.

(2) 자연 속에 있다는 바로 그 행동이 마음가짐을 새롭게 하고 감사함을 촉진한다. 자연스러운 고요함은 불필요한 걱정과 분노를 씻어내는 데 도움을 준다. 운동은 쾌감을 불러일으키고 자신을 행복하게 만드는 엔도르핀을 분비한다.

(3) 자연광에 노출되면 수면 패턴과 불면증에 도움이 된다. 수면장애는 불안, 피로, 우울증을 유발할 수 있다. 자연광은 수면의 균형을 유지하는 데 도움이 되며 매일 햇빛을 쬐면 원기를 회복하는 데 도움을 줄 수 있다.

2. 동물교감치유와 전통 치유(Blackbyrn, 2021)

1) 동물교감치유와 심리 치유

🐾 그림 4.10 심리치유

전통 치유 중의 하나인 심리 치유(Psychotherapy, Talk Therapy)는 내담자가 치유사의 지도를 통해 대화하고 상황을 정리하도록 촉구하는 치유 방법이다. 치유사의 접근 방식은 내담자가 필요로 하는 것에 따라 매우 실제적일 수 있다. 그러나 이러한 유형의 치유

핵심은 항상 대부분의 대화를 하는 내담자에 달려 있다. 자신의 감정을 공유하는 데 익숙하지 않거나 사회적으로 말하기가 불편한 사람들에게는 다소 어려울 수 있다. 자폐 스펙트럼 장애가 있는 많은 어린이와 성인도 이러한 종류의 치유에 어려움을 겪을 수 있어서 이미 존재하는 상태를 훨씬 더 악화시킬 수 있다.

동물교감치유는 전통적인 심리치유보다 더 큰 이점이 있다. 그 예로 치매가 있는 노인은 기존 치유에서 보였던 반응에 비해 11주 동물교감치유에서 좋은 반응을 보였다(Travers, et al., 2015). 또한 두 연구를 통해서 동물교감치유는 내담자가 미리 결정된 방법으로 행동하도록 압력을 가하지 않기 때문에 심리 치유보다 자폐 스펙트럼 장애 어린이와 청소년에게 훨씬 더 효과적이라는 것을 알 수 있다 (London, et al., 2020; Turner, 2011). 동물교감치유가 설정한 목표는 심리 치유 회기에서 설정한 것과 매우 다르다. 자폐 스펙트럼 장애 자녀의 부모들은 동물교감치유를 받는 동안 주변 환경과 더 많이 소통한다고 하였다. 또한 많은 사람들은 내담자가 동물과 유대감을 형성한 후 유기적인 방식으로 동물과 더 기꺼이 이야기하고 자신의 생각과 감정을 공유하는 것을 알게 되었다고 하였다. 대부분의 동물이 어떤 종류의 판단 없이 위안과 지원을 제공하는 경향이 있기 때문에 내담자는

치유사보다 동물과 자신만의 방식으로 말하고 의사소통하는 것이 더 쉽다는 것을 알게 된다.

지금까지의 내용을 보았을 때 심리 치유와 동물교감치유를 결합하면 좋은 결과를 나타낼 수 있다는 것을 알게 된다. 영국 국립보건원(National Institute of Health)에서 발표한 연구에 따르면 동물교감치유를 심리 치유와 결합했을 때 좋은 결과가 나타남을 확인하였다(Amerine, & HUbbard, 2016). 동물들은 치유사가 내담자와 독특한 유대감을 형성하도록 도우며, 동물들은 치유사와 내담자에게 안심할 수 있는 편안함을 제공한다. 또한 치유사는 좋아하는 동물이 있는 회기에서 내담자와 더 많은 대화를 촉진할 수 있다. 이것은 동물교감치유가 정기적인 심리 치유 회기에서 효과적으로 사용될 수 있음을 보여준다.

2) 동물교감치유와 예술 치유(Blackbyrn, 2021)

모든 사람은 다양한 종류의 예술을 통해 자신을 표현하는 방법이 있다. 이것이 바로 예술 치유가 의존하는 전제이다. 예술 치유는 사람들이 예술을 통해 자신의 감정을 공유하고 표현하도록 권장하는 치유이다. 일반적으로 심리 치유의 보조 치유로 시행되지만, 예술 치유는 점점 독자적인 영역을 만들어가고 있다. 예술 치유는 내담자가 자신을 표현하는 데는 매우 효과적이다. 예술은 항상 주관적일 수 있기 때문에 내담자가 만든 특정 예술 뒤에 숨겨진 의도를 이해하기 어려운 경우가 많다. 따라서 일반적으로 예술 치유는 전통적인 치유사가 내담자에게 자신의 감정을 그리도록 요청한 다음 나중에 그림에 대해 설명하는 소규모 회기에서 사용된다. 이것은 내담자가 자신의 생각을 전달하고 효과적으로 표현할 수 있도록 도와준다. 하지만 말로 표현하기 어려운 내담자에게는 어려울 수 있다. 예술이 해방의 매개체가 될 수 있는 더 가벼운 상태의 문제에 대해 예술 치유를 사용하는 것은 매우 일반적이다. 동물교감치유는 예술 치유와 달리 예술로 복제하기 어려운 동물과 독특한 유대감을 형성하여 작동한다.

예술 치유의 또 다른 형태는 징 치유(Gong Therapy)와 음악 치유(Music Therapy)이다. 이러한 종류의 치유법은 고대부터 일반적으로 동양 문화에서 사용되었다.

그림 4.11 징 치유

징과 음악은 리드미컬한 진동을 통해 마음을 진정시키는 데 도움이 된다. 이러한 종류의 치유는 일반적으로 심리적 외상으로 인해 영향을 받는 생리학적 상태에 사용된다. 이러한 종류의 치유의 가장 유명한 예 중 하나는 심각한 언어 장애를 앓았던 조지 6세이다 (Kelley, 2011). 당시 치유사는 그의 진정을 돕기 위해 음악을 사용했다. 회기의 대부분은 왕이 음악을 들으면서 동시에 말하거나 읽도록 하는 방식으로 진행되었다. 왕이 음악을 들었을 때 언어 장애가 거의 사라지고 유창하게 말할 수 있었던 것은 당시로서는 획기적인 일이었다.

그림 4.12 음악 치유

음악 치유가 일반적으로 사용되는 또 다른 방법은 공황 발작이나 불안 발작의 병력이 있는 내담자와 함께하는 것이다. 음악과 징의 특정 음높이와 진동은 사람들이 공황이나 불안 발작을 극복하는 데 도움이 되도록 마음을 이완시키는 것으로 입증되었다. 이러한 종류의 치유는 내담자가 자신의 상태에 도움이 되는 시간과 음악 유형을 제어할 수 있기 때문에 내담자를 보다 자율적으로 만든다. 또한 이 치유법은 그 자체로는 원하는 효과를 제공하지 못할 수 있기 때문에 일반적으로 심리 치유의 보조 수단으로 사용된다. 동물교감치유와 비교하면 음악 치유과 징 치유는 특정 조건을 극복하는 데 효과적이다. 그러나 사과를 오렌지에 비유하는 것과 유사하기 때문에 효율적으로 비교할 수는 없다. 목표, 방법 및 치유 계획은 크게 다르며 치유에 대해 완전히 다른 방법을 사용한다. 또한 그들은 효과적으로 목표를 달성하기 위해 다른 뇌 부분과 인간의 필요를 목표로 한다. 둘 다 전통적인 치유법의 효과적인 보조 수단으로 사용될 수 있지만 이 둘을 비교하는 것은 부적절하다.

3) 동물교감치유와 춤 및 운동 치유(Blackbyrn, 2021)

다른 형태의 대체 치유는 춤과 운동 치유(Dance And Movement Therapy)이다. 춤 외에도 이러한 종류의 치유에는 요가와 같은 가벼운 움직임도 포함된다. 예술 치유 회기는 일반적으로 다양한 회기 계획을 따른다. 그러나 가장 일반적인 것 중 하나는 각 회기가 특정 주제를 중심으로 계획된다는 것이다. 회기 중 전반부에 내담자는 회기의 주제를 둘러싼 움직임을 통해 자신을 표현하게 된다. 회기의 후반부에는 내담자가 느끼고 그들의 움직임을 통해 표현된 감정을 구두로 표현하는 데 사용된다. 이러한 치유에서는 일반적으로 부드러운 음악과 함께 진행되며 개인 또는 집단으로 진행할 수 있다. 내담자는 방 안의 모든 면을 자유롭게 사용할 수 있으며, 일반적으로 어린이에게는 운동을 돕기 위해 다양한 소품을 제공한다.

춤과 운동 치유사는 마음과 몸이 서로 협력한다고 믿기 때문에 마음과 몸의 연결을 성취하도록 한다. 그리고 한 부분에 기능이 부족하면 일반적으로 다른 부분에 영향을 미치게 된다. 이 치유 방법은 주의력결핍장애, 주의력결핍과 잉행동장애, 치매, 우울증, 일부 신체 질환을 겪고 있는 사람들에게 효과적인 것으로 나타났다. 운

🐾 그림 4.13 춤 치유

동 치유에 대한 제한은 일반적으로 내담자가 신체적 움직임을 할 수 없거나 하기를 꺼릴 때 발생한다. 이러한 경우에는 다른 종류의 치유 방법을 활용하는 것이 가장 좋다. 그러나 이러한 제한은 일반적으로 동물교감치유에서는 자체적으로 존재하지 않는다. 왜냐하면 움직일 필요가 없기 때문이다. 움직임은 전적으로 사람이 움직일 의향이 있는지에 따라 달라진다.

4.3 상주형 및 방문형 동물교감치유

 ## 1. 상주형 동물교감치유

1) 일반 상주형

상주하는 개나 고양이는 양로원을 포함한 다양한 건강 관리 환경에서 점점 더 흔해지고 있다. 이러한 상황에서 동물은 시설 내에서 상주하여 생활하며, 기관의 정책에 따라 보살핌을 받는다(Arkow, 2004). 일부 상주 동물은 적절한 선별 및 훈련 후 시설 활동 및 치유 일정에 공식적으로 포함될 수 있는 반면에 다른 동물은 시설 거주자 및 직원과의 자발적 또는 계획된 상호 작용에 참여할 수 있다(American Veterinary Medical Association, 2014). 2010년 오스카라는 이름의 한 상주 고양이는 로드아일랜드의 한 요양원

🐾 그림 4.14 오스카(Oscar)

거주자들의 삶의 마지막 시간에 그들 옆에서 몸을 굽혀 임박한 죽음을 발견했다고 꾸준히 보도된 후 대서특필되었다(Leonard, 2010).

동물교감치유는 다른 정신 건강 환경으로 퍼져나갔다. 상주 치유 프로그램은 하루 24시간, 주 7일, 요양원과 같은 일반 및 전문 기관 기반 학

출처: Leonard, 2010

제간 서비스를 제공하기 위해 조직되고 직원이 배치된다. 상주 치유 서비스는 개인이 거주하는 환경을 제공하고 행동 장애 또는 관련 문제가 있는 사람들을 위한 서비스 제공 교육을 받은 직원으로부터 서비스를 받게 된다(Mental Health Dictionary, n.d.).

소수의 치유 시설들이 인간과 동물의 유대관계를 통합하고 있다. 예를 들어, 뉴욕 북부에 있는 그린 침니스(Green Chimneys)는 어려움을 겪고 있는 청소년들을 위한 시설이다. 그린 침니스의 독특한 특징은 166에이커(약 67만 제곱미터)가 넘는 부지에 75에이커(약 30만 제곱미터)의 자체 농장이 있다는 것이다. 동물은 치유 과정의 기본 요소일 뿐만 아니라 자연의 중요성도 강조된다(Green Chimneys, 2007). 그린 침니스는 정서적, 행동적, 학습적 문제가 있는 아동을 위한 상주 치유 센터이자 특수 교육 학교이다. 다양한 프로그램에서 자연과 동물과의 상호 작용은 그린 침니스의 치유 과정에서 없어서는 안 될 부분이다. 그린 침니스의 동물 지원 프로그램에는 동부해안 보조견(East Coast Assistance Dogs), 야생동물 재활 프로그램(Wildlife Rehabilitation Program)을 들 수 있다. 동부해안 보조견은 상주 교사와 선별된 그린 침니스의 학생들이 강아지를 훈련시킨 후에 신체적 장애 또는 운동 장애를 가진 개인들과 함께 배치하는 프로그램이다(Green Chimneys, 2007). 또 다른 창의적인 프로그램은 야생동물 재활 프로그램으로 부상당한 동물들을 보살피는 것에 대해 그린 침니스의 학생들을 교육시킨다.

콜로라도의 소년 목장은 동물교감치유를 사용하는 또 다른 치유 시설이다. 이 프로그램은 행동적, 정서적 문제가 있는 청소년들을 대상으로 한다(Colorado Boys Ranch, 2021). 치유 팀은 개인, 집단 및 가족 치유와 같은 다양한 치유 모델을 사용하는 정신 건강 전문가로 구성되어 있다. 그들의 프로

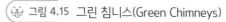

그림 4.15 그린 침니스(Green Chimneys)

출처: greenchimneys.org

그램 중 많은 것들이 삶의 새로운 연결(New Leash on Life)과 같은 동물 관련 개입을 포함한다. 이 특별한 프로그램은 각각의 소년들과 지역 동물 보호소의 개를 어울리게 한다. 10주간 소년들은 개를 훈련시키고, 손질하고, 돌보고, 결국 새로운 가족에게 입양될 개들을 준비시킨다. 이러한 동물 지원 프로그램의 목표는 소년들이 동물, 다른 사람들, 그리고 자신에 대한 동정심, 온순함, 책임감, 그리고 존경심을 배우는 것을 증가시키는 것이다.

북부 캘리포니아에 있는 크리스 아담스 걸스 센터(Chris Adams Girls Center)는 13세에서 18세 사이의 여성 청소년 범죄자들을 수용하는 20개의 침대가 있는 주거 시설이다(Cobaleda-Kegler, 2006). 그 주거 시설에서는 12주 과정의 TLC (Tender Loving Care)라고 불리는 동물 관련 프로그램을 기존 프로그램에 통합하였다. 이 프로그램

🐾 그림 4.16 콜로라도 소년 목장(Colorado Boys Ranch)

출처: https://www.cbryouthconnect.org/programs/animals-nature/animal-assisted-therapy/

은 동물과의 치료적 작업을 용이하게 하기 위해 고안된 주간 주제인 저널 작성 및 과제와 같은 집단 활동과 거주자들이 개들에게 복종 훈련을 시키는 방법을 배우는 훈련 시간을 포함한다. 그러한 개입은 매주 다루어지는 특정한 주제를 특징으로 한다. 표 4.1은 회기를 구성하는 동물교감치유 프로그램의 주간 주제에 대한 자세한 설명이다.

🐾 표 4.1 크리스 아담스 걸스 센터의 12주 동물교감치유 프로그램

주차	내용
1	소개, 서로를 알아가는 것, 존경, 정직, 관대함
2	일일 돌봄 필요: 정서적, 신체적, 심리적 보살핌, 친절

3	의사소통의 이해: 솔직함
4	사람과 동물과의 건강한 관계 발전: 동정심, 신뢰도, 성실성, 도덕성
5	관계에서의 경계: 헌신, 정직, 공정성, 책임감
6	당신의 일상 생활에 인간적인 교육을 적용하는 것: 호의, 공익, 도덕적 의무, 시민성, 그리고 이타주의
7	스트레스 관리: 집중력, 판단력, 자제력, 법 준수
8	자존감, 자기 수용
9	변화, 만남과 이별, 용서, 인내, 회복력
10	사랑과 애착: 유대, 경계, 귀감
11	슬픔과 상실: 대처 방법, 편안함, 분노, 저항
12	종료 및 수료

이러한 개략적인 주제와 동물들과의 활동 외에도 거주자들이 동물과 활동하면서 제기된 문제들을 처리하기 위해 치유사와 한 시간 동안 그룹 치유를 위해 만난다.

2) 특수 상주형

특수 상주형 동물교감치유는 보조 동물을 활용하여 특수한 임무를 수행하는 특수한 형태의 동물교감치유이다. 보조 동물은 동물교감치유나 정서지원 동물과 관련된 동물들과 비교했을 때 매우 다른 범주의 주제이다. **보조 동물**(Assistance Animals)은 개인 장애의 영향을 완화하기 위한 작업을 수행하도록 특별히 훈련된 시각장애인 안내견, 청각 보조견 또는 보조견의 총칭이다(Assistance Dogs International, n.d.).

(1) 시각장애인 안내견(Guide Dog)

시각장애인 안내견의 기원은 제 1차 세계 대전이 끝난 후 독일로 거슬러 올라갈 수 있으며 현재 미국과 세계 각국에서 점점 더 일반화되고 있다(Baár, 2015).

1차 세계 대전 후 많은 독일군이 신체적 상해 없이 시력만 상실된 상태에서 집으로 돌아왔다(Mariti, et al., 2013). 시각장애인 안내견은 시각장애인에게 동반자, 경호 및 안전 담당자의 중요한 역할을 한다. 영국에서는 많은 시각장애인 안내견을 분양받은 보호자가 안내견을 분양받았을 때 사회적, 심리적 혜택은 물론 다른 사람들과의 신뢰와 사회화가 향상되었다(Whitmarsh, 2005). 다른 사람들이 시각 손상이 있는 사람들을 대하는 방식도 시각장애인 안내견 보호자들에게 혜택으로 언급되었다. 개가 있을 때 공공장소에서 시각장애인 안내견 사용자들에게 친근한 경향이 있기(Whitmarsh, 2005) 때문이다. 시각 장애가 있는 개인은 이미 사회적 낙인에 시달리기 쉽기 때문에 이러한 특별한 혜택이 매우 중요하다(Wiggett-Barnard, C., & Steel, 2008)

남아프리카에서 시각장애인 안내견 사용자들은 개가 지팡이를 사용하는 것보다 더 안전하고 빠르며, 이동성에 대한 더 많은 자신감을 제공했고, 독립성을 강화했다고 설명했다(Wiggett-Barnard, & Steel, 2008). 일본 보조견 팀은 여행할 때 개가 긴장을 줄이고 이동성과 삶의 질에 긍정적인 영향을 미쳤다고 하였다(Matsunaka, & Koda, 2008). 이러한 혜택의 대부분은 시각장애인과 개 사이에 형성되는 강한 유대감과 애착에서 비롯된다. 또한 시각장애인 안내견 훈련 프로그램에 대한 연구는 보조 동물의 존재가 개인의 기능 및 어떠한 장소의 접근 필요성을 모든 사람이 공감하는 것과 연관될 수 있음을 시사한다(Walther, et al., 2017).

그림 4.17 시각 장애인 안내견

시각장애인 안내견은 시각장애인을 안내하는 개이다. 보호, 개인적인 방어, 또는 편안함을 위한 개는 안내견으로서 자격을 갖추지 못한다. 시각장애인 안내견은 장애인이 독립적이고 안전하게 여행하도록 도와주어 장애인에게 더 많은

독립성, 자유, 자신감을 제공한다. 또한 장애인의 위치를 찾고 장애물을 피하고 연석에서 멈춤으로써 길을 찾는 것을 도와주어 스트레스를 훨씬 덜 받게 한다. 시각장애인이 대중교통을 이용하고, 쇼핑센터와 건물을 탐색하고, 문, 좌석, 보행자 횡단 버튼을 찾는 것을 더 쉽게 해준다. 친교를 제공하고 사회적 포용을 촉진한다.

시각장애인 안내견은 시각장애인들이 장애물을 회피하도록 안내하기 위해 훈련된 보조견이다. 개는 다양한 장애물을 탐색하도록 훈련 될 수 있지만, 적록색맹(Red-green color Blind)이고, 거리 표지판을 해석 할 수 없다. 사전에 전문 훈련사에 의해서 이동성 훈련을 습득하여 임무를 수행한다. 개는 항공기의 조종사처럼 한 장소에서 다른 장소로 안전하게 주인을 데리고 간다. 일부 국가에서는 시각장애인 안내견과 대부분의 보조견과 청각 보조견이 식당 및 대중 교통과 같은 장소에 동물이 들어갈 수 없도록 되어 있는 규정이 면제되어 있다.

시각장애인 안내견은 시각장애인에게 더 많은 자신감, 우정 및 안전을 제공한다(Whitmarsh, 2009). 보조 동물을 활용하는 시각장애인들은 일상생활에 대한 자신감이 높아지고 친구로부터 끊임없는 위로를 받는다(Miner, 2001). 시각장애인 안내견을 동반하는 보호자는 불안, 우울증 및 외로움을 줄이는 데 도움이 된다. 동물은 지원, 보안 및 교제를 제공하기 때문에 스트레스가 줄어들어 심혈관이 개선된다.

시각장애인 안내견은 주변을 돌아다니기 쉽기 때문에 더 많은 운동을 하거나 걷기를 더 많이 한다. 시각장애인은 더 기꺼이 여러 장소를 가고 자립심을 느낀다. 사람들을 만나고 사교하는 것이 더 쉬우며 보조견이 있을 때 시각 장애인에게 도움을 줄 가능성이 더 높다. 동물들은 또한 다른 사람들과의 상호 작용을 증가시킬 수 있다. 동물은 대화에서 어색함을 없애준다. 익숙하지 않은 장소에서는 긴 지팡이보다 유리하다. 동물은 당신이 무언가에 부딪칠지 궁금해하는 대신에 올바른 길을 지시한다. 시각장애인 안내견은 미지의 경험을 더 편안하게 만든다. 시각장애인 안내견을 사용하여 A 지점에서 B 지점으로 가는 것이 훨씬 빠르고 안전하다. 시각 장애인 안내견 소유자는 동물과 특별한 유대를 공유한다. 많은 사람들은 반려동물이 가족의 일원이라고 보고하고 그들의 반려동물을 위로하고 지원한다. 반려동물은 일하는 동물이 아니라 충성스러운 친구로 여겨진다. 그러나 시각장애인 안내견은 일하는 동물이므로 일하는 동안 주의를 산만하게 하거나 반려동물로 취급해서는 안 된다는 점을 기억해야 한다.

일반적으로 시각장애인 안내견이 되기 위해서는 다양한 평가를 받는다. 일반적으로 건강(Health), 작업 수행능력(Woking Performance) 및 기질(Temperament)을 기초로 평가되는데, 어떠한 요소가 시각장애인 안내견이 되기 위한 조기 예측 척도인지에 대한 연구가 진행되고 있다. 개의 약 70%는 행동상의 이유로 실격 처리된다. 자격의 조기 예측을 달성하기 위해서는 안내견의 중요한 기질 특성을 파악하는 첫 단계가 필수적이다. 행동상의 이유로 실격된 요인을 분석해보면 성공한 개는 유의하고 일관되게 낮은 산만 점수와 높은 독창성 점수를 보여주었다.

(2) 청각 보조견(Hearing Dog)

청각 보조견은 초인종, 화재 경보기, 울리는 전화 또는 알람시계와 같은 중요한 소리에 대해 보호자에게 경고함으로써 청각 장애 또는 난청인 사람들을 돕기 위해 특별히 선택되고 훈련된 일종의 보조견이다. 그들은 또한 집 밖에서 일하면서 사이렌, 지게차 및 보호자의 이름을 부르는 소리를 보호자에게 알릴 수 있다.

청각 보조견이 될 수 있는 개는 적절한 기질, 건전한 반응성 및 작업 의지를 검사한다. 1차 심사를 통과한 후 기본적인 복종 훈련을 받고 엘리베이터, 쇼핑 카트 및 다양한 유형의 사람들을 공공장소에서 마주치도록 노출된다. 사회화 기간이 지난 후에야 음향 경보에 대해 완전히 훈련된 것으로 간주된다.

청각 보조견은 최소 3개월 안에 전문적으로 훈련을 받을 수 있지만 대부분은 최소 1년 동안 훈련을 받는다. 일반적으로 훈련은 개가 특정 소리를 인식하도록 한 다음 물리적으로 경고하거나 보호자를 근원지로 안내하는 것을 포함한다. 또한 화재 경보의 경우처럼 물리적으로 소리를 경고하거나 멀리하도록 학습할 수 있다. 많은 청각 보조견이 위에서 설명한 것처럼 전문적으로 훈련을 받지만 이것은 법적 요구 사항이 아니며, 청각 장애인이나 청각 장애가 있는 개인이 성공적이면서 합법적으로 자신의 청각 보조견 훈련에 도전한다는 점에 유의하는 것이 중요하다. 그러나 그러한 개는 국제 보조견(Assistance Dogs International)에서 규정한 요구 사항을 충족하지 않을 수 있으며, 따라서 해당 인증을 통해 제공되는 모든 공공장소에 대한 완전한 접근이 불가능할 수 있다.

청각 보조견은 초인종, 오븐 타이머, 연기 경보기, 전화, 아기 울음 소리 또는 알람 시계와 같은 일반적인 소리에 대해 주인에게 경고하도록 훈련된다. 청각 보조견은 보호자와 신체적 접촉을 하여 주의를 끌기 위해 주인을 살짝 밀거나 발로 밟는다. 대부분은 보호자를 소리가 나는 곳으로 인도하도록 훈련을 받는다. 집 밖에서 청각 보조견은 추가 임무를 수행한다. 대부분은 자동차 경적이나 사이렌과 같은 주변 거리 소음에 반응하지 않는다. 그러나 그들은 환경 안에서 들려오는 소리에 예리하게 경계하기 때문에 청각 보조견 보호자는 개의 신호를 관찰하여 주변 환경에 대한 많은 정보를 확인할 수 있다.

이러한 정보는 위협 또는 위험이 될 수 있는 사람이나 차량의 접근에 대해 심각한 청력 손실을 가진 사람들에게 경고하는 역할을 한다. 청각 보조견의 보호자는 훈련된 개 보조자가 있으면 다른 보조 수단이 제공할 수 없는 향상된 안정감과 독립성을 제공한다고 보고한다.

청각 보조견은 특정 임무에 대해 훈련을 받아야 하지만 일부 개를 다른 개보다 더 나은 후보로 만드는 자연적 특성이 있다(AKD Staff, 2015).

청각 보조견의 특징

- 소리에 자연스럽게 귀를 기울인다.
- 경고 및 즉시 작업 준비
- 친절하고 사람 지향적
- 침착한 기질, 군중 속에서 침착함
- 자신의 임무에 집중
- 자신감이 있지만 지배적이지 않음

대부분의 청각 보조견은 중소형 혼합 품종 동물이다. 많은 동물들이 보호소에서 구조되고, 다른 동물들은 전문 사육사에게서 온다. 청각 보조견은 모든 종류의 개들도 가능하지만 특정한 순종의 개들도 그 역할에 잘 어울린다. 여기에는 라브라도 리트리버, 골든 리트리버, 푸들, 코커 스패니얼 등이 포함된다. 청각 보조견들은 가장 활동적이고 기민하기 때문에, 많은 개들이 테리어의 잡종이다. 그러나 개들의 혈통은 훈련 가능성과 그 일에 이상적으로 적합한 기질보다 훨씬 중요하지 않다.

(3) 보조견(Service Dog)

보조견은 다양한 형태의 신체적, 정신적 장애를 겪고 있는 사람들을 돕는 데 특별히 헌신하는 작업견들이다. 전통적으로 보조견은 시각 장애를 가진 개인을 안내하는 데 사용되었으므로 일반적으로 "시각장애인 안내견(Guide Dogs)"라고 부른다(Parenti, et al., 2013). 오늘날 보조견의 역할은 광범위한 장애를 가진 사람들에게 혜택을 주기 위해 그 영역을 넘어서 확장되고 있다(Tedeschi, et al., 2015). 보조견은 (a) 청각 장애, (b) 자폐성 스펙트럼 장애, (c) 신체 장애, (d) 간질 및 당뇨와 같은 의료 상태, (e) 기분 및 불안 장애를 포함한 정신 장애를 가진 아동과 성인을 지원하기 위해 훈련되고 있다(ADA, 1990; Tedeschi, et al., 2015).

기능 장애나 난치성 당뇨나 간질과 같은 만성 질환을 가진 사람들은 종종 많은 건강 및 사회복지 서비스를 필요로 한다(McPhail, 2016). 게다가 그들은 일상생활을 하기 위해서 종종 비공식적인 간병인의 도움이 필요하다. 따라서 이러한 개인의 요구를 충족시키고 삶의 질을 향상시킬 수 있는 수단과 해결책을 찾는 것이 필수적이다. 이에 대한 한 가지 해결책은 공인 보조견의 사용일 수 있다. 인증된 보조견을 일반 반려견과 비교했을 때 기능 장애나 만성 질환을 가진 사람들을 위한 비용이 절감된다는 것을 보여준다(Lundqvist, Alwin, & Levin, 2019). 신체 보조견들과 당뇨병 경보견들은 귀중한 지원이 될 가능성을 보여준다. 지원견(Assistance dog)에는 시각장애인 안내견(Guide Dogs), 청각 보조견(Hearing Dogs), 보조견(Service Dogs)을 포함한다. 보조견은 신체 보조견(Physical Service Dogs), 당뇨병 경보견

(Diabetes Alert Dogs), 발작 경보견(Seizure Alert Dogs) 등의 하위 그룹으로 나눌 수 있다(Assistance Dogs International, 2020).

🐾 그림 4.18 지원견 유형

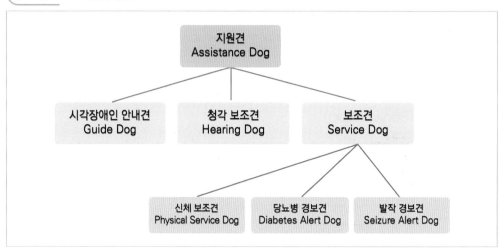

신체 보조견(Physical Service Dogs)들은 기능 장애가 있는 개인들을 돕고, 예를 들어 옷을 입는 것을 도와주고, 떨어뜨린 물건을 집고, 문을 열고 닫는 등 일상생활에서 주인을 돕거나, 주인이 도움이 필요하면 다른 사람의 주의를 끌도록 특별히 훈련된다. 당뇨병과 발작 경보견은 각각 혈당치가 낮거나 높거나 발작이 임박했음을 주인에게 알릴 수 있다. 지원견(Assistance Dog)은 또한 청각 보조견(Hearing Dog)으로 훈련될 수 있다. 청각 보조견은 청각장애인이나 청각장애인은 아니지만 청력 손상이 있는 사람들을 도와줄 수 있다. 그들의 주된 임무는 주인에게 초인종 소리, 화재 경보, 전화 벨소리 등과 같은 소리를 주인에게 알리는 것이다(The Swedish Kennel Club, 2020; The Swedish Association of Service Dogs, 2020).

보조견과 함께 팀을 이룬 장애인을 지원하기 위한 필수 정보와 모범 사례를 소개한다(Singleton, Picard, & Ferrara, 2019). 보조견은 시각장애나 청각장애 이외의 장애인을 위해 일한다. 개는 장애가 있는 사람의 요구를 완화하기 위해 필요한 경우 특정한 조치를 취하도록 훈련받아야 한다. 미국에서는 미국장애인법에 따라 장애인은 장애인과 직접 관련이 있는 사람에 대한 업무나 업무를 수행하도록 개별적으로 훈련받은 개는 공공 장소에 접근할 권리가 있다. 장애가 있는 개인과 그 보조견은 의료 기관에서도 허용된다. 보조견에 대한 일부 제한 구역에는 특정 예방 조치를 필요로 하는 구역과 수술실, 화상 센터와 같이 방문객에게 제한되는 무균 구역이 포함된다. 분만실, 중환자실, 회복 및 응급상황과 같은 다른 영역에 대해 사례별로 보조견 접근 여부를 결정할 수 있다. 보조견은 보조견으로서 식별되는 조끼를 착용하거나(그러나 권장), 보조견으로서 인증 또는 면허를 취득할 필요는 없다. 보조견은 보조견으로서 인증 및 면허를 발급받아야 하는 것은 아니지만, 모든 보조견은 개인의 장애를 완화하는 데 도움이 되도록 작업을 수행하도록 훈련되어야 한다. 보조견은 보조견의 작업을 제한하지 않는 한 항상 보호자의 통제 하에 있어야 하며, 대소변을 가릴 수 있고, 목걸이와 하네스를 착용하고 목줄을 매야 한다. 보조견이 통제 불능으로 행동하거나, 대소변을 가리지 못하거나, 건강상의 위험이 있으면 보호자는 즉각적인 시정 조치를 취해야 하며, 그렇지 않은 경우에는 그 보조견은 제외될 수 있다. 보호자는 보조견과 건강관리 환경(외래 환자 또는 입원 환자)에서 보조견을 돌볼 책임이 있으며, 여기에는 사료 제공, 손질, 대소변, 걷기 및 운동, 전반적인 복지 및 감독도 포함된다. 보조견 보호자가 도움이 필요할 경우 가족과 친구에게 도움을 요청할 책임이 있다.

보조견에 대한 매우 중요한 세 가지 역할이 있다. 첫째, 최근에 장애를 가지게 된 사람에게 장애 부분에 대한 지원을 제공하는 것이다. 둘째, 진행성 장애를 가진 사람에게 장애로 인해 잃어버린 것을 되찾게 하는 것이다. 셋째, 장애를 가지고 태어난 아이의 부모 및 양육자가 자녀의 독립성을 높이고 싶어 할 때인데, 이 범주의 특징은 학교에 등교하거나 이동하는 경우이다.

장애인을 위한 혜택에는 보조견이 지원하도록 훈련받은 작업에 기초하며 다음을 포함한다.

- 사용자를 위한 물품 검색
- 약물, 발작, 장애, 외상후 스트레스 장애에 대한 경고

- 균형유지 지원
- 이동 중인 사용자 지원
- 보행 안정성 증진
- 방향이 틀렸을 때 재방향 설정 또는 길 찾기 지원

보조견을 갖는 것의 이차적인 결과와 이점은 동반자 관계, 무조건적인 사랑, 무비판적인 상호 작용, 기분 개선, 약물 감소, 더 나은 수면, 그리고 친구가 되어주는 것이다.

보조견의 도움으로 완화할 수 있는 여러 가지 장애와 조건이 있다. 여기에는 다발성 경화증(Multiple Sclerosis), 근위축성 측색경화증(Amyotrophic Lateral Sclerosis), 근이영양증(筋異營養症, Muscular Dystrophy), 뇌성 마비(Cerebral Palsy) 등의 운동장애가 포함되지만 이에 국한되지는 않는다. 추가적인 변형된 운동 조건으로는 사지마비(Quadriplegia), 하반신 마비(Paraplegia), 절단(切斷, amputation), 엘러스-단로스 증후군(Ehlers-Danlos Syndrome)이 있다. 보조견은 폐쇄성 수면 무호흡증(OSA: Obstructive Sleep Apnea)이나 조울증(Bipolar Disorder) 환자에게 경고뿐만 아니라 외상 후 스트레스 장애(PTSD)와 같이 행동 및 인지적 징후를 가진 환자들을 진정시키도록 훈련될 수 있다. 라임병(Lyme Disease), 류마티스 관절염(Rheumatoid Arthritis), 파킨슨병(Parkinson's disease), 척추근육위축(Spinal Muscular Atrophy) 등의 합병증으로 신체적인 한계가 있는 환자들은 보조견이 수행할 수 있는 많은 업무로부터 큰 혜택을 받는다. 보조견은 또한 자폐 스펙트럼 장애를 가진 아동들과 함께 배치되며, 부모는 1차 보호자로 배치된다.

보조 동물(Service Animal)
보조 동물은 신체, 감각, 정신, 지적 또는 기타 정신적 장애를 포함한 장애를 가진 개인의 이익을 위해 일하거나 업무를 수행하도록 개별적으로 훈련된 개 또는 일부 조랑말을 의미한다(ADA, 1990). 보조 동물이 수행하는 작업이나 업무는 개인의 장애와 직접 관련되어야 한다(ADA, 1990).

치유 보조 동물(Therapy Animal)

치유 보조 동물은 보통 병원, 학교, 공공도서관, 노인요양시설 등과 같은 임상 또는 지역사회 환경에 있는 사람들에게 치유상의 이익을 제공하는 개 또는 다른 동물을 말한다. 이러한 동물은 훈련되고 인증 받아야 하며, 모르는 사람들과 상호 작용하는 일반적인 의지, 적성, 즐거움 또는 적합성을 입증하여야 한다. 치유 보조 동물은 사람의 신체적, 감정적, 인지적 또는 사회적 기능에 도움을 줄 수 있다. 치유 보조 동물들은 일대일로 사람들과 함께 일하거나 많은 사람들과 동시에 일할 수 있다.

정서 지원 동물(Emotional Support Animal)

정서 지원 동물은 정신적 또는 정서적 장애를 가진 사람에게 심리적 지지나 정서적 위안을 주는 동물이 될 수 있다. 정서 지원 동물은 어떤 전문적 훈련도 받지 않고, 오히려 존재를 통해 사람에게 안도감을 준다.

가. 보조견과 외상후 스트레스 장애(PTSD)

외상후 스트레스 장애 증상이 있는 군인과 외상후 스트레스 장애 보조견이 함께 있을 때 생리적, 각성 조절 효과가 있는지를 확인하기 위해 연구가 진행되었다(Rodriquea, et al., 2018). 보조견 집단 참가자들은 1개월 ~ 4년 동안 외상후 스트레스 장애 보조견과 함께 있었다. 참가자들은 3주간의 팀 훈련 프로그램에 참석하였으며, 이 프로그램은 6~10명의 수혜자들이 그들의 보조견과의 상호 작용, 보살핌, 그리고 지속적인 훈련을 유지하는 방법을 배웠다. 보조견은 주로 동물보호소에서 오게 되었고, 신체적, 기질적 특성을 고려해 선택 및 선별되었다. 보조견이 있는 45명과 대기자 28명을 포함하여 총 73명을 대상으로 조사하였다. 외상후 스트레스 장애 보조견이 더 높은 아침 코티솔 각성 반응과 유의미한 연관관계가 있으며, 불안, 분노, 수면 방해, 알코올 남용도 크게 낮아졌다. 코티솔은 포도당 조절과 신진대사에 관여하는 스테로이드 호르몬으로, 스트레스 호르몬의 수치가 스트레스 요인에 반응하여 현저하게 변화하기 때문에 자주 스트레스 호르몬으로 분류된다(Sapolsky, 2004). 코티솔 수치는 아침에 일어난 직후 가파르게 상승하고 그 후 약 30~45분 후에 최고조에 이르며, 하루 종일 서서히 감소한다. 코티솔의 초기 피크는 코티솔 각성반응(CAR: Cortisol Awakening Response)으로 알려져 있다(Pruessner, et al., 1997). 일반적인 치료와 병행하여 보조견들이 외상후 스트레스 장애를 가진 군 참전용사들에게 치료적, 심리적, 생리적 영향을 줄 수 있다는 것을 의미한다. 군에서는 외상후 스트레스 장애를 치료하는 데 제한이 있다. 외상후 스트레스 장애의 일반적인 치료법인 정신치료의 무작위 임상실험을 메타분석한 결과, 군 환자의 72%가 치료 전 외상후 스트레스 장애 진단을 가지고 있는 것으로 나타났다(Steenkamp, et al., 2015). 또한 군인들은 정신건강 서비스를 자주 이용하지 않는다(Hoge et al., 2014). 전문적 도움을 구하는 사람들 중 외상후 스트레스 장애 치료 중 중도하차 비율은 50%까지 높을 수 있다(Schottenbauer, et al., 2008). 따라서 군 환자군에서 치료 유지를 권장하면서 유효성을 유지하는 외상후 스트레스 장애에 대한 대체 및 보완적 치료가 매우 필요하다(Bomyea, & Lang, 2012).

한 가지 보완적인 치료법은 특수하게 훈련된 외상후 스트레스 장애 보조견을 배치하는 것이다. 외상후 스트레스 장애 보조견은 특히 외상후 스트레스 장애 증상을 완화시키는 것으로 생각되는 작업을 수행하도록 훈련된다. 예를 들어 개는 개인 뒤에 위치하여 "뒤를 주시"하고 접근하는 낯선 사람들에게 주의를 기울일 수 있다(집단의 과민성을 감소시키기 위한 작업). 외상후 스트레스 장애 보조견들은 또한 개인의 행동에 주의를 기울고 재경험이나 고통의 삽화가 있을 때 주의의 방향을 바꾸도록 훈련될 수 있다. 외상후 스트레스 장애 보조견은 외상후 스트레스 장애 증상, 특히 과민반응을 가지고 있는 군인들에게 독특한 혜택을 줄 수 있다(Crowe. et al., 2017; Olmert, et al., 2015; Taylor, et al., 2013; Yount, et al., 2012). 군인들은 외상후 스트레스 장애 보조견들이 외상후 스트레스 장애 증상, 우울증, 삶의 질, 정서적 건강 및 대인 관계에 대해 유의미한 효과가 있었다고 자기 보고를 하였다(Kloep, Hunter, & Kertz, 2017; O'Haire, & Rodriguez, 2018; Vincent et al., 2017; Yarborough et al., 2017).

미국 장애인에 대한 보고서에서 의료인들은 장애인에 대한 관리와 치료 결과를 개선하기 위해 건강 전공 관련 학생과 임상의사의 태도, 지식 및 기술을 개선할 것을 강력히 권고하고 있다(National Academies of Sciences, Engineering and Medicine, 2017). 장애인들은 그들의 돌봄 계획의 일환으로 보조견을 갖는 것을 점점 더 선택하고 있다. 보조견은 개인이 사회에 더 완전하게 참여할 수 있도록 하는 작업을 수행할 수 있으며, 관리 지원을 줄이는 데 도움을 줌으로써 비용 효율적일 수 있다. 또한 인간과 동물의 유대관계를 통해 개인은 보조견과의 관계에서 무수한 방법으로 이익을 얻을 수 있다. 간호사들은 보조견과 팀을 이루는 사람들을 어떻게 지원할 것인지에 대해 잘 알고, 보조견이 치료 계획의 일부가 될 징후를 평가하고, 전문 의료인 동료들에게 장애가 있는 개인을 위한 비약리적 개입의 중요성에 대해 교육함으로써 장애 개인을 옹호하는 길을 이끌 수 있다.

2. 방문형

동물교감활동이나 동물교감치유의 혜택을 받을 수 있는 사람들을 고려할 때, 가장 일반적인 초점은 동물을 상주 시설로 데려가는 것이다. 이러한 노선을 따르는 많은 프로그램들이 설립되었고 일반 대중에게 잘 알려져 있다. 동물교감활동이나 동물교감치유에서나 정기적인 기관 방문은 그들의 동물, 보통 개를 공유함으로써 다른 사람들의 하루를 밝게 하는 것을 경험하는 자원봉사자들에게 즉각적인 보상을 준다. 다양한 연구에 따르면 상주민들은 특별한 방문을 환영하고 희망을 느낀다고 한다(Francis, et al., 1985). 개들과 함께 노인요양원을 방문하는 동안 손질, 접촉 등과 같은 개와의 상호 작용이 포함된다(Neer, et al., 1987). 또 다른 연구에서 노인 정신질환자들은 개와의 방문 동안 언어적, 비언어적 상호 작용을 증가시켰다(Haughie, et al., 1992). 그러나 요양원에 있는 대부분의 사람들은 완전히 건강을 되찾을 가능성이 거의 없기 때문에 장기적인 건강상 이득의 가능성은 미미하다. 그러나 충분히 자주 방문한다면 그 방문은 삶의 질을 높일 수 있다.

동물교감치유는 일반적으로 기관 환경에서 주기적으로 방문하는 프로그램으로 구성된다. 비록 일부 전문가들이 환자들이 퇴원한 후에도 계속 방문하려고 하지만, 동물과의 접촉은 보통 종료된다. 주기적인 방문에 비해 동물교감활동 및 동물교감치유를 외로운 사람들, 특히 노인이나 건강에 문제가 있는 사람들에게 전달하는 방법을 개발함으로써 더 실질적인 효과가 나타날 수 있다(Fredrickson, & Howie, 2006). 이러한 사람들은 개인적인 지도와 도움 없이는 반려동물을 분양받고 돌보는 일을 성공적으로 할 수 없을 것이다.

　　고독의 위험이 높은 사람, 암이나 에이즈를 가지고 살고 있는 사람에게 상주하여 동물과 친교를 하는 것은 고립을 개선하고 건강을 증진시키고 정상 상태인 기간을 연장하는 역할을 할 수 있다. 이러한 점을 염두에 두고 자원봉사자나 보건 전문가가 고려해야 할 우려는 동물 관리의 일상적인 업무, 개인의 집에서의 동물의 수용 가능성, 부재중 또는 질병 중 동물의 관리, 병원 진료와 털 손질에 대한 편리한 접근(아마도 가정 방문을 포함), 사료 및 돌봄 비용이다. 공동체 프로그램은 이러한 개인들에게 동물 소유를 촉진하고 지원함으로써 새로운 기반을 닦을 수 있는 기회를 가지고 있다. 예를 들어, 한 가지 전략은 정부를 통해 제공되는 가정 내 지원 서비스의 한 측면으로 동물교감치유를 포함하는 것이다. 공공기관이든 자원봉사단체에서 제공하든 간에 동물에 대한 중심적인 책임을 분양해준 가정에게 맡기면서 동물의 보살핌을 위한 종합적인 계획을 세우는 데 있어 필수적인 지원을 제공하는 것이다. 분양받은 가정에게 동물교감활동과 동물교감치유를 제공하는 상주 동물 친교를 계획할 때 가장 큰 어려움은 책임감 있는 보살핌을 보장하는 것이다. 혼자 또는 다른 사람의 도움을 받든 수혜자는 동물의 요구가 완전히 관리되고 있다고 느낄 필요가 있다. 일부 유사한 경제적, 돌봄 문제는 이미 시각 장애인 안내견, 청각 보조견, 보조견을 배치하는 프로그램에 의해 해결되었는데, 여기서 보조견은 파견기관의 지도와 감독 하에 분양받은 가정의 책임이다.

　　기본적인 관리, 주거 문제, 반려동물 보증금, 반려동물 선택, 부재중 동물 관리 계획 수립, 많은 행동 문제를 피하거나 줄이기 위해 고안된 관리 기술에 대한 개인별 상담이 보다 지속적으로 필요하다. 문제의 예방과 동물의 건강을 유지하는 것을 강조하는 관리 기술은 관계를 손상시킬 수 있는 잠재적인 문제들을 줄임으로써 우정의 즐거움을 증진시키는 중요한 전략이다. 반려동물을 소유한 노인들의 삶이 퇴보하면서 요양원으로 입주하는 경우가 많다. 때때로 동물들이 요양원에 같이 갈 수 없기 때문에 그들은 건강한 동물이라도 안락사 시킬 수 있다. 특별한 동물을 보유하거나 기를 수 있는 규정이 있어 그 동물을 보살필 수 있을 때, 그 사람의 삶의 질은 크게 향상될 수 있다. 기르는 사람이 사망하였을 때 동물이 어떻게 살 것인가에 대한 두려움 때문에 결정에 어려움을 겪을 수도 있다. 이러한 우려는 동물에 대한 책임이 공유되고 우수한 보살핌을 위한 대체 규정이 마련되는 프로그램을 개발함으로써 해결할 수 있다. 동물과의 우정을 제공하는 좀 더 쉬운 방법은 매주 예정된 방문보다 더 많은 접촉을 하는 것이 연약한 노인들에게 적합할 수 있다. 많은 노인들은 어릴 때 경험한 직접적인 접촉을 대체하기 위해 동물과의 수동적이면서도 지속적인 참여를 선호할 수 있다(Verderber, 1991). 이는 이용 가능한 유형에서 더 많은 유연성을 제공할 수 있다. 애정이 많고 관리하기 쉬운 동물을 키우거나 "임대"하는 것은 동물이 평생 살 집을 마련할 수 있는 능력에 대한 걱정을 덜어줄 수 있는 가능성들이다. 이런 식으로 동물에 대한 책임을 공유하는 것은 사람이 죽었을 때 동물의 복지에 대한 사람들의 두려움을 줄일 수 있다. 일부 요양원에서는 동물을 공식적으로 기르고 직원이 관리하기도 한다. 상주견은 상주자와 직원 간의 상호 작용을 자극하지만 시간이 지남에 따라 그 영향은 주로 직원으로 이동할 수 있다(Winkler et al., 1989). 비록 많은 프로그램들이 인간 사회에서 동물의 사육을 증가시키는 방법으로 동물 육성을 사용하지만, 동물을 장기 임대하는 방식은 동물교감치유의 일종이지만 지지는 하고 있지 않다. 자원봉사 단체인 PAWS(Pets Are Wonderful Support)는 반려동물을 돌보는 것과 비슷하게 그들의 반려동물을 계속해서 돌보는 것을 돕는 것이다. 자원봉사자들은 개를 산책시키고, 고양이의 배설물 상자를 청소하고, 애완동물 사료를 배달하고, 동물을 이송하고, 주인이 없을 때에는 보살핌을 제공하는 것과 같은 필요한 모든 특정한 도움을 제공한다.

1) 윤리적 고려

상주형 동물교감을 고려할 때 강조해야 할 매우 중요한 사항은 노력과 지속적인 헌신이다. 자원 봉사자나 보건 전문가는 동물에 대한 전적인 책임이 그 상주 환경에 적합한지를 결정하고 평가하는 데 중요한 역할을 한다. 그렇지 않다면 동물이 완전히 보살핌을 받고 사육하는 사람에게 부담이 되지 않도록 하면서 동물과 일관된 접촉을 제공하는 다른 방법을 탐색할 수 있다. 강건하지 않은 사람에게 동물을 성공적으로 배치하기 위한 방법은 관리의 모든 측면에 대한 포괄적인 계획을 개발하고 해결해야 할 문제가 무엇인지를 평가하기 위해 정기적인 연락을 취하는 것이다. 시각 장애인 안내견과 보조견을 배치한 시설에서는 일반적으로 일상적인 가정 방문을 계획하고 이러한 문제 해결을 위한 상담을 제공한다. 거의 필연적으로, 사람들은 동물이 필요로 하는 노력을 과소평가하고 아마도 비현실적으로 동물이 완벽하게 행동하기를 기대한다. 심지어 청각 보조견의 예비 보호자처럼 입양 전에 잘 알고 있고 이 결정에 상당한 생각을 한 사람들조차도 행동 문제의 가능성을 크게 과소평가한다. 종종 인간적인 사회는 노인들을 배치하기 전에 특별한 복종 훈련을 제공할 수 있다. 여기서는 동물을 돌보던 과거의 경험을 바탕으로 그 사람에게 친숙한 종을 배치하여 인식의 격차를 줄이는 것이 유용하다. 그 과정은 필연적으로 어렵고 동물을 기르는 것에 대한 관심이 높을 때만 가치가 있다. 잠재적 편익이 다양한 비용이 없는 것은 아니라는 것은 아무리 강조해도 지나치지 않다. 특히 개를 기르는 것은 집과 여행을 준비할 때 돌봄의 수많은 일상 업무를 떠맡고 새로운 문제에 대처하는 것을 수반한다. 지역사회 단체가 실질적인 지원을 제공하는 노인들 사이에서 반려동물 소유를 평가하는 한 종단연구에서 참가자들의 건강 상태 저하가 결과에 강하게 영향을 미쳤다. 반려동물은 강한 지속력을 발휘하지 못했다(Lago, et al., 1989; Miller, & Lago, 1990). 대부분의 참가자들은 개를 키웠는데 아마도 그들의 초기 건강 상태를 고려할 때 비현실적이고 너무 힘들었을 것이다. 또한 장애를 가진 사람이 개와 가까운 감정적 애착을 형성하고 보호자가 배제되었다고 느낄 때 발생하는 부부 관계의 변화도 심각할 수 있다(Valentine, et al., 1993). 개를 치료 목적으로 획득할 때 발생하는 합병증은 잘 연구되지 않았다. 자주 언급되는 더 흔한 문제는 동물이 사람에게 문제를 일으키는 행동을 발전시킨다는 것이다.

(1) 학교

동물교감치유는 학생들에게 편안함과 지원을 제공하기 위해 대학 캠퍼스에서 점점 더 흔해지고 있지만, 직장에서 개들과 공간을 공유하는 교직원들의 우려에는 거의 관심을 기울이지 않고 있다. 직장에 방문견의 존재와 관련된 유익성과 위해성(예: 비듬, 물림, 벼룩)과 관련된 교직원의 인식을 평가하였다(Foreman, 2019). 상주 방문견과 함께 건물에서 일했던 138명의 직원들은 개들의 위험과 위험에 대한 인식, 그리고 개가 학생과 직원 모두의 복지에 미치는 영향에 대한 그들의 인식에 대해 온라인 조사를 마쳤다. 일반적으로 직원들은 개들이 최소한의 위험만을 나타낸다고 인식했고, 대부분의 직원들은 개들이 스트레스를 줄이고 캠퍼스 학생들에게 위안을 줄 수 있다고 믿었다. 하지만 개들이 작업 환경을 개선하지 않고 직원이나 학생들에게 아무런 혜택을 주지 않는다고 보고한 몇몇 직원들이 있었다. 이 설문조사의 결과는 사람들이 직장에서 개에 대해 가지고 있는 대부분의 긍정적인 태도를 뒷받침하지만, 개가 작업 환경에 속하지 않는다고 매우 강하게 믿는 사람들을 수용해야 할 필요가 있다.

지난 20년 동안 인문 교육은 단순한 동물 복지 교육 모델에서 어린이와 청소년의 친절과 사랑, 공감을 배양하는 교사 주도의 긍정적인 교육 접근법으로 패러다임이 전환되었다. 교사의 인간적인 태도는 학교 환경에서 인문 교육 프로그램이 성공하기 위한 전제조건으로 여겨지지만, 그들의 동물에 대한 태도는 현재까지 거의 주목을 받지 못하고 있다. 예비 교사의 동물에 대한 인간적인 태도를 조사하고 이러한 태도가 성별, 현재 및 이전 반려동물 소유와 같은 변수뿐만 아니라 공감 성향과 상관이 있는지 여부와 어느 정도까지 상관되어 있는지를 평가했다(Fung, & Zhou, 2020). 홍콩의 총 226명의 예비 교사들이 동물 태도 척도(AAS: Animal Attitude Scale)와 데이비스 대인관계 반응 지수(IRI: Davis Interpersonal

Reactivity Index)를 완성했다. 그 결과 예비 교사들은 동물들에 대한 인도적인 대우에 대해 온건한 관심을 보였고, 성별에 따라 인도적인 태도의 차이가 확인되었다. 여성 예비 교사들은 남성 예비 교사들보다 더 인도적인 태도를 표현하는 경향이 있었다. 또한 따뜻한 마음과 동정심에 대한 경향이 있는 예비 교사들은 동물에 대한 복지 지향적인 태도를 보여주었다. 현재 연구 결과는 인문 교육을 긍정적인 교육 접근법으로 사용하고 있으며, 예비 교사와 교사를 위한 인도적 교육 제공이 필요하다.

(2) 병원

만성 통증을 가진 성인 환자의 23%가 외래 진료 전에 치료 보조견과 상호 작용할 때 "임상적으로 의미있는" 통증 완화를 달성했다고 보고했다(Marcus, 2012). 이 현상을 설명하기 위해 제안된 이론은 동물 지원 치료와 관련되었던 신경 내분비 효력에 집중하고 있다(Odendaal, 2003).

정형외과 환자를 대상으로 인공 고관절 치환 수술(THA: Total Hip Arthroplasty), 인공 슬관절 치환 수술(Total Knee Replacement Arthroplasty) 이후 환자의 회복 시에 치료보조견을 이용한 동물교감치유의 역할을 평가하였다(Harper, et al., 2014). 전체 72명의 환자를 대상으로 실험이 진행되었다. 해당 병원에서는 인공 고관절 치환 수술, 인공 슬관절 치환 수술을 받는 환자들을 위한 표준화된 물리치료 절차를 가지고 있다. 환자들은 수술 후 첫날에 하루에 두 번 침상에서 물리치료를 받는다. 수술 후 2일째에 인공 슬관절 치환 수술을 받은 환자들은 두 번의 물리치료를 받는 반면, 인공 고관절 치환 수술을 받는 환자들은 아침에 작업치료를 받고 오후에 물리치료를 받는다. 일반적으로 두 환자 유형 모두 수술 후 3일차에 자택 또는 재활 시설로 퇴원한다. 물리치료를 받기 30분 전 환자들은 동물교감치유 팀의 방문을 받았다. 그 개는 홀든(Holden)이라는 이름의 5살짜리 컬리 코티드 리트리버(Curly Coated Retriever)였고, 개의 보호자는 정형외과 레지던트였다. 개와 훈련사 모두 테라피 독스 인터내셔널(Therapy Dogs International)을 통해 인증을 받았다. 모든 상호 작용에 동일한 개와 개의 보호자가 사용되었다. 실험 집단은 표준

동물 지원 치료 절차에 따른 15분간의 방문으로 구성된 동물 지원 치료를 받았다. 방문을 시작하기 전에 환자와 개의 보호자는 손을 씻었다. 개의 보호자는 자신을 소개하고 의자에 앉거나 환자의 머리로부터 약 1.2m(4피트) 떨어진 곳에 서서 환자가 잘 따르면 방문이 15분 동안 지속될 것임을 환자에게 알렸다. 손을 씻은 후 방문은 표준 절차를 따랐다. (1) 개는 환자의 침대나 의자 옆에 머리를 닿을 수 있는 곳에 앉았고, (2) 환자는 개를 쓰다듬고 개와 자원 봉사자에게 말을 걸 수 있었다. 참가자들과 개 훈련사 사이의 대화는 일반적으로 개(교배, 나이, 훈련)와 개 관련 주제에 초점을 맞췄다. 수술 후 관리와 환자에게만 국한된 의학적 논의는 자제되었다. 그리고 (3) 환자와 개의 보호자는 면회 후 손을 씻었다. 어떤 환자도 15분 이전에 끝내도록 요청하지 않았다. 면회 후 환자들은 병원 프로토콜에 따라 물리치료를 받았으며, 각 방문에 대해 동일한 프로토콜을 따랐다. 모든 환자들은 세 차례 면회를 받았다. 치료보조견의 활용은 환자의 통증 정도와 전체 관절 교체 후 입원 만족도에 긍정적인 영향을 미친다. 외과의사들은 전체 관절성형술을 한 환자 그룹의 수술 후 즉각적인 회복을 개선할 수 있는 수단을 제공할 수 있기 때문에 병원에서 자원봉사에 기초한 동물 지원 치료 프로그램을 권장한다.

동물과의 상호 작용 후 스트레스의 변화는 언제부터 발생하는지를 확인하기 위한 연구가 진행되었다(Barker, et al., 2005). 20명의 의료 전문가(여성 19명, 남성 1명)에게 치유보조견과의 상호 작용 후 스트레스와 면역 기능을 측정하는 최적의 시간을 조사했다. 의료 전문가의 비임상적 샘플은 조용한 휴식 20분, 치유보조견과 함께 5분 및 20분에 각각 할당했다. 혈청 코르티솔, 에피네프린 및 노르에피네프린은 기준선, 5, 15, 30, 45, 60분에 수집되었다. 타액 코티솔, 타액 IgA, 림프구용 혈액은 기준선, 30분, 45분, 60분에 채취되었다. 분석 결과 혈청 및 침샘 코티솔의 현저한 감소가 나타났다. 치유보조견과의 상호 작용 후 혈청 또는 타액 코티솔을 측정하는 최적의 시간은 45분이었고, 타액 코티솔의 변화는 혈청 코티솔의 변화를 반영했다. 연구 결과는 또한 의료 전문가의 스트레스 감소가 5분 이내에 발생할 수 있음을 시사한다.

동물교감치유에 대한 간호 직원의 인식을 평가하는 연구에서 직원의 100% 는 치유보조견과의 환자 방문이 유익하다는 것을 발견했으며, 직원의 100%가 개와 함께 방문하기를 원했다(Marcus, 2012). 2개월에 걸쳐 295회의 치유보조견 방문(환자 235명, 가족/친구 34명, 직원 26명)과 96건의 대기실 조사(환자 83명, 가족/친구 6명, 직원 7명)에서 치유보조견 방문 후 환자의 통증, 기분 및 기타 고통 척도에 대해 상당한 개선이 보고되었으나 대기실은 보고되지 않았으며, 치유보조견 방문후 23%, 대기실에서 4%의 임상적으로 유의미한 통증 완화가 나타났다. 가족, 친구 및 직원들을 위한 개 교감활동 후 상당한 개선이 또한 관찰되었다. 외래 환자 환경에서 동물교감치유 활동은 만성 통증 환자에게 통증과 정서적 고통을 상당히 감소시킬 수 있다. 또한 직원, 가족과 친구들의 정서적 고통과 안녕의 감정을 상당히 개선할 수 있다.

(3) 복지시설(지역아동센터나 노인요양시설 등)

호주 브리즈번 지역의 세 개의 양로원이 이 연구에 참여했다(Crowley-Robinson, Fenwick, & Blackshaw, 1996). 모턴베이 간호 돌봄소(여성 20명, 남성 11명)는 매주 방문견 1마리, 귀환서비스연맹 참전용사 요양원(여성 24명, 남성 8명)에서는 상주견 1마리, 휠러 가든 정착촌(여성 25명, 남성 7명)은 방문 연구자만 있었다. 이 연구에서는 생후 11개월 된 중성화된 암컷 휘펫이 사용되었다. 상주견이 있는 요양원에서는 긴장과 혼란이 줄어들었으며 우울증이 현저하게 감소했음을 보여주었다. 세 요양원 모두에서 상당한 활력 증가가 발견되었다. 방문견 그룹과 상주견 그룹에서 피로가 크게 줄었다. 이 장기 연구는 요양원에 상주견을 기르는 것이 요양원 주민들의 삶을 개선하는 등 많은 이점이 있다는 것을 보여준다.

4.1 동물교감치유의 유형

Chandler, C. K. (2012). Animal assisted therapy in counseling (2nd ed.). Routledge/ Taylor & Francis Group.

Chandler, C. K., Portrie−Bethke, T., Minton, C., Fernando, D. & O'Callaghan, D. (2010). Matching Animal−Assisted Therapy Techniques and Intentions with Counseling Guiding Theories. Journal of Mental Health Counseling, 32(4), 354−374. DOI:10.17744/mehc.32.4.u72lt21740103538

Fine, A. H. (Ed.). (2015). Handbook on animal−assisted therapy: Foundations and guidelines for animal−assisted interventions (4th ed.). Elsevier Academic Press.

Pet Partners. (2019). Animal−Assisted Crisis Response. Pet Partners Interactions Magazine.

Reichert, E. (1998). Individual counseling for sexually abused children: A role for animals and storytelling. Child and Adolescent Social Work Journal. 15(3), 177−185.

Stewart, L., Chang, C., & Jaynes, A. (2013). Creature comforts. Counseling Today, 52-57.

Stewart, L. A., Chang, C. Y., & Rice, R. (2013). Emergent theory and model of practice in animal−assisted therapy in counseling. Journal of Creativity in Mental Health, 8(4), 329-348. https://doi.org/10.1080/15401383.2013.844657

Wesley, M. C., Minatrea, N. B., & Watson, J. C. (2009). Animal−assisted therapy in the treatment of substance dependence. Anthrozoös, 22(2), 137-148. https://doi.org/10.2752/175303709X434167

Wlodarczyk, J. (2019). When pigs fly: Emotional support animals, service dogs and the politics of legitimacy across species boundaries. Medical Humanities, 45(1), 82-91.

Yorke, J., Adams, C., & Coady, N. F. (2008). Therapeutic Value of Equine−Human Bonding in Recovery from Trauma, Anthrozoos A Multidisciplinary Journal of The Interactions of People & Animals, 21(1), 17−30. DOI:10.2752/089279308X274038

4.2 자연치유와 전통 치유

Amerine, J. L., & Hubbard, G. B. (2016). Using Animal−assisted Therapy to Enrich Psychotherapy. Advances in Mind−body Medicine, 30(3), 11−11. PMID: 27541053.

Bird, W. (2007) *Natural Thinking: Investigating the links between the Natural Environment, Biodiversity and Mental Health*. Royal Society for the Protection of Birds. Available from website: http://www.rspb.org.uk/Images/naturalthinking _tcm9−161856.pdf

Blackbyrn, S. (2021). How To Become an Animal−assisted Therapist The Definitive Guide. Coach Foundation. https://coachfoundation.com/blog/animal−assisted− therapy−guide/#chapter3

Bratman, G. N., Hamilton, J. P., Hahn, K. S., Daily, G. C., & Gross, J. J. (2015). Nature experience reduces rumination and subgenual prefrontal cortex activation. PNAS, 112(28), 8567−8572. https://doi.org/10.1073/pnas.1510459112

Buzzell, L., & Chalquist, C. (2009). Ecotherapy: Healing with nature in mind. San Francisco: Sierra Club Books.

Cimprinch, B. (1993). Development of an intervention to restore attention in women treated for breast cancer. Cancer Nursing, 16(2), 83-92.

Coss, R. (1990). Picture perception and patient stress: A study of anxiety reduction and postoperative stability. Unpublished paper, University of California, Davis, CA.

English, J. (2006). The everyday lives of breast cancer survivors. Unpublished master's thesis, Graduate Department of Geography and the Centre for the Environment, University of Toronto, Ontario, Canada.

Frumkin, H. (2003). Healthy places: exploring the evidence. *American Journal of Public Health, 93*(9), 1451−1456.

Haubenhofer D. K., Elings M., Hassink J., & Hine R. E. (2010). The Development of Green Care in Western European Countries. *Explore-The Journal of Science and Healing, 6*(2), 106−111.

Health Council of the Netherlands (2004). *Nature and Health. The Influence of Nature on Social, Psychological and Physical Well−being.* Netherlands, The Hague: Health Council of the Netherlands and Dutch Advisory Council for Research on Spatial Planning, Nature and the Environment.

Kelley, P. (2011). 'The Kings Speech mostly true to life, UW expert on stuttering says. University of washington, UW News.

London, M. D., Mackenzie, L., Lovarini, M., Dickson, C., & Alvarez−Campos, A. (2020). Animal Assisted Therapy for Children and Adolescents with Autism Spectrum Disorder: Parent perspectives. Journal of Autism and Developmental Disorders, 50, 4492-4503. https://doi.org/10.1007/s10803−020−04512−5

Maas, J., Verheij, R. A., Groenewegen, P. P., De Vries, S., & Spreeuwenberg, P. (2006). Green space, urbanity, and health: How strong is the relation?. *Journal of Epidemiology and Community Health, 60*(7), 587−592.

Maller, C., Townsend, M., Brown, P., & Leger, L. (2002). *Healthy parks healthy people: The health benefits of contact with nature in a park context,* Melbourne, Austrailia: Deakin University and Parks Victoria.

Mind. (2007). New research: 71 per cent report depression decrease after green walk, 22 per cent report depression increase after urban walk. Mind. https://www.mind.org.uk/news−campaigns/news/go−green−to−beat−the−blues/

National Research Council. (1981). Indoor pollutants (p. 537). Washington, DC: National Academy Press.

Pretty, J. (2007). *The Earth only Endures: On Reconnecting with Nature and Our Place In It.* London: Earthscan.

Pretty, J., Peacock, J., Sellens, M. & Griffin, M. (2005). The mental and physical health outcomes of green exercise. *International Journal of Environmental Health Research, 15*(5), 319−337.

Puma, J. L. (n. d.) Virtual Reality, Nature and Pain Relief in Kids Getting Vaccines: Our Pilot Program. Dr John La Puma. https://www.drjohnlapuma.com/wellness−and−health/virtual−reality−and−pain−relief−in−kids−our−p ilot−program/

Sharma, S., (2021). What Is Nature Therapy? | Types and Benefits. Calm Sage. https://www.calmsage.com/what−is−nature−therapy−types−benefits/

Travers, C., Perkins, J., Rand, J., Bartlett, H., & Morton, J. (2015). An Evaluation of Dog−Assisted Therapy for Residents of Aged Care Facilities with Dementia. Anthrozoös: A multidisciplinary journal of the interactions between people and other animals, 26(2), 213−225.

Turner, J. (2011). Animal Assisted Therapy and Autism Intervention: A Synthesis of the Literature. Southern Illinois University Carbondale. http://opensiuc.lib.siu.edu/gs_rp/119

Ulrich, R. S. (1984). View through a window may influence recovery from surgery. Science, 224(4647), 420−421. DOI: 10.1126/science.6143402

Ulrich, R. S. (2003). The Impact of Flowers and Plants on Workplace Productivity. Texas A&M University, The Center for Health Systems and Design Study (Spring/summer 2003), 49−59.

UNFPA. (2007) State of the world population 2007: Unleashing the potential of urban growth. New York, US, United Nations Population Fund.

Van den Berg, A. E., Hartig, T., & Staats, H. (2007) Preference for nature in urbanised societies: Stress, restoration and the pursuit of sustainability. Journal of Social Issues, 63(1), 79−96.

Weinstein, F., Przybylski, A. K., & Ryan, R. M. (2009). Can Nature Make Us More Caring? Effects of Immersion in Nature on Intrinsic Aspirations and Generosity. Personality and Social Psychology Bulletin. 35(10), 1315−1329. https://doi.org/10.1177/0146167209341649.

4.3 상주형 및 방문형 동물교감치유

AKC Staff. (2015). Canine Companions Perform Important Functions for Hearing Impaired People. American Kennel Club.

Americans with Disabilities Act of 1990, 42 U.S.C. § 12101 et seq. (1990) (amended 2008).

American Veterinary Medical Association (AVMA), (2014). Guidelines for animal assisted activities, animal—assisted therapy and resident animal programs. website. www.avma.org.

Arkow P. (2004). Animal—Assisted Therapy and Activities: A Study Resource Guide and Bibliography for the Use of Companion Animals in Selected Therapies. Stratford, NJ: self—published, 2004.

Assistance Dogs International. (n.d.). Looking for an Assistance Dog. https://ass—istancedogsinternational.org/main/looking—for—an—assistance—dog/

Assistance Dogs International. (n. d.) Types of Assistance Dogs. Available from: https://www.assistancedogsinternational.org/about—us/types—of—assistance—dogs.

Baár, M. (2015). Prosthesis for the body and for the soul: the origins of guide dog provision for blind veterans in interwar Germany. First World War Stud. 6, 81.

Barker, S. B., Knisely, J. S,, McCain, N. L., & Best, A. M. (2005). Measuring stress and immune response in healthcare professionals following interaction with a therapy dog: a pilot study. Psychological Reports, 96(3 Pt 1), 713—729. DOI: 10.2466/pr0.96.3.713—729

Bomyea, J., & Lang, A. J. (2012). Emerging interventions for PTSD: future directions for clinical care and research. Neuropharmacology 62, 607–616.

Cobaleda—Kegler, J. (2006). Animal—assisted therapy with female juvenile offenders within a residential treatment setting (doctoral dissertation, California Institute of Integral Studies, 2006). Dissertation Abstracts International, (UMI No. 3218531).

Colorado Boys Ranch (2021). http://boysranches.com/therapeutic—boarding—schools—in—colorado/

Crowe, T. K., Sánchez, V., Howard, A., Western, B., & Barger, S. (2017). Veterans transitioning from isolation to integration: a look at veteran/service dog partnerships Disabil. Rehabil. 1−9.

Crowley−Robinson, P., Fenwick, D. C., & Blackshaw, J. K. (1996). A long−term study of elderly people in nursing homes with visiting and resident dogs. Applied Animal Behaviour Science, 47(1-2), 137−148.

Foreman, A. M., Allison, P., Poland, M., Meade, B. J., & Wirth, O. (2019). Employee Attitudes about the Impact of Visitation Dogs on a College Campus. Anthrozoös A multidisciplinary journal of the interactions between people and other animals, 32(1), https://doi.org/10.1080/08927936.2019.1550280

Francis, G., Turner, J. T., & Johnson, S. B. (1985). Domestic animal visitation as therapy with adult home residents. International Journal of Nursing Studies, 22, 201−206.

Fredrickson, M., & Howie, A. R. (2006). Methods, standards, guidelines, and considerations in selecting animals for animal−assisted therapy: Part B: Guidelines and standards for animal selection in animal−assisted activity and therapy programs. In Handbook on Animal−Assisted Therapy; Fine, A.H., Ed.; Academic Press: Cambridge, MA, USA, 2006; pp. 99-114.

Fung, S. C., & Zhou, S. (2020). An Investigation of Pre−Service Teachers' Attitudes Toward Animals and Empathy Toward Humans: Implications for Humane Education Development. Anthrozoös A multidisciplinary journal of the interactions between people and other animals, 33(3). https://doi.org/10.1080/08927936.2020.1746531.

Goddard, M. E., & Beilharz, R. G. (1986). Early prediction of adult behaviour in potential guide dogs. Appl. Anim. Behav. Sci. 15 (3), 247-260.

Green Chimneys (2007). Retrieved April 1, 2007 from http://www.greenchimneys. org/ our_programs/our_programs.html.

Harper, C. M., Dong, Y., Thornhill, T. S., Wright, J., Ready, J., Brick, G. W., & Dyer, D. (2014). Can Therapy Dogs Improve Pain and Satisfaction After Total Joint Arthroplasty? A Randomized Controlled Trial. Clinical Orthopaedics and Related Research, 473(1), 372−379.

Haughie, E., Milne, D., & Elliott, V. (1992). An evaluation of companion pets with elderly psychiatric patients. Behavioural Psychotherapy, 20, 367−372.

Hoge, C.W., Grossman, S., Auchterlonie, J., Riviere, L., Milliken, C., Wilk, J. (2014). PTSD treatment for soldiers after combat deployment: low utilization of mental health care and reasons for dropout. Psychiatr. Serv. 65, 997-1004.

Kloep, M. L., Hunter, R. H., & Kertz, S. J. (2017). Examining the effects of a novel training program and use of psychiatric service dogs for military−related PTSD and associated symptoms. American Journal of Orthopsychiatry, 87(4), 425-433. https://doi.org/10.1037/ort0000254

Lago, D., Delaney, M., Miller, M., & Grill, C. (1989). Companion animals, attitudes toward pets, and health outcomes among the elderly: A long−term follow−up. Anthrozoos, 3, 25−34.

Leonard, T. (2010). Cat predicts 50 deaths in RI nursing home. The Telegraph.

Lundqvist M, Alwin J, Levin, L. K. (2019) Certified service dogs − A cost−effectiveness analysis appraisal. PLoS ONE 14(9): e0219911.

Marcus, D. A., Bernstein, C. D., Constantin, J. M., Kunkel, F. A., Breuer, P., & Hanlon, R. B. (2012). Animal−assisted therapy at an outpatient pain management clinic. Pain Med. 13, 45-57. doi: 10.1111/j.1526−4637.2011. 01294.x.

Mariti, C., Ricci, E., Carlone, B., Moore, J. L., Sighieri, C., & Gazzano, A. (2013). Dog attachment to man: A comparison between pet and working dogs. J. Vet. Behav. Clin. Appl. Res. 8, 135-145.

Matsunaka, K., & Koda, N. (2008). Acceptance of dog guides and daily stress levels of guide users and nonusers. J. Vis. Impair. Blind. 5, 295-304.

McPhail SM . Multimorbidity in chronic disease: impact on health care resources and costs . Risk Management and Healthcare Policy . 2016 ; 9: 143 – 156 . doi: 10.2147/RMHP.S97248 27462182

Miller, M., & Lago, D. (1990). The well−being of older women: The importance of pet and human relations. Anthrozoos, 3, 245−251.

Miner, R. J. T. (2001). The Experience of Living with and Using a Dog Guide. RE:view: Rehabilitation and Education for Blindness and Visual Impairment, 32(4), 183-190.

National Academies of Sciences, Engineering and Medicine. (2017). People living with disabilities: health equity, health disparities, and health literacy. Proceedings of a Workshop. Washington, DC: The National Academies Press.

Neer, C. B., Dorn, C. R., & Grayson, I. (1987). Dog interaction with persons receiving institutional geriatric care. Journal of the American Veterinary Medical Association, 191,300－304.

Odendaal, J. S., & Meintjes, R. S. (2003). Neurophysiological correlates of affiliative behaviour between humans and dogs. Vet J. 165, 296-301. doi: 10.1016/S1090－0233(02)00237－X.

O'Haire, M. E., & Rodriguez, K. (2018). Preliminary efficacy of service dogs as a complementary treatment for posttraumatic stress disorder in military members and veterans. J. Consult. Clin. Psychol. 86, 179-188.

Olmert, M. D., Nordstrom, M., Peters, M., St Laurent, & Yount, R. (2015). Canine connection therapy: finding purpose and healing through the training of service dogs E.C. Ritchie (Ed.), Posttraumatic Stress Disorder and Related Diseases in Combat Veterans, Springer International Publishing, Cham, 197－209

Parenti, L., Foreman, A., Meade, B., & Wirth, O. (2013). A revised taxonomy of assistance animals. Journal of Rehabilitation Research and Development, 50(6), 745-756.

Perrin, Nancy A., Green, & Carla A. (2017). an observational study of service dogs for veterans with posttraumatic stress disorder. Psychiatr. Serv (0, ap pi.ps. 201500383.).

Pruessner, J. C., Wolf, O. T., Hellhammer, D. H., Buske－Kirschbaum, A., Von Auer, K., Jobst, S., Kaspers, F., & Kirschbaum, C. (1997). Free cortisol levels after awakening: A reliable biological marker for the assessment of adrenocortical activity. Life Sciences, 61(26), 2539-2549. http://dx.doi.org/10.1016/S0024－3205(97)01008－4.

Rodriguez, K. E., Bryce, C. I. Granger, D. A., & O'Haire, M. E. (2018). The effect of a service dog on salivary cortisol awakening response in a military population with posttraumatic stress disorder (PTSD). Psychoneuroendocrinology, 98, 202-210.

Sapolsky, R. M. (2004). Why zebras don't get ulcers: The acclaimed guide to stress, stressrelated diseases, and coping—now revised and updated. Macmillan.

Schottenbauer, M. A., Glass, C. R., Arnkoff, D. B., Tendick, V., & Gray, S. H. (2008). Nonresponse and dropout rates in outcome studies on PTSD: review and methodological considerations. Psychiatry 71, 134-168.

Singleton, J. K., Picard, L., & Ferrara, L. (2019). Canines assisting in health: Service dogs, essential information for healthcare providers. Journal of Inter— professional Education & Practice, 17, 100290

Steenkamp, M. M., Litz, B. T., Hoge, C. W., & Marmar, C. R. (2015). Psychotherapy for military related ptsd: a review of randomized clinical trials. JAMA 314, 489 –500.

Taylor, M. F., Edwards, M. E., & Pooley, J. A. (2013). Nudging them back to reality: toward a growing public acceptance of the role dogs fulfill in ameliorating contemporary veterans' PTSD symptoms Anthrozoos, 26, 593–611.

The Swedish Association of Service Dogs. Service—och signalhundsförbundets assistanshundar [In Swedish]. Available from: http://www.soshund.se/s ervicehund%5fa/

The Swedish Kennel Club. Assistenthund som hjälpmedel [In Swedish]. Available from: https://www.skk.se/sv/hundagande/fokus—pa/assistanshundar/vad—ar —en—assistanshund/

Verderber, S. (1991). Elderly persons' appraisal of animals in the residential environment. Anthrozoos, 4, 164–173.

Vincent, C., Belleville, G., Gagnon, D., Dumont, F., Auger, E., Lavoie, V., Besemann, M., Champagne, N., & Lessart, G. (2017). Effectiveness of service dogs for veterans with PTSD: preliminary outcomes. Stud. Health Technol. Inform. 242, 130.

Whitmarsh, L. (2005). The Benefits of Guide Dog Ownership. Visual Impairment Research, 7(1), 27–42.

Wiggett—Barnard, C., & Steel, H. (2008). The experience of owning a guide dog. Disabil. Rehabil. 30, 1014-1026.

Winkler, A., Fairnie, H., Gericevich, F., & Long, M. (1989). The impact of a resident dog on an institution for the elderly: Effects on perceptions and social interactions. Gerontologist, 29, 216–223.

Yarborough, B. J. H., Owen－Smith, Ashli A., Stumbo, Scott P., Yarborough, Micah T., Yount, R. A., Olmert, M. D., & Lee, M. R. (2012). Service dog training program for treatment of posttraumatic stress in service members U.S. Army Med. Department J. , 63－69.

5장

치유 보조 동물에 따른
동물교감치유

5.1 치유 보조 동물의 이해

치유사와 내담자, 치유사와 동물, 내담자와 동물, 동물과 동물 간의 정서적 연결(Connection)에 기초하는 동물교감치유 과정에서 보조 동물은 중요한 부분이다. 치유사에 따라서 치유 보조 동물(Therapy Pet)이 공동치유사(Co-therapist)의 역할을 하기도 하고, 치유 촉진자(Facilitator)의 역할을 하기도 한다. 동물교감치유 과정에는 치유사와 함께 생활하는 동물이 참여하기도 하고, 보조 동물을 내담자가 결정하기도 한다(Kruger, & Serpell, 2006). 동물교감치유에 동원되는 동물로는 고양이, 새, 말, 물고기, 토끼 등이 있지만 가장 대중적으로 활용되는 동물은 개라고 할 수 있다(Dimitrijevic, 2009).

비록 동물과의 상호 작용이 동물교감치유의 필수적인 요소이기는 하지만, 동물교감치유의 목적에 이르는 핵심적 과정은 치유사가 내담자와 동행하여 이끌어가는 과정이다. 치유사는 내담자와 동물의 관계를 보조하고, 내담자와 치유사 자신의 내적 과정을 보조함으로써 내담자가 성찰과 인식(Awareness) 그리고 통찰에 이르게 한다.

동물교감치유의 궁극적 목적은 내담자의 신체·정서적 변화에 있으며, 동물교감치유에서 동물의 현존은 어디까지나 도구로 활용된다(Parish-Plass, 2008). 보조 동물은 내담자가 자신을 이해하도록 하고, 정서를 표현하도록 하며, 통찰에 이르러 변화를 경험하도록 하며, 궁극적으로는 그들의 삶의 질을 향상시키는 촉매제로서 동물교감치유에 참여하는 것이다.

치매 및 척수 손상에 대한 실험에서 동물교감치유는 개를 가장 일반적으로 사용하는 반면에 다발성 경화증 및 뇌졸중 환자를 모집한 실험에서 가장 많이 사용된 동물교감치유는 말을 사용했다(del Carmen Rodríguez-Martínez, 2021). 부적응 혹은 정서적 문제를 가진 아동의 적응과정과 정서적, 사회적, 인지적 발달을 향상시키는데 가장 효과적인 동물로 개를 활용하고 있고(Filiatre, et al., 1988)), 개와 말이 동물교감치유에 가장 적합하며 고양이 같은 경우는 보다 많은 사람들이 알레르기를 가지고 있어 고양이과 동물들은 좀 더 선택적으로 치유에 참여시켜야 한다면서 개를 치유 보조 동물로 추천하고 있다(Johnson, 2001). 이는 동물마다 다른 효과를 높이기 때문에 사용자가 겪는 질병이나 증상에 따라 어떤 동물이 적합한지 선택해야 함을 시사한다.

관련된 종의 다른 공진화를 강조하는 것이 적절할 것이며, 이는 치유 목적으로 관련된 동물의 다른 기술을 암시한다. 이러한 이유로 동물, 내담자 및 작업 집단 구성원 간의 애착 스타일과 관계 호혜성 등 선택된 각 동물의 특정 관계 기술 및 보호자와의 관계에 주의를 기울여야 한다.

5.2 개교감치유

반려동물의 대표라고 할 수 있는 개는 동물교감치유에서 가장 일반적으로 사용되는 동물이다(Barker, & Dawson, 1998; Fine, 2000; Nimer, & Lundahl, 2007; Odendaal, 2000).

그림 5.1 개교감치유

개는 길들여지고 쉽게 접근할 수 있고 훈련도 용이하다는 점에서 매우 긍정적인 치유 효과를 가지고 있다. 개들이 인간의 스트레스와 두려움을 줄여줄 수 있다. 건강한 참여자를 포함한 연구에서 코티졸 수준, 혈압, 맥박수에 개가 존재하는 것이 긍정적인 영향을 미친다고 보고했다(Odendaal, 2000). 또한 개가 다른 동물보다 많이 활용되는 것은 개가 다른 동물들보다 더 두드러진 영향을 미친다는 것을 관찰한 서비스 제공자들로부터의 요구에 의한 것일 수 있다. 개가 왜 더 자주 활용되었는가에 상관없이 효과의 크기와 신뢰구간의 형태는 개들이 다른 동물들에 비해 효과적일 가능성이 더 크다는 것을 강하게 시사한다.

개는 잠재적으로 가장 많은 수의 인수공통전염병을 전염시킨다(Brodie, Biley, & Shewring, 2002). 그러나 개들이 동물교감치유 프로그램에 관련된 사람들에게 오염의 실질적 위협을 가하지는 않는다. 개 자체가 감염될 확률은 있지만 간단한 처치로 어떤 위험도 사실상 제거할 수 있고 개도 쉽게 치료될 수 있다. 인간에게 전이는 가능하지만 전이의 사슬이 매우 약하고 쉽게 끊어진다.

부적응 혹은 정서적 문제를 가진 아동의 적응과정과 정서적, 사회적, 인지적 발달을 향상시키는 데 가장 효과적인 동물로 개가 제시되고 있다(Filiatre, et al., 1988).

반려견(Beeaver, 1999; Blecha, 2000; Moberg, 2000), 치유 보조견(Haubenhofer, Mostl, & Kirchengast, 2005; Haubenhofer, & Kirchengast, 2006, 2007), 보조견(Fallani, Prato-Previde, & Valsecchi, 2007)이든 관계없이 사람을 도와주는 일을 하는 동안 개는 스트레스를 경험할 수 있다. 개의 스트레스는 어떤 상황에 대처하는 메커니즘이나 반응을 할 때 자신의 에너지를 집중하기 위하여 개에게서 유발되는 내적 또는 외적인 위협에 대한 반응이라고 할 수 있다(Scholz, & VonReinhardt, 2007). 개에 있어서 스트레스는 개의 건강에 긍정적이거나 부정적인 효과를 가질 수 있다. 민첩성과 같은 긍정적인 효과는 자극이나 동기부여로 보여지며, 경쟁이 있는 스포츠에서 볼 수 있다(Jensen, 2007). 부정적인 효과는 증후가 완화되지 않고 계속해서 오랫동안 생리적 흥분상태를 가질 때 나타난다(Chrousos, & Gold, 1992; Beerda, et al., 1997). 엄격한 선발과정, 기질 검사, 여러 훈련 과정을 이수할 있는 인내력이 있는지를 살펴 본 후 동물교감치유에 적합한 개를 선택하여야 한다(Davis, 1992; TDI, 2010).

개의 스트레스를 해소해 줄 수 있는 자연스러운 방법 중의 하나는 놀이 활동을 하는 것이다(McMillan, 2002). 개의 놀이 활동은 순서화되지 않은 행동을 의미하며, 보통은 어떤 상황과 전혀 관계없이 행동하는 것을 말한다(Bekoff, 1976, 1998). 놀이 활동은 다른 개나 인간에 대한 사회적 기술을 학습하는 것을 도와줄 수 있다. 놀이 활동은 즐거움을 제공하며, 긴장을 완화시킨다(Beaver, 1999).

미국 일리노이즈 대학에서 연구한 결과에 의하면 2세 이상인 강아지를 사용할 것을 권장하고 있으며, 6세 이상은 스트레스에 잘 견디는 것으로 확인되었다. 1시간 이상 동물교감치유 활동을 하는 경우에는 1시간 후 최소 10분간의 휴식시간이 필요하며, 15분 이상 휴식하거나 아니면 더 많은 시간을 휴식하는 경우에는 치유 보조견의 스트레스를 최소화할 수 있다(King, Watters, & Mungre, 2011).

5.3 말교감치유(Equine-assisted Therapy)

 1. 말교감치유의 역사

치유적 승마는 오랫동안 주변에 있었다. 그리스 신화의 의학의 신 아스클레피오스(Asclepius) 시대부터 낫지 않는 환자들에게 그들의 의지를 북돋아 주기 위해 말을 태웠다고 한다. 그리스인들은 불치병에 걸린 사람들의 영혼을 고양시키기 위해 치유용 승마를 했다고 한다. 기원전 460년 히포크라테스는 불면증과 싸우고 근긴장도를 개선하기 위한 치유로 승마를 적용했다(Dorothea, & Maello, 2003).

17세기 문헌에는 의욕 저하, 신경장애, 통풍이 있는 사람들에게 승마가 처방된다는 언급이 있다. 1670년에 영국 의사인 토먼스 시드남(Thomas Sydenham) 경은 매주 말을 타고 말의 안장에서 여러 시간을 보내는 것보다 몸과 영혼에 더 좋은 치유법은 없다고 했다. 클레망 조제프 티소(Clément Joseph Tissot, 1747~1826)는 프랑스의 의사이자 물리치료사이다. 티소는 1780년 그의 저서 '의료 및 외과 체조(Medical and Surgical Gymnastics')'에서 평보를 가장 유익한 보행으로 간주하였으며, 또한 금기 사항뿐만 아니라 과도한 승마의 영향을 최초로 설명하였다. 1875년 프랑스 의사 카사인(Cassaign)은 치료로서의 승마의 가치를 연구하여 심리적인 개선은 물론 자세, 균형, 관절 운동 등을 개선해 특정 종류의 신경 질환 치료에 도움이 된다고 하였다. 제1차 세계 대전 중 영국은 옥스포드 병원에서 부상당한 병사들에게 승마 치유를 제공했다. 1950년대까지 영국 치료사들은 모든 유형의 장애에 대한 치유법으로 승마를 사용하는 것을 고려하고 있었다. 덴마크 출신의 리스 하텔(Lis Hartel, 1921~2009)은 23세가 되는 해인 1944년 소아마비로 무릎 아래가 영구적으로 마비되었고 팔과 손에도 영향을 미쳤다. 올림픽 마장마술은 1952년까지 군 장교에게만 공개되었으며, 그 해에 하텔은 올림픽에서 승마 스포츠에서 남성과 경쟁하는 최초의 여성 중 한 명으로 은메달을 수상하였다(김은진, 2005). 1992년 하텔은 덴마크 명예의 전당에 입성했고, 2005년에는 덴마크 최고의 선수 10명으로 선정되었다. 이 에피소드는 장애인과 세계가 주목한 치료 승마의 가능성을 보여주었다.

근대 치유적 승마(Therapeutic Riding; Hippotherapy)의 역사는 스칸디나비아 국가인 노르웨이이다. 버드커(Elaebet Bodtker)라는 물리치료사가 소아마비 환자를 자신이 소유하고 있던 포니(Pony)에 태우면서 치료를 함으로써 본격화 되었다고 볼 수 있다. 영국의 심리치료사들은 모든 형태의 장애인에 대한 승마치료법의 가능성을 연구하였고, 영국 왕실의 적극적인 후원으로 1969년 영국은 영국 장애

🐾 그림 5.2 리스 하텔(Lis Hartel)

출처: https://en.wikipedia.org/wiki/Lis_Hartel

인 협회(British Riding for Disabled Association)를 설립하였다. 그로부터 10년 후에는 미국에도 재활승마가 도입되고, 1980년에는 호주에 본부를 둔 세계장애자승마협회(FRDI: Riding for the Disabled International)가 설립되어 비영리 단체로서 세계적 네트워크를 형성하였으며, 이를 통해 세계 각국에서 치료의 하나로 승마를 이용하는 것이 여러 나라로 확대되어 나가고 있다. 북미 지역 최초의 치료승마센터는 1960년대에 운영을 시작하였으며, 1969년에 설립된 북미 장애인 승마협회

(NARHA, North American Riding for the Handicapped Association)는 네 개의 회원센터와 60명의 개인회원으로 구성되었으나 이후 NARHA와 관련된 단체는 기하급수적으로 늘어 지금은 550개의 센터와 3,200명의 개인 회원이 있다. 오늘날 치유용 승마는 전 세계적으로 시행되고 있다.

2. 말교감치유 유형

말과 관련된 치유 방법은 더 건강한 정서적, 사회적 및 행동적 기능을 개발하는 데 중요하다. 때때로 농장동물교감치유의 하위 집합으로 간주되지만 말을 산업 동물이 아닌 반려동물로 인식하며 말을 별도의 범주로 포함해야 한다고 주장한다. 치유 농업의 하위 집합에는 치유 팀이 구현할 수 있는 네 가지 다른 방법이 있다.

1) 말교감심리치유(EAP: Equine-Assisted Psychotherapy)

2) 말교감학습(EAL: Equine-Assisted Learning)

3) 말활용심리치유(EFP: Equine-Facilitated Psychotherapy)

4) 말활용학습(EFL: Equine-Facilitated Learning)

그림 5.3 EAGALA(Equine Assisted Growth and Learning Association)

출처: https://www.eagala.org/index

네 가지 방법 모두 특정 치유 절차에 대해 다른 방식과 다른 목표로 말을 공동 치유사로 활용한다(Lee, et al, 2016). 말을 보조로 하는 심리치료와 개인 성장을 추구하는 국제 단체인 EAGALA(Equine Assisted Growth and Learning Association)는 말과 관련된 두 가지 치유 방법을 개발했다. 말교감심리

치유(EAP)는 말과 함께 일하도록 훈련된 관리사와 사회복지사나 심리학자와 같은 정신건강전문가를 포함한다. 이러한 유형의 치유는 말을 타지 않고 자신감을 쌓거나 자기 효능과 같은 바람직한 치유 목표를 달성하기 위해 말을 공동 치유사로 활용한다. 말교감학습(EAL)은 동일한 팀 구성원과 유사한 말을 타지 않는 활동을 활용한다. 그러나 가족이나 친구에게 감정이나 욕구를 명확하게 표현하는 방법을 배우는 것과 같이 치유보다는 관련된 학습이 목표이다. 이러한 치유 방법은 학습과 자기표현 및 의사소통 기술과 같은 치유 목표를 모두 통합하여 종종 함께 사용된다(Lee, et al., 2016).

PATH International은 유사한 두 가지 기술을 개발했지만 치유 방법론의 일부로 말을 타는 추가 요소를 포함한다. 말활용학습(EFL)은 목표가 학습과 관련되기 때문에 정신 건강 전문가가 필요하지 않다. 그러나 이 방법에는 승마 및 점프와 같은 관련 활동이 일반적으로 포함되므로 팀원은 승마 교육과 관련된 자격이 필요하다. 말활용심리치유(EFP)는 심리 치료사가 참여하고 치료 목표를 향해 내담자와 협력한다는 점에서 말교감심리치유(EAP)와 유사하다. 그러나 말을 타는 활동도 포함된다(Lee, et al., 2016).

말활용심리치유에서는 말의 특성과 치유사의 이론적 배경을 적절하게 통합(Klantz, et al., 2007)하여 내담자의 심리적인 증상을 완화 시키게 된다. 말과 함께하는 말활용심리치유는 말 손질과 같이 말과 함께 하는 작업만으로도 치유적인 힘이 있고, 프로그램을 통해서 내담자가 자존감, 책임감, 자

🐾 그림 5.4 PATH International

출처: https://pathintl.org/

기 신뢰를 가질 수 있게 된다. 또한 내담자는 살아있는 것을 어떻게 다루는지에 대해서 경험하고 배우게 되면서 자신을 보호하는 방법을 배울 수 있는 기회를 갖게 된다(Karol, 2007).

내담자가 나타내는 표현을 심리 치유적으로 이용하는 말활용심리치유의 치유적 활동 6가지는 다음과 같이 규정된다(홍주연, 윤지현, 2009).

1) 실재적이고 현실적 경험
2) 말과의 관계형성을 통한 특별한 경험
3) 치유사와의 관계형성을 통한 치유적 경험
4) 말과의 의사소통을 위한 관계에서 비언어적 경험
5) 쓰다듬기, 리듬과 같은 전언어적/말초적 경험
6) 은유의 치유적 이용

 ## 3. 말교감치유의 특징

말은 1만년 동안 지구상에 살았던 4,000여종이 넘는 포유동물 가운데 사람으로부터 성공적으로 길들여진 10여종의 동물의 종 중의 하나이다(Feh, C., & de Mazières, J. 1993). 또한 이 연구에서 길들여진 말은 털 손질을 할 때 가장 자주 선택하는 부위인 목 밑 부분을 사람들이 어루만져주면 심장박동이 현저하게 낮아진다는 사실을 알아냈다.

승마는 말에 앉아있을 때 말의 움직임에 의해 분당 약 100회 이상의 상하, 전후, 좌우의 3차원적인 신체적 움직임을 받게 되고 반사적으로 균형을 잡기 위해 사람의 신경 입력을 자극하게 된다(McGibbon, Benda & Duncan, 2009). 이는 상행 신경경로를 타고 상위운동신경을 자극하게 되어 사람이 보행 시 골반에서 일어나는 움직임의 형태와 유사하다(Debuse, & Gibb, 2009).

현재까지 다양한 개입이 불안, 우울증, 자폐 스펙트럼 장애, 다발성 경화증, 파킨슨병 및 척수 손상으로 고통 받는 환자의 사회적, 정서적, 신체적 영역을 개선하거나 균형, 근육 대칭, 조정 및 자세를 개선하는데 효과적인 것으로 입증되었다.

말교감치유는 신체적, 정신적 장애를 가진 환자의 신경 기능과 감각 과정을 개선하는 데 사용되어 왔으며, 계획된 물리 치료 프로그램과 통합되어 환자의 회복 시간을 단축했다. 유한 요소 분석을 통해 임상 환경에서 말교감치유를 사용하기 위한 방법론을 표준화하는 순수한 이론적 기초를 보여주었다(Portaro, et al., 2019). 이 연구자들은 적절한 치유 결과를 위한 최적의 환자 맞춤형 말교감치유를 설정하고 환자의 골반 거들에 미치는 영향을 탐색하는 데 필요한 최고의 말 특성을 제안했다(Portaro, et al., 2019). 이러한 근거에서 말이 심리적, 정신적 건강에 긍정적인 영향을 미치는 이유는 다음과 같다.

첫째, 심리학자와 정신 건강 치료사는 말의 이동성이 환자의 순응에 도움이 된다는 사실로부터 이익을 얻는다. 둘째, 손질 활동은 치유 목표를 달성하는 데 사용될 수 있다. 작업 치료로서의 말교감치유는 여러 시스템(예: 감각, 전정, 고유감각, 촉각, 시각 및 청각)이 동시에 표적화된다. 작업 치료로서의 말교감치유는 여러 시스템이 동시에 대상이 되기 때문에 운동 제어, 조정, 균형, 주의, 감각 과정 및 일상 활동의 수행 능력을 향상시키기 위한 의도로 말의 움직임을 사용하는 것과 관련이 있다. 언어 치료로서 말교감치유는 언어, 인지 및 저작기능을 향상시킬 수 있기 때문에 전통적인 치료와 연관될 수 있다. 또한 많은 연구와 다양한 질병에서 말교감치유 후 대운동 기술과 기능적 활동의 개선이 보고 되고 있다.

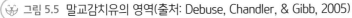
그림 5.5 말교감치유의 영역(출처: Debuse, Chandler, & Gibb, 2005)

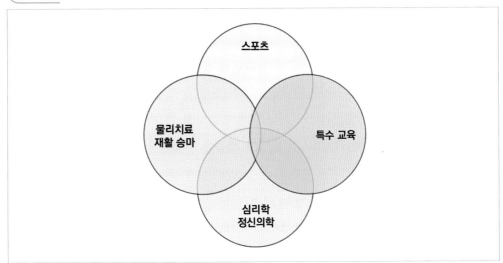

말교감치유는 말과 함께하는 활동을 통해서 사람들에게 부족한 신체적, 정신적, 사회적, 인지적인 기능 향상을 목적으로 의도적이고 계획적으로 행해지는 행위라 할 수 있다. 큰 동물인 말은 동시에 많은 사람들에게 무섭기도 하고 매력적이기도 하다. 말은 무리를 이루는 동물이고, 먹이를 주는 동물이므로 자신의 환경과 그 안에 있는 다른 생물의 의도를 매우 잘 알고 있다(Wilson, Buultjens, & Karimi, 2017).

말은 '투쟁과 도피' 본능이 잘 발달되어 있기 때문에 인간이 무의식적으로 투사하는 신체 언어와 감정에 매우 민감하다(Lentini, & Knox, 2009; Latella, & Abrams, 2019). 말이 건강하고 스트레스를 받지 않을 때 신중한 호기심(Cautious Curiosity)으로 인간에게 다가가는 것은 낯선 어른이 "너무 빨리 다가와서" 아이가 겁을 먹고 겁먹게 하는 익숙한 상황과는 다르다(Wedi, 1989). 따라서 말은 다른 인간 및 다른 종과 친해질 때 필요한 공간을 존중하는 데 인간보다 나을 수 있다(Wedi, 1989).

인간의 감정 신호에 대한 말의 반응을 둘러싼 논의가 증가했다. 말은 감정적인 존재임을 보여주었고, 말이 인간의 감정을 인식하고 반응하는 능력에 대한 명확한 증거가 있다(Wathan, et al., 2016; Baba, Kawai, & Takimoto-Inose, 2019; Proops, et al., 2018). 말은 긴장한 사람에게서 멀어지는데, 그 이유는 그 상황이 말을 불안하게 만들기 때문이지만, 종종 침착한 사람에게는 다가온다(Keeling, Jonare, & Lanneborn, 2009). 말은 사람의 신체 언어(Latella, & Abrams, 2019; Ladewig, 2007)에 반응하는 경향이 있으며, 연구자에 따르면 말은 긍정적인 인간의 얼굴 표정과 부정적인 얼굴 표정의 차이를 인식할 수 있는 능력을 가지고 있다(Smith, et al., 2016). 또한 말이 인간의 감정적 신호에 민감하고 인간의 부정적이거나 긍정적인 감정 메시지의 암시적인 의미에 따라 행동을 수정한다는 것을 보여주었다(Baba, Kawai, & Masahito, 2019). 이러한 결과는 말이 사람의 감정을 반영하고 적절하게 반응할 수 있다는 것이다(Proops, et al., 2018; Wathan, et al., 2016). 이것은 말과 마주했을 때 자신의 감정 상태를 인식하지 못하는 사람들에게 도움이 될 수 있다. 따라서 말은 거울 역할을 함으로써 사람들이 자신의 감정과 행동을 식별하도록 돕는다(Ladewig, 2007; Karol, 2007; Notgrass, & Pettinelli, 2015; Vidrine, Owen-Smith, & Faulkner, 2002).

 ## 4. 말교감치유 효과

말교감치유는 재활의 목적으로서 단기간의 재활뿐만 아니라 장기적인 재활에 효과적이고, 장애 학생의 삶의 질을 향상시키고 고통을 줄일 수 있는 치유 수단 및 운동으로 유용하게 이용되고 있다(Kang, Yoo, & Lee, 2007). 또한 말교감치유는 기승 시 반복적이고 리드미컬한 움직임으로 인해 장애 학생의 혈액순환 개선, 근육의 이완, 균형감, 반사작용, 심폐기능, 촉각, 올바른 자세, 평형성, 민첩성, 근력, 눈과 손의 협응 등의 향상을 가져온다고 보고되고 있다(Kim, Lee, & Lee, 2012; McGee, & Reese, 2009). 특히 말은 순종적인 동물로써 무리 생활을 하는 등의 특성을 가지고 있어 장애학생과의 상호 작용 촉진을 통한 긍정적인 관계형성을 나타낼 수 있다. 이를 통해 정서적, 인지적, 사회적, 심리적 기능의 향상을 도모할 수 있다(Liptak, 2005).

말은 심리치료에 이용될 수 있는 중요한 두 가지 장점을 가지고 있다(홍주연, 윤지현, 2009).

첫째, 동물교감치유에 이용되는 대부분의 동물은 육식동물이지만 말은 초식동물이다. 초식동물인 말이 자신을 보호할 수 있는 유일한 수단은 주변 환경에 매우 민감하다는 것이다. 이러한 민감성은 내담자가 자신의 감정을 숨기려 하더라도 말은 느낌과 내담자의 긴장 상태 등으로 내담자의 내적 상태를 파악할 수 있다. 이러한 말의 민감성은 치유사가 내담자를 파악할 수 있는 단서를 제공할 뿐만 아니라 내담자가 자신에 대한 통찰을 할 수 있도록 도와준다(Roberts, Bradberry, & Williams, 2004). 둘째, 말의 큰 크기로 사람을 태울 수 있다는 점이다. 이것은 내담자가 힘이 있는 위치에서 세상을 경험할 수 있도록 하고 보다 더 커질 수 있다는 잠재력을 가지고 있는 것이다. 내담자는 이러한 말의 장점으로 내적인 강등이나 외적인 제한을 극복할 수 있는 능력을 가지게 되고, 다른 시각에서 세상을 바라볼 수 있게 된다.

말은 수많은 치료 효과를 가지고 있다. 첫째, 특히 근육 패턴이 손상되었거나 길항근의 작용이 지연된 사람들(뇌혈관 질환이나 다발성 경화증과 같은 근긴장도 조절이 부족한 사람들)에게서 균형 개선 및 교정 반응을 통해 자세 조절을 개선하는 것이다(Lopez, 2011; Matsuzaki, et al., 2004). 둘째, 말을 타면 사람이 걸을 때와 유사한 움직임을 경험할 수 있어 기능적 형태가 될 때까지 보행을 자동화할 수 있기 때문에 사람의 보행을 증가시키는 것이다(Wingate, 1982). 셋째, 말교감치유가 주동근과 길항근의 동시수축 자극을 통해 제공하는 근긴장도를 표준화하고 승마 과정에서 상반신경분포를 개선하는 것이다(Slim, et al., 2007). 마지막으로 말교감치유는 사회적 측면에서 이점을 제공하는 것 외에도 다양한 감정, 상호 작용 및 인지 과정을 포함한다(Gomez, 2006).

5. 당나귀교감치유

미국의 네르하 당나귀 보호소(Nerja Donkey Sanctuary, 2011)는 "당나귀 치유"로 말교감치유의 효과를 얻고 있다. 당나귀는 본성이 온순하고 다정하여 사람들이 접근하기가 용이하고 안정적이어서 아동을 포함한 모든 연령의 사람들에게 적용하기가 유리하다. 말과의 포유동물로 말과 유사하나 비교적 몸집이 작은 동물이며, 말과는 달리 질주 본능이 없다. 말교감치유에서는 일반승마운동에서 적용하는 구보와 속보가 아닌 평보를 주로 치유 활동으로 이용하

그림 5.6 당나귀 보호소

BENEFITS TO DONKEYS AND HUMANS

출처: https://www.thedonkeysanctuary.org.uk

는데, 말의 평보 4절도(네 개의 다리가 다르게 움직임)와 동일하게 당나귀도 평보 4절도를 사용한다는 점과 해부학적 골격구조가 거의 일치하는 것을 감안했을 때, 당나귀를 이용한 말교감치유는 말을 이용한 활동에서와 동일한 치유 효과를 기대할 수 있다. 당나귀는 보행 시 걸음걸이가 안정적으로 말보다 잘 넘어지지도 않을 뿐만 아니라 헛발질도 적고, 기승자가 기승할 때 거부를 하지 않아 말보다 더욱 안전하다. 또한 당나귀의 보폭은 사람의 보폭과 비슷하여 사람의 속도에 맞춘 장시간의 보행에서 오는 스트레스가 말보다 적으며, 따라서 고개를 옆으로 많이 돌리거나 호흡이 거칠어지는 등으로 인한 안전사고 발생 위험이 적다. 말은 반드시 전문 교육을 받은 숙련된 교관이 끌어야 하는 반면 교육된 당나귀는 간단한 기초 교육만으로도 끌고 다닐 수 있다. 이는 의사소통에 어려움이 있는 환자들과 가장 가까운 부모 혹은 가족들의 참여를 용이하게 하고, 말을 이용한 말교감치유의 보편화를 막는 큰 걸림돌인 환자 1인당 4명의 진행요원이 필요하다는 인력 문제를 해결해 준다.

당나귀 치유는 하이델베르크 송환 병원(Heidelberg Repatriation Hospital)에서 ANZAC 프로그램을 통하여 최초로 소개되었으며 우울증, 자폐, 불안, 뇌졸중, 치매, 기타 신체적 또는 정신적 장애 등에 적용할 수 있다고 밝혀졌다(Nerja Donkey Sancturay, 2011). 또한 당나귀 치유를 통해 긴장된 근육을 이완시키고, 균형 감각을 개선시키며, 심장혈관조직을 자극하고 호흡에 도움을 줄 수 있다. 뿐만 아니라 근육 강화 훈련과 손-눈의 협응 강화, 신체 인지 감각 습득 등의 효과를 얻을 수 있다(Nerja Donkey Sanctuary, 2011). 아동의 당나귀 접근에 초점을 맞춘 연구 결과는 동물과 의사소통을 하는 동안 아동들이 구두적인 언어보다는 신체적인 표현에 더욱 의지한다는 것을 보였다(Rose, Cannas, & Cantiello, 2012).

사회적 의사소통장애를 가진 3명의 아동을 대상으로 한국형 당나귀 치료 프로그램을 실시하였고, 사전-사후 평가를 통해 그 결과를 확인하였다(안성봉, 홍주은, 김화수, 2013). 그 결과 프로그램에 참여한 사회적 의사소통장애를 지닌 3명의 아동 모두가 표현 어휘력과 수용 어휘력이 향상되었다. 이와 더불어 대상자들의 사회성이 향상되었다. 또한 당나귀를 활용한 승마치료 프로그램을 통해 말을 활용한 승마치료에서와 일치되는 긍정적인 효과를 확인할 수 있음이 증명되었고, 기존의 말을 활용하는 승마치료의 약점을 보완시킬 수 있다는 것을 확인하였다.

당나귀는 조용한 성격과 같은 많은 행동 특성을 가지고 있어 이러한 개입에 적합하다(Portaro, et al., 2020). 따라서 치유 목표는 장애 환자 재활의 심리적, 인지적, 정신적 측면으로 한정된다. 이러한 종류의 치유에서 당나귀 관리자는 환자와 당나귀 사이의 새로운 관계를 깨달을 수 있다. 또한 당나귀의 물리적 특징, 즉 긴 귀와 작은 신체 크기를 가진 네오테닉(Neotenic, 유아기의 특징이 성년까지 남아있는 현상을 말함) 요소는 특정 치유적 개입을 지원할 수 있다.

당나귀는 말보다 작지만 개나 고양이보다 크다. 따라서 어떤 경우에는 인간을 더 보호하는 것처럼 보인다. 이러한 접근은 환자와 당나귀 사이에 깊은 상호 작용을 유도하여 당나귀가 숨을 쉬고 체온을 공유하여 긴장을 풀어주는데, 이는 말과도 얻을 수 있는 측면이다. 이러한 종류의 상호 작용은 환자가 부모에 의해 편안하고 아늑한 부모 돌봄의 개념과 관련이 있기 때문에 "완전한 돌봄(Total Grooming)"으로 정의되었다. 오늘날 모든 당나귀 관리자가 환자를 당나귀에 타게 하는 것이 아니라 환자와 땅 위의 당나귀 사이의 물리적 상호 작용에 중점을 둔다. 동물행동학자인 마크 베코프(Marc Bekoff)는 동물을 쓰다듬는 것은 사회적 상호 작용을 강화할 수 있고 손질을 하는 것은 동물 간의 일종의 언어와 비슷할 수 있으므로 상호 신뢰 구축의 가능성에 생명을 불어넣을 수 있다고 말했다. 당나귀는 온순한 성격과 행동 덕분에 인간과의 접촉을 추구하기 때문에 "사회적 동물"로 간주될 수 있다. 당나귀는 일반적으로 인간의 개인적인 공간을 존중하므로 접촉 가능성에 대한 인간의 두려움에 반응한다. 실제로 이 특별한 측면은 일차적 접근으로써 동물에 대한 두려움이 있는 모든 경우에 유용할 수 있다. 이러한 요소에 주의를 기울임으로써 당나귀가 정신질환 및 인지행동장애를 치료하는 데 더 적합할 수 있다는 가설을 유지할 수 있다.

그러나 말과 당나귀는 각각 특정한 특성을 가지고 있으며, 치유사가 동물의 행동을 조절할 수 있을지라도 동물과 환자의 관계는 주로 주관적이다. 따라서 말과 당나귀가 같은 말 종에 속하더라도 치유적 접근 관점에서 실제로는 다르다.

어떤 사람들은 말이 당나귀보다 더 본능적이라고 생각할 수도 있지만 동물의 훈련, 기질 및 나이가 여기에 중요한 영향을 미친다. 사실 이러한 동물들의 자연적 특성만을 고려할 수 없으며, 의무적 측면인 전문 직원에 의해 수행되는 교육 및 훈련을 고려할 때 다양한 임상 환경에서 이들을 맥락화해야 한다. 결론적으로 적절하고 잘 훈련된 말의 도움을 받는 숙련된 치유사가 지시할 때 말교감치유가 여러 신체적 또는 정신적 장애를 앓고 있는 대규모 환자 그룹에서 효과가 확인된 실행 가능한 치유 방법이라고 가정한다.

5.4 고양이교감치유(Feline-assisted therapy)

고양이교감치유(Cat-assisted therapy, Feline-assisted therapy, Felinotherapy)는 펠리노테라피(Felinotherapy)라고도 부르는데, 고양이를 의미하는 라틴어 Felis와 보살핌 또는 치유를 의미하는 그리스어 Therapeia 두 단어의 조합이다.

고양이교감치유는 고양이와 관련된 접촉 치유이다. 고양이의 일부 품종은 고양이교감치유에서 바람직할 수 있는 타고난 특성을 가지고 있다. 여기에는 랙돌(Ragdolls), 메인쿤(Maine Coons), 아비시니안(Abyssinians), 페르시안(Persians), 스코티쉬폴드(Scottish Folds), 아메리칸 숏헤어(American Shorthairs)가 포함된다. 위의 내용에도 불구하고 특정 품종의 모든 고양이가 고양이교감치유에 참여할 수 있는 것은 아니다.

🐾 그림 5.7 고양이교감치유

고양이는 고양이교감치유에 참여하기 위해 특정 요건을 충족해야 한다. 모든 고양이는 개별적인 기질과 성격을 가지고 있으며, 같은 품종이라도 크게 다를 수 있다. 혈통이 없는 고양이도 올바른 기질과 행동을 하고, 건강하며, 어릴 때부터 인간과 사회화되어 있는 경우 치유 목적으로 활용될 수 있다.

치유 보조 고양이는 기질이 발달한 1세 이상의 성묘인 것이 바람직하다. 치유 보조 고양이는 예방 접종을 받고 건강해야 한다. 또한 동물의 여러 생식 주기 단계로 인해 발생하는 치유 중단을 제거하기 위해 중성화해야 한다. 치유 보조 고양이는 목줄이 있는 하네스를 착용하고 걸을 수 있도록 훈련받아야 한다. 예비 고양이 치유사는 또한 털이 자라는 방향으로 빗질하는 것을 포함하여 손질에 대해 긍정적인 태도를 가져야 한다. 고양이는 사람과 사회화가 되어 있어야 한다. 그들은 내담자를 맞이하고, 목줄을 하고 걷고, 수의사와 다른 장소에 차를 타고 가는 것에 익숙해져야 한다. 목줄을 매고 걷는 훈련을 받은 동물들은 치유 중에 문제를 일으키지 않는다. 잘 훈련된 고양이는 보호자와 다른 사람들에게 훌륭한 치유 보조 동물이 될 수 있다(Bekasiewicz, 2008).

고양이교감치유는 다양한 환경에서 사용될 수 있고, 인기가 높아지고 있다. 고양이 교감치유는 특히 말 등 큰 동물과 교류가 어렵거나 개를 무서워하는 환자에게 권장된다(Tomaszewska, Bomert, & Wilkiewicz-Wawro, 2017). 고양이는 오랜 시간 동안 무릎 위에 앉아서 활동을 요구하지도 않으면서 친구가 되어주고(Chandler, 2006), 작고 덜 위협적으로 보여 대부분의 사람들이 두려워하지 않는 특성을 가지고 있어서 해외의 많은 사람들이 치유 보조 동물로 고양이가 선호되고 있다(Wells, Rosen, & Walshaw, 1997). 뿐만 아니라 고양이를 쓰다듬으면 그르릉 소리를 내는 감촉에 의해 뇌하수체 후엽에서 옥시토신을 분비하게 되는데 이는 불안하고 불행한 느낌을 줄여 내담자가 치유와 회복의 안도감을 느낄 수 있게 된다고 밝혀졌다(가바키, 2016).

고양이는 문헌에 의하면 수많은 인수공통전염병을 가지고 있다(Brodie, Biley, & Shewring, 2002). 과거로부터 현재에 이르기까지 상당수의 고양이들이 감염되었음에도 불구하고 인간에게 위험은 그렇게 크지 않다. 위험을 줄이기 위해서는 손씻기를 통한 위생관리와 가장 중요한 것은 자주 배변통을 교체하고 정기적으로 수의사를 방문하는 것이다. 고양이의 식단을 조절하는 것은 자연에서 숙주로 전달되는 사슬을 끊는 데 도움이 된다. 불행하게도 고양이의 행동은 예측할 수 없고, 고양이는 아동들에게 심각한 부상을 입힐 수 있다. 고양이도 환경변화를 용납하지 않고 털은 알레르기 유발원(Allergen)이다. 인간-고양이의 상호 작용은 때때로 상충된다(Da Silva Garcia Dinis, & Martins, 2016).

동물교감치유를 위한 미국 비영리 단체인 펫 파트너스(Pet Partners)는 고양이의 긍정적인 영향을 받는 삶과 건강 영역을 조사한 연구 결과를 발표했다. 동물을 좋아하지 않는 사람들도 고양이가 노는 모습을 보면 꺼림칙함을 이겨내고 고양이들과 교감하기 시작한다. 주거 요양 시설에서 고양이교감치유는 환자와 직원 간의 관계뿐만 아니라 환자 간의 관계를 개선한다.

치유 보조 고양이는 환자의 인지 능력을 향상시키고, 긍정적인 감정을 불러일으킨다. 동물의 관심을 끌기 위해 특별한 기술이나 능력이 필요하지 않기 때문에 환자의 자존감도 향상된다. 고양이는 인간과 시각적 또는 촉각적 접촉을 확립함으로써 스트레스, 긴장, 고립감 및 외로움을 줄인다. 고양이는 인간에게 자발적인 반응을 불러일으키며, 사람들 사이의 긍정적인 관계를 촉진할 수 있다. 고양이와의 상호 작용은 혈압을 낮추고 심실 빈맥을 완화하며, 심장 마비, 심장 박동기 수술 및 심장 이식 수술 후 기대 수명을 증가시킨다. 고양이교감치유는 또한 말기 암 환자의 기대 수명을 증가시키고, 자폐 아동의 감각 능력을 향상시키며, 주의력 지속 시간을 늘리고, 아픈 아동과 알츠하이머병으로 고통받는 사람들의 어휘를 향상시킨다(Bekasiewicz, 2008).

고양이의 존재, 그르렁거리는 소리, 부드럽고 따뜻한 털은 주인에게 심리적, 육체적 이점을 모두 제공한다. 고양이와 자주 교감하는 아이들은 성인이 되면 천식과 알레르기가 덜 생긴다(De Meer, et al., 2004). 고양이를 쓰다듬는 것은 고양이 털에서 음이온이 생성되어 사람에게 매우 유익하기 때문에 심혈관 질환과 천식의 위험을 낮춘다. 음이온은 안정감과 이완감을 가져오며, 환자의 복지를 증진시키고 회복을 가속화한다.

고양이는 스트레스를 해소하고, 고양이와 노는 짧은 순간에도 진정 효과가 있다. 우울증(불안, 공포), 관절염, 알츠하이머병, 에이즈, ADHD, 당뇨병, 다발성 경화증, 심혈관 질환, 근이영양증, 치매, 시력 및 청력 손실, 정신 질환, 골다공증 및 자폐증을 포함한 수많은 질병이 고양이교감치유로 효과적으로 치유된다(Bekasiewicz, 2008; Franczyk, Krajewska, & Skorupa, 2007; Meadows, & Flint, 2001).

고양이교감치유를 받는 환자들은 신체 운동으로 고양이를 쓰다듬고, 털을 빗고, 고양이 등 스트레칭을 하고, 고양이의 움직임을 모방하도록 권장된다. 이러한 활동은 자폐증, 관절염, 근육위축증을 앓고 있는 사람들에게 매우 치료적으로 효과적이다. 고양이는 환자들이 불치병을 받아들이거나 심각한 병을 앓고 난 후 회복할 수 있도록 돕는다. 고양이 주인들은 감기, 기침, 불면증, 두통, 허리 통증에 덜 취약하며, 더 적은 약을 필요로 한다 (Bekasiewicz, 2008; Skorek, 2005).

자폐증 환자들은 치료사들과 상호 작용하는 것을 어려워하는데, 이것이 고양이가 종종 치유 활동에 관여하는 이유이다. 개는 시끄럽고 직접적이며, 자폐증 환자에게 인정받지 못하지만 부드럽고 온순하고 고요한 고양이는 환자에게 긴장을 풀어주고, 심지어 동물과의 유대감을 형성하도록 격려할 수 있는 이상적인 치료사이다(Chmiel, Kubińska, & Derewiecki, 2014).

고양이교감치유는 요양원, 교도소, 병원, 호스피스, 학교 및 유치원(주로 인도주의 교육용)에서 운영될 수 있다. 요양원에서 고양이는 거주자나 방문객과 가장 많이 접하게 된다. 거주하는 고양이는 요양원 내 모든 환자와 장소에 무제한으로 접근할 수 있어 의사소통이 개선되고 환자에게 자극적인 효과가 있다. 치유 보조 고양이와 보호자가 함께 예정된 치유 회기에 방문한다. 요양원은 알츠하이머병, 파킨슨병, 류마티스병, 다발성 경화증을 앓고 있는 환자들을 돌본다(Bekasiewicz, 2008).

파킨슨병은 노인들에게서 주로 진단되지만, 30~40세의 사람들에게도 영향을 미칠 수 있다. 그것은 장애로 이어질 수 있는 난치병이다. 첫 번째 관찰 가능한 증상은 스트레스에 대한 반응으로 나타나는 근육 떨림이다. 다른 증상으로는 느리고 어색한 움직임, 다리와 몸통의 근육에 영향을 미치는 경직성, 음성 장애 또는 손실, 조정 및 균형 장애 등이 있다. 질병의 진행단계는 얼굴 표정 상실로 이어지고, 환자들은 때때로 감정적으로 위축된다는 비난을 받는다. 환자는 침을 과다하게 흘릴 수 있으며, 근육 떨림이 심해진다. 이는 움직임을 현저하게 저해하고 식은땀을 흘리게 한다.

파킨슨병에 걸린 사람들은 종종 우울증에 걸리고, 사회적 접촉을 피하고, 소외감을 느끼거나 심지어 거부감을 느끼며, 일상으로 돌아갈 수 없게 된다. 고양이 교감치유는 동물을 쓰다듬고 손질하는 것을 포함하며, 이러한 활동들은 환자들이 손떨림을 조절하는 데 도움을 준다. 환자들은 고양이에게 종이 공을 만들고 던지도록 권장된다. 고양이를 양로원에 데려온 보호자는 거주민들과 어울린다. 환자들은 고양이와 함께 언어장애 교정연습을 한다.

방문과 활동은 정기적으로 이루어져야 하며, 환자들은 예를 들어 치유 보조 고양이와 놀면서 영감을 받고 협력해야 한다(Bekasiewicz, 2008). 류머티즘은 관절의 통증, 이동성 제한, 충혈, 붓기를 유발한다. 고양이 교감치유는 파킨슨병에서와 마찬가지로 류머티즘에서도 비슷한 역할을 한다. 그러나 류머티즘에서의 치료는 주로 약물에 기초한다. 환자들은 고양이와 직접 접촉함으로써 이익을 얻을 수 있다. 고양이를 쓰다듬거나 빗질을 하는 것과 같은 활동은 신체 움직임과 관절 이동성을 촉진할 수 있다(Bekasiewicz, 2008).

요양원의 많은 거주자들은 알츠하이머 병으로 고생하고 있으며, 지속적인 관리와 감독을 필요로 한다. 환자에게 정서적 안정감과 자존감에 기여할 수 있는 돌봄 환경이 제공되어야 한다. 알츠하이머병은 뇌에 단백질 조각이 비정상적으로 축적되어 뇌 활동과 인지기능이 손상되어 기억상실과 잦은 기분 변화로 이어진다. 장기 요양시설에서 28명의 노인 환자들에게 주 3회 고양이교감치유를 실시했다(Stasi, et al., 2004). 중재 집단에서 우울 증상과 수축기 혈압의 유의적인 감소가 측정되었다.

많은 환자들이 언어장애를 경험한다(Förstl, & Kurz, 1999). 일반적으로 환자들은 안정적이고 친근한 환경에서 성장한다. 요양원에 거주하는 고양이는 안정감을 느끼게 하고, 고양이의 화장실을 청소하거나 고양이에게 먹이를 주고 빗질을 하는 등의 일상적인 일과에 환자를 참여시킨다.

고양이의 역할은 불안과 행동장애를 줄이는 것이다. 치유 회기는 환자가 동물에 집중할 수 있는 한 지속되어야 한다. 과거에 반려동물을 기르던 상주민들에게는 고양이교감치유가 방문하는 자원봉사자나 고양이 보호자와 나눌 수 있는 추억을 되살릴 수 있을 것이다(Bekasiewicz, 2008).

다발성 경화증은 20~40세의 사람들에게 영향을 미친다. 이 질병은 신경 세포와 섬유질을 손상시키는 뇌와 척수의 염증에 의해 발생한다. 증상으로는 만성 피로, 협응 및 균형 장애, 근육 긴장, 사지 마비, 비자발적 안구 운동, 사지 떨림과 강직, 복시, 언어 장애, 악력 상실이 포함된다. 고양이 교감치유 동안 환자들은 그들이 만든 묶은 장난감, 깃털 티저, 종이 공을 사용하여 고양이와 함께 논다. 고급 활동에는 앉거나 누운 자세에서 장난감을 던지고 먹이를 주는 것이 포함된다(Bekasiewicz, 2008). 고양이가 있는 병동에서 치료를 받는 정신과 입원환자가 고양이가 없는 병동에 입원한 환자보다 만족도가 더 높다(Templin, et al., 2018).

입원 환자와 직원의 긍정적인 태도는 고양이가 정신과 진료에서 환자 만족도를 향상시킨다(Wagner, Lang, & Hediger, 2019). 그러나 병원 고양이의 효과와 영향에 대해서는 실험군과 대조군의 인식이 달랐다. 상관 분석에 따르면, 환자 만족도에 대한 병원 고양이의 영향은 환자가 고양이를 보는 빈도, 고양이와의 관계가 얼마나 가까운지, 환자가 고양이를 좋아하는지 여부에 따라 달라질 수 있다.

교도소에서는 두 가지 유형의 고양이교감치유가 시행된다. 첫 번째는 수감자들이 고양이와 개를 돌보는 동물 보호소에서 지역사회 활동을 하는 것이다. 두 번째는 죄수들이 고양이를 기른다. 이 접근 방법은 책임을 통한 재사회화 개념에 의존하며, 수감자들은 24시간 고양이에게 보살핌, 손질, 수의사의 접근을 제공해야 한다. 수감자들은 약한 생명체에 대해 책임을 지는 법을 배우고, 수감자들과의 의사소통을 개선한다(Bekasiewicz, 2008; Terechowicz-Orach, 2014).

환자들은 단순한 손질 활동을 하는데, 이것은 그들이 무관심해지는 것을 방지하고 질병과 싸우도록 동기를 부여한다. 방문자는 대화와 무엇보다도 환자의 말을 경청함으로써 심리적 지원을 제공한다. 고양이와 보호자, 그리고 환자는 지원 그룹의 일부로 유대감을 형성한다. 고양이교감치유를 받는 말기 환자들은 질병을 받아들이고 중요한 일을 처리하는 것이 더 쉽다는 것을 알게 된다(Bekasiewicz, 2008).

한 연구에 따르면, 암 환자를 위한 고양이교감치유는 치료에 긍정적인 영향을 미치고, 환자의 이동성을 높이고, 환자를 이완시키고, 건강과 전반적인 안녕을 개선하도록 동기를 부여한다(Sawaryn, 2013). 병원이나 호스피스를 방문하기 전에 고양이를 철저히 빗질해야 하며, 털이 길고 반쯤 긴 품종은 가루를 바르지 말아야 한다. 고양이와 함께 가져온 담요는 저자극성 세제로 세탁해야 한다. 환자가 고양이를 침대에 눕히는 데 동의하면 보호자가 가져온 담요 위에 고양이를 올려놓아야 한다. 화학요법 환자에게는 일회용 침대 패드를 사용해야 한다 (Bekasiewicz, 2008).

고양이교감치유를 하는 동안 학생들과 유치원 아동은 동물을 모방하고 개인적으로 또는 집단으로 다양한 활동을 한다. 동물교감치유는 아이들에게 중요한 삶의 기술을 제공하고, 두려움을 극복하도록 도와주며, 동기를 부여하고 자아의식을 형성한다. 치유사들은 고양이 세계의 다양성(들고양이 vs 집고양이)에 대해 토론하고, 동물의 크기를 설명하고, 아동과 고양이의 적극적인 상호 작용을 촉진하며, 아동들이 동물에 대한 두려움을 극복하도록 돕는다.

치유 회기에는 치유 보조 고양이 그림이 그려진 퍼즐을 조립하거나 야생고양이와 집고양이를 대표하는 집단으로 분류하거나 털의 종류와 길이가 다른 고양이를 비교한다. 다른 활동들은 고양이의 털을 만지고, 쓰다듬고 빗어주고, 고양이 몸의 여러 부분에 이름을 붙이고, 고양이와 함께 걷고, 고양이가 만들어내는 움직임과 소리를 따라 하고, 먹이를 주고, 고양이와 함께 휴식을 취하는 것을 포함한다(Meadows, & Flint, 2001). 고양이 교감치유는 스트레스와 걱정을 줄이고, 아동들 사이의 의사소통을 증진시키며, 학습을 강화한다. 아동들은 고양이를 만지고 놀 수 있다는 것에 큰 기쁨을 느낀다.

5.5 농장동물교감치유

그린 케어(Green Care)는 사회 및 치유 원예, 동물교감치유, 치유 농업(Care Farming), 자연환경에서의 운동, 생태 치유, 야생 치유와 같은 많은 복잡한 개입을 포괄하는 용어이다. 그린 케어의 산하에 많은 다양성이 있지만, 이 용어는 자연 노출과 인간의 건강 사이의 긍정적인 관계에 기초한다(Sempik, Hine, & Wilcox, 2010).

치유 농업(사회적 농업 또는 녹색 치유 농업이라고도 함)은 정상적인 농장 활동을 통해 인간의 정신적, 육체적 건강, 사회적 통합 및 교육 혜택을 증진하기 위한 기반으로 상업용 농장과 농업 경관을 사용하는 것이다(Sempik, 2008; Haubenhofer, et al., 2010). 대부분의 농장은 일반 가족 기반 상업 농장이지만 의료 기관과 연결된 농장 및 치유 공동체의 일부인 농장도 치유 농업 내에 존재한다.

치유 농장은 농장의 생산 또는 치유의 정도와 대상자 집단의 차이로 인해 많은 다양성이 있다. 여기에는 정신과 진단을 받은 사람, 학습 장애가 있는 사람, 약물 이력이 있는 사람, 불만이 있는 청소년 또는 노인, 업무 관련 스트레스나 비만으로 인한 건강 악화로 고통받는 사람이 포함될 수 있다.

많은 치유 농장은 농장 가축과의 접촉을 제공하는 반면에 다른 농장은 특정 동물교감치유를 제공한다. 일반적으로 참가자는 동물에게 먹이를 주고, 동물 및 바닥을 청소하고, 소젖 짜기와 같은 일상적인 작업에 참여하지만 원하는 만큼 동물을 쓰다듬고 상호 작용할 수 있다. 여러 효과와 메커니즘은 치유사와 농부들에게 개입이 어떻게 잠재적으로 작용하는지를 이해하기 위해 가치 있게 사용될 것이며, 따라서 최상의 실행 절차와 프로그램이 그린 케어나 농장 동물 지원 개입에서 구현될 수 있다.

그림 5.8 **농장동물교감치유**

동물교감치유는 지역 복지 서비스 제공자, 수의사, 동물 행동학자 및 동물 관리 제공자를 포함해야 할 수도 있다. 농장 동물과 함께 일하는 것은 운동과 신체 상태를 자극하여 인간의 신체적/생리적 건강에 긍정적인 영향을 미칠 수 있으며, 그 결과 스트레스가 감소하고 정신적 안녕이 향상된다. 따라서 건강 진행 상황을 문서화하는 도구에는 신체 상태의 측정이 포함되어야 한다.

농장 동물이 많은 참가자에게 중요하고, 다음과 같은 잠재적인 이점을 제공한다(Hassink, et al., 2017).

- 의미 있는 일과를 제공할 수 있다.
- 가치 있는 관계를 생성한다.
- 사람들이 작업을 습득하도록 돕는다.
- 상호주의를 위한 기회를 제공한다.
- 문제로부터 사람들의 주의를 분산시킬 수 있다.
- 휴식을 제공한다.
- 맞춤형 치유를 용이하게 한다.
- 다른 사람들과의 관계를 촉진한다.
- 건강한 행동을 자극한다.
- 환영하는 환경에 기여한다.
- 생활의 기본 요소를 경험할 수 있도록 한다.
- 반성과 성찰의 기회를 제공한다.

이것은 치유 농업에서 동물과 상호 작용하는 다방면의 중요성을 보여준다. 동물과 함께하는 활동 유형과 참가자 유형에 따라 그 가치는 다양하다. 농장 동물은 다양한 유형의 참가자의 치유 요구를 해결할 수 있는 치유 농업 환경의 중요한 요소이다. 다양한 내담자 집단을 위한 치유 농업에서 농장 동물의 역할과 효과는 추가 연구가 필요한 비교적 새로운 연구 영역이다.

치유 농장은 일반적으로 연구되는 치료적 의료 환경과 다소 다른 환경을 제공하며, 주로 자연 기반 환경에서 활동할 수 있는 유연하고 소규모의 안정적인 사회 공동체를 기반으로 한다. 치유 농장의 동물은 일반적으로 치유 목적이 아니라 생산을 위해 사용된다. 따라서 다른 환경과 비교하여 사람과 동물 간의 다양한 유형의 활동과 상호 작용을 제공하는 환경이다. 대부분의 경우 동물들에게 먹이를 주고 마구간을 청소하고 젖을 짜는 것과 같은 생산적인 농장 일에 초점을 맞추고 있다. 그러나 치유 농장에서 이러한 활동을 하는 동안 동물과 상호 작용하는 것은 동물과의 사회적 및 의사소통적 접촉을 촉진할 수도 있다(Berget, et al., 2013; Pedersen, et al., 2012). 일부 사례에서는 치유 농부가 추가 의료 교육을 받는 반면(Ihleback, Ellingsen-Dalskau, & Berget, 2016)에 다른 사례에서는 의료에 대한 훈련이나 배경지식이 없다. 한 가지 동물 종만 관련된 치유 환경과 대조적으로 치유 농장에는 일반적으로 다양한 종의 농장 동물이 있다.

여러 연구에서 다양한 유형의 내담자 집단에게 농장을 매력적으로 만드는 농장 동물의 중요한 역할을 지적했다(Pedersen, Ihleback, & Kirkevold, 2012; Berget, et al., 2007; Granerud, & Eriksson, 2014; Ferwerda-Zonneveld, Oosting, & Kijlstra, 2012; Schreuder, et al., 2014). 이전 연구에 따르면 치유 농업의 참가자는 개인 및 집단 안녕을 달성하는 과정에서 농장 동물의 중요성을 명시적으로 언급했다(Leck, Evans, & Upton, 2014; Gorman, 2017). 치유 농업에는 종종 닭, 돼지, 양, 말, 소를 비롯한 다양한 동물이 있다(Leck, Evans, & Upton, 2014). 농업 생산 및 효율적인 동물 생산에 중점을 둔 치유 농장과 치유 제공에 중점을 둔 치유 농장을 포함하여 다양한 유형의 치유 농장이 있다(Hassink, Hulsink, & Grin, 2012). 동물의 종류와 수는 치유 농장의 유형에 따라 다르다. 많은 경우에 치유 농부들은 참가자들을 위해 특별히 작은 애완동물을 기른다(Leck, Evans, & Upton, 2014).

농장 동물의 역할과 효과에 초점을 맞춘 연구는 거의 없었으며(Pedersen, Ihleback, & Kirkevold, 2012; Berget, et al., 2011; Berget, et al., 2007), 농장 동물의 역할과 다양한 유형의 관리에 대한 가치와 관련하여 농장 동물 종 간의 차이점에 초점을 맞추지 않고 있기 때문에 치유 농장 맥락에서 동물의 중요성을 자세히 살펴볼 필요가 있다(Ellingsen-Dalskau, 2016). 농장 동물이 치유 농장에 있는 다양한 유형의 참가자의 인지된 이점에 초점을 맞추고 있지만 농장과 치료 공간 내에서 동물을 잠재적으로 다루는 입장에 대해서도 비판적으로 생각할 필요가 있다(Gorman, 2017). 치유 농업 시스템에 참여하는 것이 반드시 동물에게 유익한 것은 아닐 수 있다(Gorman, 2017).

치유 농부들은 유용한 작업을 통해 농장 동물과의 상호 작용의 기초가 되어야 한다고 강조한다. 이것은 동물이 치유 과정의 일부인 동물교감치유에서 볼 수 있는 것과는 다른 접근 방식이다(Hauge, et al., 2014). 치유 농장과 치료 환경 간의 다른 주요 차이점은 동물의 소유자이면서 농장 동물 사이의 개입자로서의 농부의 역할, 치유 농장에서의 다양한 동물 및 활동, 농장 프로그램 기간이다. 동물에 대한 치유적 개입이 아닌 실제 작업이 기본이기는 하지만, 이러한 생산적인 환경에서 농장 동물과의 상호 작용이 다양한 유형의 참가자에게 다양한 이점을 제공한다.

참가자들은 동물과 함께 다양한 활동을 수행할 수 있다. 일반적으로 그들은 생산적인 활동과 더 많은 여가 활동에 참여한다. 행동 문제가 있는 청소년의 경우 주로 생산적인 작업에 중점을 둔다. 정신 질환이 있는 사람들의 경우 참가자들은 농장 동물뿐만 아니라 고양이와 개와 같은 반려동물에게도 잘 반응한다. 활동의 유연성이 중요하다. 행동 문제가 있는 청소년과 정신 질환이 있는 참가자의 경우에 실제 작업으로 여겨진다. 치매 환자에게 동물은 활동을 유지하고 야외에서 시간을 보낼 수 있는 자극을 제공한다. 치매를 앓고 있는 일부 참가자에게 유용한 작업으로 여겨지는 반면, 다른 참가자에게는 동물이 즐겁고 환영하는 분위기를 만드는 것이 중요하다. 다른 종의 동물들 사이에서 활동의 차이점이 있다.

또한 참가자들은 농장 동물뿐만 아니라 고양이, 개와 같은 반려동물에도 좋은 반응을 보였다. 이는 참가자가 농장 동물과 진실하고 친밀한 관계를 발전시킬 수 있음을 보여주었다. 사람들이 소나 말과 같은 큰 동물뿐만 아니라 토끼와 같은 작은 동물과도 관계를 형성하는 예를 보여주었다. 응답자들은 또한 친밀한 관계를 발전시키고 집과 같은 분위기를 조성하는 데 있어 고양이와 개의 중요성을 언급했다. 농장 동물과의 접촉이 스트레스를 줄이고, 따뜻함과 친밀감을 제공하고, 참가자를 더 즐겁게 만들고, 어려움을 잊도록 돕고, 도전을 극복하고, 대처 기술을 향상시킬 수 있다(Pedersen, Ihleback, & Kirkevold, 2012; Bachi, Terkel, & Teichman, 2011; Hauge, et al., 2014; Weigel, 2002).

참가자는 동물과의 접촉을 통해 다른 생물과 친밀한 관계를 경험할 수 있다. 어린 동물은 이 점에서 특히 매력적이며, 큰 동물과 함께 작업하는 것은 참가자가 도전적인 작업을 습득하는 데 도움이 되므로 자부심, 자존감 및 자신감을 향상시킬 수 있다.

다양한 정보 출처에서 다양한 유형의 참가자를 위한 농장 동물의 혜택을 12가지 범주로 추출했다. 세 집단의 참가자들의 공통점은 의미 있는 하루를 보내는 것이 중요한 가치로 언급되었다는 것이다. 대부분의 자료는 정신 질환이 있는 사람들과 관련되어 있다. 다른 유형의 참가자에 대한 자료는 여전히 제한적이다. 정신 질환이 있는 참가자의 경우 위에 나열된 모든 범주가 중요한 것으로 보인다. 행동 문제가 있는 아동에게 동물은 책임감, 친밀한 접촉 및 반성의 기회를 자극하는 실제적이고 유용한 작업을 제공하기 때문에 중요하다. 또한, 치매 참가자에 동물은 보기에 좋고 참가자가 활동을 유지하도록 자극하며 실제 작업 경험을 제공하기 때문에 중요하다. 또한 이 연구에서는 주로 정신질환자, 청소년, 치매 환자를 대상으로 하였다. 그러나 자료가 없는 다른 유형의 참가자(예: 학습 장애가 있는 사람, 장기 실업자, 자폐 스펙트럼 장애 아동)도 사육 농장을 방문하였다. 따라서 이러한 유형의 참가자에 대해서는 아직 결론을 내릴 수 없다.

유용한 일을 수행하고 다른 생명을 돌보는 것이 중요하다. 치유 농가는 유용한 일을 제공하고 참가자에게 실제 동료가 되는 경험을 제공하며, 농장 동물과 상호 작용할 수 있는 자유를 주는 것 사이의 균형을 찾아 더 깊은 관계를 발전시키고 정서적 지원을 경험할 수 있도록 해야 한다(Pedersen, Ihleback, & Kirkevold, 2012). 이 균형은 참가자 유형에 따라 다르다. 이 연구를 바탕으로 농가, 참가자 및 치유 전문가는 치유 농업 맥락에서 농장 동물을 활용하고 보다 포괄적인 사회에 기여하기 위해 다양한 고객 집단의 목표를 실현하는 것에 대해 더 많은 정보에 입각하여 결정을 내릴 수 있다. 이전 연구에서는 동물과 상호 작용할 때 얻을 수 있는 특정 이점이 더 적은 것으로 나타났다(Pedersen, Ihleback, & Kirkevold, 2012; Bachi, & Terkel, 2011; Hauge, et al., 2014; Weigel, 2002). 제한된 수의 연구만이 정신 문제가 있는 참가자와 행동 문제가 있는 아동에 대한 연구에서 발견된 바와 같이 동물이 피드백과 성찰의 기회를 제공할 수 있음을 나타낸다(Weigel, 2002). 정신적 문제가 있는 사람들에게 특히 취약한 동물은 이들에게 경험의 거울 역할을 한다. 동물은 치유 과정과 삶의 고통스러운 에피소드를 인식하는 데 도움을 준다. 행동 문제가 있는 아동에게 동물은 행동을 교정하거나 과거의 실수로부터 배우는 거울이 될 수 있다. 행동 문제가 있는 청소년들과의 인터뷰에서 소와 말과 함께 일하고, 소와 말과의 좋은 관계를 형성하는 것이 농부와의 관계가 불편해졌을 때에도 프로그램을 지속하는 데 도움이 되었다는 것을 알게 되었다.

치유 농가들은 특정 참가자가 어떤 동물과 좋은 짝을 이룰지 미리 예측할 수 없다. 다른 종의 동물이 있으면 좋은 짝을 찾을 수 있는 가능성이 높아진다. 치유 농가의 과제는 농장에서 수행해야 하는 작업에 집중할 뿐만 아니라 다양한 유형의 참가자에게 적합한 맥락을 만들고 참가자에게 도움이 될 수 있는 동물 경험을 인식하는 것이다. 치유 농가는 또한 동물을 대하는 방식이 참가자와의 관계에 상당한 영향을 미칠 수 있다는 점을 인식해야 한다. 대부분의 참가자에게 동물을 잘 돌본다는 것은 동물을 존중하고 잘 대하는 것을 의미한다.

동물교감치유가 잘 작동하도록 하려면 여러 고려 사항을 해결해야 한다 (Berget, & Braastad, 2011). 첫째, 프로그램을 구성하기 위해 관련 환자, 동물, 당국 및 조직에 대한 지식을 갖춘 학제 간 자문 위원회를 설립하는 것이 유리할 것이다. 둘째, 권한의 계통, 책임의무, 품질관리 절차를 수립하는 것이 적절할 것이다.

농장 동물은 무거울 수 있으므로 부상의 위험이 있다. 부적절한 취급 시 두려움이나 공황 반응을 피하기 위해 관련된 모든 동물이 인간과 적절하게 사회화되도록 함으로써 부상 위험을 줄일 수 있다. 과잉 행동이나 폭력적인 환자가 관련된 경우 특별한 주의가 필요하다. 참가자들에게 동물을 다루는 방법에 대한 명확한 지침이 주어져야 한다. 큰 동물들과 함께 일하는 것은 참가자들에게 그들만의 대처 능력을 제공한다. 셋째, 동물의 복지에 대한 배려가 필요하다. 농장 동물에 대한 개입은 먹이 요구 사항 및 일과, 마구간 조건, 동물의 운동 필요성 및 가능한 동물 질병에 대한 지식이 필요하다. 참가자들이 해야 할 일을 감독할 숙련된 목축업자나 농부가 필요하다. 이것은 특히 가축이 보건 기관에 반입되는 경우에 중요하다. 넷째, 동물교감치유 프로그램에 반대할 수 있는 위생상의 요구, 동물 질병 문제, 소음 및 기타 환경 영향을 최소화하는 것이 중요하다. 마지막으로, 농장 동물과의 작업은 종종 참가자들의 작업 능력을 회복하는 것을 목표로 하는 일종의 작업 치유로 기능하기 때문에, 특히 참가자가 "좋지 않은 날"을 보낼 때 충분한 시간을 허용하면서 개인의 유연성이 보장되어야 한다.

농장동물 교감치유는 정신적, 신체적 또는 교육적 문제가 있는 사람들의 안녕을 증진하기 위해 농장 동물과 상호 작용하고 돌보는 것을 포함한다. 동물과 상호 작용하고 돌보는 것과 관련된 치유는 성인과 어린이 모두의 우울증과 불안, 자기 효능감 및 기타 건강 관련 측면을 개선하는 것으로 입증되었다(Mallon, 1994; Pedersen, et al., 2012; Pedersen, et a., 2011; Scholl, et al., 2008).

농장에서의 동물교감치유는 내담자 및 치유사와 상호 작용할 때 매우 구체적인 목표를 가지거나 동물을 위해 사용할 수 있다. 활동은 보다 일반적이고 내담자 기반일 수 있다(Haubenhofer, et al., 2010). 말교감치유는 복잡하게 계획될 수 있는 반면에 염소와 관련된 개입은 덜 엄격한 경로를 따를 수 있다(Scholl, et al., 2008). 농장 동물과의 상호 작용이 프로그램 형태로 구현되든 자발적이고 유기적이든 상관없이 이러한 상호 작용의 주요 목표는 특정 치유, 교육, 동기 부여 또는 사회적 요구를 촉진하는 것이다(Haubenhofer, et al., 2010).

거주 시설에서 생활하는 심각한 학업, 행동 또는 정서적 문제가 있는 아동

간의 상호 작용에 중점을 둔 연구가 수행되었다(Mallon, 1994). 아동들이 거주지 근처의 치유 농장을 자발적으로 방문하는 이유와 빈도를 알아보기 위해 설문을 실시하였다. 응답자의 27%는 매일 농장을 방문했고, 71%는 일주일에 한 번 이상 농장을 방문했다. 응답자의 39%는 특별히 동물을 돌보고 싶거나 동물과 시간을 보내기 위해 농장에 가기로 결정했다고 보고했다. 82%는 농장을 방문하면 기분이 좋아지고, 화나거나 슬플 때 농장에 가는 것이 부정적인 감정 상태를 완화시켜 주기 때문에 종종 농장을 선택한다고 말했다. 응답자의 49%는 승마를 가장 좋아하는 활동이라고 표현하였다. 이것은 농장 전체가 부정적인 영향을 완화하는 데 도움이 되었을지라도 말을 타는 것이 이러한 감정적 반응의 주요 원천이었을 수 있음을 나타낸다.

 그림 5.9 Forget Me Not Farm

출처: https://forgetmenotfarm.org/

Forget Me Not Farm은 캘리포니아 산타로사에 위치하고 있으며, 동물과 농업의 상호 작용을 통해 외상과 아동학대 피해자에게 공감과 연민에 대한 수업을 제공한다. 이 프로그램은 훈련된 자원봉사자와 구조화된 일상에 의존하여 아동들이 주변 세계에 대한 연결감과 신뢰를 회복하도록 돕는다. 아동들은 소, 라마, 염소, 돼지, 닭, 당나귀와 상호 작용하고 다른 많은 동물들로부터 배울 수 있는 기회가 주어진다. 살아 있는 것은 돌봐야 하고 그에 대한 보답으로 아동들을 돌볼 것이라는 것을 배우게 된다. 많은 성공 사례와 쉽게 복제할 수 있는 프로그램으로 'The Forget Me Not Farm'은 다른 곳에서도 활용될 수 있다(Rossiter, 2006).

치유 농업이 젊은 층에 대해 미치는 영향을 네 가지 가설로 설명할 수 있다(Downes, et al., 2016).

회복 가설(Restorative Hypothesis)은 자연 환경에 대한 단순한 노출이 스트레스 및 외상과 관련된 피로를 감소시킨다는 개념에 기초하여 가장 일반적으로 제공되는 메커니즘이다(Kuo, 2013). 인간이 자연적으로 다른 생물체에 끌리고 이러한 종류의 접촉으로부터 수동적으로 이익을 얻는다고 한다(Triebenbacher, 1998). 이러한 이점은 스트레스와 정신적 피로 감소, 더 큰 행복감을 포함하여 생리학적인 경우가 많다(van den Berg, et al., 2010). 실험적 자료에서 기분의 개선을 확인했지만(Kendall, & Maujean, 2015; Maujean, et al., 2013), 각각의 문헌에서 일부 지지를 받는 세 가지 다른 잠재적 가설도 존재한다.

사회적 지지 또는 여가 가설(The Social Support or Leisure Hypothesis)은 사람들이 자연과의 교감을 즐기며, 같은 공간을 즐기는 다른 사람들과 긍정적인 사회적 상호 작용을 하게 된다고 보는 것이다(Burgon, 2011). 사회적 인지 가설(The Social Cognition Hypothesis)은 자연과의 상호 작용이 특정 사회적 인지 기술(예: 이해, 공감 및 의사 소통 기술 향상, 자신감 및 자기 효능감 향상)을 부여하여 젊은 층이 인간 세계와 보다 긍정적으로 상호 작용할 수 있도록 한다(Fisher, 2013). 마지막으로 애착 가설(the Attachment Hypothesis)은 자연과 인간 사이에 발달하는 안전하고 긍정적인 유대가 젊은 층의 삶에서 핵심 인물과의 애착 능력을 회복시킨다(Berget, et al., 2008).

동물교감치유가 인간-동물간의 유대를 통해 분열된 애착을 회복할 수 있는 추가적인 기회를 제공한다(Bachi, et al., 2012). 애착 이론은 부정적인 어린 시절의 경험을 치유하는 과정에는 '타인'의 신뢰가 필요하다는 것이다(Bachi, et al., 2012). 신뢰는 회복력에 필수적인 안전한 애착 능력을 촉진한다(Sroufe, 2005). 이 가설을 탐구한 연구는 거의 없지만 일부 자료에서 동물에 노출된 사람들 사이에서 안정적인 애착이 더 가능하다는 것을 시사한다(Balluerka, et al., 2014).

청소년의 말과의 접촉이 애착 유대를 유발할 수 있는지, 그리고 이러한 형태의 애착이 전문적인 돌봄에서 청소년에게 동기를 부여할 가능성이 있는지 여부를 조사하였다(Törmälehto, & Korkiamäki, 2020). 16~17세의 6명의 소녀와 3명의 소년이 농장에서 자유롭게 돌아다니는 말을 관찰하고 상호 작용하는 시간 제한 회기를 기반으로 하였다. 결과는 말의 존재가 사람들과 같은 방식으로 청소년의 애착 발달을 활성화할 수 있음을 시사한다. 인간과 말의 상호 작용에서 애착 유대의 네 가지 기준인 근접 유지(Proximity Maintenance), 안전한 피난처(Safe Haven), 안전 기지(Secure Base), 분리 고통(Separation Distress)이 충족될 수 있다. 이것은 매력적이고 독특하며, 전문 치료를 위해 치료적으로 유리한 환경을 촉진한다. 이는 전문적인 치료나 보살핌이 필요한 청소년을 다룰 때 말의 치유 가능성에 대한 통찰력을 제공한다.

농장 동물과의 상호 작용은 상주시설 거주자 또는 외래 환자 치료 센터에 참여하는 성인에게도 도움이 된다. 농장 동물과 함께 일하는 것이 심각한 정신 장애를 앓고 있으며, 지난 6개월 동안 직장을 옮긴 적이 없는 치료 센터 환자의 일상 생활을 어떻게 개선할 수 있는지 탐구했다(Berget, Ekeberg, & Braastad, 2008). 연구 참가자에는 정신 분열증, 성격 장애 또는 심각한 기분 장애가 있는 개인이 포함되었다. 원래 표본 중 19명이 관심 부족, 지루함 또는 기타 개인적인 이유로 탈락했지만 프로그램을 계속한 35명은 12주 개입이 끝날 때까지 작업의 강도와 정확성에 훨씬 더 많은 관심을 보였다. 기분 장애가 있는 개인은 개입으로 인해 자기 효능감이 크게 증가했다. 연구에 계속 참여한 사람들은 동물에게 먹이주기, 젖 짜기, 헛간 청소 등 동물과 신체적 접촉을 하는 데 대부분의 시간을 보냈다. 이 연구는 동물의 복지에 관심이 있거나 동물을 좋아하는 환자에게서 동물과의 상호 작용을 포함하는 치료가 자기 효능감뿐만 아니라 작업의 강도 및 정확성과 같은 일상생활에서 중요한 행동의 특정 측면을 증가시킬 수 있음을 나타낸다.

오하이오주 메소포타미아(Mesopotamia)에 있는 아미쉬 마을(Amish Town)은 심각한 정신 질환을 가진 사람들을 위한 주거 치료 공동체인 호프웰(Hopewell)의 본거지이다. 이 프로그램의 주요 목표는 농장 기반 개입을 활용하여 내담자의 전반적 기능을 향상시키는 것이다. 임상의와 관리자들은 공동체에 거주하는 40명의 성인들을 돌보기 위해 함께 일하며, 운동, 치료, 농장 활동을 포함하는 일일 프로그램을 운영한다. 사회화, 감정표현 규제, 정원 가꾸기, 동물관리, 예술과의 상호 작용을 통한 공동체감 조성 등이 주요 관심 분야다. 퇴원 자료를 통해 치료 모델이 거주자의 전반적 기능을 향상시키는 데 도움이 되었기 때문에 공동체의 유효성을 뒷받침한다(Loue, Karges, & Carlton, 2014). 또한 정신분열증, 정서장애, 불안장애, 인격장애가 있는 90명을 대상으로 12주간 동물농장에서 활동한 결과 자기 효능감과 대처기술이 향상되었다(Berget, Ekeberg, & Braastad, 2008).

농장 동물을 이용해 정신 장애를 가진 사람들을 위한 동물교감치유가 우울증과 상태 불안을 줄이고 자기 효능감을 증가시킬 수 있다(Berget, & Braastad, 2011). 농부의 사회적 지지가 중요하다. 정동 장애나 임상적 우울증이 있는 사람에게 긍정적인 효과가 있

😺 그림 5.10 호프웰(Hopewell)

출처: https://www.hopewellcommunity.org/

다. 효과는 때때로 발견하는 데 오랜 시간이 걸릴 수 있지만, 참가자들이 더 복잡한 작업 기술을 수행하도록 장려된다면 더 일찍 발생할 수 있다. 그러나 진행과정은 유연성이 확보될 수 있도록 개별적으로 조정되어야 한다.

정신 건강과 관련된 치료사는 동물교감치유가 농장 동물에 미치는 영향에 대해 확고한 믿음을 갖고 있으며, 장애 유형, 치유사의 성별 및 동물교감치유 경험과 관련된 편차가 있다. 농장 동물과 함께 일하는 것은 정신 건강 문제가 있는 사람들의 삶에 긍정적

😺 그림 5.11 양교감치유

인 영향을 미칠 뿐만 아니라 여러 장애가 있는 사람들에게 치유의 출구를 제공할 수 있다.

마음 챙김 기반 접근법의 틀 안에서 우울증 환자에게 양교감치유(Sheep-assisted Therapy)의 효과를 조사했다(Schramm, Hediger, & Lang, 2015). 그 중재는 실

행 가능했고 우울증 증상과 반추를 감소시키는 한편, 마음 챙김 능력은 증가했다.

🐾 그림 5.12 **염소교감치유**

다양한 행동 문제를 가진 청각 장애인에게 사회화된 염소와 상호 작용하는 행동 효과를 조사했다(Scholl, et al., 2008). 참가자의 행동 문제에는 우울증, 과잉 행동, 공격성, 불안, 낮은 자존감, 의사소통 문제가 포함되었다. 참가자들은 사회적 상호 작용을 증가시키기 위해 참가자 그룹 내에서 염소와 놀고, 돌보기 위해 염소에게 먹이를 주고 빗질하고, 쓰다듬거나 신체 접촉을 통해 상호 작용할 수 있는 기회가 주어졌다. 우울증에 걸린 한 참가자는 염소 중 한 마리와 친밀한 관계를 맺고 난 후 행복감과 책임감이 높아졌다는 것을 보여주었다. 처음에 두려웠던 참가자들은 초기 두려움을 극복할 수 있었고, 염소와 상호 작용할 때 돌봄 기술, 이동성 및 집중력이 향상되었다. 그러나 편익이 삶의 다른 측면으로 전이되었는지 측정하기 위해 사용된 별도의 식당 조건에서는 큰 변화가 없었다.

아동들은 토끼를 좋아하고, 일반적으로 토끼들은 아동들에게 해를 끼치지 않는다. 그들은 조용하고 가르치는 것을 방해하지 않는다. 그들은 집에서 훈련을 받을 수 있고, 다양한 작업을 해결할 수 있고, 인간과의 상호 작용을 두려워하지 않는다. 토끼는 쉽게 사육되고 사육관리 비용이 저렴하다. 토끼는 개와 달리 특별한 훈련을 필요로 하지 않는다. 토끼는 큰 동물보다 교사들에게 훨씬 더 작은 도전이다. 또한 아동들은 토끼에 대한 이전의 경험에 의해 때때로 동기 부여를 받으며, 그들과 함께 하고 싶어 한다.

토끼를 활용한 개입이 동물에게 피해를 주지 않는 것이 매우 중요하다. 이 목적은 길들임에 대한 선택을 수행하고 다루기를 통해서 달성할 수 있다. 다루기는 토끼가 사람과의 접촉을 견디도록 격려하고 주기적인 스트레스를 줄이는 방법이다. 환경 영향에 대한 인지의 가소성은 사회화 기간이라고 하는 개발의 일부 단계에서 더

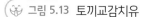

그림 5.13 토끼교감치유

두드러진다(Bateson, 1979). 이 기간 동안 인간과의 접촉은 후기 생애 동안 인간에 대한 두려움의 발달을 방해한다(Casey, & Bradshaw, 2008).

토끼는 쉽게 사회화할 수 있고, 행동이 친절하며, 몸짓이 모호하지 않기 때문에 일반적으로 어린이들에게 인기가 있다(Mallon, 1992). 2.5~4세 사이의 유치원생 39명을 대상으로 한 연구에서 동물이 있는 곳에서 유치원생들의 사교, 의사소통 및 감정 표현 능력이 크게 향상되었다. 교사들은 또한 동물교감치유의 결과가 특히 긍정적임을 발견했다(Loukaki, & Koukoutsakis, 2014). 유치원에서 토끼교감치유가 가능하고, 사육관리 비용이 저렴하며, 전문 인력이 필요하지 않다. 토끼는 어린 아동들에게 친숙한 인기 있는 동물이므로 개와 유사한 개입과 같이 성공적이고 효과적이어서 어린 아동들이 동물에 대해 배우고 익숙해질 수 있는 기회를 제공한다.

초등학교 1학년 아동을 대상으로 한 연구를 통해서 토끼교감치유가 불안 수준이 높은 곳에서 불안을 감소시킨다는 것이 제시되었다(Molnar, et al., 2020). 토끼들은 동물교감치유의 틀뿐만 아니라 다른 경우에도 인간과의 만남을 활발하게 시작했다. 불편한 경우 토끼는 우리 안으로 후퇴하여 잠시 동안 우리 안에 머물렀다. 토끼가 아이들에게 다가갔을 때 아이들은 기쁨의 표시를 보였다. 동물 지원의 유리한 효과는 통합 수업에서 더 분명했다. 토끼교감치유는 초등학생의 불

안 수준을 감소시키고, 교사의 교육 능력의 효능을 향상시키는 데 적합하다.

우울증은 삶의 질 저하와 장애를 유발하며, 우울증이 병가 및 업무 장애의 주요 원인이 된다. 재활 기간 동안 농장 동물 지원 개입은 우울증 환자에게 도움이 될 수 있다. 평범한 작업 환경을 경험할 수 있는 가능성은 참가자들에게 중요했지만, 개입이 질병으로부터 주의를 분산시키는 역할도 했다. 참가자들은 중재의 핵심 요소로 대처를 경험할 수 있는 유연성과 가능성을 설명했다.

29명(23명의 여성과 6명의 남성, 평균 연령 37.8세, 23~58세)을 대상으로 12주간의 농장 동물 보조 개입이 임상 우울증 환자의 우울증, 상태 불안, 자기 효능감 수준에 미치는 영향을 조사하였다(Pedersen, et al., 2015). 개입 그룹에서 참가자들은 외양간에서 농부와 일주일에 두 번 일했다. 그들은 작업과 신체 접촉을 통해 자신이 선택한 젖소와 함께 상호 작용했다. 연구 결과, 개입 그룹에서 우울증의 유의한 감소와 자기 효능감의 유의한 증가가 나타났다. 대조 집단에서는 유의미한 변화가 발견되지 않았다. 이는 그린 케어에서 동물교감치유가 내담자의 하위 그룹에 유익할 수 있고, 정신 건강 관리 내에서 유용한 보조제로 작용할 수 있음을 의미한다.

농장동물교감치유에 대한 참가자 자신의 경험과 정신 건강과 관련하여 중요한 요소로 인식한 내용을 파악하기 위해 12주간 낙농장에서 농장동물교감치유를 완료한 임상우울증 환자 8명을 인터뷰하였다(Pedersen, Lhlebaek, & Kirkevold, 2012). 연구결과 참가자들에게 긍정적인 경험으로 인식되는 것으로 확인하였다. 분석에 따르면 개입의 핵심 요소는 일상적인 직장 생활을 경험할 수 있는 가능성이지만, 또한 그들의 질병에 대한 주의를 분산시키는 것이 중요하다는 것이다. 또한 개입의 유연성은 참가자들의 변화하는 현실에 개입을 조정하는 것을 가능하게 했고, 이는 농장동물교감치유의 핵심 요소였다. 유연성과 적용된 업무 과제는 참가자들이 대처 경험과 연관된 중요한 요소였다. 이 연구는 농장동물교감치유가 정신 건강 재활의 보조제가 될 수 있다는 것을 보여준다.

벡의 우울증 목록에서 최소한 약간 우울한 것으로 확인된 19명의 참가자를 대상으로 농장 기반 개입의 효과를 분석하는 동시에 불안과 자기 효능 수준의 차이도 분석했다(Pedersen, et al., 2011). 참가자들에게 일주일에 두 번 농장에서 일한 12주 동안 젖을 짜고 동물을 옮기는 작업이 우울증과 불안의 현저한 감소와 관련이 있었다. 일반화된 자기 효능감(GSE: Generalized Self-Efficacy) 측정에 대한 참가자의 점수는 22.6에서 25.6으로 증가했다. 집단 수준의 우울 및 불안 점수는 28.7에서 19.1로, 평균 불안 점수는 54.4에서 49.6으로 감소하였다. 농장과 관련된 모든 행동이 우울증이나 불안의 현저한 감소와 상관관계가 있는 것은 아니며, 일부는 실제로 증가와 상관관계가 있었지만, 농장 동물과 함께 일하는 전반적인 경험은 참가자의 정신 건강에 긍정적인 영향을 미쳤다.

무작위 대조 집단을 추가하여 동일한 12주 농장 개입을 사용하여 임상적으로 우울한 개인을 대상으로 동일한 연구를 계속했다(Pedersen, et al., 2012). 실험 집단과 대조 집단 사이에 통계적으로 유의한 차이는 없었지만, 우울증 및 자기 효능감과 관련하여 모집 시점과 농장 기반 개입 12주 후 사이에 실험 집단에서 유의한 변화가 있었다. 참가자들은 3개월 추적 관찰에서도 이러한 증가를 유지했다. 이 연구는 농장 기반 개입이 일부 개인의 우울증 치료에 긍정적인 영향을 미칠 수 있으며, 이러한 종류의 치료를 종료한 후에도 경험을 통해 여전히 혜택을 받을 수 있음을 나타내었다.

5.6 조류교감치유

일반적인 의료 시설에서는 어렵거나 불가능할 수도 있지만 잘 알려진 곳으로 부터 새를 얻어 스트레스가 없는 환경에서 기르는 것처럼, 엄격한 위생 규약은 위험을 감소시키려는 조치의 기본이다. 새장은 배설물이 쌓이지 않도록 자주 청소해야 하며, 환자들로부터 떨어진 환경에서 청소를 해야 한다.

철저한 감독과 질병의 조기 발견으로 질병 발생을 통제할 수 있다. 인간의 건강에 현실적인 위협을 가하고 있음에도 불구하고, 새장의 새와 상호 작용으로 인한 위험은 적절한 위생 조치에 대한 인식과 사용을 통해 제한될 수 있다. 비록 감염된 새들이 인간의 건강을 해칠 가능성이 있고 동물교감치유 프로그램의 혜택을 받을 가능성이 있는 사람에게서 손상이 더 심각할 수도 있지만 위험을 줄이기 위한 조치를 취할 수 있다(Brodie, Biley, & Shewring, 2002).

시설에 거주하는 노인들이 3개월 동안 카나리아를 돌볼 때 우울증이 감소하고 삶의 질이 향상되는 것을 경험했다(Colombo, et al., 2006). 반려조는 또한 숙련된 재활 시설에 입원한 노인의 우울증을 감소시켰다(Jessen, et al., 1996). 자신의 새와 개별적으로 상호 작용을 하고 쓰다듬는 것도 가능하지

🐾 그림 5.14 새교감치유

만, 직접적인 접촉을 허용하지 않는 새장의 경우는 다르다. 그러나 단순히 새장의 존재가 재향군인의료원에서의 우울증에 크게 영향을 미치지는 않았지만, 노인 남성의 새장 사용의 빈도는 우울증 감소와 관련이 있었다(Holcomb, et al., 1997). 또한 신체적 또는 정신적 건강 문제가 있는 어린이와 성인의 경우 동물과의 접촉이 기분을 좋게 할 수 있다.

이탈리아에서 인지적으로 장애가 없는 시설 노인을 대상으로 동물교감치유 프로그램이 정신병리적 상태와 지각된 삶의 질에 긍정적인 영향을 미치는지를 평가했다(Colombo, et al., 2006). 해당 연구는 7개의 요양원과 144명의 남녀거주자를 대상으로 하였으며, 세 집단(식물 관리, 카나리아 관리, 또는 관리 없음)으로 나뉘었다. 연구결과 카나리아 집단의 참여자들은 노인의 삶의 질에 대한 평가척도 내의 지각된 신체건강 하위척도에 대해 통계적으로 유의한 향상을 보였다. 동물 집단의 비율이 다른 두 집단의 구성원보다 특히 식물 집단에 비해 훨씬 더 높게 나타났다. 또한 동물 집단은 신체화, 강박증, 우울증, 공포불안 정신병리 자가평가 하위척도에서 다른 두 집단에 비해 유의한 향상을 보였다. 전반적으로 이 발견은 카나리아의 존재가 참가자들을 우울, 강박적인 증상과 불안과 편집증적 생각으로부터 참가자를 보호한다는 것이다.

5.7 어류교감치유

방 안에 있는 수족관의 효과를 조사하는 연구는 종과 제한된 접촉 가능성 때문에 다른 연구와 다르다. 수족관은 인간과 동물의 유대에서 잠재력이 제한적이다. 수족관에 관한 19개의 기존 연구를 분석한 내용을 소개하였다(Clements, et al., 2019). 수족관에서 물고기를 보는 것이 혈압 감소 및 이완이 증가됨을 확인하였다(Cole, & Gawlinski, 1995; Katcher, et al., 1983; Riddick, 2008). 이 연구들은 수족관이 건강관리 환경에 유익하다는 것을 널리 알리는 데 기여하였다(Cracknell, et al., 2017).

그림 5.15 어류교감치유

수족관의 물고기와의 상호작용은 불안감 감소(Buttelmann, & Römpke, 2014), 통증에 대한 내성 증가(Sanchez, et al., 2015), 전문 치매 병동 거주자들의 영양 섭취와 체중의 개선(Edwards, 2002; Edwards, & Beck, 2013)에 도움이 된다. 인간과 동물의 유대와 마찬가지로 이러한 이점의 기초가 되는 메커니즘은 아직 명확하지 않다. 집에 수족관을 유지하는 사람들을 대상으로 한 연구에 따르면, 일부 개인은 물고기를 동료의 원천으로 여기고 동물과 정서적 유대감을 느끼는 것으로 나타났다(Langfield, & James, 2009). 이것은 사회적 지지와 애착이 인간-물고기 상호 작용의 유익한 효과에 역할을 할 수 있음을 시사한다.

그러나 연구에 따르면 개와 같은 다른 인간－동물 관계에서 애착 행동이 존재하는 것으로 나타났지만(Palmer, & Custance, 2008; Prato-previde, et al., 2003), 물고기가 근접 찾기 또는 분리 고통과 같은 행동을 보이는지는 분명하지 않다. 따라서 개인은 자신과 물고기 사이에 감정적 유대가 있다고 믿을 수 있지만 이것이 애착 이론(Bowlby, 1969, 1973, 1980)에서 설명하는 진정한 애착 유대를 형성하는지에 대한 여부는 불분명하다. 또는 물고기가 헤엄치는 것을 보는 것은 단순히 주의를 분산시키는 원인이 될 수 있다. 이것은 물고기를 포함한 동물의 비디오 시청과 관련된 긍정적인 생리학적 효과를 보여주는 연구에 의해 뒷받침된다(Wells, 2005).

이러한 발견은 인간과 물고기의 상호 작용이 인간과 동물의 유대에 대한 실행 가능한 대안일 수 있음을 시사한다. 또한 수족관은 이러한 형태의 상호 작용과 관련된 몇몇 문제들을 극복할 수 있다. 환경 내의 지속적인 특징으로서 수족관은 내담자가 필요에 따라 언제든지 사용할 수 있으므로 방문 프로그램에 의존하는 동물교감치유보다 노출에 있어 더 큰 유연성을 제공할 수 있다(Barker, Rasmussen, & Best, 2003).

다른 유형의 상주 동물들도 복지에 해로울 수 있으므로 지속적인 상호 작용을 제공할 수 없다(Ebener, & Oh, 2017). 수족관의 정기적인 유지관리가 필요하지만, 어항의 설치 및 유지보수와 관련된 금전적 비용도 다른 반려동물보다 훨씬 적다(Ebener, & Oh, 2017). 비록 수족관의 정기적인 정비가 필요하지만, 물고기의 복지를 보장하기 위해 필요한 지식을 가진 개인이 필요하다. 그러나 어항 유지에 책임이 있는 사람을 제외하고, 수족관에서 물고기를 보는 수동적인 성격은 신체적으로 제한된 개인도 동물과 상호 작용할 수 있음을 의미한다(Langfield, & James, 2009). 공격성이나 알레르기로 인한 심각한 위험은 없으며, 동물과의 신체 접촉이 거의 없기 때문에 우발적인 부상과 관련된 위험이 적다(수조를 설치하거나 유지하는 동안 부상을 입을 수 있거나 누군가 또는 무언가가 수조를 손상시켜 파손을 일으킬 수 있다). 집에 있는 수족관과 관련하여 박테리아 감염의 위험이 적지만 이것은 드문 일이고 세심한 위생 관리를 통해 효과적으로 최소화할 수 있다(Brodie, Biley, & Shewring, 2002).

수족관이 환자의 긴장완화, 불안 감소에 영향을 끼쳐 예정된 발치 치료가 용이한지를 확인하기 위해 이를 뽑으러 치과에 온 사람들이 각기 다른 방으로 안내를 받았다(Katcher, Segal, & Beck, 1984). 한쪽 방에는 멋진 풍경 사진이, 다른 방에는 수족관이 설치되어 있었다. 연구자들은 환자의 심장박동수와 혈압을 주기적으로 측정하고, 환자가 얼마나 편하게 느끼는지 질문했다. 대기실을 나가 치료실로 가는 환자의 긴장도도 체크하고, 의사의 지시와 요청에 협조를 잘 하는지도 알아보았다. 연구결과, 생리학적인 면에서 수족관을 설치한 방에 있던 환자의 심장박동수와 혈압이 감소했고, 심리적으로 풍경 사진이 걸려 있는 방에 있던 사람들보다 편안함을 더 많이 느꼈다. 또한 수족관 대기실에서 나와 치료실로 향하는 사람들이 풍경 사진 방에서 나온 사람보다 더 편안해 보였다.

노인을 대상으로 하는 연구에서 실제 수족관, 물고기 영상, 또는 심박수, 피부 온도, 근육긴장에 관한 영상을 비교했다(DeSchriver, & Riddick, 1990). 실제 수족관을 관찰한 집단은 피부 온도 상승뿐만 아니라 심박수와 근육 긴장도가 낮아지는 경향을 보였지만, 어떤 집단 비교도 통계적으로 유의미한 결과를 얻지 못했다.

수족관은 인간의 1차적인 욕구인 식욕에 긍정적인 효과를 미친다. 연구에서는 수족관이 없는 식당에 비해 수족관이 보이는 자리에 앉았을 때 식사 시간에 소비된 양과 환자 몸무게가 크게 증가하는 것을 발견했다(Edwards, & Beck, 2002). 다른 연구에서는 평균 연령 82.2세에 치매 정도가 높은 남녀 노인들을 대상으로 음식 섭취에 수족관이 끼치는 영향을 조사했다(이소영, 2012; Edwards, & Beck, 2003). 연구진은 참가 노인들을 다양한 빛깔의 활기 넘치는 작은 물고기 떼가 보이는 수족관을 들여 놓은 식당에서 식사를 하게 한 후 음식 섭취량을 조사했다. 측정은 수족관 설치 2주 전, 설치한 뒤 2주 동안 그리고 철거한 뒤 2주 후에 이루어졌다. 참여자들의 몸무게 변화도 측정했다. 수족관을 설치한 후 음식 섭취량이 증가했으며, 시간이 지나도 효과가 지속되는 것이 확인되었다. 또한 음식 섭취량이 증가하면서 환자들의 몸무게도 늘었다.

전기 경련 치료(ECT: Electroconvulsive Therapy)는 정신장애나 행동장애를 치료하기 위해 전기를 사용하는 치료법이다. 그런데 이 치료 방법에 대한 잘못된 인식과 부정적인 이미지로 인해 환자들은 이 치료가 스트레스를 많이 주는 방법이라고 알고 있다. 그래서 이러한 편견을 해소하고 치료 스트레스를 줄이기 위해 전기 경련 치료실에 80리터 용량의 수족관을 설치했다(Barker, Rasmussen, & Best, 2003). 실험 결과 환자들은 수족관을 설치한 치료실에 있을 때 혈압과 심장박동수가 현저하게 감소했다. 또한 두려움과 불안도 덜 느꼈고, 우울 정도도 더 낮았다.

치료와 관련된 경우 외에도 수족관을 설치하면 사람들이 보다 이타적으로 행동한다는 것을 확인할 수 있었다(이소영, 2012). 연구진은 대기실처럼 꾸며 놓은 방으로 대학생들을 데려간 후 방에 혼자 두었다. 한 방에는 낮은 가구 위에 수족관이 있고, 다른 방에는 낮은 가구 위에 꽃다발이 있었으며, 또 다른 방에는 아무것도 올려져 있지 않은 낮은 가구만 있었다. 실험 중 한 여성을 방으로 들여보낸 후 상자를 놓쳐서 내용물이 쏟아진 카드를 줍기 시작할 때 참여자들이 얼마나 빨리 도와주는 지를 조사하였다. 연구결과 수족관이 있는 곳에서는 참여자의 93%가 여성을 도와준 반면에 꽃이 있는 곳에서는 68%, 가구 위에 아무것도 없는 방에서는 66%가 여성을 도왔다. 따라서 수족관으로 인한 안정감과 평온함이 참여자들로 하여금 타인에 대해 더 이타적인 태도를 한 것으로 보인다.

 1. 돌고래교감치유

돌고래교감치유는 정신 및 신체장애가 있는 것으로 확인된 개인을 치료하기 위해 25년 이상 사용되어 왔다(Brensing, Linke, & Todt, 2003). 돌고래교감치유는 다양한 정신질환을 가진 성인, 아동뿐만 아니라 신체적, 정신적 질환이 있는 사람들을 돕는 동물교감치유의 일종이다. 돌고래교감치유는 일반적으로 환자의 손과 눈의 협응이나 다양한 언어 반응 목표와 같은 작업을 수행하는 동안 여러 회기에 걸쳐 돌고래와 수영하고 노는 것을 포함한다.

돌고래는 호감이 가는 이국적인 동물이기 때문에 매우 매력적인 치유방법이다(Marino, & Lilienfeld, 2007a; Marino, & Lilienfeld, 2007b). 돌고래교감치유 프로그램의 주요 목적은 돌고래를 활용하여 보다 전통적인 다른 치유를 지지하거나 보조함으로써 아동의 개별화된 프로그램을 기반으로 참여도를 높이고 행동의 변화를 목표로 하는 것이다(Nathanson, et al., 1997). 이 프로그램은 비교적 단기 집중 치료에서 기본 행동 수정 원칙을 사용하여 대상 행동의 빈도를 높이는 데 초점을 맞추고 있다 (Nathanson, 1998). 내담자가 단순히 돌고래를 바라보거나 돌보는 것부터 돌고래를 만지는 것, 물에 들어가 돌고래와 함께 수영하는 것까지 다양한 종류의 돌고래교 감치유가 있다.

치유사마다 인간과 돌고래가 상호 작용하는 방법뿐만 아니라 특정 환자를 위해 사용해야 하는 특정 종류의 치유에 대해 다른 이론을 가지고 있다. 프로그램에 따라 회기의 길이와 빈도가 다르다. 어떤 치유사들은 1주일, 2주 또는 한 달 동안 수업을 진행한다. 일부 프로그램은 일반적인 10~30분 대신 몇 시간 동안 지속되는 단일 회기를 시도하기도 했다(Nathanson, et al., 1997). 험프리가 평가한 6 개 연구 중 5개 연구에서 회기가 각각 평균 30분씩 지속되었고 각 연구는 총 약 16개의 회기로 구성되었음을 발견했다(Humbhries, 2003).

치유 계획의 한 예시를 살펴보면 먼저 치유사와 아동이 부두 가장자리에 선 착장 오리엔테이션을 듣는 동안, 강사는 물속에서 돌고래의 움직임을 조정한다. 아이들은 일반적으로 오리엔테이션 동안 돌고래를 만지거나 놀거나 간단한 손짓을 할 수 있어 돌고래와 친숙해지고 편안해진다. 아동이 오리엔테이션 단계를 마치면 일련의 치유 과정을 시작한다. 이러한 치유 과정 동안 아동들은 올바른 운동, 언어 또는 인지 반응을 보낸 후 부두에서 또는 돌고래와 함께 물에 들어가 짧은 시간 동안 돌고래와 함께 놀 수 있다. 놀이 시간 동안 아동들은 돌고래를 만지거나 뽀뽀할 수 있고, 돌고래와 원을 그리며 춤을 출 수 있으며, 등지느러미를 잡고 돌고래를 탈 수 있다(Humbhries, 2003).

험프리는 돌고래교감치유 비용이 선택한 치유 패키지뿐만 아니라 치유 시간과 장소에 따라 다르다는 것을 발견했다(Humbhries, 2003). 현재 유럽, 중동, 아시아, 미국, 카리브해, 멕시코, 이스라엘, 러시아, 일본, 중국, 바하마 및 남미를 포함한 전 세계에 돌고래교감치유 프로그램이 있다(Marino, & Lilienfeld, 2007b).

2주간의 돌고래교감치유 프로그램이 최소 6개월 동안 지속되는 기존의 언어 또는 물리 치료 프로그램과 비교하여 다양한 장애를 가진 아이들의 언어, 대근육 운동 및 소근육 운동 기능을 크게 향상시킨다고 보고했다(Nathanson, 1998). 돌고래교감치유는 모든 연령, 모든 성별 및 모든 인종을 대상으로 한다(Morrison, 2007). 돌고래교감치유의 지지자들과 치유사들은 자폐증, 뇌전증, 엔젤먼 증후군(Angelman syndrome), 다운 증후군, 난독증(dyslexia), 레트 증후군, 테이 삭스 병(Tay-Sachs disease), 투렛 증후군, 윌리엄 증후군(William syndrome), 암 및 에이즈를 포함한 질환뿐만 아니라 임상 장애가 있는 사람들을 치료하는 데 효과적이라고 주장한다(Marino, & Lilienfeld, 2007b).

돌고래교감치유의 다른 알려진 이점으로는 자극 증가, 기억력 향상, 운동 능력 증가, 치유 가속화 및 개인의 안녕 증가가 있다. 뿐만 아니라 스트레스, 통증 및 우울증 감소, 이완 증가, 감염과 싸우는 T세포, 엔돌핀 및 호르몬 생성을 향상시키고 회복 과정을 향상시킨다(McKinney, Dustin, & Wolff, 2001). 요약하자면, 돌고래교감치유가 기존의 다른 치료법보다 더 빠르고 비용 효율적으로 주의력, 동기부여 및 언어 능력을 증가시키며, 치료 효과가 장기간 동안 유지된다(Nathanson, et al., 1997).

돌고래교감치유가 어떻게 작동하지에 대한 많은 이론이 있다(Fiksdealm, Houlihan, & Barnes, 2012). 돌고래교감치유 지지자들은 반향정위 딸깍 소리를 통해 돌고래가 방출하는 초음파가 인간의 내분비와 신경계에 기계적 영향을 미친다고 주장한다(Brensing, Linke, & Todt, 2003; McKinney, Dustin, & Wolff, 2001; Nathanson, 1998). 이러한 효과는 개인의 신체 조직과 세포 구조를 변화시킴으로써 치유를 강화한다. 이것은 돌고래교감치유의 배경에서 가장 인기 있는 이론들 중 하나이다. 그러나 이러한 주장을 뒷받침하는 증거는 순전히 일화적인 것으로 보인다(McKinney, Dustin, & Wolff, 2001). 돌고래는 종종 딸깍 소리로 설명되는 소리를 내며 반향 정위라고 하는 기술의 일부로 분수공 아래에서 돌고래는 반향 정위를 사용하여 탐색하고 음식을 찾고 다른 돌고래와 의사소통하는 데 초당 300번의 소리를 방출할 수 있다(McKinney, Dustin, & Wolff, 2001). 간단히 말해, 돌고래와의 상호 작용은 인간에게 반복적으로 적용해야 하는 치료용 초음파의 특정 강도와 지속 시간에 대해서는 현재의 의료 표준과는 다르다(Brensing, Linke, & Todt, 2003). 다른 이론가들은 돌고래가 장애를 가진 사람들에게 민감하고 장난스러운 관심 표현을 통해 특별한 관심을 기울임으로써 장애인들을 도우려 한다고 제안한다(McKinney, Dustin, & Wolff, 2001). 일부 돌고래교감치유사들은 이를 "비밀 언어"라고 부른다. 70년대에 스미스 박사는 돌고래가 신체 움직임과 음향적으로 소통할 수 있고 다른 사람의 신체 움직임에 주의를 기울일 수 있다는 이론을 정립했다. 이것은 자폐아동의 경우에 특히 사실인 것으로 나타났다.

돌고래교감치유 지지자들은 돌고래들이 치유 대상자들의 생각과 행동을 이해하는 것처럼 보인다고 하였다(McKinney, Dustin, & Wolff, 2001). 돌고래교감치유를 통해 돌고래와 인간의 접촉은 강렬한 감정과 재결합 및 행복의 느낌을 생성하여 결과적으로 참가자의 안녕을 증가시킨다는 이론이 제기되었다. 돌고래는 장난기 가득한 행동과 끊임없는 "미소"를 통해 사람들에게 기쁨과 행복을 가져다 주는 것으로 보고되었다. 기쁨, 상황의 새로움, 주의의 집중은 삶의 질을 향상시켜 학습 동기를 높이는 요소일 가능성이 높다(McKinney, Dustin, & Wolff, 2001). 돌고래는 특정 행동을 보이거나 치료 목표를 달성하는 환자에게 긍정적인 강화물이 될 수 있다(Marino, & Lilienfeld, 2007).

어떤 사람들에게는 일반적으로 동물과의 상호 작용이 차분하고 스트레스를 줄이는 효과가 있다. 뇌전도(EEG: ElectroEncephaloGram) 분석을 기반으로 돌고래가 사람들에게 편안한 영향을 미친다는 것을 발견했다(Brensing, Linke, & Todt, 2003). 초음파 기반 이론에 더해, 돌고래와 함께 수영한 결과, 아동들이 환경 자극에 대한 관심을 증가시킨다는 이론에 기반하여 돌고래교감치유를 했다(Humbhries, 2003). 주의력 결핍 가설은 정신 지체 및 기타 장애가 있는 사람들이 정보를 처리할 수 없기 때문이 아니라 자극의 중요한 세부 사항에 대한 생리학적 주의 결핍으로 인해 학습할 수 없다는 것을 의미한다. 이것은 동물이 개인의 주의력을 증가시켜 학습, 운동 기술, 언어 및 기억력 향상과 같은 인지 과정을 향상시킨다는 포괄적인 이론에 기여한다(Nathanson, 1998).

단순히 물 속에 있는 것이 다양한 장애를 가진 사람들에게 편안한 치유 효과가 있다고 보고했다(McKinney, Dustin, & Wolff, 2001). 수중 치유사들은 물속에 있는 돌고래와 같은 동물의 진정 효과를 추가하면 치유 효과가 향상될 것이라고 주장한다. 경도 및 중도 우울 증상을 가지고 있는 30명을 대상으로 매일 1시간씩 2주간 돌고래를 활용한 치유에서 우울 증상이 호전되었음을 확인하였다(Antonioli, & Reveley, 2005). 돌고래는 학습 능력이 뛰어나고 노는 것을 좋아하여 자연스럽게 아픈 사람들의 치유 보조자가 되었다. 게다가 돌고래를 만나려면 물에 들어가야 하는데 물 자체가 아픈 사람에게는 치유 효과를 발휘하므로 돌고래 치유는 그야말로 일석이조라고 할 수 있다.

신체 자극과 언어 학습을 중심으로 일반 치유와 돌고래 치유를 비교했다 (Nathanson, et al., 1997). 일반 치유는 몇 달간, 돌고래 치유는 2주간 진행되었다. 에인절먼증후군(Angelman Syndrome), 다운증후군, 레트증후군, 고양이울음증후군 (Cri du Chat Syndrome), 자폐증 등 유전적인 중증 장애를 겪고 있는 2~13세 아동들을 대상으로 했다. 아동들은 예를 들어 "공"이라는 단어를 말하는 법을 배우는 단어 습득 과정과 물건을 제대로 잡는 신체 능력을 훈련받았다. 돌고래와 함께하는 치유는 매일 40여분 동안 진행되었다. 물 안에 떠다니는 공을 잡거나 공을 보며 '공'이라고 말하도록 교육했다. 돌고래 치유를 받은 아동들은 두 치유법을 비교하기 위해 돌고래 치유 6개월 전에 일반 치료를 받은 상태였다. 실험 결과 돌고래 치유를 받은 71%의 아동들이 평균 13.4일만에 연구진이 요구한 물건을 잡을 수 있었다. 이전에 6개월 동안 일반 치료를 받을 때에는 한 명도 물건을 잡지 못했다. 또한 돌고래 치유를 받은 아이들은 평균 11.4일 만에 짧은 단어나 짧은 문장을 익혔지만 이전에 일반 치료를 받았을 때는 교육 성과가 전혀 없었다.

우울증을 앓는 집단에 돌고래 치유 또는 환경 보호 프로그램에 참여할 것을 제안했다(Antonioli, & Reveley, 2005). 돌고래 치유에 참가한 사람들은 훈련된 돌고래와 함께 수영하고 상호 작용을 나누며 시간을 함께 보냈다. 환경 보호 프로그램에 참여한 사람들은 산호초가 우거진 바다에서 수영을 하며, 산호초의 중요성을 깨닫는 기회를 가졌다. 참가자들은 치유 프로그램 참가 전후에 우울증과 불안감 측정 조사를 받았다. 조사결과에서 알 수 있듯이 두 집단에서 모두 긍정적인 효과가 나타났지만 산호초 바다에서 수영을 했을 때보다 돌고래와 함께 물놀이를 할 때 효과가 더 컸다.

신체적, 정신적으로 특별한 문제가 없는 성인을 수영장에서 수영을 하게 했다(Webb, & Drummond, 2001). 엄격하게 선발된 참가자들은 평소 수영을 즐겨 하며 물을 두려워하지 않는 사람들이었다. 연구자들은 참가자들이 수영을 할 때 수영장에 돌고래가 있거나 없는 경우에 따라 수영 전후에 긴장 정도 등을 비롯하여 생리적, 심리적 상태를 조사했다. 조사 결과 수영만 하는 것은 참가자의 심리 상태에 별다른 영향을 끼치지 않았지만 돌고래가 있는 곳에서의 수영은 사람들의 긴장을 완화시켜 주었다. 돌고래의 존재가 참가자들의 심리적, 정신적 안정에 상당한 영향을 끼친 것이다.

바다가 아닌 정해진 공간에서 살지만 돌고래 치유 훈련을 받지 않은 돌고래를 자폐증, 간질, 경련성 마비, 운동실조, 모세혈관 확장 등 다양한 신체적, 정신적 장애를 가진 아동들과 함께 수영하도록 했다(Brensing, & Linke, 2003). 수영장에는 장애가 전혀 없는 성인과 아동들도 있었다. 그런 다음 돌고래와 사람 사이의 거리와 접촉 빈도, 지속 시간 등을 촬영했다. 관찰 결과 돌고래와 아이 사이의 평균 거리가 돌고래와 성인 사이의 평균 거리보다 짧았고, 특히 장애 아동일 때 거리가 가장 짧았다. 또한 돌고래의 수영 속도를 계산하자 놀라운 현상이 확인되었다. 돌고래가 아동들의 수영 속도, 특히 장애 아동의 수영 속도에 맞춰 수영하고 있었다. 돌고래는 장애 아동과의 접촉 빈도가 가장 높았고, 접촉 시간 역시 장애 아동과 가장 길었다.

5.8 소동물교감치유

　　동물교감치유는 환자의 정서적, 사회적, 생리학적 기능을 개선하기 위해 훈련된 전문가에 의해 계획되고 구조화된다. 예를 들어 기니피그(Guinea Pigs)는 신경재활의 작업치료에서 환자가 기니피그에게 무엇을 먹일지 계획하고, 채소를 자르고, 손으로 먹이를 주거나, 기니피그 생활환경을 청소하고 정리함으로써 소근육 운동 및 인지 기술을 훈련시킨다(Hediger, 2019).

　　기니피그의 존재는 환자들이 어린 시절의 기억 등에 대해 상호 작용하고 대화하도록 동기를 부여할 수 있다. 또는 자신의 필요에 대해 다른 사람들과 대화할 수 있는 기회를 제공하고, 예를 들어 심리치료에서 그룹 내의 다른 특성들과 동일시 할 수 있는 기회를 제공한다.

🐾 그림 5.17 소동물교감치유

기니피그(Cavia aperea f. porcellus)는 동물교감치유에서 흔한 종이다. 기니피그와 상호 작용하는 것이 자폐 아동의 사회적 행동(Talarovičová, Olexová, & Kršková, 2010)과 교실에서의 아동의 접촉 및 의사소통 능력에 긍정적인 영향을 미칠 수 있다(O'Haire, et al., 2013). 기니피그는 사회적이고 호기심이 많은 동물이다(Sachser, Dürschlag, & Hirzel, 1998). 또한 기니피그는 보관 및

취급이 용이하여 동물교감치유에 적합하다. 그러나 기니피그는 피식자종이므로 스트레스를 받기 쉽다(Harper, 1976). 원 헬스와 관련하여 윤리적 방법으로 동물교감치유를 수행하기 위해서는 관련된 동물의 스트레스 조절을 위한 지표와 방법뿐만 아니라 행동, 요구 및 건강에 대한 적절한 지식을 갖는 것이 중요하다(Aubrey, 2019).

기니피그는 여러 연구에서 아동을 대상으로 하는 동물교감치유에서 사용되었다. 불행하게도 기니피그는 집에서 훈련받지 않고, 소음으로 수업을 방해할 수 있고, 교실에서 자유롭게 움직이기에는 너무 작다.

아동들은 또한 햄스터(Dwarf Hamsters)를 좋아하지만, 어두운 동물이고, 동물교감치유는 햄스터의 일상적인 리듬을 방해할 수 있다. 더욱이 크기가 작기 때문에 자유로운 이동이 허용될 수 없다(Parish-Plass, 2013).

기니피그와 햄스터 외에도 흰 족제비(Ferrets)는 친근한 모습으로 집에서 훈련받은 동물일 수도 있지만 길들이기 힘들고, 물리면 위험할 수 있다(Da Silva Garcia Dinis, & Martins, 2016). 또한 거북이는 짧은 기간 동안만 아동들의 관심을 끌 수 있다. 아동들은 관리기술을 배울 수 없고, 아동들은 거북이를 쓰다듬지 않는다. 또한 온도와 같은 환경에도 민감하다(Shiloh, Sorek, & Terkel, 2003).

곤충은 과학적 호기심을 위한 교육에서 유용한 교보재가 될 수 있다 (Matthews, Flage, & Matthews, 1997; Golick, & Heng-Moss, 2013). 동물 군 가운데 곤충은 그 수가 약 150만종 이상으로 추정되며(Stock, 2018), 최근에는 애완곤충을 비롯하여 산업적 활용 가치가 높은 것으로 알려져 있다(김연중, 한혜성 & 박영구, 2015).

곤충은 크기가 아주 작은 동물의 하나로서 사육과정에서 차지하는 공간도 작으므로 일반적인 가정이나 시설 등에서도 수용하기에 공간적으로 적합도가 높은 무리이다. 아울러 생활사 측면에서 생애 주기가 짧아서 한살이 과정을 직접 경험하며 관찰하는 데 1개월에서 1년 이하의 기간 단위로도 가능할 수 있다

왕귀뚜라미(Oriental garden cricket; Teleogryllus Emma) 기르기가 노인의 우울증과 인지기능 개선을 통해 정서적 안정에 도움이 된다는 사실을 정신심리 검사와 기능적 자기공명영상 등을 통해 확인하였다(김소윤 등, 2018; Ko, et al., 2016; Yang, 2016).

65세 이상 노인 88명을 대상으로 설문지를 이용한 정신심리검사와 혈액검사 등을 실시한 결과(Ko, et al., 2016), 곤충체험집단에 속한 노인들의 정신적 영역의 삶의 질 점수가 증가하였고, 스트레스가 감소한 것을 확인하였다.

종합사회복지관에 다니는 65세 이상의 노인 40명을 대상으로 왕귀뚜라미 기르기를 수행하도록 한 결과(김소윤 등, 2018), 사람과 곤충의 상호 작용이 노인의 안녕을 증진시킴을 알 수 있었다. 또한, 곤충 활동의 중요한 측면은 삶의 만족도를 높이고, 외로움을 줄이고, 일상생활의 활동을 증가시키는 등 사회적, 정서적, 인지적 기능의 향상에 도움을 준다는 것을 보여준다.

장수풍뎅이, 쌍별귀뚜라미, 호랑나비 등을 이용한 심리치료 프로그램을 받은 집단과 받지 않은 집단을 사전과 사후에 비교한 결과 아동들의 경우 정서 안정이 23.9% 향상됐으며, 독거노인들의 우울감은 81.4% 줄어들었다(농진청, 2018). 곤충돌보기를 수행한 여성노인 13명을 대상으로 기능적 자기공명영상(fMRI)을 이용하여 검사한 결과, 전반적인 수행능력이 떨어진 노인집단에서 수행능력, 인지기능 개선

🐾 그림 5.18 **곤충(왕귀뚜라미)사육키트**

출처: 서울특별시 농업기술센터

의 효과가 있음을 확인하였다(Yang, 2016). 곤충기르기 활동을 한 노인 40명을 대상으로 2개월간 매주 1회씩 전화 인터뷰를 시행하였다. 그 결과 노인들의 실제 생활 속 언어를 중심으로 질적 내용 분석을 통해 인지영역, 정서영역, 사회영역에서의 심리치유 효과성을 확인하였다(김소윤 등, 2018). 60세이상 여성 노인 26명을 대상으로 8주간 곤충을 기르게 한 다른 실험에서도 자기공명영상(fMRI)를 이용하여 검사한 결과, 우측 등측전전두엽피질과 정수리피질에서 활성화 증가가 관찰되었다. 이를 통해 애완용 곤충을 기르는 것은 노년 여성의 실행 기능과 수행 능력 향상에 긍정적인 영향을 미치는 것을 알 수 있었다.

정신과 치료를 받는 초등학생 22명과 중학생 9명을 대상으로 8주간 곤충보조활동을 진행한 결과, 우울증상이 감소한 것을 확인하였다(Jun, et al., 2016). 초등학생 38명을 대상으로 곤충 5종을 이용한 곤충보조활동 후 치유효과를 분석하였다. 타액검사를 통한 코티솔(Cortisol) 검사 결과 체험프로그램이 초등학생의 일상적 스트레스 수치 감소에 유의한 효과가 있음을 확인하였다(Kim, et al., 2018).

초등학교 3학년 학생 167명을 대상으로 4주간의 호랑나비(Swallowtail Butterfly)를 활용한 곤충교감활동을 통한 치유프로그램을 적용하였고, 사전-사후조사를 통해 심리적 변수를 이용한 설문조사와 생물학적 측정방법인 타액 α-아밀라아

제 검사를 통해 치유효과를 분석하였다(김소윤 등, 2019). 곤충보조활동은 곤충을 체험한 집단과 비체험집단 간에 삶의 만족도와 주관적 행복감에서 통계적으로 유의한 차이를 확인할 수 있었으며, 곤충기반 프로그램에 대해 학생과 교사의 만족도가 높았다.

초등학교 3학년 15명을 대상으로 곤충을 이용한 치유프로그램을 적용한 결과, 생명존중의식과 인성점수가 향상되었다(전윤석 등, 2017).

참고 문헌

5.1 치유 보조 동물의 이해

del Carmen Rodríguez−Martínez, M., la Plana Maestre, A. D., Armenta−Peinado, J. A., Barbancho, M. A., & García−Casares, N. (2021). Evidence of Animal−Assisted Therapy in Neurological Diseases in Adults: A Systematic Review. International Journal of Environmental Research and Public Health, 18(24), 12882. doi: 10.3390/ijerph182412882.

Dimitrijevic, I. (2009). Animal−assisted therapy−a new trend in the treatment of children and adults. Psychiatria Danubina, 21, 236−241.

Filiatre, J., Millot, J., Montagner, H., Eckerlin, A., & Gagnon, A. (1988). Advances in the study of the relationship between children and their pet dogs. Anthrozoos, 2(1), 22−32.

Johnson, C. M. (2001). Relationships with animals as a component of the healing process: A study of child abuse survivors. Illinois: The Union Institute.

Kruger, K. A., & Serpell, J. A. (2006). Animal−assisted interventions in mental health: Definitions and theoretical foundations. In A. H. Fine (Ed.), Handbook on animal−assisted therapy: Theoretical foundations and guidelines for practice (pp.21−38). San Diego, CA: Academic Press.

Parish−Plass, N. (2008). Animal−assisted therapy with children suffering from insecure attachment due to abuse and neglect: A method to lower the risk of intergenerational transmission of abuse. Clinical Child Psychology and Psychiatry, 13(1), 7−30.

5.2 개교감치유

Barker, S. B., & Dawson, K. S. (1998). The effects of animal–assisted therapy on anxiety ratings of hospitalized psychiatric patients. Psychiatr Serv., 49(6), 797–801. doi: 10.1176/ps.49.6.797

Beaver, B. V. (1999). Canine Behavior: A Guide for Veterinarians. W. B. Saunders, Philadelphia, PA.

Beerda, B., Schilder, M., Van Hooff, J., & DeVries, H. (1997). Manifestations of chronic and acute stress in dogs. Appl. Anim. Behav. Sci. 52, 307–319.

Bekoff, M. (1976). Animal play: problems and perspectives. In: Bateson, H.P., Klopfer, P.H. (Eds.), Perspectives in Ethology. Plenum Press, New York, NY, pp. 165–188.

Bekoff, M. (1998). Animal Play: Evolutionary, Cooperative and Ecological Perspectives. Cambridge University Press, New York, NY.

Blecha, F. (2000). Immune system response to stress. In: Moberg, G.P., Mench, J.A. (Eds.), The Biology of Animal Stress. CAB International, Wallingford, UK, 111–121.

Brodie, S. J., Biley, F. C., & Shewring, M. (2002). An exploration of the potential risks associated with using pet therapy in healthcare settings, Journal of Clinical Nurssing, 11, 444-456.

Chrousos, G. P., & Gold, P. W. (1992). The concepts of stress and stress system disorders: overview of physical and behavioral homeostasis. JAMA 267, 1244–1252.

Davis, K. D. (1992). Therapy Dog: Training Your Dog to Reach Others. Macmillan, New York, NY.

Fallani, G., Prato–Previde, E., & Valsecchi, P. (2007). Behavioral and physiological responses of guide dogs to a situation of emotional stress. Phys. Behav. 90, 648–655.

Filiatre, J., Millot, J., Montagner, H., Eckerlin, A., & Gagnon, A. (1988). Advances in the study of the relationship between children and their pet dogs. Anthrozoos, 2(1), 22–32.

Fine, A. H. (2000). Handbook on Animal–Assisted Therapy: Theoretical Foundations and Guidelines for Practice. 2nd ed. New York, NY: Academic Press.

Haubenhofer, D. K., & Kirchengast, S. (2006). Physiological arousal for companion dogs working with owners in animal−assisted activities and animal−assisted therapy. J. Appl. Anim. Welf. Sci. 9, 165−172.

Haubenhofer, D. K., & Kirchengast, S. (2007). Dog-handlers' and dog's emotional and cortisol secretion responses associated with animal−assisted therapy sessions. Soc. Anim. 15, 127−150.

Haubenhofer, D. K., Mostl, E., & Kirchengast, S. (2005). Cortisol concentrations in the saliva of humans and their dogs during intensive training courses in animal−assisted therapy. Wien Tierarztl Monatsschr. 92, 66−73.

Jensen, P. (2007). Mechanisms and function in dog behavior. In: Jensen, P. (Ed.), The Behavioral Biology of Dogs. CABI, Oxford, UK, 61−75.

Johnson, C. M. (2001). Relationships with Animals as a Component of the Healing Process: A Study of Child Abuse Survivors. Illinois: The Union Institute.

King, C., Watters, J., & Mungre, S. (2011). Effect of a time−out session with working animal−assisted therapy dogs. *Journal of Veterinary Behavior, 6*, 232−238.

McMillan, F. D. (2002). Development of a mental wellness program for animals. J. Am. Vet. Med. Assoc. 220, 965−972.

Moberg, G. (2000). Biological response to stress: implications for animal welfare. In: Moberg, G .P., Mench, J. A. (Eds.), The Biology of Animal Stress. CAB International, Oxford, UK, 1−21.

Nimer, J., & Lundahl, B., (2007). Animal−Assisted Therapy: A Meta−Analysis. ANTHROZOÖS, 20(3), 225−238.

Odendaal, J. S. (2000). Animal−assisted therapy −magic or medicine? J Psychosom Res., 49(4), 275-80. doi: 10.1016/S0022−3999(00)00183−5.

Scholz, M., & Von Reinhardt, C. (2007). Stress in Dogs. Dogwise Publishing, Wenatchee, WA.

TDI Therapy Dogs, Inc (TDI) (2010). Cheyenne, WY. Available at: http://www.therapydogs.com.

5.3 말교감치유

김경진, 오아라. (2018). 장애학생 재활승마운동의 효과성에 대한 메타분석. 한국융합과학회지, 7(4), 19−34.

김은지 (2005). 뇌성마비 유아에서 승마의 치료적 효과. 석사학위논문, 경상대학교 대학원.

안성봉, 홍주은, 김화수 (2013). 사회적 의사소통장애 아동의 사례를 통한 한국형 당나귀 치료 프로그램의 효과. 특수교육재활과학연구, 52(1). 259−278.

홍주연, 윤지현, (2009). 말을 이용한 심리치료(Equine Facilitated Psychotherapy)에 대한 고찰. 놀이치료연구, 13(3), 99−111.

Baba, C., Kawai, M., & Takimoto−Inose, (2019). A. Are Horses (Equus caballus) Sensitive to Human. Animals. 9(9), 630. doi: 10.3390/ani9090630.

Claudia Feh, & Jeanne de Mazières (1993). Grooming at a preferred site reduces heart rate in horses. *Animal Behaviour,46*(6), 1191−1194.

Debuse, D., Chandler, C., & Gibb, C. (2005). An exploration of German and British physiotherapists' views on the effects of hippotherapy and their measurement. Physiotherapy Theory and Practice, 21, 219-242.

Debuse, D., Gibb, C., & Chandler, C. (2009). Effects of hippotherapy on people with cerebral palsy from the users' perspective: A qualitative study. Physiotherapy Theory and Practice, 25, 174-192.

Dorothea, L., & Maello, N. (2003). Hippotherapy aids children with sensory and motor issues. Nurs. Health Source, 33, 55-61.

Gomez, O. I. (2006). Breve esquema del pensamiento de Winnicott sobre los fenómenos transicionales. Pensam. Psicol. 2, 13-16.

Kang, J. H., Yoo, B. I., & Lee, Y. S. (207). A review on therapeutic effects of horseback riding for the disabled. Journal of the Korean Society for Wellness, 2(1), 35−45.

Karol, J. (2007). Applying a Traditional Individual Psychotherapy Model to Equine−facilitated Psychotherapy (EFP): Theory and Method. Clinical Child Psychology and Psychiatry, 12(1), 77-90. doi: 10.1177/1359104507071057.

Keeling, L. J., Jonare, L., & Lanneborn, L. (2009). Investigating horse—Human interactions: The effect of a nervous human. The Veterinary Journal, 181(1), 70-71. doi: 10.1016/j.tvjl.2009.03.013.

Kochanska, G., Murray, K., Jacques, T. Y., Koenig, A. L., & Vandegeest, K. A. (1996). Inhibitory control in young children and its role in emerging internalization. Child Development, 67, 490−507.

Ladewig, J. (2007). Clever Hans is still whinnying with us. Behavioural Processes, 76(1), 20-21. doi: 10.1016/j.beproc.2006.10.014.

Latella, D., & Abrams, B. (2019). The Role of the Equine in Animal−Assisted Interactions. In: Fine A.H., editor. Handbook on Animal−Assisted Therapy. Elsevier Inc.; Amsterdam, The Netherlands. 133-162.

Lentini, J. A., & Knox, M. A. (2009). Qualitative and Quantitative Review of Equine Facilitated Psychotherapy (EFP) with Children and Adolescents. The Open Complementary Medicine Journal, 1(6), 51-57. doi: 10.2174/1876391X0090101 0051.

López, M. (2011). Efectos de la hipoterapia en posición sedente hacia adelante en un paciente con retraso psicomotor e hipotonía. Memorias, 9, 130-137.

Matsuzaki, M., Honkura, N., Ellis−Davies, G. C., & Kasai, H. (2004). Structural basis of long− term potentiation in single dendritic spines. Nature, 429(6993), 761-766. doi: 10.1038/nature02617.

Nerja Donkey Sanctuary (2011). http://www.nerjadonkeysanctuary.com/

Notgrass, C. G., & Pettinelli J. D. (2015). Equine Assisted Psychotherapy: The Equine Assisted Growth and Learning Association's Model Overview of Equine−Based Modalities. Journal of Experiential Education, 38(2), 162-174. doi: 10.1177/1053825914528472.

Portaro, S, Filardi, V, Naro, A., Cacciola, A., Andronaco, V., Gatani, U., Calabro, R. S., Gemelli, G., Milardi, D., & Bramanti, A. (2019). Force and strain during horseback riding: bridging the gap between theory and clinical practice. The Journal of Sports Medicine and Physical Fitness, 59(3), 536-538.

Portaro, S., Maresca, G., Raffa, A., Gemelli, G., Aliberti, B., & Calabrò, R. S. (2020). Donkey Therapy and Hippotherapy: Two Faces of the Same Coin?. Innovations in Clinical Neuroscience, 17(1−3), 20−21.

Proops, L., Grounds, K., Smith, A. V., & McComb, K. (2018). Animals Remember Previous Facial Expressions that Specific Humans have Exhibited. Current Biology, 28(9), 1428-1432. doi: 10.1016/j.cub.2018.03.035.

Roberts, F., Bradberry, J., & Williams, C. (2004). Equine—facilitated psychotherapy benefits students and children. Holistic Nursing Practice, 18(1), 32—35.

Rose, P. D., Cannas, E., & Cantiello, P. R. (2012). Donkey—assisted rehabilitation program for children: a pilot study.

Slim, M., Lebib, S., Dziri, C., Ben Salah, F. Z., & Hammadi, M. (2007). La thérapie par le cheval dans la réadaptation des enfants handicapés mentaux Expérience Tunisienne. Journal de Réadaptation Médicale: Pratique et Formation en Médecine Physique et de Réadaptation, 27(4), 115–127. doi: 10.1016/S0242—648X(07)79731—1.

Smith, A. V., Proops, L., Grounds, K., Wathan, J., & McComb, K. (2016). Functionally relevant responses to human facial expressions of emotion in the domestic horse (Equus caballus). Biology Letters, 12(2), 20150907. doi: 10.1098/rsbl. 2015.0907.

Vidrine, M., Owen—Smith, P., & Faulkner, P. (2002). Equine—facilitated group psychotherapy: Applications for therapeutic vaulting. Issues in Mental Health Nursing, 23(6), 587–603. doi: 10.1080/01612840290052730.

Wathan, J., Proops, L., Grounds, K., & Mccomb, K. (2016). Horses discriminate between facial expressions of conspecifics. Scientific Reports, 6, 1–11. doi: 10.1038/srep38322.

Wedi, R. (1989). Analyse der fachlichen Kompetenz des Pädagogen als therapeutisch wirkender Faktor beim Heilpädagoschen Voltigieren. Ther. Reit. 16, 4–13.

Wilson, K., Buultjens, M., & Karimi, L. (2017). Equine—Assisted Psychotherapy for adolescents experiencing depression and/or anxiety: A therapist's perspective. Clin. Child Psychol. Psychiatry. 22, 16–33.

Wingate, L. (1982). Feasibility of horseback riding as a therapeutic and integrative program for handicapped children. Physical Therapy, 62(2), 184–186. doi: 10.1093/ptj/62.2.184.

5.4 고양이교감치유

가바키 히로시. (2016). 행복하고 싶다면 고양이와 함께 사세요. 한성례 역(2018). 서울: 문학세계사.

Bekasiewicz, N. (2008). Can animals heal? Therapies involving animals support the rehabilitation of people with disabilities. Warszawa: Fundacja Pomocy Osobom Niepełnosprawnym Przyjaciel(FPON).

Brodie, S. J., Biley, F. C., & Shewring, M. (2002). An exploration of the potential risks associated with using pet therapy in healthcare settings, Journal of Clinical Nurssing, 11, 444-456.

Chandler, C. K. (2006). Animal Assisted Therapy in Counseling. 김양순 역(2006). 동물 보조 치료와 상담. 서울: 학지사.

Chmiel, K, Kubińska, Z., & Derewiecki, T. (2014). Animal—assisted therapies in different types of disabilities. Probl Hig Epidemiol. 95(3), 591-595.

Da Silva Garcia Dinis, F. A. B., & Martins, T. L. F. (2016). Does cat attachment have an effect on human health? A comparison between owners and volunteers. Pet Behaviour Science, 1, 1-12.

De Meer, G., Toelle, B., Ng, K., Tovey, E., & Marks, G. (2004). Presence and timing of cat ownership by age 18 and the effect on atopy and asthma at age 28. Journal of Allergy and Clinical Immunology, 113(3), 433-438.

Förstl, H., & Kurz, A. (1999). Clinical features of Alzheimer's disease. Eur Arch Psychiatry Clin Neurosci. 249(6), 288-290.

Franczyk, A., Krajewska, K., & Skorupa, J. (2007). Animaloterapia. [Animal Therapy]. Karków: Oficyna Wydawnicza Impuls.

Meadows, G, & Flint, E. (2001). The Cat Owner's Handbook. Barnes and Noble Books.

Sawaryn, D. (2013). Therapy cats in the rehabilitation of oncological patients. Med Rodz. 4, 123-128.

Skorek, E. (2005). Terapia pedagogiczna. [Pedagogical Therapy]. Kraków: Oficyna Wydawnicza Impuls.

Stasi, M. F., Amati, D., Costa, C., Resta, D., Senepa, G., Scarafioiti, C., Aimonino, N., & Molaschi, M. (2004). Pet—therapy: a trial for institutionalized frail elderly patients Arch. Gerontol. Geriatr., 9, 407－412.

Templin, J. C., Hediger, K., Wagner, C., & Lang, U. E. (2018). Relationship Between Patient Satisfaction and the Presence of Cats in Psychiatric Wards. Journal of Alternative and Complementary Medicine, 24(12)), 1219-1220. doi: 10.1089/acm.2018.0263.

Terechowicz－Orach, A. (2014). Cat's world behind the bars. Kocie Sprawy. 02, 26-27.

Tomaszewska, K., Bomert, I., & Wilkiewicz－Wawro, E. (2017). Feline－assisted therapy: Integrating contact with cats into treatment plan. Polish Annals of Medicine, 24, 283－286.

Wagner, C., Lang, U. E., & Hediger, K. (2019). "There Is a Cat on Our Ward": Inpatient and Staff Member Attitudes toward and Experiences with Cats in a Psychiatric Ward. International Journal of Environmental Research, and Public Health, 16(17), 3108. https://doi.org/10.3390/ijerph16173108

Wells, E. S., Rosen, L. W., & Walshaw, S. (1997). Use of Feral Cats in Psychotherapy. Anthrozoös, 10(2－3), 125－130.

5.5 농장동물교감치유

Bachi, K., Terkel, J., & Teichman, M. (2011). Equine－facilitated psychotherapy for at－risk adolescents: The influence on self－image, self－control and trust. Clinical Child Psychology and Psychiatry, 17(2), 298-312. doi: 10.1177/1359104511404177.

Balluerka, N., Muela, A., Amiano, N., & Caldentey, M. A. (2014) 'Influence of animal－assisted therapy (AAT) on the attachment representations of youth in residential care', Children and Youth Services Review, 420, 103-109.

Bateson, G. (1979). ind and Nature: A Necessary Unity. Dutton; New York, NY, USA.

Berget, B., & Braastad, B. O. (2011). Animal－assisted therapy with farm animals for persons with psychiatric disorders. Ann Ist Super Sanita, 47(4). 384－390.

Berget, B., Ekeberg, Ø., & Braastad, B. O. (2008a). Animal－assisted therapy with farm animals for persons with psychiatric disorders: Effects on self－efficacy, coping ability and quality of life, a randomized controlled trial. Clinical

Practice and Epidemiology in Mental Health, 4, 9. doi: 10.1186/1745−0179 −4−9.

Berget, B., Ekeberg, O., & Braastad, B. O. (2008b) 'Attitudes to animal−assisted therapy with farm animals among health staff and farmers', Journal of Psychiatric & Mental Health Nursing, 157, 576‒581.

Berget, B., Pedersen, I., Enders−Slegers, M. J., Beetz, A., Scholl, S., & Kovacs, G. (2013). Benefits of Animal−Assisted Interventions for Different Target Groups in a Green Care Context. In: Gallis C., editor. Green Care. For Human Therapy, Social Innovation, Rural Economy, and Education. Nova Science Publishers Inc.; New York, NY, USA. 65‒91.

Berget, B., Skarsaune, I., Ekeberg, Ø., & Braastad, B. O. (2007). Humans with mental disorders working with farm animals. Occupational Therapy in Mental Health, 23(2), 101‒117. doi: 10.1300/J004v23n02_05.

Burgon, H. L. (2011) "Queen of the world": Experiences of "at−risk" young people participating in equine−assisted learning/therapy', Journal of Social Work Practice, 252, 165‒183.

Casey, R. A., & Bradshaw, J. W. S. (2008). The effects of additional socialisation for kittens in a rescue centre on their behaviour and suitability as a pet. Applied Animal Behaviour Science, 114(2), 196‒205. doi: 10.1016/j.applanim.2008. 01.003.

Downes, M. J., Lakhani, A., Maujean, A., Macfarlane, K., & Kendall, E. (2016). Evidence for Using Farm Care Practices to Improve Attachment Outcomes in Foster Children: A Systematic Review. British Journal of Social Work, 46(5), 1241−1248. doi: 10.1093/bjsw/bcv070

Ellingsen−Dalskau, L. H., Berget, B., Pedersen, I., Tenllnes, G., & Ihlebaeck, C. (2016). Understanding how prevocational training on care farms can lead to functioning, motivation and well−being. Disability and Rehabilitation, 38(25), 2504‒2513. doi: 10.3109/09638288.2015.1130177.

Ewing, C. A., MacDonald, P. M., Taylor, M., & Bowers, M. J. (2007). Equine− facilitated learning for youth with severe emotional disorders: A quantitative and qualitative study. Child Youth Care Forum, 36, 59‒72. doi: 10.1007/ s10566−006−9031−x.

Ferwerda−Zonneveld, R. T., Oosting, S. J., & Kijlstra, A. (2012). Care farms as a short−break for children with Autism−Spectrum Disorders. NJAS − Wageningen Journal of Life Sciences, 59(1−2), 35–40.

Fisher, A. (2013) Radical Ecopsychology: Psychology in the Service of Life, Albany, NY, SUNY Press.

Gorman, R. (2017). Therapeutic landscapes and non−human animals: The roles and contested positions of animals with care farming assemblages. Social & Cultural Geography, 18(3), 315–335. doi: 10.1080/14649365.2016.1180424.

Granerud, A., & Eriksson, B. (2014). Mental health problems, recovery, and the impact of green care services: A qualitative, participant−focused approach. Occupational Therapy in Mental Health, 30(4), 317–336. doi: 10.1080/0164212X.2014.938558.

Hassink, J., De Bruin, S. R., Berget, B., & Elings, M. (2017). Exploring the Role of Farm Animals in Providing Care at Care Farms. Animals(Basel), 7(6), 45. doi: 10.3390/ani7060045

Hassink, J., Hulsink, W., & Grin, J. (2012). Care farms in The Netherlands: An underexplored example of multifunctional agriculture towards an empirically grounded organization−theory based typology. Rural Sociology, 77(4), 569–600. doi: 10.1111/j.1549−0831.2012.00089.x.

Haubenhofer, D. K., Elings, M., Hassink, J., & Hine, R. E. (2010). The development of Green Care in Western European countries. Explore, 6(2), 106–111. doi: 10.1016/j.explore.2009.12.002.

Hauge, H., Kvalem, I. L., Berget, B., Enders−Slegers, M. J., & Braastad, B. O. (2014). Equine−assisted activities and the impact on perceived social support, self−esteem and self−efficacy among adolescents—An intervention study. International Journal of Adolescence and Youth, 19(1), 1–21. doi: 10.1080/02673843.2013.779587.

Ihleback, C., Ellingsen−Dalskau, L. H., & Berget, B. (2016). Motivations, experiences and challenges of being a care farmer—Results of a survey of Norwegian care farmers. Work. 53(1), 113–121. doi: 10.3233/WOR−152220.

Kendall, E., & Maujean, A. (2015) 'Horse play: A brief psychological intervention for disengaged youths', Journal of Creativity in Mental Health, 101, 46–61.

Kuo, F. E. (2013) 'Nature−deficit disorder: Evidence, dosage, and treatment', Journal of Policy Research in Tourism, Leisure and Events, 52, 172−186.

Leck, C., Evans, N., & Upton, D. (2014). Agriculture who cares? An investigation of "care farming" in the UK. Journal of Rural Studies, 34, 313−325. doi: 10.1016/j.jrurstud.2014.01.012.

Loue, S., Karges, R. R., & Carlton, C. (2014). The therapeutic farm community: An innovative intervention for mental illness. Procedia − Social and Behavioral Sciences, 149, 503−507. doi: 10.1016/j.sbspro.2014.08.298.

Loukaki, K., & Koukoutsakis, P. (2014). Rabbit−assisted interventions in a Greek kindergarten. Journal of the Hellenic Vetterinary Medical Society, 65(1), 43−48. doi: 10.12681/jhvms.15512.

Mallon, G. P. (1992). Utilization of animals as therapeutic adjuncts with children and youth: A review of the literature. Child and Youth Care Forum, 21, 53−67.

Mallon, G. P. (1994). Cow as co−therapist: Utilization of farm animals as therapeutic aides with children in residential treatment. Child and Adolescent Social Work Journal, 11, 455−474. doi: 10.1007/BF01876570.

Maujean, A., Kendall, E., Lillan, R., Sharp, T., & Pringle, G. (2013) 'Connecting for health: Playing with horses as a therapeutic tool', Journal of Community Psychology, 414, 515−522.

Molnar, M., Ivancsik, R., DiBlasio, B., & Nagy, I. (2020). Examining the Effects of Rabbit−Assisted Interventions in the Classroom Environment. Animals, 10(1), 26.

Pedersen, I., Lhlebaek, C., & Kirkevold, M. (2012). Important elements in farm animal−assisted interventions for persons with clinical depression: a qualitative interview study. Disability and Rehabilitation, 34(18), 1526−1534.

Pedersen, I., Martinsen, E. W., Berget, B., & Braastad, B. O. (2012). Farm animal−assisted intervention for people with clinical depression: A randomized controlled trial. Anthrozoos, 25(2), 149−160. doi: 10.2752/17530 3712X13316289505260.

Pedersen, I., Nordaunet, T., Martinsen, E. W., Berget, B., & Braastad, B. O. (2011). Farm animal−assisted intervention: Relationship between work and contact with farm animals and change in depression, anxiety, and self−efficacy among persons with clinical depression. Issues in Mental Health Nursing, 32(8), 493–500. doi: 10.3109/01612840.2011.566982.

Rossiter S. (2006). Forget Me Not farm: A healing place. Annals of the American Psychotherapy Association, 9(1), 30–33.

Scholl, S., Grall, G., Petzl, V., & Röthler, M., Slotta–Bachmayr, L., & Kotrschal, K. (2008). Behavioural effects of goats on disabled persons. therapeutic communities, 29(3), 297–309.

Schramm, E., Hediger, K., & Lang, U. E. (2015). From animal behavior to human health: An animal–assisted mindfulness intervention for recurrent depression. Zeitschrift für Psychologie, 223(3), 192–200. https://doi.org/10.1027/2151–2604/a000220

Schreuder, A., Rijnders, M., Vaandrager, L., Hassink, J., Enders, M. J., & Kenndy, L. (2014). Exploring salutogenic mechanisms of an outdoor experiential learning program on youth care farms in The Netherlands: Untapped potential?. International Journal of Adolescence and Youth, 19(2), 139–152. doi: 10.1080/02673843.2014.896267.

Sempik, J. (2008). Green care: A natural resource for therapeutic communities? Int J Ther Communities. 29, 221–227.

Sempik, J, Hine, R. E., & Wilcox, D. (Ed.). (2010). Green care: a conceptual framework. A report of the working group on the health benefits of Green care. COST Action 866, Green Care in Agriculture. Loughborough: Lough–borough University.

Sockalingam, S., Li, M., Krishnadev, U., Hanson, K., Balaban, K., Pacione, L. R., Bhalerao, S. (2008). Use of animal–assisted therapy in the rehabilitation of an assault victim with a concurrent mood disorder. Issues Ment Health Nurs., 29(1), 73–84. doi:10.1080/01612840701748847

Sroufe, L. A. (2005) 'Attachment and development: A prospective, longitudinal study from birth to adulthood', Attachment & Human Development, 74, 349–367.

Törmälehto, E., & Korkiamäki, R. (2020). The Potential of Human–Horse Attachment in Creating Favorable Settings for Professional Care: A Study of Adolescents' Visit to a Farm. Animals(Basel), 10(9), 1707. doi: 10.3390/ani10091707

Triebenbacher, S. L. (1998) 'Pets as transitional objects: Their role in children's emotional development', Psychological Reports, 82(1), 191-200.

Weigel, R. R. (2002). 4-H animal care as therapy for at-risk youth. Journal of Extension, 40, 1-3.

5.6 조류교감치유

Brodie, S. J., Biley, F. C., & Shewring, M. (2002). An exploration of the potential risks associated with using pet therapy in healthcare settings, Journal of Clinical Nurssing, 11, 444-456.

Colombo, G., Dello Buono, M., Smania, K., Raviola, R., & De Leo, D. (2006). Pet therapy and institutionalized elderly: A study on 144 cognitively unimpaired subjects. Archives of Gerontology and Geriatrics, 42, 207-216. doi: 10.1016/j.archger.2005.06.011

Holcomb, R., Jendro, C., Weber, B., & Nahan, U. (1997). Use of an aviary to relieve depression in elderly males. Anthrozoos 10, 32-36.

Jessen, J., Cardiello, F., & Baun, M. M. (1996). Avian companionship in alleviation of depression, loneliness, and low morale of older adults in skilled rehabilitation units. Psychol. Rep. 78, 339-348.

5.7 어류교감치유

Antonioli, C., & Reveley, M. A. (2005). Randomised controlled trial of animal facilitated therapy with dolphins in the treatment of depression. *British Medical Journal, 331*, 1231-1234.

Barker, S. B., Pandurangi, A. K., & Best A. M. (2003). Effects of animal-assisted therapy on patients' anxiety, fear, and depression before ECT. *The Journal of ECT, 19*(1), 38-44.

Barker, S. B., Rasmussen, K. G., & Best, A. M. (2003). Effect of aquariums on electroconvulsive therapy patients. Anthrozoos, 16(3), 229-240. 10.2752/089

279303786992071.

Barker, S. B., Rasmussen, K. G., & Best, A. M. (2003). Effect of aquariums on electroconvulsive therapy patients. *Anthrozoos: A Multidisciplinary Journal of The Interactions of People & Animals, 16*(3), 229−240.

Brensing, K., &; Linke, K. (2003). Behavior of dolphins towards adults and children during swim−with−dolphin programs and towards children with disabilities during therapy sessions. *Anthrozoos: A Multidisciplinary Journal of The Interactions of People & Animals, 16*(4), 315−331.

Brensing, K., Linke, K., & Todt, D. (2003). Can dolphins heal by ultrasound? Journal of Theoretical Biology, 225(1), 99−105.

Brodie, S. J., Biley, F. C., & Shewring, M. (2002). An exploration of the potential risks associated with using pet therapy in healthcare settings. Journal of Clinical Nursing, 11(4), 444−456. 10.1046/j.1365−2702.2002.00628.x.

Buttelmann, D., & Römpke, A. K. (2014). Anxiety−reducing effect: dog, fish and plant in direct comparison. Anthrozoos, 27(2), 267−277. 10.2752/17530371 4X13903827487647.

Bowlby, J. (1969). Attachment and loss: Vol. 1 Attachment. New York: Basic Books.

Bowlby, J. (1973). Attachment and loss: Vol. 2 Separation: Anxiety and anger. New York: Basic Books.

Bowlby, J. (1980). Attachment and loss: Vol. 3 Loss: Sadness and depression. New York: Basic Books.

Clements, H., Valentin, S., Jenkins, N., Rankin, J., Baker, J. S., Gee, N., Snellgrove, D., & Sloman, K. (2019). The effects of interacting with fish in aquariums on human health and well−being: A systematic review. PLoS One, 14(7), e0220524.. doi: 10.1371/journal.pone.0220524

Cole, K. M., & Gawlinski, A. (1995). Animal−assisted therapy in the intensive care unit: a staff nurse's dream comes true. The Nursing Clinics of North America, 30(3), 529−37.

Colombo, G., Buono, M., Smania, K., Raviola, R., & Leo, D. (2006). Pet therapy and institutionalized elderly: A study on 144 cognitively unimpaired subjects. Archives of Gerontology and Geriatrics, 42, 207−216. doi:10.1016/j.archger. 2005.06.011

Cracknell, D., White, M. P., Pahl, S., & Depledge, M. H. (2017). A preliminary investigation into the restorative potential of public aquaria exhibits: a UK student-based study. Landscape Research, 42(1), 18-32. 10.1080/01426397. 2016.1243236

DeSchriver, M. M., & Riddick, C. C. (1990). Effects of watching aquariums on elders' stress. Anthrozoos 4, 44-48.

Ebener, J., & Oh, H. (2017). A review of animal-assisted interventions in long-term care facilities. Activities, Adaptation & Aging, 41(2), 107-128. 10.1080/01924788.2017.1306380.

Edwards, N. E., & Beck, A. M. (2002). Animal-assisted therapy and nutrition in Alzheimer's Disease. Western Journal of Nursing Research, 24(6), 697-712. 10.1177/019394502320555430

Edwards, N. E., & Beck, A. M. (2013a). The influence of aquariums on weight in individuals with dementia. Alzheimer Disease & Associated Disorders, 27(4), 379-383. 10.1097/WAD.0b013e3182769b34.

Edwards, N. E., & Beck, A. M. (2003b). Using aquariums in managing Alzheimer's Disease: Increasing nutrition and improving staff morale, Pet care trust final report.

Fiksdal., B. L., Houlihan, D., & Barnes, A. C. (2012). Dolphin-Assisted Therapy: Claims versus Evidence. Autism Research and Treatment, 2012, doi: 10.1155/2012/839792

Humphries, T. L. (2003). Effectiveness of dolphin-assisted therapy as a behavioral intervention for young children with disabilities. Bridge. 1, 1-9.

Katcher, A. H., Friedmann, E., Beck, A. M., & Lynch, J. J. (1983). Looking, talking and blood pressure: the physiological consequences of interaction with the living environment In: Katcher AH, Beck AM, editors. New perspectives on our lives with companion animals. Philadelphia: University of Pennsylvania Press, 351-359.

Katcher, A. H., Segal, H. & Beck, A. (1984). Comparison of Contemplation and Hypnosis for the Reduction of Anxiety and Discomfort during Dental Surgery. American Journal of Clinical Hypnosis, 27(1), 14-21.

Langfield, J., & James, C. (2009). Fishy tales: experiences of the occupation of keeping fish as pets. British Journal of Occupational Therapy, 72(8), 349-356. 10.1177/030802260907200805.

Marino, L., & Lilienfeld, S. O. (2007a). Dolphin-assisted therapy for autism and other developmental disorders: a dangerous fad. American Psychological Association, 33, 2-3.

Marino, L., & Lilienfeld, S. O. (2007b). Dolphin-assisted therapy: more flawed data and more flawed conclusions. Anthrozoos, 20(3), 239-249.

McKinney, A., Dustin, D., & Wolff, R. (2001). The promise of dolphin-assisted therapy. Parks and Recreation, 36, 46-50.

Morrison, M. L. (2007). Health benefits of animal-assisted interventions. Complementary Health Practice Review, 12, 51-62.

Nathanson, D. E. (1998). Long-term effectiveness of dolphin-assisted therapy for children with severe disabilities. Anthrozoos, 11(1), 22-32.

Nathanson, D. E., de Castro, D., Friend, H., & McMahon, M. (1997). Effectiveness of Short-Term Dolphin-Assisted Therapy for Children with Severe Disabilities. Anthrozoos: A Multidisciplinary Journal of The Interactions of People & Animals, 10(2-1), 90-100.

Palmer, R., & Custance, D. (2008). A counterbalanced version of Ainsworth's Strange Situation Procedure reveals secure-base effects in dog-human relationships. Applied Animal Behaviour Science, 109(2-4), 306-319. 10.1016/j.applanim. 2007.04.002.

Prato-previde, E., Custance, D. M., Spiezio, C., & Sabatini, F. (2003). Is the dog-human relationship an attachment bond? An observational study using Ainworth's Strange Situation. Behaviour, 140(2), 225-254.

Riddick, C. C. (2008). Health, aquariums and the institutionalized elderly. Marriage & Family Review, 8(3-4), 163-73. 10.1300/J002v08n03_12.

Sanchez, M., Delpont, M., Bachy, M., Kabbaj, R., Annequin, D., & Vialle, R. R. (2015). How can surgeonfish help pediatric surgeons? A pilot study investigating the antinociceptive effect of fish aquariums in adult volunteers. Pain Research and Management, 20(1), e28-32. 10.1155/2015/419412.

Webb, N. L., & Drummond, P. D. (2001). The Effect of Swimming with Dolphins on Human Well-Being and Anxiety. Anthrozoos: A Multidisciplinary Journal of The Interactions of People & Animals, 14(2), 81-85.

Wells, D. L. (2005). The effect of videotapes of animals on cardiovascular responses to stress. Stress & Health, 21(3), 209-213. 10.1002/smi.1057.

5.8 소동물교감치유

Aubrey, H. F. (Ed.). (2019). The IAHAIO Definitions for Animal Assisted Intervention and Guidelines for Wellness of Animals Involved in AAI, Academic Press, 499-504. 10.1016/b978-0-12-815395-6.15001-1.

Da Silva Garcia Dinis, F. A. B., & Martins, T. L. F. (2016). Does cat attachment have an effect on human health? A comparison between owners and volunteers. Pet Behaviour Science, 1, 1-12.

Harper, L. V. (1976). Chapter 5 — Behavior. J. Wagner, P. Manning (Eds.), The Biology of the Guinea Pig. Academic Press, San Diego. 31-51. 10.1016/B978-0-12-730050-4.50010-7.

Hediger, K. (2019) Global Best Practices in Applying AAI. Shnapshot Four: Integrating Animals Into Neurorehabilitation. In: Handbook on Animal-Assisted Therapy, Foundations and Guidelines for Animal-Assisted Interventions. San Diego. 435-437.

O'Haire, M. E., McKenzie, S. J., McCune, S., & Slaughter, V. (2013). Effects of animal-assisted activities with guinea pigs in the primary school classroom. Anthrozoos, 26(3), 445-458. 10.2752/175303713X13697429463835

Parish-Plass, N. (2013). Animal-Assisted Psychotherapy: Theory, Issues, and Practice (New Directions in the Human-Animal Bond) 1st ed. Purdue University Press; West Lafayette, IN, USA.

Sachser, N., Dürschlag, M., & Hirzel, D. (1998). Social relationships and the management of stress. Psychoneuroendocrinology, 23(8), 891-904, 10.1016/S0306-4530(98)00059-6.

Shiloh, S., Sorek, G., & Terkel, J. (2003). Reduction of state−anxiety by petting animals in a controlled laboratory experiment. Anxiety Stress Coping, 16(4), 387–395. doi: 10.1080/1061580031000091582.

Talarovičová, A., Olexová, L., & Kršková, L., (2010). Guinea pigs−the "small great" therapist for autistic children, or: do guinea pigs have positive effects on autistic child social behavior?. Society & Animals, 18, 139−151. 10.1163/156853010X491999

5.9 곤충교감치유

김소윤, 박해철, 박인균, 김성현. (2018). 곤충체험을 통한 치유농업의 심리치유효과−왕귀뚜라미 사례. 농촌지도와 개발, 25(2), 99−110.

김소윤, 이희삼, 박해철, 김성현. (2019). 곤충을 이용한 치유농업의 심리치유효과−호랑나비 사례. 농촌지도와 개발, 26(30, 153−163.

농진청. (2018). 반려곤충 키우면 '우울감' 줄고 '정서 안정' 효과 있어. 농촌진흥청 보도자료.

전윤석, 마승현, 이종경, 김성화, 이옥지, 권은숙, 이시종, 김옥진. (2017). 곤충을 활용한 심리치료 프로그램이 아동에 미치는 이점. 한국동물매개심리치료학회, 6(2), 1−9.

Golick, D. A., & Heng−Moss, T. M. (2013). Insect as educational tools: An online course teaching the use of insects as instructional tools. American Entomologist, 59(3), 183−187.

Jun, Y. S., Bae, S. M., Shin, T. Y., Lee, S. H., Gwak, W. S., Ahn, W. O., Kim, I. H., Lee, S. N., Kim, T. H., & Woo, S. D. (2016). Effects of an insect−mediated mental healthcare program for mentally disordered children. Entomological Research, 46(1), 85−90.

Kim, A. S., Ko, H. J., Choi, H. I., Moon, H. N., & Kim, S. H. (2018). Effects of rearing pet insects for improving mental health and salivary diurnal cortisol profile of elementary school children: A Pilot study. Current Pediatr Research, 22(1), 23−29

Ko, H. J., Youn, C. H., Kim, S. H., & Kim, S. Y. (2016). Effect of pet insects on the psychological health of community—dwelling elderly people: A single—blinded, randomized, controlled trial. Gerontology, 62(2), 200—209.

Matthews, R. W., Flage, L. R., & Matthews, J. R. (1997). Insects as teaching tools in primary and secondary education. Annual Review of Entomology, 42, 269—289.

Park, J. Y., Ko, H. J., Kim, A. S., Moon, H. N., Choi, H. I., Kim, J. H., Chang, Y. M., & Kim, S. H. (2019). Effects of Pet Insects on Cognitive Function among the Elderly: An fMRI Study. Journal of Clinical Medicine, 8(1), 1705. . doi: 10.3390/jcm8101705

Yang, M. J. (2016). Influence of positive emotion with pet bug in old women: Resting state power spectral density analysis. Ph.D Dissertation of Kyungpook National University.

6장

치유 보조 동물의
평가 및 선발

6.1 치유 보조 동물의 평가 및 선발(Ernst, 2014)

 1. 치유 보조 동물의 평가

일반적으로 동물교감치유 또는 활동 프로그램에 참여하는 동물들은 기본적인 복종 기술을 가지고 있어야 하고, 예측 가능한 방식으로 행동해야 하며, 사람들과 함께 있는 것처럼 행동해야 한다(American Veterinary Medical Association (AVMA), 2014). 예를 들어 치유보조견은 음성 명령에 대한 적절한 반응을 보여줄 수 있어야 하고, 쓰다듬기 위해 앉을 줄 알아야 하며, 낯선 사람이나 다른 동물들을 받아들일 수 있어야 한다(Ernst, 2012). 그러므로 적절한 훈련이 필수적이다. 동물교감치유 기관이 관련되면 각각의 치유보조견은 한 명의 동물교감치유사와 훈련하게 되고, 그 후에 동물교감치유 팀이 된다. 하지만 현장에 나갈 수 있기 전에 모든 동물교감치유 팀은 신중하게 평가되어야 한다. 이것은 동물이 그 일에 적합한 기질을 가지고 있고, 동물교감치유사가 항상 치유보조견을 완전히 통제할 수 있다는 것을 보장한다. 동물교감치유 팀은 평가 중에 일반적으로 다음 사항을 평가한다.

- "앉아!", "이리 와!", "엎드려!", "기다려!" 명령에 대한 치유보조견의 반응과 바닥에서 발견된 약품이나 음식 같은 것을 먹지 않도록 하기 위한 "그냥 둬!"란 명령도 있다(Bánszky, et al., 2012).
- 시끄러운 소음, 군중, 모의 엘리베이터 탑승에 대한 치유보조견의 인내심, 의료 환경에 들어가는 치유 보조 동물은 일반적으로 의료 장비에 노출되

며, 휠체어와 보행기를 동반한 군중 속에서 걷는 것을 평가한다(Golden, 2008). 이러한 환경을 다룰 수 있도록 보장해야 한다.

- 치유보조견이 상황에 관계없이 동물교감치유사에게 복종함으로써 치유보조견을 항상 제어할 수 있는 동물교감치유사의 능력을 평가한다.

보호자는 치유 보조 동물 단체에서 치유 보조 동물로 등록하기 위한 요건을 충족해야 한다. 개별 치유 보조 동물 조직에 따라 이러한 요구 사항에는 동물교감치유사 훈련 및 평가, 치유 보조 동물 훈련, 수의사 평가 및 행동 평가가 포함될 수 있다(Serpell, 1989). 미국의 펫 파트너스(Pet Partners)에서는 총 9종의 치유 보조 동물을 등록할 수 있다. 대부분은 개이지만 고양이, 말, 토끼, 기니피그, 라마와 알파카, 새, 미니어처 돼지, 쥐를 등록할 수 있다. 펫 파트너스는 예비 치유 보조 동물의 기준을 제시하고 있다(Pet Partners, n.d.).

예비 치유 보조 동물의 기준

- 평가 당시 최소 1년, 토끼, 기니피그 및 쥐의 경우 6개월 이상되어야 한다.
- 최소 6개월 또는 새의 경우 1년 동안 보호자의 집에서 함께 살아야 한다.
- 신뢰할 수 있는 공공예절 교육을 받아야 한다.
- 새(Bird) 기저귀를 제외하고 배변을 처리하는 착용 물품은 허용되지 않는다.
- 광견병 예방 접종을 받아야 한다. 토끼, 기니피그, 쥐 및 새는 이 요건에서 면제된다.
- 항체가 있다고 하더라도 예방 접종을 해야한다.
- 생고기 식단을 먹일 수 없다.
- 사람이나 다른 동물을 공격하거나 심각하게 다치게 한 이력이 없어야 한다. 여기에는 슐츠훈트(Schutzhund)와 같은 개 스포츠의 구성 요소라고 할지라도 공격적으로 훈련된 동물 또는 물도록 권장된 동물이 포함된다.
- 좋은 기본 복종 기술을 보여주어야 한다.
- 목줄을 잡고 걷는 동물은 줄이 팽팽하지 않은 상태에서 걸어야 하며 "앉아!", "엎드려!", "기다려!", "이리와!", "내버려 둬!"와 같은 일반적인 명령에 안정적으로 응답해야 한다.
- 낯선 사람과의 상호 작용을 단순히 용인하는 것이 아니라 환영한다.
- 펫 파트너스가 허용하는 장비를 편안하게 착용하여야 한다.

1) 치유 보조 동물의 평가 기준(Fredrickson, & Howie, 2006)

평가를 위한 정책과 절차를 감독할 수 있는 가장 중요한 규제 조직은 없으며, 대부분의 조직이 자체적으로 개발하여 사용하고 있다(Serpell, et al., 2020). 여기에는 평가 전에 치유보조견이 동물교감치유사와 함께 살았던 시간, 치유보조견의 재평가 빈도, 예방 접종 요구 사항, 방문 시간과 빈도, 치유보조견이 질병 징후를 보일 경우 활동 제한 또는 적절한 인도적 훈련 방법이 포함된다.

어떤 사람들은 표준이 있는 것이 표준 없이 운영하는 것보다 낫다고 주장할 수 있다. 표준이 있는 것이 어느 정도 장점이 있지만 불완전하거나 잘못된 기준을 사용하면 치유보조견의 복지가 나빠지고 착취가 발생할 수 있다.

여러 전문 조직이 동물교감치유 관련 역량을 제시하는 데 진전을 보인 반면 다른 조직에서는 동물교감치유를 인정된 실무 영역으로 포함했다. 예를 들어, 미국 상담 협회(American Counseling Association)는 2016년에 첫 번째 전문 역량 세트를 발표했다(Stewart, 2016). 미국 심리학회(American Psychological Association)도 인간 동물 상호 작용 섹션에 요구되는 역량과 윤리적 지침 목록을 발표했고, 미국 작업 치료 협회(American Operational Therapy Association, n.d.)는 동물 지원 치료를 특정한 실천 분야로 인정하고 있다.

내부 규정, 지침, 그리고 다른 문서들을 가지고 있는 많은 단체들이 있다. 모든 역량, 윤리, 기준, 지침의 공통점은 실제 동물들(인간적인 훈련 방법을 사용하는 것을 포함)과 그들이 함께 일하는 동물교감치유사들의 안전과 복지를 보호할 필요성을 인식한다는 것이다. 전문가들은 동물교감치유사들에게 서비스를 제공할 수 있는 학위 수준의 자격을 가지고 있을 수 있지만, 동물교감치유를 도입하는 것은 또한 치유보조견들의 신체 언어와 종, 품종, 그리고 개별 특성 수준에서의 행동을 포함한 치유보조견에 대한 지식을 필요로 한다. 동물교감치유사가 치유보조견의 요구를 예측하고 존중하지 않으면 치유보조견이나 내담자가 부상을 입을 위험이 있다. 동물교감치유사는 불편함과 고통의 징후를 즉시 완화할 수 있는 적절한 조치를 취할 필요가 있다.

1970년대에 많은 치유 동물 방문 프로그램은 자원봉사자들이 보호소 동물들과 함께 일하도록 격려했다. 그러나 1990년대까지 미국의 모든 주요 인도적 협회와 수의학 단체들은 그러한 관행을 반대했다. 미국동물보호협회(ASPCA: American Society for the Prevention of Cruelty to Animals)는 "예측할 수 없는 사람과 특이한 소음이 있는 낯선 환경을 방문하는 것은 특히 입양을 기다리는 어린 동물들에게 스트레스를 준다"고 보고했다(Shelter Animals, 1992). 건강 이력과 행동 형태가 알려지지 않은 동물이 취약한 사람과 접촉하게 되면 인수공동감염병이나 부상의 위험을 높인다. 또한 잘 훈련된 동물들은 다른 동물들과 상호 작용을 강화하는 기술을 가질 수 있기 때문에, 이 연습은 상호 작용의 효과를 감소시킬 수 있다. 또한 오랜 기간 동일한 동물의 방문은 내담자 또는 환자와의 관계를 확립하는 데 도움이 된다(New, 1995). 동물교감치유 프로그램에서 이 관계는 종종 치유의 목표가 된다. 1980년대 상주 동물 프로그램이 요양원에서 받아들여지면서 환자와 동물 복지에 대한 관심이 증가했다. 위험관리 요원과 보험사는 시설에 배치된 동물들이 동물성 질병으로부터 자유롭고 거주자들에게 물리적 위협이 되지 않는다는 보장을 요구했다.

1983년 미네소타대학에서 열린 인간─동물 유대에 관한 회의에서 요양원에 상주하는 동물에 대한 지침이 제시되었으며, 신중한 평가가 선행돼야 한다고 권고했다. 지침서에는 요양원 상주 동물들을 평가할 때 시설의 관리자, 거주자 및 직원과의 인터뷰, 물리적 시설에 대한 고려, 요양원의 사회적 요구에 대한 평가가 포함되어야 한다고 언급했다(Hines et al., 1983). 또한 시설에서 동물들의 역할을 고려할 것을 권고했다. 이 지침은 동물교감치유 방문 프로그램에 관련된 동물의 선택에 대해서는 다루지 않았다. 방문 동물은 치유보조견 기질 검사 등 품종 기질 검사를 통해 가장 많이 선별된다. 그러나 자원 봉사자들은 종종 동물을 선별하는 방법에 대한 지식이 부족하다. 더 많은 기준들이 종에 따라 개발될 필요가 있다.

테네시의 인간과 동물의 유대(HABIT: Human-Animal Bond in Tennessee) 프로그램, 델타 소사이어티(Delta Society)의 샌안토니오 지부, 아이오와주의 펫 팔스(Pet Pals)는 방문 동물을 위한 선발 절차를 개발한 최초의 프로그램 중 일부이다.

동물교감치유 활동을 위한 치유보조견을 선택할 때 치유보조견에 대한 평가 결과가 동물교감치유에 반드시 적합하지는 않다는 것이 증거를 통해 확인되었다. 치유보조견 기질 평가 결과를 평가한 결과 성견의 행동을 예측하지 못한 것으로 나타났다(Young, 1986). 이 평가들은 또한 동물교감치유와 관련하여 동물의 성과를 평가하지 않았다. 의료 제공자, 경험이 많은 자원봉사자, 동물 보호 및 복지 전문가들은 동물교감치유 동물 선발의 최소 기준은 반드시 의학 기준, 기질 및 행동 기준 및 동물 관리 기준을 포함해야 한다고 권고했다(New & Strimple, 1988).

1991년 델타 소사이어티 동물 선택 특별 위원회는 동물교감치유에 관련된 가축에 대한 표준 선발 절차를 개발하기 위해 회의를 가졌다. 메리 버치(Mary Burch) 박사가 의장을 맡은 이 특별전문위원회는 600명 이상의 평가자들을 대상으로 다양한 프로그램을 조사했다. 평가자들은 가장 자주 사용되는 기질 평가에서 시험 항목의 순위를 매기도록 요청받았다. 이 설문조사를 통해 펫 파트너 기술 및 적성 검사(Pet Partners Skills and Aptitude Test)가 탄생하게 되었다. 이 선발 과정은 치유 보조 동물에 대한 최소 선발 요건으로 국제적으로 받아들여지고 있다.

(1) 기질과 적성(Temperament versus Aptitude)

치유 보조 동물의 선발 기준은 동물교감치유 프로그램에 참여하는 동물들의 기질(Temperament)과 행동(Behavior)에 대한 평가를 요구했다. 기질이라는 용어는 개와 가장 자주 연관되어 있는 반면, 행동은 다른 동물들의 성격 특성을 언급하기 위해 사용되었다. 이 용어들의 분리는 자원봉사자, 의료 제공자 및 다른 사람들에게 혼란을 유발했다. 기질은 동물행동학자와 개 사육자들에게는 서로 다른 의미를 주게 된다. 많은 개 사육자들은 자극에 대한 일련의 특정한 반응이 아닌 특정한 견종의 특성을 설명하기 위해 기질이라는 용어를 사용했다.

기질 검사는 동물교감치유에 관련된 동물들의 독특한 요구 사항을 고려하지 않았다. 초기 실무자들은 동물을 선발하는 기준이 다음과 같은 요소들을 고려할 것을 권고했다. 그것은 신체적 특성, 성격 특성(특히 신체 언어를 통한 동물 태도의 예측 가능성, 의사 소통 가능성), 인간과의 유대 정도, 개와 주인 사이의 관계(Homes,

1988)이다. 기질을 평가 도구로 사용하는 것은 많은 동물들이 반려동물로는 적합하지만 동물교감치유 프로그램 참여에는 적합하지 않은 기질을 보인다는 사실을 포함하지 않는다. 적성 평가는 동물교감치유 팀을 작업 단위로 간주한다. 적성에 따라 동물교감치유에서 일할 수 있는 능력, 역량, 잠재력이 더 명확하게 결정된다. 델타 소사이어티의 펫 파트너스(Delta Society Pet Partners) 프로그램은 동물에게 필요한 기술과 성공적인 참여를 위해 필요한 적성을 구체적으로 구분한다. 이 검사는 동물교감치유 상황에서 가장 자주 발생하는 사회적, 물리적 스트레스의 유형을 모의실험한다. 팀은 각 상황에 따라 대처하는 능력과 차분하고 비공격적인 의사 소통으로 상황에 대응하는 능력에 대해서 평가를 받는다.

　　동물교감치유 분야와 다양한 프로그램의 출현으로 표준의 필요성이 점점 더 분명해졌다. 50명 이상의 동물교감치유 실무자들이 동물교감치유 프로그램에 대한 실무 표준과 직업 프로파일을 알아내기 위해 거의 2년 동안 작업했다. 델타소사이어티는 1992년 동물교감활동과 동물교감치유를 위한 안내서(Handbook for Animal-Assisted Activities and Animal-Assisted Therapy)에 그 결과를 발표했다. 1996년 이 안내서는 동물교감 활동 및 치유를 위한 실천 표준으로 개정되었다. 이 분야의 실무자들은 세심하게 선택된 방문 동물들과 거주 동물들만을 참여시키는 것의 중요성을 인식하고 있다.

　　동물교감치유에 관련된 동물에 대한 최소 선발 절차는 작업 단위로 동물교감치유 팀을 평가한다. 선별 절차는 동물과 보호자가 동물교감치유 상황에서 가장 자주 마주치는 고유한 상황을 모의실험하도록 특별히 설계되어야 한다. 미국 델타소사이어티에서는 치유 보조 동물의 선발 기준에 대해서 다음과 같이 말하고 있다(Delta Society, 1996). "동물교감치유에 참여하는 동물은 특별한 목적을 가지고 선정되고, 건강하고, 안전하며, 위험관리 기준에 부합한다. 적절한 적성을 가지고 있고, 적절한 체격과 나이이며, 모든 팀원에게 도움이 될 수 있는 적절한 기술을 보여준다. 동물의 행동을 변화시킬 수 있는 약물을 사용하는 것은 용납될 수 없다."

2) 평가시 고려사항

치유 보조 동물의 선발 기준(Fredrickson, & Howie, 2006)은 동물교감치유 제공자의 자격이나 문서화 기준보다 더 중요하거나 덜 중요하지는 않다. 다만 동물교감치유 팀에 대한 기준 활용이 강조되어야 한다. 동물교감치유사를 배제하고 치유 보조 동물에만 집중하는 것은 치유현장에서 큰 해를 끼쳐왔다. 동물교감치유에 적절한 치유 보조 동물도 중요하지만, 치유 보조 동물에게 요구되는 동일한 기준에서 동물교감치유사를 배제하는 것은 불필요한 위험을 증가시킨다. 예를 들어, 경험이 많은 치유 보조 동물과 경험이 부족한 동물교감치유사는 치유 보조 동물이나 환자를 위험한 상황에 처하게 할 수 있다. 따라서 치유 보조 동물과 동물교감치유사는 한 팀으로 활동하기 때문에 어떤 사람들은 동물교감치유사의 기준이 치유 보조 동물에 대한 기준보다 훨씬 더 엄격해야 한다고 주장하기도 한다.

성공적인 평가 절차를 활용하기 위해 추가적으로 중요한 요소는 동물교감치유에 대한 평가자의 지식이다. 동물교감치유사와 치유 보조 동물의 적절성에 대한 정확한 평가를 하기 위해 평가자는 동물교감치유의 역학 내에서 치유 보조 동물의 능력과 적성의 상호 작용을 숙지해야 한다. 실무표준에 따르면 주요 선발 기준은 신뢰성, 예측 가능성, 통제 가능성, 적합성 및 자신감을 고취시키는 능력이다. 실무기준의 내용은 다음과 같다.

🐾 **그림 6.1 치유 보조 동물의 선발기준**

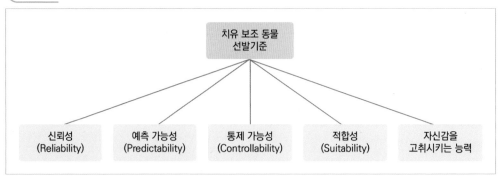

(1) 신뢰성(Reliability)

신뢰성은 반복되는 유사한 상황에서 행동이 신뢰할 수 있거나 거의 비슷하다는 것을 의미한다. 치유적 개입이 효과적이기 위해서는 동물교감치유사는 치유 보조 동물이 유사한 상황에 놓였을 때 기본적으로 유사한 방식으로 반응할 것이라는 확신을 가져야 한다. 이것은 치유 보조 동물, 동물교감치유사, 환자, 직원 및 방문객 등 관련된 모든 사람의 안전과 안녕을 위한 것이다.

신뢰성은 훈련을 통해 향상될 수 있다. 예를 들어 치유보조견을 요양원에 데려가려면 직원들은 치유보조견이 카트, 휠체어, 산책로와 끊임없이 마주칠 때 침착하고, 공격적이지 않으며, 행복할 것이라는 것을 알아야 한다. 직원은 동물교감치유사가 신뢰할 수 있는 기술을 가지고 있다는 것을 알아야 한다. 예를 들어 휠체어 바퀴가 잠겼는지 일관되게 확인하고 거주자들을 온정을 가지고 대하는 능력을 가지고 있다.

화상을 입은 환자들이 있는 병원에서 동물교감치유 중에 토끼는 놀라거나 움직이지 않거나 피하면 안 된다. 동물교감치유사가 심한 화상의 영향에 편안해야 하며, 환자를 응시해서는 안 된다. 게다가 뇌성마비 아이가 운동장에서 탈 말은 안정적이고 고른 걸음걸이와 예기치 못한 사건, 소음, 움직임에 대처할 수 있는 능력을 갖추어야 한다. 동물교감치유사는 말의 신체 언어와 스트레스 수준을 정확하게 관찰해야 하며, 비침습적이고 효과적인 방식으로 개입할 수 있어야 한다.

(2) 예측 가능성(Predictability)

예측 가능성은 특정 상황에서 행동을 미리 예측할 수 있다는 것을 의미한다. 예측 가능성과 신뢰성은 밀접한 관련이 있다. 훈련을 통해 예측 가능성이 반드시 높아질 수 있는 것은 아니다. 다양한 개 행동 사이의 상호 관계에 대한 연구는 복종 훈련과 바람직한 행동 사이에서 제한된 연관성을 발견했다(Goodloe, & Borchelt, 1998).

연구자들은 치유보조견과 함께 더 많은 시간을 보내고자 하는 동물교감치유사가 치유보조견과 다르게 행동할 수 있으므로 새롭고 특이한 상황에서 치유보조견의 두려움을 줄일 수 있다고 제안했다. 예를 들어, 오른쪽 팔을 더 크게 펴고 구부리기 위해 환자와 함께 일하는 치유보조견을 생각해 보면 동물교감치유사는 회기의 치유적 개입으로 가져오기 게임을 선택했을 때 동물교감치유사는 냄새, 물건, 그리고 방의 다른 곳에 있는 사람들이 유혹하는 것에 치유보조견이 산만해지지 않고 물품을 가져와 게임에 참여할 것이라는 확신을 가져야 한다. 또한 환자의 비정상적인 행동이 다른 사람에게 미치는 영향에 대해 정신 질환이 있는 성인과 함께 일하는 동물교감치유사를 고려해야 한다. 동물교감치유사는 성인이 부드러운 어조로 말하지 않고, 움직임을 최소화하지 않는 성인을 피하려는 치유보조 말과 함께 일할 수 있다. 이 예에서 동물교감치유사는 치유보조 말을 안전하게 보호하기 위한 조치를 취해야 하지만 치유보조 말의 자연적 후퇴 본능을 방해해서는 안 된다.

(3) 통제 가능성(Controllability)

통제 가능성은 행동을 억제, 유도 또는 관리할 수 있음을 의미한다. 동물에서 통제 가능성은 종종 훈련을 통해 개선될 수 있다. 최소 훈련 요건은 프로그램에서 동물의 성과에 대한 기대와 일치해야 한다. 예를 들어 아픈 아이들을 위해 토끼가 침대에서 침대로 옮겨지는 동안 바구니에 머무르고 조용히 앉도록 훈련되어야 한다. 토끼가 바구니를 안전하게 드나드는 법을 훈련시키는 것도 중요할 수 있다. 그러나 사람들의 경우 통제 가능성은 전형적으로 기질의 문제이며, 교육을 통해 자주 바뀌지 않는다.

예를 들어 한 무리의 아이들이 있는 조랑말을 생각해 보면, 동물교감치유사는 조랑말이 도발을 당하더라도 아이들을 물어뜯거나 발로 차지 않을 것이라는 확신을 가져야 한다. 이것은 동물교감치유사의 실력이 중요한 상황을 잘 보여주는 사례이다. 어린이는 방문하기에 가장 예측하기 어려운 그리고 통제할 수 없는 환자들 중 일부일 수 있다. 조랑말은 매우 관대하고 좋은 본성을 가질 수 있지만 모든 생물에는 한계가 있다. 만약 조랑말 주위에서 아이들이 계속 위협적인 행동을 하도록 내버려 둔다면 조랑말은 무능한 동물교감치유사에 대한 인내심을 잃고 스스로를 방어하기 위해 스스로 문제를 처리하기 위해 물거나 발로 차려고 할 것이다.

통제 가능성은 종종 상주 동물에서 문제가 되는데, 상주 동물은 다양한 기술과 능력을 가진 많은 거주자와 직원에 의해 통제될 것으로 예상되지만, 이것은 보통 비현실적인 기대이며, 상주 동물을 다루기 어렵게 되거나 문제를 일으키고 다른 집을 찾아야 하는 불행한 결과를 낳는다.

(4) 적합성(Suitability)

적합성은 목적에 적합하거나 자격을 갖춘 것을 의미한다. 여기에서의 목적은 동물교감치유사가 각 회기에 대해 확인한 구체적인 목표이다. 동물교감치유 팀은 환경의 역동적인 맥락에서 환자가 그러한 목표를 위해 일할 수 있도록 도울 수 있어야 한다. 또한 동물교감치유 팀이 환자에게 건강상의 위험을 초래해서는 안 된다. 예를 들어 약물 남용 치료를 받는 남성 청소년들은 일반적인 가정용 애완동물보다 파충류와 거미류에 대해 더 배우도록 동기를 부여할 수 있다. 아니면 복도가 매우 좁고 장비로 붐비는 시설을 생각해 보자. 이 시설의 직원들은 대개 업무 중심적인 결정으로 빠르게 움직인다. 이 상황에서 동물교감치유 팀은 기동성이 뛰어나야 하고 빠르게 길을 비켜 갈 수 있어야 한다. 따라서 이러한 역학을 고려할 때 긴 목줄을 하고 있는 개, 마차 위의 돼지, 바구니에 든 토끼로 이루어진 팀이 있다고 하면 이러한 환경에 가장 적합한 팀은 토기교감치유팀이 될 것이다.

적합성의 선택은 또한 같은 종의 개체들 사이에서 일어날 수 있다. 뇌졸중으로부터 회복하고 있는 60대 초반의 활기찬 남자를 생각해 보면, 그는 걷는 법을 다시 배우고 있지만 걸을 수 없다는 것을 잊고 충동적으로 일어나 넘어진다. 오른쪽을 소홀히 하고 걷다가 중심을 잃고 오른쪽 사물에 부딪친다. 동물교감치유사는 뇌졸중으로부터 회복하고 있는 남성이 오른쪽에 치유보조견을 데리고 걷도록 하고 그가 오른쪽에 주의를 기울이길 바란다. 동물교감치유사는 여러 마리의 치유보조견을 이용할 수 있다. 치와와, 셸티, 라브라도 리트리버가 있다고 하면 라브라도 리트리버가 가장 적합할 것이다.

적합성 측면에서 종종 무시되는 측면은 즐거움이다. 이 기준을 피하는 것은 단순히 불행할 뿐만 아니라 학대일 수도 있다. 동물은 상호 작용을 즐기는가?, 아니면 그냥 참는가? 동물교감치유사가 환자에게 느긋하고 자신감 있는가? 아니면 눈을 마주치는 것을 두려워하고 자세가 딱딱하며 중얼거리는가? 치유 보조 동물과 동물교감치유사 중 누가 방문하길 원하는가? 만약 동물교감치유사가 치유 보조 동물들이 좋아하지 않는 일을 하도록 강요한다면, 그것은 학대이다. 견딜 수 없는 상황에 지속적으로 놓인 치유 보조 동물은 결국 보복하게 될 것이다. 동물교감치유사의 기술이 얼마나 중요한지 보여주는 또 다른 예가 있다. 만약 동물교감치유사가 치유 보조 동물의 요구에 민감하지 않거나 존중하지 않는다면, 동물교감치유사는 부주의로 그 치유 보조 동물의 필요성보다 자신의 필요를 우선시할 수 있다. 이것은 순종적인 치유 보조 동물에게는 병을, 적극적인 치유 보조 동물의 경우에는 공격성을 유발할 수 있다.

(5) 자신감을 고취시키는 능력

자신감을 고취시키는 능력은 사람들이 팀 주변에서 편안함을 느낀다는 것을 의미한다. 자신의 안전을 두려워하는 사람은 치유 목적 달성에 집중할 수 없다. 예를 들면, 저먼 세퍼드, 도베르만, 또는 로트와일러는 전쟁 포로로 시간을 보낸 사람에게 자신감을 불어넣을 것 같지는 않다. 허약한 노인은 바닥에서 활기차고 통통 튀는 개보다는 고양이를 무릎 위에 앉혀서 더 자신감을 느낄 수 있다. 움직이지 않는 사람은 아무리 온순하고 교육을 잘 받았다고 할지라도 라마가 방문하는 것을 원하지 않을 수 있다. 자신감을 불어넣는다는 것은 동물교감치유에서 활용되는 모든 동물들이 "완벽"하거나 "생각이 없다"는 것을 의미하지 않으며, 사람들이 원하는 것은 무엇이든 할 수 있어야 한다는 것을 의미하는 것은 아니다. 반대로 때로는 문제가 있는 환자가 유사한 특성을 가진 동물과 친해지거나 신체적으로 해롭지 않은 즉각적인 자연스러운 결과를 낳을 때 가장 많은 치유적인 상호 작용이 일어난다. 예를 들어 수줍음이 많은 아이는 수줍은 동물에게 끌려서 그 동물과 일하는 것을 편안하게 느낄 수 있다. 큰 소리로 공격적으로 말하는 환자는 동물이 움츠러드는 것을 볼 수 있다. 반면에 사람은 공격성에 대한 반응을 숨길 수 있는데, 이러한 환자는 문제 행동과 연결되기 어렵다.

 ## 2. 동물교감치유 팀의 선택 기준

안전할 뿐만 아니라 효과적인 동물교감치유 상호 작용을 위해서는 먼저 기준을 알고 그 기준을 자신의 상황에 적용해야 한다.

1) 동물교감치유사

치유 보조 동물의 보호자는 치유 보조 동물의 기능과 상호 작용의 치유적 가치에 필수적이다. 잘 훈련되고 숙련되고 적절한 보호자가 없으면 위험이 증가한다. 동물교감치유사는 직원 또는 자원봉사자일 수 있다. 가장 효과적인 동물교감치유사는 다음 영역에 대해 잘 알고 있어야 한다.

- 동물교감치유 상호 작용에서 그들의 역할과 책임
- 치유 보조 동물에 대한 요구 사항의 근거
- 치유 보조 동물의 스트레스
- 치유 보조 동물 보호
- 다양한 장애 또는 질병을 가진 사람들과 동물교감치유 상호 작용을 위한 기술
- 대화 및 듣기 기술
- 방문 준비, 수행 및 종료 방법
- 문서화
- 시설 관리 절차 및 정책
- 감염 통제
- 부상 방지 기술
- 책임 문제

일부 동물교감치유사는 위의 목록을 모두 충족하는 자격을 가지고 있는 경우도 있지만 다른 사람들은 열정은 많지만 자격이 없을 수 있다. 시설은 동물교감치유사와 치유 보조 동물이 환자와 상호 작용할 수 있도록 하기 전에 동물교감치유사의 자격을 확인하고 필요한 교육을 제공할 준비가 되어 있어야 한다. 동물교감치유에 대한 지식 외에도 유능한 동물교감치유사는 치유 보조 동물과 강한 팀워크를 보여줄 것이다. 이는 환자에게 자신감을 불러일으키는 일종의 팀워크이다. 팀워크는 동물교감치유사가 치유 보조 동물에게 사용하는 목소리 톤으로부터 시작된다. 환자들은 동물교감치유사의 거친 명령에 기분이 상할 수 있고, 유쾌하고 편안한 어조의 명령에 안심할 수 있다. 부드러운 목소리와 자신감, 그리고 치유 보조 동물과 동물교감치유사 사이의 강한 유대감이 조화롭게 일하고 있다는 인상을 준다.

동물교감치유사와 치유 보조 동물 사이의 의사소통은 언어적인 것을 넘어서 비언어적인 것으로도 확장된다. 치유 보조 동물과의 비언어적 의사소통은 본질적으로 강압적이어서는 안 된다. 예를 들어 환자는 동물교감치유 상호 작용의 대부분 동안 동물교감치유사가 개의 귀 뒤를 긁어주는 다정한 손을 유지하고 있다는 것을 식별할 수 없을 수 있지만, 환자는 치유 보조 동물과 동물교감치유사 사이의 강한 존중의 관계에 대해 긍정적인 느낌을 갖게 된다. 치유 보조 동물을 신체적으로 특정한 자리에 위치시키는 것 외에는 전혀 만지지 않는 동물교감치유사는 완전히 다른 인상을 남긴다. 특히, 거친 목소리 톤과 육체적인 밀치기는 주의를 산만하게 할 수 있고, 동물교감치유사와 치유 보조 동물 사이의 관계에 대해 부정적인 판단을 만들 수 있다. 요약하면 동물교감치유사 역할의 주요 구성요소는 다음과 같다.

- 사람과 치유 보조 동물에 대한 적절한 대우
- 동물교감치유에서 사람들과 상호 작용하는 데 필요한 적절한 사회적 기술 (눈 맞춤, 미소, 자신감 있는 자세, 대화)
- 다양한 작업과 시나리오에서 치유 보조 동물에게 보상해주는 즐겁고 침착하며, 친근한 반응과 태도

- 모든 상황에서 치유 보조 동물의 보호자 역할
- 치유 보조 동물의 신호(스트레스, 흥분 등)를 효과적으로 읽고 그에 따라 행동하기
- 치유 보조 동물의 필요를 보호하고 존중하기
- 기밀 유지

2) 치유 보조 동물

동물에 대한 사람들의 반응은 다양할 수 있다. 동물교감치유 프로그램에 치유 보조 동물을 선택할 때 사람들의 다양한 경험과 치유 보조 동물에 대한 반응을 고려해야 한다.

(1) 치유 보조 동물 종과 견종에 대한 고려사항

비슷한 방식으로 견종과 견종 그룹도 건강관리 프로그램에 포함시킬 때 고려되어야 한다. 견종과 견종 그룹은 특정 목적을 위해 선별된 결과다. 이것은 특정한 특성들에 대해 일정한 양의 예측 가능한 행동 형태를 초래한다. 이러한 특성들이 동물교감치유 프로그램의 맥락에서 모두 적절한 것은 아니다. 견종 및 견종 그룹의 일반적 특성은 다양한 상황에 대한 개의 반응에 영향을 미칠 것이다.

견종과 견종 그룹의 일반적인 특성은 프로그램의 적합성, 자신감 및 안전성에 영향을 미친다. 사역견 그룹, 스포팅 그룹, 허딩 그룹을 대표하는 견종들은 빠른 움직임과 고음과 같이 먹이의 행동이나 반응을 모의실험하는 사건들에 더 적극적으로 반응한다. 이런 종류의 개들은 공을 쫓고 덤벼들 가능성이 더 높다. 토이 그룹과 넌스포팅 그룹의 견종들은 공을 볼 확률이 더 높다. 이처럼 매우 개별적인 반응은 동물교감치유 프로그램을 강화하거나 덜 효과적이게 만들 수 있다.

대부분의 프로그램이 개를 포함하지만 다른 동물들도 동물교감치유 프로그램에서도 비슷한 혜택을 제공할 수 있다. 개들은 여러 가지 이유로 특정 프로그램에 적합하지 않은 종일 수 있다. 알레르기, 공포증, 감염 위험은 새나 작은 동물과 같은 다른 종을 더 적합하게 만들 수 있다. 이러한 동물들은 동물교감치유

에 대한 안전을 보장하기 위해 적절한 적성, 행동 및 적합 특성을 쉽게 검사할 수 있다.

어떤 종이 동물교감치유에 적합한지 여부를 고려할 때, 그 동물을 기준에 따라 평가하는 것이 매우 중요하다. 동물교감치유에 대한 IAHAIO(International Association of Human-Animal Interaction Organizations) 지침에서는 동물교감치유에 가축만 참여할 것이라고 명시하고 있다. 일반적으로 가축은 사람, 사람의 행동, 사람이 만든 발명에 대처하는 능력이 더 높은 것으로 알려져 있다. 다른 종을 동물교감치유 프로그램에 통합하기 전에 다음 질문에 답해야 한다.

가. 어느 것이 더 믿을만 한가?

내담자가 예측할 수 없거나 최소한의 직원 감독이 있는 상황에서는 새장에 갇힌 새나 어항이 가장 효과적이고 안전한 동물이 될 수 있다. 한 응급실 프로그램은 토끼가 항상 바구니에 있기 때문에 개 대신 토끼를 포함하기로 선택했다. 만약 환자와 부딪치는 상황이면, 자원봉사자들과 치유 보조 동물들은 빠르고 효과적으로 환경에서 배제될 수 있다.

나. 다양한 종의 차이가 동물교감치유 방문에 어떤 영향을 미치는가?

행동 형태는 초식 동물과 육식 동물 사이에 매우 다르다. 토끼와 기니피그가 개보다 더 자주 먹어야 한다는 점은 환자의 양육 능력을 높이겠다는 목표를 설정해 그러한 역할을 강화할 수도 있다. 마찬가지로 동물의 빈번한 배제를 수용할 수 있는 대처와 기술이 필요하다.

다. 치유 보조 동물의 스트레스의 징후를 적절하게 관찰할 수 있는가?

이 질문은 아마도 동물교감치유 프로그램에 관련된 모든 종에게 가장 중요한 고려사항일 것이다. 동물교감치유사는 과도한 스트레스를 피하기 위해 제한된 스트레스에 대한 치유 보조 동물의 반응을 관찰할 수 있어야 한다. 이러한 이유로 대부분의 외래 동물이나 야생 동물은 동물교감치유 프로그램에 적합하지 않다. 이 종들이 스트레스를 보일 때쯤이면 치유과정에 참여한 사람들은 보통 상당히 압도된다.

(2) 환경 역학과 치유 보조 동물의 선택

동물교감치유 분야에서 일하는 사람들은 더 큰 산만함(직원들의 활동 수준, 환경 등), 예측할 수 없는 내담자 행동, 그리고 상호 작용에 대한 직원 도움의 감소 등 작업 환경의 문제로 방문을 어렵게 만들 수 있다.

따라서 동물교감치유 팀은 그들이 너무 어려운 상황에 놓이는 것을 방지하거나 심지어는 위험한 환경에서 함께 작업할 적절한 팀을 선택하는 방법을 알아야 한다. 매우 예측할 수 없는 내담자가 있는 시설이나 직원 지원이 제한적인 불안정한 분위기에 초보 동물교감치유 팀을 배치하게 되면 내담자와 치유 보조 동물에 대한 위험이 증가하고, 기대치가 낮아지고, 자원 봉사자의 참여가 줄어든다. 그러므로 그림 6.2에 표시된 실행 표준의 환경 역학 매트릭스를 고려해야 한다. 이 매트릭스는 동물교감치유사의 작업 환경에 표준을 적용할 때 안전에 필요한 주요 구성 요소를 개념화한 것이다.

시설 직원은 인간-동물간 상호 작용의 역학을 이해하는 것이 필수적이다. 직원은 먼저 작업 환경에 존재하는 역학을 식별한 다음에 고려 중인 동물교감치유 팀이 적절한지 여부를 결정하고, 해당 환경에서 성공적으로 방문하는 데 필요한 기술을 보유해야 한다. 시설 직원은 다음 질문을 사용하여 환경 역학을 신중하게 평가할 수 있다.

- 동물 방문에 대한 직원 지원 및 참여 수준은 어느 정도인가?
- 어떤 방해 요소가 있는가?
- 내담자의 행동이 얼마나 예측 불가능한가?
- 작업 환경에서 일반적인 활동 수준은?

예를 들어 장기 요양 병동, 과도기 치료 병동 및 알츠하이머 병동이 있는 전문 간호 시설을 생각해 보면, 각 병동은 아마도 방문하는 동물교감치유 팀에 영향을 미칠 분명히 다른 역학을 가지고 있을 것이다. 이러한 목적을 위해 병동, 즉 장기 요양 시설을 평가해 보면 이곳 거주자들은 침대에 오래 머무르거나 휠체어를 사용하므로 그다지 활동적이지 않다(낮은 거주자 활동 수준). 많은 거주자들이 사회적, 신체적으로 위축되어 다른 사람들과 거의 상호 작용하지 않는다(대부분 예측 가능한 내담자 행동).

직원은 동물교감치유 팀이 방에서 방으로 방문하기를 원하므로 동물교감치유 팀은 많은 "병동과 시설의 일반활동"에 노출된다. 이러한 활동의 예는 직원 이동, 수레 회전, 음식 가져오기 등(높은 주의 산만 및 직원 활동 수준)이다. 또한 직원이 너무 과로하여 방문하는 동안 동물교감치유 팀과 함께 할 수 있는 직원이 없다(낮은 직원 지원). 이 병동은 그림 6.2의 환경 역학 매트릭스에서 어디에 해당되는가? 보조할 수 있는 인력 부족은 더 활동적이거나 예측할 수 없는 내담자보다는 활동이 거의 없는 거주자인 경우 위험 요인은 크지 않다. 그러나 이러한 경우에도 직원의 낮은 수준의 보조는 위험이 증가함을 의미한다. 예를 들어 직원의

그림 6.2 환경 역학 매트릭스

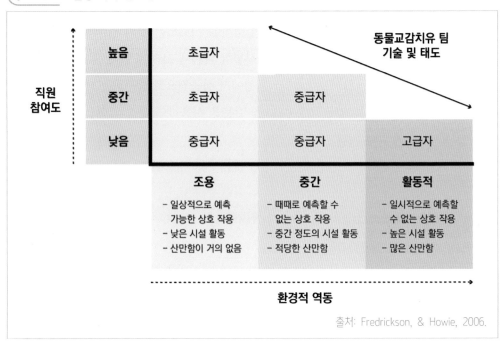

출처: Fredrickson, & Howie, 2006.

구체적인 안내 없이 선의의 동물교감치유사는 작은 치유보조견을 두려워하거나 알레르기가 있는 사람의 무릎 위에 둘 수 있다. 또는 동물교감치유사가 농축액만 마셔야 하는 환자인지를 모르고 목이 마르다고 하는 환자에게 물 한 잔을 줄 수도 있다. 직원의 도움이 없으면 동물교감치유사는 거주자들을 돌보기 위해 혼자 남겨진다. 이런 종류의 상황은 동물교감치유사 측에서 향상된 기술과 좋은 판단력을 필요로 한다.

동물교감치유 팀에 영향을 미치는 또 다른 중요한 역학은 높은 활동 수준이다. 거주자들은 활동적이지 않지만 거주자의 활동은 병동 활동의 일부일 뿐이다. 직원은 환경에 방해가 되는 요소(예: 직원 이동, 카트, 음식)를 당연하게 여길 수 있지만 치유 보조 동물은 그렇지 않다. 이러한 종류의 지속적이고, 의도적이며, 빠른 활동은 일반적인 가정의 일부가 아니며, 많은 동물교감치유 팀에게 두려움을 줄 수 있다. 따라서 이 병동은 중급수준의 동물교감치유 팀이나 자신감이 있고 경험이 풍부한 초급수준의 동물교감치유 팀에서 가장 잘 수행될 수 있다.

표 6.1 동물교감치유사의 분류 및 역할

구분	역할
초급자	• 최소 자격을 충족 • 기본적인 사회적 기술 • 비판적으로 사고하고 때때로 비정상적인 상황에 적절하게 대응할 수 있는 능력 • 때때로 치유 보조 동물과 동물교감치유사 사이의 긴밀한 팀워크가 어느 정도 명확
중급자	• 최소 자격 초과 • 중급 사회적 기술 • 여러 가지 특이한 상황에서 비판적으로 사고하고 대부분의 시간에 적절히 대응할 수 있음 • 대부분의 경우 치유 보조 동물과 동물교감치유사 사이의 긴밀한 팀워크가 대부분 명확
고급자	• 최소 자격을 훨씬 초과 • 높은 수준의 사회적 기술 • 모든 상황에서 비판적으로 사고하고 적절하게 대응할 수 있음 • 동물교감치유사와 치유 보조 동물 사이의 탁월한 팀워크가 항상 명확

(3) 동물교감치유 팀의 선택 기준 적용

보조견(Assistance Dog)들은 일반적으로 한 사람에게 봉사하도록 훈련되고, 배치되며, 은퇴할 준비가 될 때까지 그렇게 한다. 교육 및 평가는 수행할 배치 유형에 따라 특정 작업 설정이 포함된 규범적 모델을 따른다. 여기에는 시각, 청각 및 다양한 유형의 서비스가 포함되지만 많은 조직에서 수혜자의 고유한 요구에 따라 일정 수준의 전문 교육을 제공하기도 한다(Assistance Dogs International, 2021; International Association of Assistance Dog Partners, 2021; Walther, et al., 2017; Whitworth, Scotland-Coogan, & Wharton, 2019).

보조견들은 다른 사람들을 무시하고, 높은 수준의 순종, 그리고 낮은 충동성을 갖도록 훈련받을 수 있다(International Association of Assistance Dog Partners, 2021). 보조견이 특정 작업을 수행하는 것을 결정할 수 있기 때문에 보호자의 지시를 따르지 말아야 할 때를 알도록 훈련될 수 있다(Bray, et al., 2019; Froling, 2021).

한편 동물교감치유에서 일하는 치유보조견은 한 명 이상의 동물교감치유사와 함께 일할 수 있으며, 경력에 따라 많은 개별 내담자 또는 내담자 집단과 함께 일할 수 있다. 치유보조견들은 독립적으로 내담자를 찾고, 인사하고, 심지어 인사말에 짖는 소리나 다른 소리를 내기도 한다. 예를 들어 일반적으로 다른 사람들로부터 열광적인 반응을 받지 못하는 내담자들은 그들이 방에 들어갈 때 치유보조견이 신나게 짖는 것을 매우 특별하게 느낄 수 있다. 언어적, 신체적 흥분은 치유 과정의 시작과 촉진을 강화시킬 수 있다.

치유보조견이 공공예절과 순종할 것으로 기대되지만 이상적으로는 치유보조견이 동물교감치유 회기에 참여할지 여부를 스스로 선택할 수 있어야 한다. 이것은 자기 주도 능력, 공감 능력 함양을 사용하거나 문제 해결 및 비언어적 의사소통 능력을 사용할 수 있는 기회로 보일 수 있다. 치유보조견에 대한 환경, 내담자의 수, 활동 및 성과에 대한 기대치는 두 분야의 실무자 또는 회기가 정확히 동일하지 않기 때문에 다양하다. 동물교감치유 준비, 훈련, 개입 및 평가의 변동성은 중요하므로 보다 예측적인 분석 모델이 필요하다. 실무자가 회기를 진행하는 방식에 차이가 있는 만큼 치유보조견의 다양한 반응이 가능하다.

치유보조견과 보조견의 평가를 위해 현재 사용되는 평가 절차는 차이가 있다. 개와 동물교감치유사의 작업 방식에도 많은 차이가 있다(Bremhorst, & Mills, 2021). 동물교감치유를 위한 효과적인 작업 모델을 만들기 위해 동물교감치유사와 특정 직무 특성, 보다 개별화된 팀 준비 및 훈련, 동물교감치유 실무에 내재된 변수를 허용하는 상황별 평가 절차를 고려해야 한다는 권고에 따라 체계적인 절차를 제안했다(Bremhorst, & Mills, 2021;Winkle, Johnson, & Mills, 2020).

동물교감치유에서 일하는 이상적인 치유보조견들의 속성은 우리가 그들과 함께 이루고자 하는 것에 따라 다양하다. 치유 설정, 치유 환경, 참가자 집단, 절차, 의도된 치유 결과, 인간과 동물 사이의 상호 작용의 형태, 그리고 치유보조견이 수행하는 업무는 모두 이 과정의 일부로 신중하게 고려되어야 하며, 어떤 치유보조견도 모든 상황에서 뛰어나거나 적절하지 않을 가능성이 있다. 이러한 고유한 특성이 확인되면 시간이 지남에 따라 평가 및 재평가될 수 있다.

치유보조견의 선발, 준비, 평가를 위한 체제는 다음 그림 6.3과 같다.

그림 6.3 치유보조견의 선발, 준비, 평가를 위한 체제

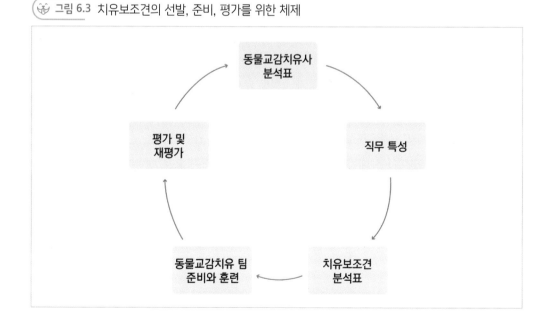

가. 동물교감치유사 분석표

동물교감치유에서는 전문직 종사자들이 함께 일하는 개를 소유하고 다루는 것이 일반적이며, 서로 좋은 짝이 될 수 있도록 노력하는 것이 중요하다. 관계 발전과 개의 기본 고려 사항(복지 및 안녕 실천)은 개가 대부분의 시간을 보내는 생활 환경에서 시작된다. 동물교감치유와 관련하여 특정한 동물교감치유사 분석표를 만들면 활동 수준, 성격, 여가 활동 관심사, 치유보조견 훈련 및 기술 수준 등을 포함할 수 있는 동물교감치유사의 생활 형태에 어떤 유형의 치유보조견이 가장 적합한지가 명확해진다. 이러한 분석표는 개인 요구와 프로그램 개발 요구를 포함한 작업 환경 간의 호환성을 보장하기 위한 이상적인 기회를 창출한다. 프로그램 개발의 요구 사항에는 위험성 평가와 관리, 동물교감치유 참여에 대한 내담자의 적정성 평가, 지속적인 교육, 의무사항, 치유보조견의 요구를 포함하여 내담자, 도구, 개입 계획을 관리하는 능력 등이 포함되지만 이에 국한되지는 않는다.

나. 직무 특성

활동에 적합한 치유보조견을 선택할 때는 다음과 같은 정보를 아는 것이 포함되지만, 이에 국한되지는 않는다.

(A) 품종 제한

(B) 특정 내담자층 인구통계(물리적, 인지적 영향 및 내담자 적합성)

(C) 내담자 집단 치유 범주(신체적 장애와 부자연스러운 자세 및 특수 장비에 대한 잠재력, 개와의 적절한 상호 작용을 이해하기 위한 인지 상태)

(D) 인간의 상태를 변화시킬 수 있는 약물을 필요로 하는 정신의학 관련 문제(인간은 감정적 거래에서 변덕스러워짐)

(E) 환경 설정(작은 병원, 큰 병원, 실내 또는 실외, 개인실 또는 넓은 개방공간 등)

(F) 치유보조견이 노출될 수 있는 감각 민감성 또는 산만함(시각, 청각, 후각, 촉각 등)

(G) 치유보조견이 환경과 회기의 일부가 되는 방법(목줄 착용 및 풀기, 신체적으

로 앉아있거나 활동적, 더 매력적이거나 더 반응적, 자연스러운 행동과 훈련된 행동, 일에 관심이 없을 때 스스로 벗어나거나 의사소통할 수 있는 것 등)

(H) 일반적인 일일 활동 빈도 및 시간, 동물교감치유사 및 내담자 수의 확인

또한 치유보조견은 사람과 활동으로부터 떨어져서 휴식을 취할 침대나 크레이트(개집)와 같은 장소를 가져야 한다. 치유보조견들은 일반적으로 반복적인 일상 업무를 잘 수행한다. 치유보조견이 참여할 활동 유형(예: 상담 치료, 개 훈련, 개와 인간 사이의 신체 활동)에 대한 참여 기대치도 명확하게 표현할 필요가 있다.

어떤 상황에서는 회기에 참여할 수 있는 치유보조견이 한 마리 이상 있을 수 있다. 이러한 상황에서 각 치유보조견은 어떤 치유보조견이 각 상호 작용에 가장 적합한지 결정하기 위해 치유보조견의 필요와 선호도를 명확하게 식별한 개별 분석표가 필요하다. 또한 타당성을 평가하기 위해 각 치유 회기는 제안된 각 특정 개입이 치유보조견과 내담자에 의해 잠재적으로 서로 다른 반응을 유발하도록 기대되는 결과가 포함된 회기 계획을 가지고 있어야 한다(Schoemaker, 1995).

(3) 치유보조견 분석표

치유 환경에 참여하는 모든 치유보조견이 가져야 할 일반적인 기술과 역량이 있다. 예를 들면, 강인한 기질, 적응성 또는 유연성, 적절한 교육 상태 및 대응성, 동물교감치유사와의 안전한 애착, 업무에 대한 동기 부여, 당황했을 때의 빠른 회복, 회기 참여 의향이 포함된다. 동물의 역사를 아는 것은 가능한 행동 문제, 공포 반응, 그리고 환경에 있는 새로운 사람, 장소, 사물에 대한 회복 시간을 식별하는 데 도움이 될 수 있다.

예를 들어, 불안의 정도나 특정 상황에 대한 반응성은 치유보조견을 동물교감치유에서 배제하거나, 특별한 상황이 발생할 경우에 대비책이 필요할 수 있다. 사람, 장소 또는 사물에 대한 보호의 역사는 치유보조견이 책임이 될 수 있는 경우에는 치유보조견이 어떻게, 누구와 함께 일하는지가 영향을 미칠 수 있다.

특정 동물교감치유 환경에서 사건이 발생할 가능성이 다소 낮다면 확실한

관리 계획만 있으면 되는 경우도 있다. 품종의 고유 특징과 개별 치유보조견의 선호도를 이해하면 하루 중 시간, 빈도, 회기 지속시간에도 영향을 미치면서 치유보조견의 일에 대한 기대와 동물교감치유에 계속적으로 참여하고 싶어하는 사람과의 활동 유형을 형성하는 데 도움이 될 수 있다. 하지만, 품종 고유 특징들은 그저 일반적인 것이고, 예측할 수 없는 다양성이 존재한다는 것을 인식해야 한다. 따라서 개체 간의 차이는 신뢰할 수 있는 예측 변수가 아니다(Fadel, et al., 2016). 실제로 쓰다듬고 싶지도 않고 지정된 장소에 오랜 시간 동안 앉아 있고 싶지 않은 치유보조견이 낮에 몇 시간 동안 소파에 앉아 대화 치료를 도와달라고 요청받는 것을 상상해 보자. 반대로 참가자가 균형 판 위에 서서 여러 번 치유보조견에게 공을 던진 다음 민첩성 과정을 수행하여 보행 및 체중 이동을 하는 물리치료실에서 일하는 같은 치유보조견을 생각해 보자. 후자의 일은 치유보조견에게 이상적일 수 있고 치유보조견은 업무에서 즐거움의 표시를 보여줄 가능성이 있다. 고려해야 할 다른 요소는 학습 및 훈련 과제를 즐기는 치유보조견, 즐거움을 자주 전달하거나 주어진 상황이 불편하면 반복적으로 벗어나는 등 대응에 일관성을 보이는 치유보조견 등도 고려 대상이다.

치유보조견은 전형적으로 낯선 사람에 대한 친화력과 다양한 활동에 대한 호기심을 가질 필요가 있다. 치유보조견은 또한 일반적으로 치유보조견에게 만족감을 주는 활동을 완수하지 못한 참가자들에게 인내심을 보여주어야 한다. 근접 공간학(Proxemics)도 고려 사항이다. 치유보조견도 사람과 마찬가지로 개인적인 공간 선호도가 있는 것으로 여겨지는데, 치유보조견이 사람의 공간으로 이동하는지, 사람이 치유보조견의 공간으로 이동하는지 여부에 따라 행동과 신호의 차이를 알아두는 것이 유용할 수 있다. 동물교감치유의 또 다른 강력한 도구는 치유보조견이 사람에 대한 관심을 나타내는 방식과 동물교감치유사만을 위해 일하는 것이 아니라 내담자와 직접 일하는 능력이다.

동물교감치유에서 일하는 모든 치유보조견은 건강, 복지, 그리고 안녕에 접근할 권리를 가져야 한다. 치유보조견의 분석표가 동물교감치유사의 분석표와 대부분의 작업 설명을 보완하는 것을 보장함으로써, 치유보조견들이 이러한 권리를 갖는데 큰 도움이 될 수 있다. 만약 동물교감치유사들이 동물교감치유를 올바르게 하고 있다면, 치유보조견은 즐거움의 표시를 할 것이고, 참가자들과 계속해서 일하기 위해 회기로 돌아가고 싶어할 것이다.

(4) 동물교감치유 팀 준비와 훈련

동물교감치유 팀이 필요로 하는 훈련은 전략(목표)과 전술(목표 달성을 위한 개입 계획), 행정(회기 중 모든 당사자가 요구하는 사항 조율) 등이 주를 이룬다. 그러나 동물교감치유 팀 준비에는 여러 단계가 있으며, 그 중 가장 중요한 것은 치유보조견과 동물교감치유사 사이의 강한 긍정적 관계이다. 동물교감치유사는 개의 의사소통과 학습이론에 대한 지식이 있어야 하며, 개인적인 편견이 없이 정확하게 치유보조견의 편안함을 파악하고, 주어진 상황에 가장 적합한 훈련 방식을 사용할 수 있어야 한다.

동물교감치유사들은 힘이나 강압을 수반하지 않는 인간적이고 긍정적인 강화 훈련 기술을 사용해야 하는데, 이것은 동물교감치유의 복잡한 특성에 대한 치유보조견의 자신감을 형성하게 할 것이기 때문이다. 동물교감치유사는 치유보조견의 안전 기지로 간주되며, 치유보조견을 해치거나 겁을 주는 훈련 기술을 사용하면 안전 기지를 손상시킬 수 있다. 치유보조견들이 동물교감치유의 훈련과 실천에 자율성과 선택권을 갖도록 하는 것은 그들이 확신하지 못할 것들을 어떻게 극복하는지, 또는 치유보조견이 상황을 완전히 떠날 수 있도록 힘을 주는지를 그들자신의 방식으로 배울 것이기 때문에 치유보조견들의 참여를 향상 시킬 것이다.

동물교감치유사가 치유보조견을 위로할 때 상황에서 빠르게 회복할 수 있는지 확인하는 것은 새로운 상황에서 대처하는 기술에 대한 정보를 제공한다. 동물교감치유사는 필요할 때 치유보조견을 지지할 수 있는 능력에 대해 명확하고 일관성이 있어야 한다. 사람, 장소, 사물, 감각 경험을 위한 전형적인 개 발달, 공포기간, 사회화에 대한 지식은 향후 개의 참여 방법에 영향을 줄 수 있다. 동물교감치유사들은 또한 개의 선호도가 시간이 지남에 따라 바뀔 수 있다는 것을 인식해야 한다. 개가 2살 때 즐기는 것들이 7살 때는 매우 다를 수 있다. 다양한 강화 및 이완 프로그램에 참여하면 개의 삶의 질과 대처 기술을 향상 시킬 수 있다.

　모든 내담자가 동물교감치유에 참여하거나 동물교감치유에 적합한 사람이 되기를 원하는 것은 아니다. 따라서 치유보조견들은 다양한 상황에서 짧은 시간에 혼자 있는 것이 편안해야 한다. 평가를 받고 자원봉사 방문에 참여하는 것은 누군가에게 자원봉사자 자신의 치유보조견을 알릴 수 있는 유용한 방법이 될 수 있다.

　또한 동물교감치유 팀은 보다 관리된 상황에서 새로운 환경과 집단을 포함하는 활동에 참여할 수 있는 기회를 제공할 수 있다. 또한 참가자의 목표, 치료계획 및 장비에 대해 적절히 균형을 맞추는 것과 같은 추가적인 책임 없이 평가 절차와 몇 가지 확실한 상호 작용 기회를 팀에게 제공한다. 이상적인 상황은 동물교감치유의 시작 전에 실제 근무 환경에서 보내는 시간은 치유보조견들이 어디에서 일하고, 스스로 휴식하게 할 수 있는 지에 대한 기회를 줄 수 있다. 그것은 치유보조견이 환경 자극을 처리하고 환경에 있는 특정한 것들에 익숙해지도록 한다. 긍정적인 연관성이 형성될 수 있도록 직원 및 근무 중인 직원들에 대한 소개와 초기 상호 작용이 이 시간 동안 제공될 수 있다.

　동물교감치유 회기 모의실험은 이전에 학습한 기술이나 주어진 상황에서 요구되는 기본 행동의 일반화를 돕는 훌륭한 방법이다(예를 들어, 개가 요가 매트가 펴지는 것을 본다면 이것은 이 동작이 어디에서 발생하든 간에 그 끝에 누워있어야 한다는 신호를 보낼 수 있다). 이러한 요구 사항을 이행하기 위한 작업, 휴식, 영양 공급 및 안전한 공간을 위한 일과를 설정하는 것은 동물교감치유에서 함께 할 치유보조견을 정하는 데 있어 중요한 일이다. 치유보조견에게 이러한 기회를 줌으로써 치유보조견의 안전과 안정감을 증가시켜 예상치 못한 일이 발생할 경우 무엇을 예상해야 하는지를 알고 빠르게 회복할 수 있게 할 것이다(Bender, & Strong, 2019).

(5) 평가 및 재평가

　동물교감치유에서는 다양한 접근 방식으로 활동하는 동물교감치유 팀의 절차와 기술을 평가하기 위한 예측 모델이 필요하다. 치유보조견에 대한 일일 평가

(관찰)는 동물교감치유사가 행동, 관심도 및 참여를 파악하기 위해 매년 1회 이상 수행하지만, 객관적인 제 3자의 평가는 환경에서 대표적인 내담자층(연령, 장애 등)과 참여할 것으로 예상되는 활동 유형(치료 장비, 참가자와 함께 하는 시간 등)으로 이루어져야 한다.

재평가는 집단, 환경, 활동 유형에 변화가 있을 때마다, 장기간의 회기 종료 후, 그리고 최소한 1년에 한 번 실시해야 한다(Winkle, 2019; Animal Assisted Intervention International, 2019).

목줄 탈부착, 멀리서 활동, 산만하지 않은 환경에서 활동, 개인 또는 단체와 활동하는 것과 같이 치유보조견이 참여할 것으로 예상되는 조건은 성과를 평가할 뿐만 아니라 성과가 부족하다고 판단되는 영역에 대한 치유 계획을 구성할 수 있는 더 큰 기회를 제공한다.

평가를 기술, 행동, 복종 등으로 세분화하는 것이 유용할 수 있다. 평가자는 행동을 해석하고 사용된 특정 시험을 관리하는 데 필요한 훈련과 경험이 있어야 한다. 불행히도 대부분의 등급 및 행동 평가의 품질은 타당성과 신뢰도 측면에서 알 수 없거나 저조하며, 이는 시급하게 과학적 주의가 필요한 분야이다(Brady, et al., 2018).

그러나 개 행동 평가 및 연구 설문지(C-BARQ, Canine Behavioral Assessment and Research Questionnaire)(Hsu, & Serpell, 2003)와 같은 검증된 행동 분석 도구와 보상 및 혐오 방법에 대한 민감도를 측정하는 양성 및 음성 활동 척도(Positive and Negative Activation Scale)(Sheppard, & Mills, 2002)와 같은 심리 측정 도구, 개 충동성 평가 척도(Dog Impulsivity Assessment Scale)(Wright, Mills, & Pollux, 2011), 개 좌절 설문지(Canine Frustration Questionnaire)(McPeake, et al., 2019)는 정기적으로 변경 사항을 추적하고 모니터링할 목적으로 유용한 기록을 제공하는 데 사용할 수 있다.

또한 평가자는 개의 감정 상태를 체계적으로 평가하기 위해 임상적 맥락에서 개의 행동, 신호(입술 핥기, 하품 등) 및 각성(헐떡임 등)에 대한 단서를 체계적으로 관찰할 수 있다(Mills, 2017). 많은 개 훈련사들은 특히 만지거나 껴안는 것에 대한 개의 선호도를 확인하기 위해 동의 검사(Consent Tests)를 이용한다. 그러나 이러한 검사가 개와 이미 친숙한 동물교감치유사에 의해 이루어진다면 이러한 결과는 일반화되어서는 안 된다. 개와 동물교감치유사 모두에게 안전 문제가 있으므로 동물교감치유사는 동의 검사에 참여하는 것을 권장하지 않는다. 그러나 능력이 있으면서 검사하려는 개와 친숙하지 않은 동물교감치유사는 참여할 수 있다.

동물교감치유 분야가 성장함에 따라 이러한 치유에 관여하는 동물들의 복지와 복지에 대한 구체적인 지침과 기준의 필요성도 커지고 있다. 이들은 관련된 동물교감치유의 유형에 따라 개와 다른 동물에게 가해지는 요구를 구별할 뿐만 아니라(예: 동물교감치유, 보조견) 이들 내의 특정 요구도 구별하는 것이 필수적이다.

동물교감치유는 특정한 목표를 가진 구조화된 활동이다. 또한 동물교감치유는 단일 동물이 많은 다른 내담자들의 요구에 부응하는 맞춤형 프로그램으로 매우 다양할 수 있다. 따라서 전문가들이 함께 일하는 동물들의 안녕을 보장하기 위한 일반적인 원칙과 관련된 동물에 대한 기대와 요구에 대한 고려를 포함하여 각 내담자에 대한 맞춤형 행동 계획을 인식하고, 채택할 필요가 있다. 전문가들은 자신이 활용할 수 있는 동물이 이러한 작업에 적합한지 객관적으로 평가하고, 종종 동물 없이 치유가 진행되어야 한다는 것을 인식해야 할 추가적인 책임이 있다.

전문가들은 또한 동물의 행동과 복지를 평가하기 위해 사용되는 많은 절차의 한계를 인식하고, 공식적인 평가의 중요성을 과소평가하기 보다는 책임감 있는 방법으로 이러한 제한에 대해 조치를 취해야 한다. 보건 및 휴먼 서비스 전문가들은 "해를 끼치지 마라(Do No Harm)"에 대한 선서를 지키고, 임상 전문가와 함께 전문적인 자격으로 일하는 치유보조견들에게도 그 기본이 확장되어야 한다. 적절한 훈련과 적합성 평가, 개 몸짓 언어에 대한 충분한 지식 없이 이러한 환경에서 일할 치유보조견을 선택하는 것은 개의 복지와 안녕을 위태롭게 할 수 있다. 연구자들은 치유보조견들에게 긍정적인 건강과 안녕을 보장하기 위해 초기 평가 후 매년 평가하거나 재평가하는 주기를 권고한다.

6.1 치유 보조 동물의 평가 및 선발

American Veterinary Medical Association (AVMA), (2014). Guidelines for animal assisted activities, animal-assisted therapy and resident animal programs.

Assistance Dogs International. (2021). Looking for an Assistance Dog.

Animal Assisted Intervention International. (n.d.). Animal-Assisted Intervention International Recommended Competencies for Animal Assisted Interactions.

Bánszky, N., Kardos, E., Rózsa, L., & Gerevich, J. (2012). The psychiatric aspects of animal assisted therapy [in Hungarian]. Psychiatr Hung. 27(3), 180-190.

Bender, A., & Strong, E. (2019). Canine Enrichment for the Real World: Making it a Part of Your Dog's Daily Life; Dogwise Publishing: Wenatchee, WA, USA. 58-67.

Brady, K., Cracknell, N., Zulch, H., & Mills, D. (2018). A Systematic Review of the Reliability and Validity of Behavioural Tests Used to Assess Behavioural Characteristics Important in Working Dogs. Front. Vet. Sci. 5, 103.

Bray, E. E., Levy, K. M., Kennedy, B. S., Duffy, D. L., Serpell, J. A., & MacLean, E. L. (2019). Predictive Models of Assistance Dog Training Outcomes Using the Canine Behavioral Assessment and Research Questionnaire and a Standardized Temperament Evaluation. Front. Vet. Sci. 6, 49.

Bremhorst A., & Mills D. (2021). Working with Companion Animals, and Especially Dogs, in Therapeutic and Other AAI Settings. In: Peralta J. M., Fine A. H. (eds) The Welfare of Animals in Animal-Assisted Interventions. Springer, Cham. https://doi.org/10.1007/978-3-030-69587-3_8.

Ernst L. (2012). Animal-assisted therapy: using animals to promote healing. Nursing. 42(10), 54-58.

Ernst, L. (2014). Animal—Assisted Therapy: An Exploration of Its History, Healing Benefits, and How Skilled Nursing Facilities Can Set Up Programs. Annals of Long—Term Care.

Fadel, F. R., Driscoll, P., Pilot, M., Wright, H., Zulch, H., & Mills, D. (2016). Differences in Trait Impulsivity Indicate Diversification of Dog Breeds into Working and Show Lines. Sci. Rep. 6, 22162.

Fredrickson, M., & Howie, A. R. (2006). Methods, standards, guidelines, and considerations in selecting animals for animal—assisted therapy: Part B: Guidelines and standards for animal selection in animal—assisted activity and therapy programs. In Handbook on Animal—Assisted Therapy; Fine, A.H., Ed.; Academic Press: Cambridge, MA, USA. 99-114.

Froling, J. (2001). Assistance Dog Tasks. https://www.iaadp.org/tasks.html

Golden J. (2008). The Bright and Beautiful Therapy Dogs Newsletter. Parsippany, NJ.

Goodloe, L. P., & Borchelt, P. L. (1998). Companion dogs temperament traits.Journal of Applied Animal Welfare Science, 1 (4), 303—338.

Hines, L. M., Lee, R. L., Zeglen, M. E., & Ryan, T. (1983). Guidelines: Placement of animals in nursing homes. Paper presented at the Conference on the Human—Animal Bond, University of Minnesota, Minneapolis, MN, and University of California, Irvine, CA.

Holmes, A. E. (1988). Minimum temperament/behavioral criteria. Paper presented at the seventh annual Delta Society Conference, People, Animals and the Environment: Exploring Our Interdependence, Orlando, FL.

Hsu, Y., & Serpell, J. A. (2003). Development and validation of a questionnaire for measuring behavior and temperament traits in pet dogs. J. Am. Vet. Med. Assoc. 223, 1293-1300.

International Association of Assistance Dog Partners. (2021). IAADP Minimum Training Standards for Public Access.

McPeake, K. J., Collins, L. M., Zulch, H., & Mills, D. S. (2019). The Canine Frustration Questionnaire—Development of a New Psychometric Tool for Measuring Frustration in Domestic Dogs (Canis familiaris). Front. Vet. Sci. 6, 152.

Mills, D. S. (2017). Perspectives on assessing the emotional behavior of animals with behavior problems. Curr. Opin. Behav. Sci. 16, 66–72.

New, J. C. (1995). Quality of life of companion animals. Paper presented at the 7th International Conference on Human–Animal Interactions: Animals, Health and Quality of Life, Geneva, Switzerland.

New, J. C., & Strimple, E. (1988). Therapy dog criteria: Minimum medical criteria. Paper presented at the seventh annual Delta Society Conference, People, Animals and the Environment: Explorting Our Interdependence, Orlando, FL.

Pet Partners. (n.d.) Program Requirements. Pet Partners. https://petpartners.org/ volunteer/become−a−handler/program−requirements/.

Rothberg, B. (2017). The scapegoat phenomenon and other group dynamics applied to a service dog. Group, 41(3), 203– 212.

Schoemaker, P. J. (1995). Scenario planning: A tool for strategic thinking. MIT Sloan Manag. Rev. 36, 25–40. https://sloanreview.mit.edu/wp−content/uploads/ 1995/01/bb0aeaa3ab.pdf

Serpell, J. A. (1989). Pet−keeping and animal domestication: A reappraisal. In: Clutton−Brock J., editor. The Walking Larder: Patterns of Domestication, Pastoralism, and Predation. Unwin Hyman; New York, NY, USA. 10–21.

Serpell, J. A., Kruger, K. A., Freeman, L. M., Griffin, J. A., & Ng, Z. Y. (2020). Current Standards and Practices Within the Therapy Dog Industry: Results of a Representative Survey of United States Therapy Dog Organizations. Frontiers in Veterinary Science. 7(35). doi: 10.3389/fvets.2020.00035

Shelter animals inappropriate for visiting programs. (1992). Pet Partners Newsletter, 2(6).

Sheppard, G., & Mills, D. S. (2002). The development of a psychometric scale for the evaluation of the emotional predispositions of pet dogs. Int. J. Comp. Psychol. 15, 201–222.

Stewart, L. A., Chang, C. Y., Parker, L. K., & Grubbs, N. (2016). Animal−Assisted Therapy in Counseling Competencies. 2016. Available online: https://www.counseling.org/docs/default−source/competencies/animal−assi sted−therapy−competencies−june−2016.pdf?sfvrsn=c469472c_14

Walther, S., Yamamoto, M., Thigpen, A. P., Garcia, A., Willits, N. H., & Hart, L. A. (2017). Assistance Dogs: Historic Patterns and Roles of Dogs Placed by ADI or IGDF Accredited Facilities and by Non−Accredited U.S. Facilities. Front. Vet. Sci. 4, 59.

Whitworth, J. D., Scotland−Coogan, D., & Wharton, T. (2019). Service dog training programs for veterans with PTSD: Results of a pilot controlled study. Soc. Work. Health Care, 58, 412-430.

Winkle, M., Johnson, A., & Mills, D. (2020). Dog Welfare, Well−Being and Behavior: Considerations for Selection, Evaluation and Suitability for Animal−Assisted Therapy. Animals, 10(11), 2188. https://doi.org/10.3390/ani10112188

Winkle, M., & Ni, K. (2019). Animal−assisted occupational therapy: Guidelines for standards, theory, and practice. In Handbook on Animal−Assisted Therapy; Fine, A.H., Ed.; Academic Press: Cambridge, MA, USA. 381-395.

Wright, H. F., Mills, D. S., & Pollux, P. M. (2011). Development and validation of a psychometric tool for assessing impulsivity in the domestic dog (Canis familiaris). Int. J. Comp. Psychol. 24.

Young, M. S. (1986). The relationship between behavior at six to eight weeks of age and selected adult behavior patterns in dogs: An evaluation of the use and misuse of "Campbell's Behavior Test for Puppy Selection." Paper presented at Delta Society International Conference, Living Together: People, Animals and the Environment, Boston, MA.

7장

동물교감치유사

7.1 동물교감치유사

1. 동물교감치유사의 개념

동물교감치유사는 동물교감치유를 할 수 있는 능력과 자질을 가진 사람을 말하는 것으로 동물과의 상호 작용을 활용하여 내담자의 정신적, 육체적 건강 상태를 치유하는 건강 전문가를 의미한다. 동물은 불안 및 외상 후 스트레스 장애와 같은 상태를 치유하거나 사람들이 사회적 기술을 개발하는 데 도움을 줄 수 있다. 개는 치유 작업을 수행하도록 훈련된 일반적인 동물이지만 동물교감치유사는 말, 고양이, 돼지 및 새와의 상호 작용을 통해 내담자를 치료할 수도 있다. 동물교감치유사는 치유 보조 동물을 소유하거나 치유 보조 동물을 내담자와 연결하기 위해 다른 시설과 협력할 수 있다.

2. 동물교감치유사의 역할

1) 내담자와 일정 관리

일부 동물교감치유사는 자신의 치유 일정을 직접 관리한다. 그러나 다른 동물교감치유사는 행정 보조원이 치유 일정을 관리해주는 조직이나 단체에 소속되어 있을 수도 있다.

2) 치유 계획 협력

동물교감치유사는 다른 의료 및 정신 건강 전문가와 협력하여 내담자를 위한 더 큰 치료 계획의 일부로서 동물교감치유를 제공한다. 또한 내담자가 개선하고자 하는 상태나 능력을 다룰 수 있도록 돌봄 계획을 설계하기도 있다.

3) 환자의 상태 평가

정신 건강 자격을 갖추고 있는 동물교감치유사는 환자의 상태를 평가하고 진단할 수 있다. 이것은 동물교감치유사가 동물을 활용하여 어떻게 치료할지를 고려하여 환자들의 치료 목표에 대한 논의를 용이하게 할 수 있도록 돕는다.

4) 동물과 함께 치유 활동

동물의 도움을 받는 동물교감치유사는 내담자의 건강 목표에 대한 지식을 사용하여 내담자들이 특정 조건에 대처하는 능력을 향상시키거나 사회적 기술과 같은 능력을 기르는 것을 도울 수 있는 치유 회기를 수행한다.

5) 치유 회기 중 치유 보조 동물 관리 및 감독

동물의 도움을 받는 동물교감치유사들은 치유 보조 동물들의 행동이 내담자의 치유적 욕구를 충족시키는지 확인하기 위해 관리 및 감독을 한다.

6) 치유 회기 장소로 이동

동물교감치유사는 내담자의 거주지 또는 의료 시설에서의 회기 진행을 위해서 이동할 수 있다.

7) 치유 보조 동물에 대한 치유 교육 및 인증 유지

치유 보조 동물을 소유하는 동물교감치유사들은 지속적으로 치유 보조 동물들의 훈련과 자격을 유지함으로써 동물교감치유사의 자격인증을 유지할 수 있도록 보장하여야 한다.

3. 동물교감치유사의 지식과 능력

동물교감치유사는 그림 7.1에서 처럼 내담자와 치유 보조 동물의 자발적 상호 작용을 통해서 신체적 정신적 재활을 도울 수 있어야 한다. 이를 위해서는 다양한 지식과 능력이 필요하다.

그림 7.1 동물교감치유의 삼원적 모형

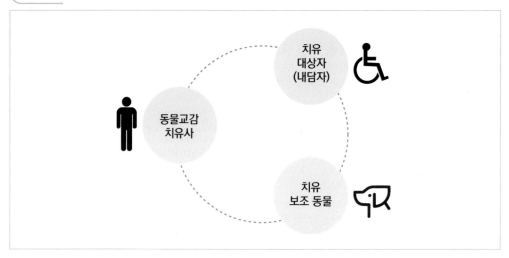

표 7.1 동물교감치유사가 가져야 하는 지식과 능력

대상	지식	능력
동물교감치유사 (자신)	치유의 이해	동물을 사랑하는 마음, 이타심, 공감능력, 자기관리능력, 긍정적 마음과 수용적 태도, 대인관계능력 등
내담자	내담자 이해	인간 발달, 장애 이해 등
치유 보조 동물	치유 동물의 이해	사육관리, 훈련, 특성 파악 등
기타	치유 프로그램 이해	치유 프로그램 구성, 운영, 평가 등

동물교감치유사가 가져야 할 지식과 능력은 다음과 같다. 첫째, 동물교감치유사는 우선 내부적으로 동물교감치유에 필요한 적절한 적성과 자질을 가지고 있어야 한다. 둘째, 동물교감치유사는 내담자를 이해할 수 있고 적절하게 치유를 도울 수 있는 풍부한 지식과 경험을 가지고 있어야 한다. 예를 들면, 인간 발달의 이해, 장애에 대한 이해 등이 포함된다. 이 내용에 대해서는 심리상담 또는 장애에 관한 다양한 서적이나 강좌 등을 통해서 지속적으로 습득하도록 한다. 셋째, 동물교감치유사는 동물교감치유의 핵심이며, 제 2의 치유사인 치유 보조 동물에 대한 사육관리, 훈련, 특성 등과 같은 관련 내용에 대한 풍부한 지식과 경험을 가지고 내담자의 치유를 위해 효과적인 지원을 할 수 있어야 한다. 넷째, 동물교감치유의 꽃이라고 할 수 있는 동물교감치유 활동 프로그램을 구성, 운영, 평가할 수 있는 능력을 가지고 있어야 한다. 동물교감치유 활동 프로그램은 내담자의 상태, 요구, 환경, 목적 등에 따라 구성되어야 하며, 과학적으로 입증된 활동 프로그램이어야 한다. 그 외에도 동물교감치유사는 상담기술, 응급 상황 대처 기술 등을 가지고 있어야 한다.

동물교감치유사는 동물을 활용하여 마음의 상처나 신체적으로 장애가 있는 사람들의 재활과 치유를 돕는 직업이기 때문에 동물에 대한 지식뿐 아니라 사람을 대하는 기본 소양도 갖추어야 한다. 동물교감치유사가 되기 위해서는 최우선적으로 선행되어야 하는 것은 동물을 사랑하는 마음이다. 동물과 교감하고 이해하며 적절한 교육을 시켜야 하기 때문에 동물의 특성을 파악하고 잘 관찰해야 하고 기본적으로 동물을 사랑하고 이해하는 마음이 반드시 필요하다. 동물교감치유사는 정신적, 신체적 장애가 있는 사람들의 재활과 치료를 돕기 때문에 도움이 필요한 사람에 대한 연민과 애정이 있어야 한다. 사람을 돕고자 하는 마음이 강한 사람, 이타심이 높은 사람에게 좋은 직업이다. 또한 심리적으로 아픔을 겪었거나 상처가 있는 사람들을 돕는 일을 하기 때문에 다른 사람에 대한 공감 능력도 높아야 한다. 구체적으로 내담자에 대한 내용을 알지 못하여도 공감할 수 있는 자질이 필요하다. 즉, 사람에 대한 심리의 이해와 관심이 필요하다. 어떤 분야이든 사람을 상대하는 일은 스트레스를 많이 받게 된다. 더욱이 마음이 아픈 사람을 대하는 일은 더 많은 정신적 에너지가 요구된다. 따라서 동물교감치유사도 스스로 자신의 정신 건강, 신체 건강, 대인관계 건강을 잘 관리하고 조절할 수 있어야 한다. 치유를 받아야 하는 내담자의 심리 상태나 요구에 따라 적절한 치유법을 제시할 수 있어야 하기 때문에 사람들의 요구를 받아들일 수 있는 긍정적인 마음과 수용적인 태도도 요구된다. 동물교감치유사는 대인관계가 좋아야 한다. 힐링과 치유를 다루는 분야는 다양한 사람을 만나게 된다. 타인과 좋은 관계를 맺을 수 있는 사회성이 있어야 한다.

4) 동물교감치유사 유형 및 자격

🐾 그림 7.2 동물교감치유사의 유형

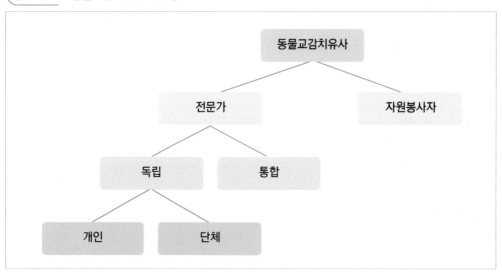

동물교감치유사의 유형으로는 크게 전문적인 교육을 이수하고 필요한 학위 등을 가지고 있는 동물교감치유 전문가와 소정의 기본교육을 이수하고 전문가의 도움을 받아 활동할 수 있는 동물교감치유 자원봉사자로 나눌 수 있다. 동물교감치유 전문가는 다시 독립 치유사와 통합 치유사로 나눌 수 있는데, 독립 치유사는 동물교감치유에 필요한 학위 또는 자격을 취득하여 독립적으로 활동할 수 있는 동물교감치유사로서 개인적으로 활동하거나 관련 단체에 소속되어 활동할 수

있다. 통합치유사는 작업 치료 또는 재활 치료처럼 이미 자신의 전문 분야의 활동 자격이 있으면서 동물교감치유를 치료에 통합하여 활동하거나 치료 목표를 달성하기 위해 치료의 한 부분으로 참여하는 형태의 치유사를 말한다. 마지막으로 동물교감치유 전문가와 함께 자신의 능력에 따라 다양한 동물교감치유 활동에 참여하는 순수 자원봉사자가 있다.

1) 독립 동물교감치유사

독립 동물교감치유사가 되기 위해서는 동물교감치유에 필요한 전문 지식과 경험을 습득할 수 있는 학위 또는 자격을 갖추고 있어야 한다.

(1) 학위

학위는 학사 학위와 석사 학위로 나눌 수 있다. 동물교감치유사로서의 직업을 추구하기 위해 취할 수 있는 첫 번째 단계는 심리학이나 사회과학 같은 분야에서 학사 학위를 취득하는 것이다. 이 학위 영역들은 정신 건강 분야의 직업을 준비하도록 도울 수 있고 대학원에서 필요한 지식을 줄 수 있다. 두 번째 단계는 치유 회기를 수행하는 데 필요한 기술을 습득하기 위해 석사 학위를 취득하는 것이다. 이 단계는 동물교감치유사들에게 반드시 필요한 것은 아니지만, 더 많은 직업 기술을 습득할 수 있고 정신 건강 전문가들에게 필요한 자격증을 획득할 수 있게 해준다. 석사학위를 하는 동안 다른 사람들에게 정신 건강 서비스를 제공하는 경험을 얻을 수 있을 뿐만 아니라 몇 가지 이점이 있다. 첫째, 동물교감치유에 대한 학습 기회를 가질 수 있다. 석사 과정 중 내담자에게 상담이나 치료를 제공하는 경험을 쌓는 것은 이 직업 분야에 대해 더 많이 배우도록 도울 수 있다. 이 경험은 전문 분야와 어린이와 같은 특정 내담자 그룹에 대한 아이디어를 제공할 수 있으며, 함께 일하고 싶어할 수도 있다. 둘째, 관계망을 형성할 수 있다. 대학원생으로서 정신 건강 관리를 제공할 수 있는 기회는 졸업 후에 직업을 얻는데 도움을 줄 수 있는 다른 정신 건강 전문가들과의 관계망을 형성할 수 있는 기회를 제공할 수 있다. 셋째, 이력을 관리할 수 있는 기회를 제공한다. 대학원생으로서 얻은 경험은 직장 경험으로 간주될 수 있고, 이것은 치료적인 환경에서 내담자들과 함께 일할 수 있는 자신의 능력을 기업 또는 단체들에게 보여줄 수 있게 해 준다.

(2) 동물교감치유 인증 자격

동물교감치유 인증 자격을 취득할 수 있는 두 가지 주요 경로가 있다. 온라인 인증은 온라인으로 동물교감치유 인증 자격을 취득하는 것으로 이것은 교육과 경험이 혼합된 것이다. 또 다른 방법은 대학원 수준의 인증으로 대학원 과정을 통해 동물교감치유의 인증 자격을 취득할 수 있다. 이러한 프로그램은 온라인 및 오프라인으로 구성될 수 있으며, 연구 과목을 포함할 수 있다. 다음은 동물교감치유 인증 자격을 취득하면서 학습하게 되는 중요 교과목이다.

- 동물 행동: 동물 행동과 신체 언어에 대한 깊은 지식을 학습한다.
- 인간과 동물의 유대: 인간이 동물들과 맺을 수 있는 유대 뒤에 숨겨진 과학에 대해 배울 수 있고, 이러한 유대가 대상자와 동물들 사이의 유익한 치료 경험을 촉진시킬 수 있는지에 대해서도 학습한다.
- 동물 훈련: 치유 보조 동물들을 위한 훈련 기술에 대해 학습한다.
- 윤리 및 법률: 동물교감치유사들이 준수해야 하는 윤리적 치유방법들과 내담자들과 치유 관련 참여 전문가들을 보호하기 위한 관련 법에 대해 학습한다.
- 치유 프로그램 개발: 내담자들을 위한 치유 프로그램을 만드는 데 필요한 지식을 학습한다.

동물교감치유사는 낯선 사람과 새로운 환경 속에서 치유 보조 동물을 편안하게 활용할 수 있어야 한다. 치유 보조 동물은 이러한 형태의 상호 작용에 대한 동물의 적합성을 검사하고 확인하는 인증 프로그램을 통해 치유 작업에 대해 잘 훈련되었다는 것을 인증받아야 한다. 동물교감치유사는 치유 관련 정책에 따라 동물교감치유가 적용되지 않을 경우 잠재적인 책임 문제를 고려하고 추가 보험에 가입해야 한다.

동물교감치유사를 위해 많은 단체에서 동물교감치유 교육 및 인증 프로그램을 개설하고 있기 때문에 관심이 있는 사람들이 쉽게 접근할 수 있도록 열려있다. 대부분 동물교감치유 인증 프로그램은 대면 교육 또는 비대면 교육으로 진행되며, 일부는 대면 교육과 비대면 교육을 혼합한 유형도 있다. 일반적으로 동물교감치유 인증 프로그램은 지원자에게 특정 교육 배경을 요구하지 않지만 일부는 학위가 필요할 수도 있다. 많은 동물교감치유사들은 이미 심리, 정신 건강, 교육, 재활 치료, 작업 치료 또는 기타 건강 관리 분야와 같은 분야에서 학위를 소지하고 있다.

우리나라에서도 여러 비영리 단체가 교육 및 인증을 제공하고 있다. 국내에서는 여러 기관에서 자격 과정을 운영하고 있다. 또한 동물 관련 학과나 사회복지학과, 심리학과, 특수교육학과 등을 전공하여 관련 분야의 지식과 기술을 습득한 사람이 이 분야로 진출하는데 유리하다. 동물교감치유센터, 일반 학교나 특수학교와 같은 교육기관, 병원, 보육시설, 복지관 등에 진출하여 동물교감치유사로 활동할 수도 있다.

2) 통합 동물교감치유사

동물교감치유사는 내담자에 대한 치료 계획의 일부로 직접적인 동물 접촉을 포함하게 된다. 동물교감치유사는 종종 포괄적인 치료 계획의 한 구성 요소로 치유 보조 동물을 활용하는 정신 또는 신체 건강 관리 전문가이다. 이러한 유형의 동물교감치유사는 적절하다고 판단될 경우 내담자의 치유 회기에 치유 보조 동물을 신중하게 통합하여 상호 작용이 진행되는 동안 치유 보조 동물을 감독한다. 치유 회기의 목표에 따라 치유 보조 동물은 내담자와의 신체적 접촉과 애정을 제공하고, 불안 문제를 완화하고, 내담자의 신체적 이동성을 높이고, 대화 주제를 제공하거나, 상담 회기에 참석하도록 할 수 있다.

동물교감치유사는 치유 보조 동물과 함께 시간제 또는 정규직으로 일할 수 있으며 특정 상황에서 어린이 또는 성인과 함께 활동하는 데 좀 더 선택적으로 집중함으로써 전문화 할 수 있다. 동물교감치유 프로그램이 가장 많이 사용되는 분야는 다음과 같다.

- 정신 건강 치료: 환자를 위한 상담 서비스를 제공하는 심리상담사 또는 정신과 의사는 동물교감치유 프로그램의 일반적인 수요자다. 치유 보조 동물은 치료사와 환자가 서로를 처음 알게 되었을 때 어색한 분위기를 풀어줄 수 있는 역할을 할 수 있으며 치유 보조 동물과 유대를 맺는 환자는 환경을 더 편하게 느끼고 치료를 계속할 의향이 높아질 수 있다.

- 교육: 동물교감치유사와 마찬가지로 학교 상담사는 치유 보조 동물이 학생들과 연결하는 데 도움이 되고 학생들이 필요할 때 동물교감치유사에게 더 많은 연락을 할 수 있다는 것을 알게 될 것이다. 또한 치유 보조 동물은 인지 기술과 자존감을 향상시키는 데 도움이 된다. 일부 교사는 교실에서도 사용할 수 있다.

- 노인 복지: 19세기 플로렌스 나이팅게일(Florence Nightingale)은 동물이 환자의 회복에 미치는 영향을 지적하면서 환자를 위한 치료에 포함시키는 이점에 대해 서술하였다. 이러한 혜택은 연령별로 다르지 않으므로 동물교감치유가 노인을 돕는 직업에 종사하는 사람들에게도 도움이 될 수 있다.

동물교감치유가 통합될 수 있는 다른 직업으로는 직업 치료사, 치료 보조, 레크리에이션 치료사, 상담사, 사회 복지사, 심리학자, 교사, 독서 전문가, 프로그램 관리자, 특수 교사, 간호사, 물리 치료사 등이 있다.

3) 동물교감치유 자원봉사

동물교감치유 자원봉사에 참여하는 많은 사람들은 특정 고객 목표를 가진 전문가가 아니라 다른 사람들의 삶의 질을 향상시키기 위해 자원봉사자로 일한다. 동물교감치유 관련 기관에서는 효과를 극대화하는 데 필요한 교육을 제공하여 다른 사람들을 도울 수 있도록 도와준다.

(1) 자원봉사 정의

2005년 제정된 우리나라의 자원봉사활동 기본법에서는 자원봉사활동을 '개인 또는 단체가 지역사회, 국가 및 인류사회를 위하여 대가 없이 자발적으로 시간과 노력을 제공하는 행위'로 정의하고 있다. 이와 유사하게 한국사회복지협의회(1997)에서는 자원봉사란 '특정한 사회적 요구의 인식 하에 사회적 책임감의 태도를 가지고 금전적 이득에 대한 관심 없이 또한 기본적 의무감으로부터 벗어나서 자발적으로 행동할 것을 선택해서 이루어지는 활동'이라고 정의하고 있다. 사회과학 분야에서의 자원봉사 개념 역시 위와 크게 다르지 않다. 첫째, 충분한 지식과 기술을 가진 자원봉사자들이 다른 사람을 돕는 자발적인 활동(Stebbins, & Graham, 2004)과 둘째, 금전적이나 물질적 이득에 관계없이 조직(Organization), 협회(Association), 지역사회(Society)나 자원봉사 분야와 관련하여 해당 분야에 관심 있는 사람들의 공동체 집단과 협력하여 다른 사람들을 돕는 자원봉사자의 활동이다.

(2) 자원봉사 참여 동기

자원봉사활동은 계획된 도움 행위(Planed Helping)이다. 상당한 시간에 걸쳐 자원봉사활동에 참여할 것인가, 어느 정도 참여할 것인가, 봉사활동이 자신의 능력과 관심에 부합하는가, 시간과 여러 가지 부담을 감내하면서까지 참여할 것인가 등을 심사숙고한 후에 일어나는 행위이다(박민아, 2015). 자원봉사 동기란 자원봉사활동에 참여할 수 있는 행동을 제공하고 이를 지속시킬 수 있도록 하는 힘을 의미한다(Finkelstein, 2007). 동기는 개인적이고 사적인 것이며, 각 사람의 의미와 욕구를 반영한다. 이는 같은 자원봉사활동이라도 각기 다른 개인적 동기가 존재하는 것을 의미한다(Phillips, & Phillips, 2011).

영화 블라인드 사이드(The Blind Side)

실화를 바탕으로 2009년 제작한 블라인드 사이드(The Blind Side, 미국)는 타인의 성공을 돕는 이야기이다. 추수감사절 전날 백인 여성 리 앤 투호이는 오갈 데 없이 추위에 떠는 흑인 고등학생 마이클에게 '나눔의 손'을 내민다. "잘 곳은 있니?" 그녀는 따뜻한 잠자리를 마련해줄 뿐만 아니라 아예 집에 들여앉히곤 마이클이 더 많이 배우고 더 크게 꿈꾸도록 돕는다. 훗날 마이클은 프로 풋볼 선수로 성공하였으며, 그녀는 늘 당당하게 외쳤다. "저 선수가 제 아들이에요(That's my son)."

출처: en.wikipedia.org/wiki/The_Blind_Side_(film)

자원봉사활동의 참여 동기는 이타주의, 자아발전, 자기개발, 공동체 편익, 사회적 적응으로 나눌 수 있다(Wang, 2006).

가. 이타주의(利他主義, Altruism)

이타주의 또는 이타심(利他心)은 '타인'이라는 뜻의 라틴어 'Alter Hic'에서 유래한 것으로, 19세기 프랑스 철학자 오귀스트 콩트(Auguste Comte, 1798~1857)에 의해 생겨난 말이다(정지현, 2013). 이타주의는 타인의 이익을 위해 아무런 보상을 기대하지 않고 다른 사람을 돕는 자발적인 개인행동을 의미한다(Phillips, & Phillips, 2011). 즉, 나보다 남을 먼저 생각하는 주의로, 행동의 목적을 타인에 대한 행복에 둔다는 것으로, 남보다 자신의 이익을 먼저 생각하는 이기주의와 반대되는 개념이다.

🐾 그림 7.3 오귀스트 콩트 (Auguste Comte)

출처: https://en.wikipedia.org/wiki/Auguste_Comte

이타주의는 많은 문화권에서 전통적인 미덕으로 받아들여지고 있으며, 또한 다양한 종교에서 오래전부터 중요하게 여기는 덕목이기도 하다. 이타주의는 의무나 충성과는 달리 어떤 가치 있는 것을 자기나 특정한 대상을 위한 것이 아니라 모두를 위해 제공하기 위한 동기를 말한다. 반면에 의무는 특정 대상에 대한 도덕적 의무에 초점이 맞춰져 있다. 순수한 이타주의(Pure Altruism)는 자신이 아닌 남을 위해(직접적 혹은 간접적 이득이나 보상을 바라지 않고) 무언가(예를 들어 시간, 에너지, 소유하고 있는 물건 등)를 희생하는 것이다. 이와 연결된 이타적 가치(Altruistic Value) 동기는 타인이나 지역사회의 복지를 위한 이타적 관심에 자원봉사활동의 본질을 둔다. 이때 자원봉사자는 자신의 개인적인 이득에 대한 기대를 갖지 않아야 하고, 궁극적으로 이를 통해 지역사회에 기여할 수 있어야 한다(강종수, 2012). 하지만 다른 사람을 도움으로써 스스로 느끼는 만족감은 자원봉사자에게 보이지 않는 심적 보상을 제공한다(Frisch, & Gerrard, 1981). 이타적 가치는 여러 연구에서 자원봉사활동의 가장 핵심적이면서 공통적인 동기라고 밝혀지고 있다.

여러 연구에서 행복한 사람일수록 이타적이라고 하지만, 이타적인 사람들 가운데 타인을 돌보는 데만 치중해 정작 자신의 기본적인 욕구조차 전혀 알아 차리거나 보살피지 못한 채 암울하게 살아가는 경우도 있다. 이와 관련하여 앤서니 그랜트(Anthony M. Grant)와 앨리슨 리(Alison Leigh)는 다음과 같이 말한다(정지현, 2013).

"이기심을 버리고 타인을 돕는 일이 자신의 삶을 희생하고 파괴하라는 것은 아니다. 이런 역기능을 가져다주는 이타주의는 절대 피해야 한다. 먼저 자신을 돌봐야만 진정으로 타인에게 베풀 수 있다. 이기적이거나 자기중심적으로 들릴 수도 있지만, 절대 그렇지 않다. 타인을 보살피고 싶다면 먼저 자신을 보살펴라. 회복과 재충전이야말로 이타주의를 지속시키는 밑거름이 된다."

TIP

헤밍웨이의 법칙(Hemingway's Law)
어느 대학의 심리학 강의 시간에 교수는 학생들에게 똑같은 풍선을 나누어 주었다. 교수는 작은 종이에 학생 자신의 이름을 쓴 다음 풍선 속에 넣고 풍선을 불어서 팽팽하게 한 후 모아서 천정으로 날려 보내도록 하였다. 그런 다음 교수는 학생들에게

5분 이내에 학생 자신의 이름이 적혀있는 풍선을 찾아보라고 하였다. 학생들은 자신의 풍선을 찾으려고 돌아 다니면서 학생들끼리 서로 부딪치고 밀치면서 순식간에 교실은 아수라장이 되었다. 5분이 다 지났지만 누구도 자신의 이름이 들어있는 풍선을 찾은 사람은 없었다. 교수는 학생들을 진정시킨 다음 이번에는 아무 풍선이나 잡아서 풍선 속에 적혀 있는 이름을 보고 그 주인을 찾아주라고 주문하였다. 그러자 풍선은 순식간에 이름이 적혀 있는 주인에게 되돌아갔다. 교수가 학생들에게 다음과 같이 말하였다. "지금 시험한 자기 풍선 찾기는 우리들의 삶과 똑같습니다. 사람들은 필사적으로 행복을 찾아다니지만 행복이 어디 있는지 앞을 보지 못하는 사람처럼 길을 헤매고 있습니다. 행복은 다른 사람의 행복과 함께 있습니다. 다른 사람의 풍선을 찾아주듯, 다른 사람에게 행복을 찾아서 나누어 주세요. 그러면 반대로 여러분 자신이 행복을 누리게 될 것입니다." 헤밍웨이가 말한 행복의 의미를 담아 이를 '헤밍웨이의 법칙(Hemingway's Law)'이라고 한다.

다른 사람을 돕는 행동은 나 자신에게 행복감을 준다. 이와 관련된 실험 연구에서 사람들은 자신을 위해 돈을 쓸 때보다 타인을 위해 돈을 쓸 때 더욱 행복해진다(Aknin, et al., 2020; Dunn, Aknin, & Norton, 2008, 2014). 실험 연구에서는 자신을 위한 물건을 사거나 세금을 내거나 하는 개인지출(Personal Spending) 그룹과 타인을 위해서 선물을 사거나 기부를 하는 것과 같은 친사회적 지출(Prosocial Spending)을 하는 그룹으로 나누어 행복도를 사전·사후 측정하였는데 그 결과 친사회적 지출을 한 그룹에서만 행복도가 증가되었다. 또 다른 실험으로 캐나다의 브리티시 컬럼비아(British Columbia) 대학에서 고혈압을 앓고 있는 실험 참가자들을 모집한 후에 그들에게 3주 연속으로 각각 40달러(한화 약 4만원)를 주고 두 집단으로 나누어 한 집단은 받은 돈을 온전히 자신을 위해 쓰도록 하였고 다른 집단은 친구를 위해 선물을 사거나 자선 단체에 기부하거나 자신이 아닌 타인을 위해 쓰라고 요구하였다(Martela, 2018). 몇 주 후에 실험 참가자들의 혈압을 측정하였는데 온전히 자신을 위해 돈을 사용한 집단은 혈압이 크게 개선되지 않았으나, 남을 위해 돈을 사용한 참가자들의 혈압은 현저하게 낮아졌다. 이는 운동을 하거나 식이요법을 사용하여 혈압을 낮춘 수준과 비슷한 수준이다.

남을 도와주는 이타주의적인 삶은 장수하는 비결 중의 하나이다. 꼭 경제적인 도움이 아니더라도 사회적 지지 등의 이타적인 행위는 행위자의 수명을 연장시켜주는 효과가 있는데, 개인의 건강, 정신 건강, 성격유형, 혼인상태의 변수들을 감안하여도 그 효과는 지속된다(Schwartz, et al., 2003). 정기적인 봉사활동 또한 수명을 연장시켜주는 데 이타적인 행위가 스트레스와 같이 건강에 부정적인 효과를 끼치는 요인들에 대해서 완충 역할을 해주기 때문이다. 한 가지 유의할 점은 자의적으로 남을 도와주는 행위는 건강에 여러 가지로 긍정적인 효과를 가져다 주지만 강요에 의해서 남을 도와주는 행위는 전혀 도움이 되지 않는다는 것이다.

나. 자아발전(Ego Enhancement)

자아발전 동기란 자아실현이나 성취욕구 등 자기지향적인 동기를 말하는 것으로, 자원봉사자의 참여 동기가 이기적이고 경험 추구적인 동기 또는 욕구에 의해 주도되는 특징이 있다(김현진, 이동수, 2011). 이는 자신의 개인적 성장과 발전, 자아의 적극적 추구에 초점을 둠으로써 자기존경을 높이려는 기능으로 자신이 필요시 되고, 중요시 되고, 자기존중감을 높이려는 희망에 의해 자원봉사활동을 하고자 결정하는 경향을 말한다. 자아발전 동기는 광범위한 영역을 갖게 되는데, 가령 자기가 사회에 무엇인가 빚지고 있다는 생각에서 이것을 갚아보려는 시도에서부터 자기가 하고 있는 봉사활동을 순수하게 즐기는 것까지 그 범위 안에 포함된다.

다. 자기개발(Personal Development)

자기개발 동기는 "개인 성장과 새로운 기술을 배우고자 하는 자기지향적 이익"에 자원봉사활동의 이유를 두고 있는 경우이다. 즉, 자원봉사자는 자원봉사활동을 통해 지역사회에 접근할 수 있고, 경험을 쌓고, 새로운 기술을 습득하고, 조직에서 혜택을 얻을 수 있는 기회를 얻을 수 있다.

라. 공동체 편익(Community Concern)

공동체 편익 동기는 자원봉사활동의 이유를 '더 나은 사회를 만들기 위해'에 두는 것이다. 지역사회 구성원은 자원봉사활동을 통해 지역사회 개발에 참여하여 지속적인 지역사회 발전에 긍정적인 영향을 미칠 수 있다(Lee, et al., 2014).

마. 사회적 적응(Social Adjustment)

사회적 적응은 사회적 상호 작용과 인정의 기회 제공 기능과 관련이 있다. 자원봉사자는 봉사활동을 통해 새로운 친구를 만날 기회를 가질 수 있고 밖으로 나가 활동할 기회를 모색하는 등 자신의 사회적 상호 작용 욕구를 충족시킬 수 있다.

(3) 봉사자 치유(Helper Therapy)

철학자, 종교 지도자, 신비주의자, 시인들은 수 천년 동안 다른 사람들에게 잘 하는 것이 좋다고 말해왔다. 이것을 업(Karma), 부메랑 효과(Boomerang Effect), 생명의 바다(the Sea of Life)라고 부른다. 시대의 지혜에 따르면 다른 사람을 위한 행동에는 보답이 있다. 이기적이지 않은 행동의 이점은 주는 사람에게 되돌아간다. 속담에 따르면 '미덕은 그 자체로 보상'이다.

과거 여러 연구에서 선행의 이점이 마음과 몸 모두에서 발생하여, 심리적, 신체적 기능 모두를 더 높은 수준으로 촉진하며, 좀 더 긴 수명에 기여한다는 것을 보여주었다(Foresight Mental Capital and Wellbeing Project, 2008). 미국의 육군 장군이었으며, 1991년 걸프 전쟁을 지휘한 사령관으로서 걸프전의 영웅으로 불리기도 한 허버트 노먼 슈워츠코프 주니어(Herbert Norman Schwarzkopf Jr., 1934~2012)는 "자신이 정상에 더 가까이 가지 않고는 누군가가 언덕을 오르는 것을 도울 수 없다(You can't help someone get up a hill without getting closer to the top yourself.)"고 말한 것으로 유명하다.

자조 그룹에 성공적으로 참여한 사람들이 오랫동안 이해해 온 이 사실은 저명한 심리학자이자 소셜 폴리시(Social Policy)의 설립편집인인 프랭크 리스먼 (Frank Riessman)이 사회복지(Social Work) 저널에서 논문을 게재하면서 처음 공식화되었다(Riessman, 1965). 리스먼은 다른 사람을 돕는 것이 자신을 돕는 데 필수적이라고 간주되는 수많은 자조 집단에 대한 관찰을 바탕으로 "봉사자 치유 (Helper Therapy)" 원칙을 정의했다(도하타 가이토, 2019). 실제로 리스먼은 다른 사람을 돕는 행위가 그 사람이 도운 것보다 돕는 자를 더 낫게 한다는 사실을 관찰했다. 오늘날, "봉사자 치유"는 사람들이 자신의 삶에 부정적인 영향을 미치는 중독으로부터 회복하도록 돕는 것을 목표로 12단계의 프로그램으로 구성되어 있다. 이 그룹이 체중 감량, 금연, 약물 남용, 알코올 중독, 정신 질환 및 회복 또는 수많은 다른 필요성에 따라 초점을 맞추든 간에 결정적인 특징은 스스로를 치유하려는 욕구에 의해 동기부여된 사람들이 상호 지원에 참여한다는 것이다.

(4) 자원봉사의 이점

자원봉사는 자원봉사자에게 다양한 이점을 제공한다(Segal, & Robinson, 2020).

가. 다른 사람들과 연결시켜 준다.

자원봉사는 사회 관계망을 확장시켜 준다. 자원봉사를 통해 지역사회에 연결되고 더 나은 사회를 만드는 일에 기여할 수 있다. 아주 작은 일을 돕는 것조차도 도움이 필요한 사람, 동물 및 조직의 삶에 진정한 변화를 가져올 수 있다. 자원봉사는 양방향 특성이 있어서 자신이 돕겠다고 선택한 목적만큼 자신과 자신의 가족에게도 도움이 될 수 있다. 자원봉사자로서 시간을 할애하면 새로운 친구를 사귀고, 관계망을 확장하고, 사회적 기술을 향상시킬 수 있다. 새로운 친구를 사귀고 기존의 관계를 강화하는 가장 좋은 방법 중 하나는 함께 공유하는 활동에 전념하는 것이다. 자원봉사는 새로운 사람들을 만날 수 있는 좋은 방법이며, 특히 어떤 지역에 처음 온 사람이라면 더욱 그렇다. 자원봉사는 공동체와의 유대관계를 강화하고 지원망을 넓혀 공통의 관심사를 가진 사람들, 이웃, 재미있고 성취감을 주는 활동을 하는 사람들에게 자신을 노출하도록 한다. 어떤 사람들은 외향적이지만 다른 사람들은 수줍어하고 새로운 사람들을 만나는 데 어려움을 겪을 수 있다. 자원봉사는 공통 관심사를 가진 사람들과 정기적으로 만나기 때문에 사회적 기술을 연습하고 개발할 수 있는 기회를 제공해준다. 일단 추진력이 생기면 더 쉽게 확장해 나아갈 수 있고 더 많은 친구와 연락처를 교환할 수 있는 기회가 많아진다.

나. 몸과 마음의 건강에 도움이 된다.

자원봉사는 우울증, 불안, 스트레스, 그리고 분노와 같은 모든 종류의 정신적 문제와 싸우는 것을 돕는 것으로 알려진 메커니즘이다(Creaven, Healy, & Howard, 2017).

자원봉사를 하면 기분이 좋아진다. 연구에 의하면 단순히 재미있는 일을 하는 것 이상으로 자원봉사를 하면 할수록 행복해진다(Lawton, et al., 2021). 다른 사람을 도울 때 신체는 뇌에서 도파민을 방출하여 기분에 긍정적인 영향을 미친다. 자원봉사는 당신을 행복하게 한다. 연구자들은 호르몬과 뇌 활동을 측정함으로써 다른 사람들에게 도움이 되는 것이 엄청난 즐거움을 제공한다는 것을 발견하였다. 인간은 다른 사람들에게 무엇인가를 도와줄 수 있도록 결속되어 있고 더 많이 도와줄수록 더 행복해진다.

자원봉사는 외로움을 감소시킨다. 미국과 영국의 45%에 가까운 사람들이 외로움을 느낀다고 한다(Office for National Statistics, 2020). 2013년에 실시된 연구에서 사람들이 대면하기보다는 페이스북에서 더 많은 상호 작용을 할수록, 더욱 외롭고 우울해진다. 그러나 공감하는 사람들과 함께하는 것은 외로움을 감소시킨다. 그러므로 지역사회에 있는 사람들을 알아가면서 그들의 이야기를 배워 강한 우정으로 이어질 수 있는 유대감을 키우는 것으로부터 시작하면 된다.

자원봉사는 우울증을 감소시킨다. 외로움을 덜 느끼는 사람들은 우울해지는 경향이 낮다. 자원봉사자로서 다른 사람들과 시간을 보내면서 느끼는 공감 반응은 연구를 통해 행복을 증가시키는 것으로 나타난다. 같은 관심사를 공유하는 사람들과 함께 있으면 지원 시스템을 구축하는 데 도움이 될 수 있으며, 강력한 지원 시스템을 갖추면 유전 및 환경적 요인으로 인한 취약성에도 불구하고 우울증을 줄여준다. 자원 봉사는 특히 65세 이상의 사람들에게 우울증 발병률을 낮춰준다. 모두가 같은 목표를 위해 일하는 다른 사람들과 함께 자원봉사를 하면 사회적 상호 작용이 증가하여 특히 노년기에 겪는 외로움을 줄일 수 있다. 자원봉사는 사회적 상호 작용을 증가시키고 공통 관심사에 기반한 지원망을 구축하는 데 도움이 된다. 이 두 가지 모두 우울증을 줄여준다. 유럽 15개국 조사에 의하면, 자원봉사와 우울 증상 사이에 음의 상관 관계를 보인다. 즉, 자원봉사를 더 많이 한 사람들은 우울증 증상을 덜 보고하는 경향이 있다.

　　자원봉사는 자존감을 증가시킨다(Brown, Hoye, & Nicholson, 2012). 자신의 일에 대해 필요하고 감사하다고 느끼면 자신감을 높일 수 있다. 정기적으로 자원봉사를 하면 목적, 성취감을 느낄 수 있다. 직접적인 행동을 통해 타인의 삶을 개선하는 데 도움을 주면 자신이 얼마나 가치 있고 공동체가 왜 그렇게 중요한지 알 수 있게 된다. 자원봉사에 대한 보상은 자신을 더 기분 좋게 만들고 자신감을 향상시킨다. 종종 사람들은 사회적 상호 작용에 어려움을 겪을 수 있는데, 자원봉사는 새로운 사람들을 만나고 의미 있는 관계를 구축하는 좋은 방법이다.

　　자원봉사는 목적의식을 제공해준다. 필요성을 느끼고 싶어하는 것은 인간의 본성이며 누군가 다른 사람에 의해 필요함을 느끼고 그 감정이 보답될 때 더 행복해지는 경향이 있다. 자원봉사는 목적과 책임감을 제공해준다. 자원봉사는 자기 성취의 큰 이점이 있으며 한 사람으로서 자신이 누구인지 찾는 데에도 역할을 한다. 남에게 보답하고 도와줌으로써 자신의 진정한 삶의 열정을 드러낼 수 있는 동시에 다른 사람들에게 "선행 릴레이"를 격려할 수 있다. 노년층, 특히 은퇴했거나 배우자를 잃은 사람들은 다른 사람들을 도와줌으로써 삶에서 새로운 의미와 방향을 찾을 수 있다. 나이나 삶의 상황이 어떠하든 자원봉사는 걱정을 덜어주고 정신적으로 자극을 받으며 삶에 열정을 더할 수 있다.

　　자원봉사는 신체 건강에 도움이 된다. 고혈압은 심장병, 뇌졸중 및 조기 사망에 기여하기 때문에 건강의 중요한 지표이다. 정기적으로 자원봉사를 한 50세 이상의 성인은 자원봉사를 하지 않은 사람보다 고혈압에 걸릴 확률이 낮다(Sneed, &

Cohen, 2013). 1983년 캘리포니아 대학의 연구자들은 "A 유형" 성격 피실험자들의 160개 언어 형태를 분석했다(Scherwitz, et al., 1983). 이 연구는 나이, 혈압 및 콜레스테롤을 통제한 후 언어에서 자기 참조가 많을수록 심장 질환과 유의미한 상관관계가 있음을 보여주었다. 이것은 사람이 더 많이 베풀고, 다른 사람들이 말할 때 주의 깊게 듣고, 이기적이지 않은 행동을 할 때 건강한 심장이 생길 수 있다는 것을 의미한다. 적개심과 관상동맥 질환에 대한 연구(Williams, & Williams, 1994)에서 "적개심 척도(Hostility Scale)"에는 적대적인 감정, 태도, 행동과 관련된 50개의 질문을 사용했다. 255명의 의사들을 대상으로 연구를 수행했으며, 25~50세 사이의 나이에서 적개심 점수가 상위 50%로 높은 의사들은 관상동맥 질환에 걸릴 확률이 낮은 사람들보다 4~5배 더 높았고 어떤 질병으로든 사망할 확률이 거의 7배 더 높았다. 비슷한 결과가 다른 집단에서도 발견되었는데, 그들은 암 사망률도 증가했음을 보여주었다. 노스 캐롤라이나 대학의 법대생들 중 1950년대에 미네소타 다면적 성격 검사를 실시한 결과, 학급에서 가장 높은 적개심 점수를 받은 20%는 50세에 사망하였지만 가장 낮은 20%에 있는 학생들은 50세에 사망할 확률이 겨우 4%에 불과했다. 의대생들 사이에서도 거의 같은 결과가 나왔다. 오하이오 주립대학교 행동의학연구소의 42쌍의 부부와의 적개심을 이용한 연구는 부정적인 감정 상태가 상처 치유에도 영향을 미친다는 것을 보여주었다(Kiecolt-Glaser, Loving, & Stowell, 2005). 지지적인 토론보다 논쟁 후에 상처가 치유되는 데 하루가 더 오래 걸렸고, 낮은 적대감을 보이는 사람과 비교할 때 높은 수준의 적대감을 보이는 사람은 이틀 더 오래 걸렸다. 적개심 척도를 이용한 많은 연구들은 적개심이 진정으로 건강을 해치는 성격의 특징이라고 결론지었다. 대부분의 연구자들은 스트레스 호르몬인 코티솔과 아드레날린(에피네프린이라고도 함) 상승으로 인한 관상동맥 질환 및 암으로 인한 개인의 사망률 증가와 세로토닌 수치 감소에 의해 매개되는 면역 반응의 관련 저하를 설명한다.

자원봉사는 평균 수명을 연장시킨다. 자원봉사자들의 평균 수명이 자원봉사를 하지 않은 사람들보다 증가한다(Rogers, et al., 2016). 외로움뿐만 아니라 스트레스가 낮아지기 때문이다. 그러나 이러한 효과는 이력서 작성과 같이 자신을 위해 자원봉사를 하는 사람들보다는 진정한 자원봉사를 하는 사람들에게만 적용된다. 또한 기억 상실 위험도 낮다. 사회적 상호 작용은 알츠하이머 및 기타 유형의 치매 진행을 현저히 감소시킬 수 있다(Carlson, et al., 2009; Griep, et al., 2017). 자원봉사에 참여한 노인들은 뇌 기능 저하를 지연시키거나 역전시킬 수 있다(Carlson, et al., 2009). 자기 공명 영상을 사용하여 청소년을 멘토링하는 프로그램에 참여한 노인이 일상 생활을 계획하고 구성하는 데 중요한 인지 능력을 지원하는 주요 뇌 영역에서 이득을 얻었음을 발견하였다. 자원봉사를 한 응답자는 4년 후 사망위험이 낮았다. 특히 더 정기적이고 자주 자원봉사를 한 사람들은 더욱 그러하였다. 봉사자들은 자원봉사자가 아닌 사람들보다 사망률이 22% 낮으며 자존감과 행복도도 더 높았다.

노인을 대상으로 한 대규모 종단 연구에서 일주일에 자원봉사를 하는 시간은 평균 4시간이었고, 참가자들은 일주일에 4시간 이하 또는 그 이상 자원봉사를 하는 사람들로 나뉘었다(Oman, Thoresen, & McMahon, 1999). 다양한 건강 및 사회 경제적 변수를 조정한 후 연구자들은 4시간 이상의 자원봉사와 감소된 사망률 사이에 통계적으로 유의한 연관성을 발견했는데, 이것은 건강 상태에 대한 수정 후에도 남아 있었고, 사망률의 44% 감소로 이어졌다. 또 다른 연구에서 빈번한 자원봉사가 사회인구통계학적, 의료상태, 신체활동 및 사회통합의 영향을 통제할 때 사망위험 감소와 관련이 있다는 가설을 뒷받침하였다(Harris, & Thoresen, 2005). 건강과 장애 변수를 고려했을 때 때때로 자원봉사를 한 사람들은 사망위험이 25% 감소했고, 자주 자원봉사를 한 사람들은 33% 감소했다. 신체활동 변수가 포함되었을 때, 때때로 자원봉사를 한 사람들은 사망위험이 23% 감소했고, 자주 자원봉사를 한 사람들은 31% 감소했다. 사회적 기능과 지원 변수를 포함했을 때, 자주 자원봉사를 하는 사람들의 사망률은 19% 감소했다. 이것은 사회인구통계학, 의료 및 장애 특성, 신체활동의 자기 평가, 사회통합 및 지원의 영향이 통제되는 경우에도 더 빈번한 자원봉사가 지연 사망률과 관련이 있다는 것을 의미한다. 둘 이상의 조직에서 자원봉사하는 사람들이 그렇지 않은 이들보다 질병으로 조기 사망할 확률이 최소 44% 적게 나타났다(Oman, Thoresen, & Mcmahon, 1999).

자원봉사는 스트레스를 감소시킨다. 자원봉사를 하는 동안 수행되는 신체활동 외에도 자원봉사자가 되는 것은 개인적인 삶의 스트레스에 대처할 수 있는 새로운 목적의식을 찾는 데 도움이 된다. 삶에서 다른 사람으로 집중하는 것은 스트레스를 잊는 데 도움이 될 수도 있다. 지역사회의 사람들을 돕는 데 집중하고 일상의 번잡함에서 벗어날 수 있으면 스트레스 수준을 낮추는 데 도움이 될 수 있다. 자신의 관점을 바꾸고 다른 사람의 상황에 주의를 집중시키면 자신의 문제를 보다 잘 통찰할 수 있다. 다른 사람을 위해 변화를 가져오는 느낌을 가지면 자신의 삶을 변화시킬 수 있다는 느낌을 받을 수도 있다.

다. 자원봉사는 젊은 사람들에게도 도움이 된다.

자원봉사의 이득이 노년층에게만 도움이 되는 것처럼 보일 수 있지만, 젊은 사람들에 대한 연구는 그 혜택이 그들에게도 돌아간다는 것을 보여준다. 예를 들어 청소년기에 자원봉사는 사회적 역량과 자존감을 높이고, 반사회적 행동과 약물 남용으로부터 보호하며, 십대의 임신과 학업 실패로부터 보호한다는 것이 입증되었다(Allen, et al., 1997). 더욱이 젊어서 시작하는 이점은 평생 동안 이점을 가져다준다. 1930년대에 캘리포니아에서 처음 조사 되고 그 후 1990년대 후반까지 10년마다 조사한 청소년 연구소 2개 기관에서 수집한 자료를 조사했다. 모든 인간이 공통적으로 가진 긍정적인 감정을 나타내는 행동으로 정의되는 생산성(Generativity)은 기부심, 친사회적 역량, 사회적 관점 등 3가지 차원으로 측정되었다. 연구 결과 생산적인 청소년들은 실제로 신체적으로, 특히 심리적으로 더 건강한 성인이 된다는 것을 보여주었다.

라. 자원봉사는 경력을 개발하는 데 도움이 된다.

새로운 직업을 고려하고 있다면 자원봉사는 관심 분야에서 경험을 쌓고 현장의 사람들을 만나는 데 도움이 될 수 있다. 직업 변경을 계획하고 있지 않더라도 자원봉사는 팀워크, 의사소통, 문제 해결, 프로젝트 계획, 작업 관리 및 조직과 같이 직장에서 사용되는 중요한 기술을 연습할 수 있는 기회를 제공한다. 먼저 자원봉사자 위치에서 이러한 기술을 연마하면 직장에서 효과적으로 업무 능력을 발휘할 수 있다. 자원봉사가 무급이라고 해서 배우는 기술이 없다는 의미는 아니다. 많은 자원봉사 기회가 광범위한 교육을 제공한다. 자원봉사는 또한 이미 가지고 있는 기술을 구축하고 이를 사용하여 더 큰 공동체에 도움이 될 수 있다. 자원봉사는 장기적인 노력 없이 새로운 경력을 쌓을 수 있는 기회를 제공한다. 또한 새로운 분야에서 경험을 쌓을 수 있는 방법으로 어떤 분야에서는 관심 있는 일을 하는 조직에서 직접 자원봉사를 할 수 있다. 예를 들어 간호에 관심이 있다면 병원이나 요양원에서 자원봉사를 할 수 있다. 자원봉사활동은 경력에 도움이 될 수 있는 전문 조직이나 인턴십에 노출될 수도 있다.

마. 삶의 재미와 성취감을 제공한다.

누군가의 얼굴에 미소를 띠게 하거나 웃게 하는 것은 충분히 보람이 있지만 지식과 경험 면에서 자신이 주는 것보다 더 많은 것을 얻게 된다. 뇌의 보상 중추는 누군가가 행복을 경험할 때와 매우 유사한 화학반응을 보인다. 옥시토신은 스트레스를 감소시키고, 도파민은 엔도르핀과 함께 자연적인 헬퍼스 하이(Helper's High)를 만들어 낸다. 자신의 몸이 보람된 느낌을 갈망하기 시작할 수 있기 때문에 이 느낌은 실제로 중독성이 될 수 있다. 다른 사람들을 돕는 조직의 일원이 되는 것은 자신을 더 행복하게 할 수 있고, 어려움에 처한 사람들을 계속해서 돕고자 하는 것으로 이어질 수 있다.

감사함이 자신을 더 행복하게 할 뿐만 아니라 더 건강하게 만들어 준다. 삶에서 제공하는 작은 것들을 감사하게 만들어 준다. 자신이 돕는 사람들의 이야기를 듣는 것은 자신의 삶을 회상하게 한다. 자신의 주요 문제들이 그렇게 나쁘지 않다는 것을 기억하게 된다. 자원봉사는 자신이 돕고 있는 사람들의 삶에 큰 차이를 만들고 자신의 삶의 전반적인 질을 향상시킨다.

자원봉사는 흥미와 열정을 탐구 할 수 있는 재미있고 쉬운 방법이다. 의미 있고 흥미로운 자원봉사 활동을 하는 것은 일상적인 일, 학교 또는 가족 약속에서 벗어나 편안하고 활력이 넘치는 탈출이 된다. 자원봉사는 또한 개인 및 직업

생활로 이어질 수 있는 새로운 창의력, 동기 부여 및 비전을 제공한다. 많은 사람들이 업무 외의 취미 시간을 만들기 위해 자원봉사를 한다. 예를 들어, 사무직이고 야외에서 오래 시간을 보내고 싶다면 자원봉사를 통해 공동체 정원을 가꾸거나, 동물 보호소에서 개를 산책시키거나, 어린이 캠프에서 도움을 받을 수 있다.

표 7.2 자원봉사의 장단점

장점	단점
• 새로운 사람들을 만나고 지속적인 관계를 발전시킨다. • 행복을 높이고, 정신 건강을 개선시킨다. • 새로운 기술을 배우고 두뇌 기능과 자존감이 높아진다. • 경력을 발전시킬 수 있다. • 스트레스를 줄이고 건강상의 이점을 얻을 수 있다. • 세상에서 좋은 일을 하고 변화를 일으키도록 도울 수 있다.	• 시간이 오래 걸릴 수 있다. • 일부 작업은 자원봉사자의 역할에 따라 반복될 수 있다. • 자신에게 맞는 영역을 찾기 위해 여러 번 시도해야 할 수도 있다.

(5) 자원봉사자 주의 사항

다른 사람들을 도와주는 행동에도 몇 가지 주의할 사항이 있다. 자기 자신에 대한 과도한 집중이 건강에 해로울 수 있는 것처럼 다른 사람들도 건강에 좋지 않을 수 있다.

일주일에 몇 시간만 자원봉사를 하는 것만으로도 행복과 기분이 달라질 수 있지만 "다른 사람에게 하는 것"은 그 자체로 스트레스가 될 수 있고 건강에 좋지 않은 영향을 미칠 수 있다. 심리학자 마틴 호프만(Martin L. Hoffman)은 이것을 **공감 과잉 각성**(Empathic Overarousal)이라고 하였다. 재난, 가장 가난한 사람들과 함께 일하는 활동가, 그리고 24시간 내내 도움이 필요한 성도들에게 사랑과 지원을 제공하는 목사와 같이 강렬한 공감과 관대한 행동이 필요한 상황에 처한 사람들에게 발생할 수 있다(Hoffman, 2008). 찰스 피글리(Charles Figley)는 이러한 현상을 **"연민 피로**(Compassion Fatigue)"라고 불렀다(Figley, 1995). 그 결과에는 심각한 스트레스, 인지 기능 장애, 친밀한 관계로부터의 거리두기, 직업적 손실 및 우울증이 포함될 수 있다.

간병인이 지속적으로 고통에 대처하고 있을 때 충전을 위해 뒤로 물러나는 것이 중요하다. 장기적으로 "다른 사람들에게" 행할 수 있도록 자신을 돌보는 관리가 되어야 한다. 균형, 리듬, 휴식 시간, 레크리에이션, 그리고 영적인 측면들은 간병인으로서의 관점을 새롭게 유지하는 데 매우 중요하다. 연구를 살펴보면 자원봉사의 정도와 건강상의 이점 사이에는 선형 관계가 없다. 즉, 더 많은 자원봉사가 반드시 더 큰 이점으로 이어지는 것은 아니라는 것이다. 오히려 건강상의 이점을 가져오는 자원봉사 임계값(Volunteering Threshold)이 있으며 해당 임계값에 도달하면(일주일에 두어 시간 정도) 추가 혜택을 얻지 못한다.

일부 연구에서는 특정 종류의 스트레스가 상대적으로 낮은 수준에서 인간의 건강에 도움이 될 수 있음을 보여주었지만 과도한 스트레스와 질병 사이의 관계는 잘 규명되어 있다. 분노와 같은 스트레스가 감정에 대한 반응으로 신체는 신체활동을 준비하는 호르몬을 분비한다. 스트레스 호르몬은 심장과 폐가 더 빨리 작동하도록 하고, 근육을 경직시키고, 소화를 늦추고, 혈압을 높인다. 지속적으로 스트레스를 주는 감정은 산성을 띠는 금속과 같은 반면, 긍정적인 감정은 부정적인 감정을 대체함으로써 건강과 치유를 촉진하는 현저한 생리학적 영향을 미친다.

사람들이 다른 사람들에게 손을 뻗을 때 적개심, 심사숙고, 분개, 두려움과 같은 부정적인 감정이 긍정적인 감정으로 대체된다. 이 현상은 **헬퍼스 하이**(Helper's High, 봉사자의 황홀감)라고 불리는 현상으로 남을 돕고 봉사하는 사람이 느끼는 기쁨이나 심리적 포만감이라는 행복감을 의미한다. 헬퍼스 하이는 미국의 내과 의사인 앨런 룩스(Allan Luks)에 의해 처음 기술되었다(Luks, 1988).

미국 전역의 수천 명의 자원 봉사자를 대상으로 설문 조사한 결과 다른 사람들을 도운 사람들은 자원봉사를 시작했을 때 건강이 향상되었다고 일관되게 말했다. 약 절반이 "황홀감"이라는 느낌을 경험했다고 보고했다. 43%는 더 강하고 활력이 넘친다고 느꼈다. 28%는 내면의 따뜻함을 경험했다. 22%는 더 차분해지고 덜 우울하다고 느꼈다. 21%는 더 큰 자부심을 느꼈고 13%는 고통을 덜 경험했다. 삶의 다양한 영역에서 비공식적인 도움 행동을 연구한 연구원은 스트레스를 계속 받지 않도록 완충시켜 주는 것이 뇌-감정-면역 연결 및 옥시톡신 및 바소프레신과 같은 복합 호르몬을 포함한다고 주장한다(Brown, et al., 2007).

마더 테레사 효과(Mother Teresa Effect)에 대해 설명하기 위해 먼저 마더 테레사의 삶에 대해 살펴보면 테레사 수녀(Mother Teresa Bojaxhiu, 1910~1997)는 인도에서 활동한 로마 카톨릭 교회 수녀이다. 마더 테레사(Mother Teresa)라고도 불린다. 1910년 오스만 제국령 북마케도니아의 스코페에서 알바니아계 로마 가톨릭 가정에서 태어났으며, 1928년 18살이 되던 때에 아일랜드 로레토 수녀원(the Sisters of Loreto)에 들어갔다. 1950년 '사랑의 선교회(the Missionaries of Charity)'를 설립해 인도 캘커타를 중심으로 평생 빈민과 고아 그리고 병자 등 약자들을 구원하는 데 헌신했다. '빈자의 성녀'로도 추앙받아온 테레사 수녀는 이 같은 공헌으로 1979년 노벨평화상을 받았고, 1980년 인도의 가장 높은 시민 훈장인 바라트 라트나(Bharat Ratna)를 받았다. 그리고 1997년 9월 5일 향년 87세로 세상을 떠났다. 그녀는 사후 2003년 10월 19일 교황 요한 바오로 2세에 의해 시복되어 "캘커타의 복녀 테레사"라는 호칭을 받아 복녀 반열에 올랐으며, 2016년 9월 4일 교황 프란치스코에 의해 성녀 반열에 오르게 되었다.

그림 7.4 테레사 수녀
(Mother Teresa Bojaxhiu)

출처: https://en.wikipedia.org/wiki/
Mother_Teresa

미국 하버드 의대 데이빗 맥클랜드 박사 연구팀은 면역항체 연구에 관한 흥미로운 결과를 발표하게 된다(McClelland, & Kirshnit, 1987). 인간의 침에는 바이러스를 없애는 면역항체 'IgA'가 들어있다. 근심이나 긴장 상태가 지속되면 침이 말라 이 항체가 줄어든다. 연구팀은 실험 전 학생들의 이 면역항체의 수치를 조사한 뒤 테레사 수녀의 일대기를 그린 영화를 보여줬다. 그 후 이 수치의 변화를 분석했더니 학생 대부분의 면역항체가 종전보다 50% 정도 증가한 것을 확인했다. 연구팀은 이 현상을 테레사 수녀의 이름을 붙여

'마더 테레사 효과(Mother Teresa Effect)'라 명명했다. 이는 남을 위한 봉사활동이나 선한 일을 보기만 해도 인체의 면역기능이 향상된다는 것을 의미한다. 혹은 아프리카에서 의료 봉사로 일생을 바치신 슈바이쳐 박사의 이름 따서 **슈바이쳐 효과**(Schweitzer Effect)라고 부르기도 한다. 물론 남을 위해 봉사하거나 선한 일을 하는 사람은 그 이상의 면역항체가 증가하는 것은 말할 것도 없다.

우리는 강제에 의하지 않고 대가 없이 육체적, 물질적, 금전적으로 남을 도울 때 기분이 좋아진다. 이 때 느끼는 기분이 바로 '봉사자의 황홀감'(Helper's high)이라 한다. 많은 사람들이 남을 위한 헌신 후에 심리적 포만감 상태가 며칠 또는 몇 주 동안 지속되는 현상을 말한다. 이 때 혈압과 콜레스테롤 수치도 현저하게 낮아지고 엔돌핀 역시 정상치의 3배 이상 분비되어 몸과 마음에 활력이 넘치게 된다.

봉사자나 기부자들은 대부분 '테레사 효과'나 '헬퍼스 하이'를 느낀다고 한다. 이들 대부분은 건강하게 장수할 가능성이 그렇지 않은 사람보다 훨씬 높다는 결론이다. 테레사 수녀가 87살을 살았듯이 봉사자나 기부자들은 비교적 건강하게 오래 살았던 것으로 보고되고 있다. 그래서 봉사자나 기부자들 대부분은 남을 위한 행위를 한 번에 그치지 않는 것이 공통점이다. 봉사나 기부는 남에게 도움을 주는 것 뿐만 아니라 그 도움이 자신에게 수 배가 되어 돌아온다는 점에서 적극 나서고 권장해야 할 일이다.

 ## 2. 동물교감치유사의 장점과 힘든 점

1) 동물교감치유사의 장점

많은 다양한 전문가들이 치료사 또는 치유사로 불린다. 물리치료사와 같은 전문가는 고객의 신체적 질병을 치료한다. 다른 치료사들은 내담자가 경험하고 있는 심리적, 정서적 문제에 초점을 맞춘다. 이 두 가지 치료 유형의 차이에도 불구하고, 두 가지 치료 또는 치유를 통해 치료사 또는 치유사가 얻게 되는 장점은 비슷하다.

치료사들은 종종 치료에 대한 반응으로 긍정적인 결과를 보이기도 한다. 심각한 신체적 고통을 겪고 있는 환자들은 종종 즉각적인 통증 완화를 보고한다. 통증으로 쇠약해져 치료실에 들어온 환자의 고통을 덜어주는 것이 치료사에게는 큰 보람이다. 심각한 심리적인 문제를 가진 내담자들에게는 진행 시간이 더 오래 걸리고 덜 극적일 수도 있지만 내담자의 얼굴에 스치는 미소와 미래에 대한 희망의 표현만으로도 보람을 준다.

내담자와 일대일로 일할 수 있는 기회를 제공하는 직업은 거의 없다. 치유사는 일반적으로 한 번에 한 명의 내담자에게만 자신의 의무를 수행하기 때문에 내담자들이 높이 평가하는 집중적인 관심을 내담자에게 줄 수 있다. 이 관계는 멀티 태스킹을 즐기지 않는 치유사에게 특히 보람이 있다. 바쁘고 동시에 여러 스트레스 문제에 주의를 기울여야 하는 다른 유형의 작업보다 치유사는 스트레스를 덜 느낄 수 있다

치유사에게 예상치 못한 좋은 점은 내담자에게서 배울 수 있다는 것이다. 그들은 고통받는 내담자와 비교할 때 자신의 삶과 건강에 대해 더 감사할 수 있는 기회를 갖는다. 그들은 어려운 삶과 비효율적인 대처 메커니즘에 대한 내담자의 이야기를 들으면서 자신과 자신의 관계에 대해 배운다. 치유사는 가진 것에 감사하고 자신의 건강, 친구 및 가족에게 더 감사할 것이다.

새로운 것을 배울 수 있다. 치유사는 끊임없이 새로운 사람들과 일하고 만나게 된다. 새로운 사람들과 공동 치유 활동을 통해서 새로운 사람이 가지고 있는 지식, 기술 등을 습득할 수 있는 기회가 된다. 또한 치유 활동 중 발생하는 고민들을 공유하고 해결방법에 대해서 토론할 수 있는 기회를 가지게 된다.

개인적 발전의 기회도 가질 수 있다. 대부분의 직업과 마찬가지로 치유사도 초보자로부터 시작하나 빠르게 성장할 수 있다. 더 많은 경험과 교육을 통해 원하는 만큼 경력을 발전시킬 수 있다.

다음은 동물교감치유사만이 가지게 되는 좋은 점들이다. 동물교감치유가 사회적으로 체계를 갖추어가고 있는 상황에서 동물교감치유사의 자격을 취득하고

동물교감치유 관련 단체에서 활동하면서 사회적으로 동물교감치유사로서 인정받게 된다. 자신과 자신의 동물이 다른 사람을 도울 수 있다는 것에 대한 자부심을 얻을 수 있다. 동물교감치유사는 자신이 기르는 동물이 가정에서 반려의 역할을 넘어서 자신이 사랑하는 동물과 함께 동물교감치유 활동을 통해 내담자의 변화를 돕고 있다는 자부심을 느낄 수 있다. 자신의 동물에 대한 이야기를 다른 사람에게 전달할 수 있는 기회를 가지게 된다. 일반적으로 동물을 기르고 있는 사람들은 자신이 기르는 동물에 대해서 이야기 하기를 좋아한다. 동물교감치유 활동을 하면 동물을 기르는 사람들을 만날 기회가 증가하고 자신의 동물에 대해서 충분히 자랑할 수 있는 귀중한 경청자를 만날 수 있게 된다. 동물교감치유사는 다른 분야의 치유사와는 다르게 동물에 대한 사랑이 높은 사람들을 만나게 될 기회가 높아지게 된다. 이는 동물을 사랑하는 사람들과의 주기적인 만남으로 이어지게 되어 서로를 격려하고 지지하는 관계망을 구축하게 해준다.

2) 동물교감치유사의 힘든 점

치유사가 되었을 때 좋은 점도 있지만 치유사가 되고자 한다면 치유사의 직무가 가지는 적지 않은 무게가 있다는 것을 알아야 한다. 치유사는 사람들과 상호 작용하고 돕는 것을 좋아하는 사람에게 매우 보람 있는 직업이 될 수 있으며, 앞서 설명한 것처럼 개인적인 보상도 받게 된다. 사람들이 더 생산적이고, 기능적이고, 행복한 삶을 살도록 돕는 데 보내는 시간은 매우 만족스러울 수 있다. 하지만 많은 사람들은 직업의 진정한 요구 사항을 모르거나 이해하지 않고 치유사가 되기도 한다. 치유사가 되는 것이 진정으로 어떤 것인지 이해하면 이 직업이 자신에게 적합한지 결정하는 데 도움이 될 수 있다.

치유사는 자신에게 너무 가혹해서는 안 된다. 윤리적으로 잘못된 행동을 하지 않는 한 치유에는 잘못이 없다. 치유사는 아주 많은 성장 경험을 하게 될 것이다. 이러한 경험에 대해 자신을 자책하는 것은 자신의 자신감을 손상시키고 자신의 치유 방법에 대한 확신을 떨어뜨릴 뿐이다. 각각의 내담자에 대해서 자신의 본능을 따르도록 하여야 한다. 때에 따라 내담자가 주도하도록 두면 내담자를 어떻게 대해야 할지 확신이 서지 않을 때 도움이 될 수 있다. 치유를 받도록 동기를 부여받은 내담자는 자신의 많은 문제를 스스로 이겨낼 것이다. 치유사인 자신을 치유의 리더가 아니라 촉진자로 생각하도록 해야 한다. 내담자와 신뢰를 구축하는 데 매우 오랜 시간이 걸릴 수 있다. 신뢰는 치유사와 내담자 사이의 좋은 관계의 토대이지만 진정한 신뢰를 구축하는 데에는 몇 달 또는 몇 년이 걸릴 수 있다. 신뢰를 쌓기 위해 사용할 수 있는 많은 기술이 있으며, 시간이 지남에 따라 자신에게 가장 적합한 방법을 발견하게 될 것이다. 치유사는 자신을 믿고 행동하여야 한다. 치유사가 내담자에게 정직하고 진실하다면 결국 내담자도 보답할 것이다. 이를 통해 내담자가 더 잘 수용하고 더 많은 대화를 나누고 더 생산적인 치유 회기를 가질 수 있다. 치유사는 시간을 가지고 천천히 관계를 형성해야 한다. 내담자와의 관계는 친구 및 사랑하는 사람과의 관계와 비슷한 속도로 발전한다. 시간이 지남에 따라 치유사−내담자 관계가 구축되도록 하는 것은 이러한 관계가 건강하고 생산적이라는 것을 보장하는 데 도움이 된다. 치유사는 지속적으로 교육을 받아야 한다. 학위나 자격을 취득한 후에도 교육을 계속 받으면 직업에서 계속 성장하는 데 도움이 된다. 더 많이 알수록 내담자를 더 많이 도울 수 있다. 치유사는 항상 좋은 고객 서비스를 제공하도록 노력해야 한다. 좋은 고객 서비스의 실천은 전문가로서의 치유사를 잘 반영한다. 내담자에게 신속하게 전화를 걸어 상황정리를 하고 질서정연한 환경을 유지하여야 한다. 이러한 전문성은 내담자가 첫 번째 회기를 시작하기 전에도 고객과의 신뢰를 구축하는 데 도움이 될 수 있다. 치유사는 내담자층을 구축하는 일에 시간이 걸린다. 개인 치유를 하는 치유사는 강력하고 꾸준한 내담자층을 형성하는 것에만 몇 년이 걸릴 것이다. 이것은 처음 몇 년은 매우 힘들 수 있다. 다른 사람들에게 자신을 소개하고 추천을 장려하는 관계망을 활용하면 내담자층을 더 빨리 구축하는 데 도움이 될 수 있다. 체계적인 조직을 유지하고, 사업적 성과를 내며, 우수한 고객 서비스를 제공하면 추천을 받는 데 도움이 될 수 있다. 또한 전문 분야가 있는 것이 도움이 된다. 특히 해당 전문 분야가 치유사의 지역에서 절실히 필요한 서비스인 경우에 더욱 그렇다.

치유사가 자신의 충고를 따르는 것은 중요하다. 치유사들은 많은 시간을 '내담자들에게 자신을 돕고 자신의 감정 상태에 주의를 기울이기 위하여 끊임없이 자신을 돌보라'고 말한다. 이것은 내담자뿐만 아니라 모두에게 중요하다. 만약 치유사도 자기 스스로를 돕고 자신의 감정적인 욕구를 살핀다면 더 나은 치유사와 더 나은 경청자가 될 것이다. 일반적으로 처음 치유사가 되면 의욕이 앞서면서 너무 열심히 일하는 자신을 발견할 수도 있고, 내담자들이 경험하는 몇몇 문제들로 인해 치유사 스스로를 지치게 할 수도 있다. 따라서 때때로 하루 정도 쉬는 것이 중요하다. 치유를 떠나 치유사 자신을 위한 조용한 시간을 가지고 자신의 삶, 우선순위, 그리고 목표를 스스로 성찰하는 데 사용할 필요가 있다. 이것은 치유사가 더욱 만족스러운 삶을 살고 더욱 성공적인 경험을 하도록 도울 것이다.

치유사는 텔레비전의 드라마나 영화에서 본 것과는 다르다. 드라마나 영화에서 치유는 매력적이고 이상적이다. 내담자들은 잘 만들어진 현대화된 이상적인 작업 환경에서 치유 활동을 하거나 학구적으로 보이는 사무실에서 커다란 가죽 소파 위에 누워 천장을 응시하며 치유 전문가와 함께 어린 시절에 대해 이야기한다. 현실에서 치유는 다양한 환경에서 일어나며, 때로는 소파 또는 쾌적한 치유공간에서 일어나지 않을 때도 있다. 사실 치유할 내담자의 유형에 맞게 치유 환경을 조정할 필요가 있을 수 있다. 예를 들어, 치유사가 만나는 대부분의 내담자들이 어린이라면 아직 자라고 있는 아이들을 위해 장난감, 작은 의자가 있는 사무실 또는 푸르고 넓게 조성된 잔디밭을 갖는 것이 좋은 생각이다. 앉아 있는 시간보다 노는 데 더 많은 시간을 보낼 수 있기 때문이다.

치유사는 때때로 절망감을 느낄 수 있다. 일부 내담자들은 전혀 진전이 없는 것처럼 보일 수 있다. 이런 내담자를 만났을 때 치유사가 할 수 있는 최선의 방법은 치유사가 내담자의 치유에 최선을 다하고 있고 치유사가 내담자를 위해 치유 활동을 하고 있다는 것을 확신시키는 것이다. 하지만 치유사가 모든 사람에게 적합한 치유사가 될 수 없다는 것을 이해하는 것 또한 중요하다. 치유 회기를 통해 내담자가 변화되지 않는 경우 치유 방법보다는 치유사와 내담자와의 관계 문제일 수 있다. 이런 경우에는 과감하게 내담자를 다른 치유사에게 맡기는 것이 더 도움이 될 수 있다.

치유사는 몸짓 언어를 이해하는 것이 중요하다. 몸짓 언어는 치유사와 내담 자들 사이의 의사소통에 큰 규칙이 될 때가 많다. 치유 시간이 지남에 따라 내담 자들에게서 몸짓 언어를 발견하게 될 것이다. 어떤 내담자들은 눈을 마주칠 것이고, 다른 내담자들은 먼 곳을 응시할 것이다. 몇몇은 안절부절못하고, 다른 사람들은 차분히 앉아있을 것이다. 치유사가 경험을 쌓을수록 이 몸짓 언어를 매우잘 읽을 수 있게 된다. 그러나 치유사의 몸짓 언어가 내담자에게 많은 의미를 전 달하듯이 내담자의 몸짓 언어도 치유사에게 많은 의미를 전달한다는 것을 이해하는 것이 중요하다. 따라서 치유사는 차분하게 앉아 웃고 불안하지 않는 몸짓 언어를 보임으로써 내담자에게 자신감, 친근감, 친절함을 전달할 수 있다. 이렇게 하면 회기 중에 내담자의 신뢰를 얻을 수 있다. 치유사의 몸짓 언어가 자연스 러워 보이도록 하기 위해 치유 회기가 없을 때 이런 종류의 몸짓 언어를 연습하는 것이 많은 도움이 된다.

치유사는 내담자의 재활을 돕거나 진전을 이루고자 하는 욕구가 있어야 한 다. 내담자가 치유를 받는 것만으로는 충분하지 않다. 내담자는 현 상황이 개선되기를 바랄 필요가 있다. 문제를 해결하고 개인적으로 어려운 상황을 개선하기 위해 필요한 개인적인 동기는 치유사가 내담자에게 심어줄 수 있는 것이 아니다. 이러한 동기는 내부적으로 추진되어야 한다. 만약 치유사가 치유에 설정된 목표를 도달하는데 무관심하거나 의욕이 없는 내담자를 만난다면 이것은 내담자가 치유를 받을 준비가 되지 않았다는 신호이다. 이와 같은 경우에는 내담자에게서 한 발짝 물러나 상황을 평가한 후 진행할 필요가 있다. 어떠한 변화를 만들지 않고 동일한 치유 활동을 계속하는 것은 두 사람 모두에게 도움이 되지 않을 수 있기 때문이다.

치유사는 때때로 우울하다. 치유사가 되는 것은 여러 가지 이유로 우울할 수 있다. 심지어 몇 달 또는 몇 년의 치유 후에도 신뢰를 쌓아가고, 관계를 발전시키고, 내담자들의 목표를 설정하기 위해 끊임없이 노력하는 것이 시간이 지나면서 치유사를 약간 비관적으로 느끼게 할 수 있다. 치유사들은 치유 활동을 계속해서 자신의 직업을 즐길 수 있도록 무던함과 자신감을 길러야 한다.

치유사의 일은 내담자들이 자신의 속도에 맞춰 문제를 관리할 수 있도록 돕는 것이다. 치유를 받으려는 내담자들은 모두 다르며, 각자 자신만의 시간과 방식으로 문제를 해결하게 된다. 때때로 내담자의 변화가 빠르게 일어나는 것처럼 보일 때도 있지만, 많은 경우 내담자의 변화가 느리고 가늠하기 어려울 때가 많다. 치유사는 내담자들 중 일부가 좀 더 빨리 변화되는 것을 보고 싶어 할 수도 있지만 이것은 치유가 동작하는 방식이 아니다. 내담자를 더 강하게 압박하면 할수록 상호 신뢰에 손상을 입히고, 관계를 손상시키며, 치유사가 해내는 변화에 부정적인 영향을 미칠 수 있다. 내담자가 설정한 속도로 진행하는 것이 양쪽 모두에게 이로울 것이다.

내담자들을 고치려고 하는 것은 치유사의 일이 아니다. 내담자를 고쳐야 하는 손상된 사람으로 보면 내담자와의 상호 작용에 부정적인 영향을 미칠 수 있다. 내담자들은 이러한 감정을 느끼고 분개할 수 있다. 실제로 내담자들은 도움이 필요하고 치유사에게 도움을 요청하고 있다. 촉진제로서의 치유사의 일은 환자를 잘 돕는 일 중 하나이다. 내담자에게 필요한 것은 무엇보다 자신의 삶을 올바른 방향으로 이끌기 위한 생산적인 조치를 취하는 것이다. 내담자와 함께 작업할 때는 항상 이 점을 명심하여야 한다.

치유사는 유형에 따라 다르지만 치유 업무에 종사하는 모든 사람들은 비슷한 문제에 직면하게 된다. 따라서 가장 중요한 문제를 인식하면 직업적으로나 개인적으로 부정적인 영향을 피하기 위한 조치를 취하는 데 도움이 될 수 있다. 가장 먼저 자신의 정신 건강을 돌보는 것이다. 자신의 경력이 내담자의 긍정적인 결과를 실현하도록 돕는 데 전념할수록 자신의 정신 건강 요구를 무시하는 경향이 발생하게 된다. 하지만 그럼에도 불구하고 불안, 우울증, 그리고 다른 문제들을 다루게 된다. 이는 내담자의 착취 및 희생의 경험을 탐구할 때 특히 그렇다. 그들이 겪고 있는 잔인함과 폭력은 치유사 자신에게 외상의 증상을 경험하게 할 수 있다. 치유사 자신의 자기관리와 정신건강을 위해 챙기는 것이 무엇보다 중요하다. 관계 스트레스, 아이들과의 문제, 그리고 업무 부담은 치유사들도 다른 모든 사람들과 마찬가지로 치유사에게도 발생할 수 있다. 치유사도 분노, 슬픔, 걱정에 면역이 되지 않으며, 비극에 대한 특별한 보호책을 가지고 있지 않다. 자신의 개인적 판단은 치유에 포함시켜서는 안된다. 우리는 인간이다. 인간애는 치유관계의 핵심이다. 그러하기 때문에 자신의 생각, 믿음, 입장, 그리고 가치를 무시하는 것이 어려울 수 있다. 문화적으로 예민한 상태를 유지하고 다양성을 포용하며 사각지대를 계속 인지할 수 있도록 지속적인 교육 훈련에 참여하는 것이 중요한 이유이다. 치유는 판단의 여지가 없는 영역이어야 한다. 전문가인 우리가 지속적으로 스스로에게 상기시켜야 할 사항이다.

치유에 저항하는 불편한 내담자도 참여시켜야 한다. 이러한 내담자들은 당황스러워하거나 부끄러워하거나 죄책감을 느끼고 있을 수도 있다. 그러나 그러한 내담자도 치유에 참여시켜야 한다. 불편해하는 이유가 무엇이든 개방적이고 정직하며, 궁극적으로 성공적인 관계를 맺는 것은 쉬운 문제가 아니기 때문이다.

치유사와 내담자의 관계를 유지하여야 한다. 만약 내담자가 참을 수 없이 울고 있다면 당신은 손을 뻗어 안아줄 건지 혹은 예약 변경이나 간단한 질문이 필요하시면 문자를 보내주시겠어요?라고 이야기를 할 것인가? 둘 다 위험 관리에 대한 우려를 나타내는데, 치유사가 되는 데 있어 또 다른 어려움 중 하나이다. 내담자와의 잠재적인 갈등을 처리하는 스트레스(예: 이중 관계 또는 아동 학대 신고 의무)는 치유사가 짊어져야 하는 엄청난 무게이다. 치유는 때때로 치유사를 두 가지 불쾌한 결과 사이에서 선택해야 하는 위치에 놓이게 하거나 때로는 내담자의 감정과 법의 요구 사이에서 선택해야 한다. 전문 윤리 강령, 조직의 정책 및 절차를 참조하고 교육을 최신 상태로 유지하는 것이 중요하다.

치유사는 다른 사람들의 감정을 부담하여야 한다. 일반적으로 치유는 비밀이 보장되기 때문에 치유사는 치유에서 들은 내용에 대해 세부적인 내용을 공유할 수 없다. 그들은 파트너에게 힘든 하루를 보냈다고 말하거나, 막연한 말을 하거나, 끔찍한 외상을 가진 사람을 돕고 있다고 말할 수 있지만 그게 전부이다. 임상 감독이 도움이 될 수 있지만 모든 치유사가 그러한 감독을 받는 것은 아니다. 간단히 말해서 치유사는 다른 많은 직업에 종사하는 사람들처럼 배우자나 친구에게 털어놓을 수 없기 때문에 치유사가 집에 돌아간 후에도 하루의 묵직함이 남아 있게 된다.

치유사는 고립될 수 있다. 기밀 유지 제한으로 인해 치유사는 업무 관련 스트레스를 스스로에게만 숨기는 경우가 많다. 그들은 골치 아픈 생각이나 걱정으로 점점 고립감을 느낄 수 있다. 또한 많은 치유사들이 개인 진료에서 혼자 일하기 때문에 동료와 간단한 휴식적 만남을 할 수 있는 이점도 없다. 치유는 외로운 작업일 수 있다.

직장에서 개인 생활을 분리하기 어렵다. 치유사가 내담자의 기밀 정보를 공유할 수 없는 것처럼 자신의 사생활도 내담자와 공유할 수 없다. 이것은 그들이 쉬는 날을 보내고 있는지, 두통을 겪고 있는지, 또는 심술궂다고 느끼는지 내담자에게 말할 수 없다는 것을 의미한다. 물론 대부분의 직업에는 그러한 전문성이 필요하지만 치유사는 끊임없이 경계해야 한다. 그들은 하루 종일 중립을 유지해야 한다. 이러한 중립성은 대부분의 다른 관계에서 부자연스럽고 당연히 긴장을 유발한다.

어려운 내담자도 감당해야 한다. 대인관계에 심각한 어려움을 겪는 내담자도 있지만 고객서비스 등 다른 직업과 달리 치유사가 도를 넘어선 행동을 보이는 사람에 대해 서비스를 거부할 수는 없다. 특히 한 번 관계가 성립되면 이탈을 막기 위한 엄격한 지침이 있다. 이것은 윤리적인 종료나 이탈 기준을 충족시키기 전에 어려운 사람들과의 스트레스를 받는 관계가 오랫동안, 때로는 몇 년 동안 지속될 수 있다는 것을 의미한다.

탈진을 경계해야 한다. 탈진(Burnout)은 많은 영향을 미친다. 보호자 등 치유에 소요되는 비용을 제공하는 사람들의 요구 사항, 문서 및 많은 치유와 결합된 내담자의 고통을 처리하는 일상적인 고뇌는 치유사에게 피해를 주게 될 수 있고 점점 둔해질 수 있다. 이러한 상황에서 내담자와 공감할 수 있는 관계를 유지하려고 하면 최악의 결과를 초래할 수 있다. 여기서 핵심은 두 가지이다. 자기관리와 전문가로의 지속적인 성장이다. 탈진의 가장 큰 이유는 우리가 정체되어 있다는 인식이다. 탈진을 피하기 위해 성장할 필요가 있다. 인식은 이러한 도전들에 대한 결과를 피하고 치유 관계가 탈선되는 것을 막는 중요한 단계이다. 내담자를 위해 하는 좋은 일을 기억하는 것이 중요하다.

이러한 어려움을 감안할 때 치유사도 치유를 받고 싶어하는 이유를 쉽게 알 수 있다. 교육을 받았기 때문에 스스로 관리할 수 있어야 하는 것처럼 보일 수 있지만 모든 사람은 중립적이고 지원적인 제 3자의 도움을 받을 수 있다. 치유사도 다음과 같은 방법으로 도움을 받을 수 있다. 이해하는 동료의 지원이 필요하다. 치유사의 직업에 대한 요구는 독특하고 작업의 성격은 고립되는 경향이 있다. 직업의 특정 문제를 완전히 이해하는 전문가와 함께 일하는 것은 지원과 위안을 얻을 수 있는 좋은 기회이다. 비슷한 배경을 가진 치유사에게 도움을 구하는 것도 많은 사람들에게 유익할 수 있다. 중립적인 충고를 받아야 한다. 때때로 치유사는 다른 사람들의 문제에 대해 생각하는 데 너무 많은 시간을 할애하여 자신의 문제를 검토할 정신적 에너지나 동기가 부족하다. 간단히 말해서 너무 일처럼 느껴진다는 것이다. 중립적인 사람이 있으면 치유사가 좋은 통찰력과 자기관리를 유지하는 데 도움이 될 수 있다. 개인적인 문제를 다룰 기회를 가져야 한다. 치유사는 직장에서 계속 긴장을 유지해야 하기 때문에 치유는 내담자가 치료를 받는 것처럼 자신의 문제를 관리할 수 있는 전용 시간과 공간을 제공해야 한다. 때로는 그렇게 할 시간을 따로 떼어놓는 것만으로도 모든 것이 달라질 수 있다. 치유는 매우 보람 있는 일이지만, 그 일을 매우 보람 있게 만드는 측면으로 인해 엄청나게 고갈될 수도 있다. 치유사에게도 치유가 필요한 경우가 있는데, 그런 점에서 부끄러움이 없어야 한다.

3. 좋은 동물교감치유사(Blackbyrn, 2021)

좋은 동물교감치유사가 되기 위해서는 각 내담자별로 정확한 요구를 파악하여 효과적으로 대처할 수 있어야 한다. 이것을 제대로만 할 수 있다면 다른 동물교감치유사와 쉽게 차별화할 수 있으며, 좋은 동물교감치유사가 될 수 있다. 대부분의 동물교감치유사가 치유를 위해서 획일화되고 일률적인 접근 방식을 취하는 경우가 많은데 이는 바람직하지 않다. 각 내담자의 요구는 다르기 때문에 어떤 사람들에게는 효과가 있는 것이 다른 사람들에게는 항상 효과가 있는 것은 아니기 때문에 내담자가 처한 상황에 따라 개별적으로 해결해야 한다. 이것은 내담자와 요구를 살피기 위해 개별적으로 관심을 기울여야 한다는 것을 의미한다.

치유 보조 동물을 선택할 때에도 내담자에게 선택을 강요해서는 안 된다. 예를 들어, 어느 내담자가 개를 좋아하지 않는다면 굳이 그 내담자가 개에 적응하도록 하는 것보다 다른 치유보조 동물을 사용하는 것이 훨씬 좋을 수 있다. 더욱이 내담자에게 치유 보조 동물과 관계를 형성할 수 있는 공간을 제공하는 것이 중요하듯이 동물교감치유사로서 모든 내담자와 개별적인 관계를 형성하는 것도 매우 중요하다.

둘째, 좋은 동물교감치유사가 되기 위해서는 내담자의 필요에 맞게 치유를 조정하는 것 외에도 변화하는 상황에 적응하는 것도 중요하다. 예를 들면 COVID −19에 의한 팬더믹 상황(세계적 대유행)이 그러한데 누구도 이 정도 규모의 전염병을 예측하지 못하였고, 동물교감치유사와 내담자에게 상당한 영향을 미쳤다. 주로 신체 접촉에 의존하여 치유를 받던 내담자들은 갑자기 집에 머물 수밖에 없었다. 좋은 동물교감치유사라면 이러한 상황에 적응하는 방법과 이러한 상황에서도 효과적으로 치유를 계속하기 위해 기술을 개발하여야 한다. 인도의 동물 천사 재단(Animal Angels Foundation, AAF)이 좋은 예를 제시하고 있다. 그들은 일반적으로 인도 품종, 라브라도 리트리버, 골든 리트리버, 코커 스패니얼 및 비글의 혼혈견들을 사용하며, 모두 2~7세의 개를 활용한다. 그들은 매주 12개의 특수학교, 10개의 개인 가정, 정신건강 센터 및 병원에 있는 약 50명의 어린이와 25명의 성인을 방문하여 치유 활동을 한다. 그러나 팬데믹 상황이 발생하면서 방문은 중단되었고 이 모든 치유 회기는 온라인으로 전환되어야 했다. 치유 도우미 동물과의 물리적 상호 작용은 동물교감치유에 필수적이기 때문에 이러한 갑작스러운 변화에 많은 어린이들이 동물교감치유가 없을 때 불안, 안절부절, 동요 행동을 경험하기 시작했다. 그러나 모든 개가 자신의 훈련사의 명령을 따르기 때문에 치유사는 치유 회기를 온라인으로 빠르게 전환할 수 있었다. 동물교감치유 회기를 계속 운영하기 위해 온라인으로 활동했던 치유사는 "가상 회기는 개에게 큰 차이를 만들지 않는다. 왜냐하면 개는 치유사와 훈련사로부터 신호를 받기 때문이다."라고 말했다. "그들이 해야 할 일은 화면 앞에 앉는 것뿐이고 우리는 그들의 행동을 조작해야 하므로 내담자는 개가 자신의 말을 듣고 반응한다고 느낄 수 있다. 동물 자체는 화면에 반응하지 않고 내담자가 부르면 소리가 어디서 나는지 모른다." 그러나 아이들이 온라인에서 계속 참여하도록 하는 것은 여전히 어려운 일이었다. 더욱이 모든 부모나 나이가 많은 내담자가 치유 회기를 위한 디지털 장치를 구입할 수 있는 것은 아니었다. 그러한 경우 인도 동물천사재단에서는 회기를 계속할 수 있도록 가능한 한 많은 고통받는 가족에게 디지털 장치를 제공하기 위해 기금을 모았다. 치유사들은 온라인 회기를 계속하기 위해 모금 행사, 불규칙한 시간에 회기를 진행하는 등 상상할 수 없는 일들을 해왔지만 그 과정을 통해 배우고 내담자들에게 도움이 될 수 있는 방법들을 발견했다고 말한다. 그들은 항상 열린 마음을 가지고 예측할 수 없는 사건들에 대비하기 위해 가능한 한 많은 창의적인 방법을 시도할 것을 추천한다.

🐾 그림 7.5 인도의 동물 천사 재단
(Animal Angels Foundation, AAF)

출처: http://animalangels.org.in/

사람들이 동물교감치유를 치유 방법으로 선택할 때 동물들과 상호 작용할 필요가 있다는 선입견을 가지고 온다. 그렇기 때문에 대부분은 동물을 사랑하고 동물 주변에 있을 가능성이 있다. 하지만 그들이 모든 기질의 동물들을 사랑한다는 것을 의미하지는 않는다. 따라서 치유 보조 동물을 선택하기 전에 내담자의 선호도를 적절하게 전달하는 것이 중요하다. 많은 경우 내담자들이 스스로 어떤 동물을 원하고 선호하는지를 말하겠지만 항상 그렇지는 않을 수도 있다. 내담자가 치유 보조 동물에 대한 선호도를 몇 번의 상담 후에 바꾸는 경우가 발생할 수 있기 때문이다. 따라서 이러한 상황을 피하기 위해서는 처음부터 명확한 의사소통을 확립하고 치유 후기에 이러한 일이 발생하지 않도록 하는 것이 필수적이다. 치유사가해야 할 첫 번째 일 중 하나는 내담자가 치유 보조 동물을 선택하지 않았다면 선택하는 것을 돕는 것이다. 치유 보조 동물로 훈련받았고 위험하지 않다면 내담자가 선호하는 치유 보조 동물을 선택하는 것이 가장 좋다.

1) 사례

(1) 리사 폴(Lissa Pohl)

리사 폴(Lissa Pohl)은 항상 다른 사람과 다른 사람의 필요를 이해하는 매우 민감한 사람이었다. 리사는 어렸을 때부터 스스로 일했고 자신의 감정을 이해했다. 그리고 그것은 경험적 학습을 통해 내담자에게 획기적인 변화를 가져오는 데도움이 되었다. 그녀는 "우리가 사는 시대는 점점 더 복잡해지고 있다. 우리의 이성적 마음(IQ)은 과도하게 자극되고 잘못된 정보를 얻을 수 있으며, 감정(EQ, Emotional Intelligence) 및 신체적 지능(PQ, Physical Intelligence)과 연결이 끊어질 수있다. 모든 수준에서 이러한 조정이 이루어지지 않으면 혼란, 명확성 부족 및 조직 수준에서의 이탈로 이어지는 문제가 발생할 수 있다." 이러한 경험이 고유하지 않다는 것을 깨달은 리사는 학문적으로나 실무자로서 리더가 IQ, EQ 및 PQ를 통합하여 참여 지수(EnQ, Engagement Quotient)를 높일 수 있는 지각 기술 세트를 개발하도록 지원하는 경험적 학습 방법론을 추구했다.

그녀는 등불(Lights-On) 리더십과 말 보조 학습(EAL: Equine-assisted Learning) 사례를 통해 팀을 위한 매우 강력한 두 가지 경험 학습 방법을 만들 수 있었다 (Pohl, 2016; Wood, et al., 2021). 그녀는 말이 인간의 상호 작용과 경험적 학습을 돕는 지능을 결합하는 뛰어난 방법을 발견했다. 그녀는 이렇게 말했다. "이러한 초감각 학습 방식은 대부분의 다른 변혁적 리더십 개발 및 참여 프로그램에서 '잃어버린 고리(Missing Link)'이다." 우리는 처음부터 그녀의 여정의 일부가 되었고, 그녀가 이 특수 교육을 세상에 알리고 성공적인 기업가가 되도록 도왔다. 그녀의 내담자는 말 보조 자기 개발 프로그램에 참석한 후 팀워크 능력이 향상되고 직원으로서의 태도에 획기적인 변화를 겪었다. 그녀는 보다 성공적이고 의욕적인 직원을 만들기 위해 회사 내에서 하는 행동을 바꿀 수 있었고, 인간이 팀 역학을 가능한 한 최상의 방식으로 이해하고 활용하도록 돕는 말의 능력을 단언하고 있다.

(2) 폴 헌팅(Paul Hunting)

폴 헌팅(Paul Hunting)은 아주 어렸을 때부터 말에 대한 열정이 있었고 말과 특별한 유대감을 느꼈다. 그가 감정적 격동을 겪을 때마다 말 주위에 있으면 마음이 진정되고 감정이 올바른 방향으로 흘러가는 데 도움이 되었다. 그러나 성인이 되어 일상적인 책임이 그의 삶을 장악했을 때 말과 함께 보내는 시간이 점점 줄어들기 시작하였다. 시간이 지남에 따라 그는 평범한 일을 하는 것이 행복하지 않다는 것을 깨닫고 그만두기로 결정했다.

그는 코칭에 대해 들어본 적이 없는 1980년대에 코칭 사업을 시작했다. 그는 내면의 창의성과 추진력을 발휘하여 사람들의 개인적 발전과 자율성을 돕는 코칭 비즈니스를 구축했다. 그러나 1990년대의 비극적인 경기 침체로 인해 폴은 가게를 닫아야 했다. 이 갑작스러운 일격은 그가 말과 함께 보낸 좋은 시간을 모두 기억하게 했고, 말을 방문하기로 결정했다. 그곳에 있는 동안 그는 독특한 아이디어를 가지고 있었다. 말과 함께 하면서 배운 것을 코칭 기술과 결합한다면 어떨까? 그는 곧 말이 인간의 감정을 극도로 이해할 수 있고 인간이 격동의 시기를 헤쳐나가는 데 도움이 될 수 있다는 것을 깨달았다. 수년간의 시행착오와 지도를 통해 그는 삶의 열정과 목적을 찾는 사람들을 위한 치유 보조 동물로 말을 사용하는 완벽하고 경험적으로 입증된 방법을 찾을 수 있었다. 그는 사람들이 리더십 기술을 구축하도록 돕기 위해 말을 사용했을 뿐만 아니라 시간과 돈 측면에서 삶을 완전히 통제할 수 있도록 도왔다.

(3) 산드라 디 로빈슨(Sandra Dee Robinson)

뛰어난 여배우이자 슈퍼스타로 많은 사람들에게 알려져 있는 산드라 디 로빈슨(Sandra Dee Robinson)은 연기든 무엇이든 자신의 분야에서 항상 최고가 되는 모범을 보여왔다. 그녀는 코칭 여정을 시작할 때부터 적극적으로 참여했으며, 현재 잘 정립된 코칭 사업을 운영하고 있었다. 그녀는 사람들이 스트레스 없는 삶을 영위하도록 돕기 위해 말을 사용한다. 그녀는 또한 자연과 안녕의 요소를 통합하여 내담자의 정신 건강을 개선하고 영양을 충분히 공급한다. 그녀의 내담자들은 개선된 정신 건강과 다양한 리더십 및 생활 기술로 치료를 마친 경험이 있다.

 ## 4. 동물교감치유사의 전망

동물교감치유사로서 보람 있는 일을 시작하는 것은 그렇게 어렵지 않다. 특히 지금까지 설명한 지침과 기본 사항을 충실하게 따른다면 더욱 그렇다. 이러한 종류의 치유법은 이미 세계 곳곳에서 확산되고 있으며 계속해서 성장할 것이다. 가까운 장래에 이 주제에 대해 더 많은 실증적 연구가 수행되어 현장에서 모범 사례를 만드는 데 도움이 되는 보다 구체적인 결과를 얻을 것으로 예상된다. 또한 이것은 동물교감치유가 인간에게 주는 이점에 대해 더 많은 대중에게 더 많은 인식을 심어줄 뿐만 아니라 더 많은 동물교감치유사에게 연락하도록 유도할 것이다.

우리나라에서 동물교감치유 분야는 아직 성장 중인 분야이다. 동물교감치유와 관련된 법과 제도도 아직 걸음마 단계이다. 아직까지 심리상담이나 심리치료에 대한 거부감을 가지고 꺼려하는 사람들이 많다. 그러나 현대인의 스트레스, 심리석 문제, 정신 질환은 갈수록 증가하고 있어 관련 전문가와 치료 수요는 증가할 것이다.

참고 문헌

7.1 동물교감치유사

강대선, 권혁창 (2019). 자원봉사동기와 자원봉사활동지속의지 간 자원봉사정체성의 매개효과에 관한 연구. 한국사회복지행정학, 21(3), 25–48.

김현진, 이동수 (2011). 사회복지시설 자원봉사자의 참여동기가 직무만족과 지속의지에 미치는 영향, 한국거버넌스학회보, 18(1), 243–270.

도하타 가이토 (2019). 매일 의존하며 살아갑니다. 다다서재.

류기형, 남미애, 박경일, 홍봉선, 강대선, 배의식 (2018). 자원봉사론. 파주: 양서원.

박민아 (2015). 자원봉사활동 지속의지에 영향을 미치는 자원봉사동기에 관한 연구. 서비스산업연구, 13(1), 59–70.

박철훈, 김행열 (2013). 한국자원봉사자의 자원봉사활동 지속의지의 영향 요인, 한국동북아논총, 66, 305–329.

정지현 (역) (2013). 행복은 어디에서 오는가. 비즈니스북스.

Aknin, L. B., Dunn, E. W., Proulx, J., Lok, I., & Norton, M. I. (2020). Does spending money on others promote happiness?: A registered replication report. Journal of Personality and Social Psychology, 119(2), e15-e26. https://doi.org/10.1037/pspa0000191

Allen, J. P., Philliber, S., Herrling, S., & Kuperminc, G. P. (1997). Preventing Teen Pregnancy and Academic Failure: Experimental Evaluation of a Developmentally Based Approach. Child Development, 68(4), 729–742.

Blackbyrn, S. (2021). HOW TO BECOME AN ANIMAL–ASSISTED THERAPIST. The Definitive Guide. CoachFoundation.Com.

Brown, K. M., Hoye, R., & Nicholson, M. (2012). Self–Esteem, Self–Efficacy, and Social Connectedness as Mediators of the Relationship Between Volunteering and Well–Being. Journal of Social Service Research, 38(4), 468–483, DOI: 10.1080/01488376.2012.687706

Brown, S. L., Brown, R. M., Schiavone, A., & Smith, D. M. (2007). Close Relationships and Health Through the Lens of Selective Investment Theory. Altruism and Health: Perspectives from Empirical Research. Oxford Scholarship Online, 299−313. DOI:10.1093/acprof:oso/9780195182910.003.0020

Butter Outcomes Now. (2018). 5 CHALLENGES THERAPISTS FACE.

Careers in Psychology. (n.d.).12 Things I Wish I Knew Before I Became a Therapist. https://careersinpsychology.org/12−things−wish−knew−before−became −therapist/

Carlson, M. C., Erickson, K. I., Kramer, A. F., Voss, M. W., Bolea, N., Mielke, M., McGill, S., Rebok, G. W., Seeman, T., & Fried, L. P. (2009). Evidence for Neurocognitive Plasticity in At−Risk Older Adults: The Experience Corps Program. The Journals of Gerontology, Series A, 64A(12), 1275–1282, https://doi.org/10.1093/gerona/glp117

Clary, E., Snyder, M., Gidge, R., Copeland, J., Stukas, A., Haugen, J., and Miene, P. (1998). Understanding and Assessing the Motivations of Volunteers: A Functional Approach, Journal of Personality and Social Psychology, 74(6), 1516−1530.

Creaven, A. M., & Healy, A., & Howard, S. (2017). Social connectedness and depression: Is there added value in volunteering?. Journal of Social and Personal Relationships, 35(10), 1400−1417.

Dillon, M., & Wink, P. (2007). In the Course of a Lifetime: Tracing Religious Belief, Practice, and Change. University of California Press.

Dunn, E. W., Aknin, L. B., & Norton, M. I. (2008). Spending money on others promotes happiness. Science, 319, 1687–1688. http://dx.doi.org/10.1126/science.1150952

Dunn, E. W., Aknin, L. B., & Norton, M. I. (2014). Prosocial spending and happiness: Using money to benefit others pays off. Current Directions in Psychological Science, 23, 41– 47. http://dx.doi.org/10.1177/0963721413512503

Esmond, J., & Dunlop, P. (2004). Developing the Volunteer Motivation Inventory to Assess the Underlying Motivational Drives of Volunteers in Western Australia. A Research Project funded by Lotterywest, Social Research Grant and undertaken by CLAN WA Inc.

Figley, C. (1995). Compassion Fatigue: Coping with Secondary Traumatic Stress Disorder in Those Who Treat the Traumatized. New York: Brunner/Mazael.

Finkelstein, M. A. (2007), Evaluating structural equation models with unobservable variables and measurement eror, Journal of Marketing Research, 18, 39−50

Foresight Mental Capital and Wellbeing Project. (2008). Mental Capital and Wellbeing: Making the Most of Ourselves in the 21st century. Final Project report. The Government Office for Science, London. https://assets.publishing.service.gov.uk/government/uploads/system/uploads/attachment_data/file/292450/mental−capital−wellbeing−report.pdf

Frisch, M. B. & Gerrard, M. (1981), Natural helping systems: A survey of Red Cross volunteers, American Journal of Community Psychology, 9, 567−579.

Griep, Y., Hanson, L. M., Vantilborgh, T., Janssens, L., Jones, S. K., & Hyde, M. (2017). Can volunteering in later life reduce the risk of dementia? A 5−year longitudinal study among volunteering and non−volunteering retired seniors. PLoS ONE 12(3): e0173885. https://doi.org/10.1371/journal.pone.0173885

Harris, A. & Thoresen, C. (2005). Volunteering is Associated with Delayed Mortality in Older People: Analysis of the Longitudinal Study of Aging. Journal of Health Psychology, 10(6), 739−752.

Hoffman, M. (2008). "Empathy and Prosocial Behavior," in Handbook of Emotions, 3rd edition, eds. Michael Lewis, Jeannette Haviland−Jones and Lisa Feldman−Barrett. New York: Guilford Press, 440−455.

Houle, B. J., Sagarin, B., and Kaplan, M. F. (2005). "A functional to volunteerism: Do volunteers predict task preference", Basic And Applied Social Psychology, 27(4), 337−344.

Kiecolt−Glaser,. K., Loving, T. J., & Stowell, J. R. (2005). Hostile Marital Interactions, Proinflammatory Cytokine Production, and Wound Healing. Archives of General Psychiatry, 62(2), 1377−1384.

Lawton, R.N., Gramatki, I., Watt, W. & Fujiwara, D. (2021). Does Volunteering Make Us Happier, or Are Happier People More Likely to Volunteer? Addressing the Problem of Reverse Causality When Estimating the Wellbeing Impacts of Volunteering. Journal of Happiness Studies, 22, 599-624. https://doi.org/10.1007/s10902−020−00242−8

Lee, K., Alexander C., & Kim, D.(2014), Motivational Factors affecting Volunteer Intention in Local Events in the United States, Journal of Convention & Event Tourism, 14(4), 271−292.

Luks, A. (1988). Helper's High: Volunteering Makes People Feel Good, Physically and Emotionally. Psychology Today, 22(10), 34−42.

Martela, F. (2018). Exercise, Eat Well, Help Others: Altruism's Surprisingly Strong Health Impact. Scientific American.

McClelland, D. C., & Kirshnit, C. (1987). The effect of motivational arousal through films on salivary immunoglobulin A. Psychology & Health, 31−52. https://doi.org/10.1080/08870448808400343.

Office for National Statistics, (2020). Population estimates for the UK, England and Wales, Scotland and Northern Ireland: mid−2019. https://www.ons.gov.uk/peoplepopulationandcommunity/populationandmigration/populationestimates/bulletins/annualmidyearpopulationestimates/mid2019estimates#population−growth−in−england−wales−scotland−and−northern−ireland.

Oman, D., Thoresen, C., & McMahon, K. (1999). Volunteerism and Mortality among the Community−dwelling Elderly. Journal of Health Psychology, 4(3), 301−316.

Phillips, L. & Phillips, M. (2011), Altruism, egoism, or something else: Rewarding volunteers effectively and affordably, Southern Business Review, 36(1), 23−35.

Pohl, L. (2016). Equine Guided Leadership Education: Leveraging Somatic Intelligence in Learning Leadership Competencies. https://product−accelerator.s3.eu−west−1.amazonaws.com/PD+Department+Files/Media+Uploads/Lissa+Pohl/Downloads/EGLE+Paper+−+Leveraging+Somatic+Intelligence+7−2021.pdf

Riessman, F. (1965). The 'Helper' Therapy Principle. Social Work, 10(2), 27−32.

Rogers, N. T., Demakakos, P., Taylor, M. S., Steptoe, A., Hamer, M., & Shankar, A. (2016). Volunteering is associated with increased survival in able−bodied participants of the English Longitudinal Study of Ageing. Journal of Epidemiology & Community Health, 70(6), 583-588. doi: 10.1136/jech−2015−206305

Scherwitz, L., McKelvain, R., Laman, C., Patterson, J., Dutton, L., Yusim, S., Lester, J., Kraft, I., Rochelle, D., & Leachman, R. (1983). Type A behavior, self−involvement, and coronary atherosclerosis. Psychosomatic Medicine, 45(1), 47-57. https://doi.org/10.1097/00006842−198303000−00007

Schwartz, C., Meisenhelder, J. B., Ma, Y., & Reed, G. (2003). Altruistic social interest behaviors are associated with better mental health. Psychosomatic Medeicine, 65(5), 778−785. doi: 10.1097/01.psy.0000079378.39062.d4.

Segal, J., & Robinson, L. (2020). Volunteering and its Surprising Benefits. HelpGuide. https://www.helpguide.org/articles/healthy−living/volunteering−and−its−surprising−benefits.htm

Sneed, R. S., & Cohen, S. (2013). A prospective study of volunteerism and hypertension risk in older adults. Psychology and Aging, 28(2), 578-586. https://doi.org/10.1037/a0032718

Stebbins, R. & Graham, M. (2004). Voluntering as leisure/leisure as volunteering, Cambridge, MA: CABI

Stephen, G. (2009). It's Good to Be Good: Science Says It's So. Chatholic Health Association of the United States. https://www.chausa.org/publications/health−progress/archives/issues/july−august−2009/it's−good−to−be−good−science−says−it's−so.

Stevens, T. (2019). Why Therapists Need Therapy Too. Talkspace.

U. S. Bureau of labor Statistics (2021). Recreational Therapists. https://www.bls.gov/ooh/healthcare/recreational−therapists.htm.

Wang, P. Z. (2004), Assessing motivations for sports volunteerism, Advances in Consumer Research, 31, 420−435

Williams, R., & Williams, V. (1994). Anger Kills: Seventeen Strategies for Controlling the Hostility That Can Harm Your Health. Harpercollins Publishers.

Wood, W., Alm, K., Benjamin, J., Thomas, L., Anderson, D., Pohl, L., & Kane, M. (2021). Optimal Terminology for Services in the United States That Incorporate Horses to Benefit People: A Consensus Document. The Journal of Alternative and Complementary Medicine, 27(1). https://doi.org/10.1089/acm.2020.0415

8장

동물교감치유의 과정

8.1 동물교감치유의 과정

 1. 동물교감치유의 과정

동물교감치유는 사회복지실천의 영역으로 사회복지실천 과정을 준용한다 (양옥경 외, 2018; 양정남 외, 2014; 이종목 외, 2015). 즉, 동물교감치유의 실천은 동물교감치유사가 내담자와 그들을 둘러싸고 있는 다양한 환경을 변화시키기 위하여 전문직의 가치와 지식에 기초하여 통합적인 방법으로 개입하는 과정이다. 동물교감치유 실천과정은 다시 초기과정, 사정과정, 계획과정, 변화과정, 종결과정으로 나눌 수 있으며, 초기과정은 접수, 사정과정에서는 자료수집 및 사정, 계획과정에서는 목표설정 및 계약, 변화과정에서는 개입, 종결과정에서는 종결 및 평가를 한다. 동물교감치유 실천의 효과성을 높이기 위해서 전 과정이 잘 계획된 구조화된 과정이 되어야 한다.

1) 초기 과정

(1) 접수

접수(Intake)란 문제를 가진 사람이 동물교감치유기관을 찾았을 때 동물교감치유사가 그 문제와 욕구를 확인하여 그것이 기관의 정책과 서비스에 부합되는

지 여부를 판단하는 과정이다. 접수를 통해 그 기관에서 적합한 서비스를 제공해 줄 수 있다고 판단될 때, 동물교감치유사를 찾아온 사람은 내담자가 되어 그 다음 실천과정인 자료수집, 사정의 단계를 거쳐 적절한 서비스를 받게 된다(양옥경 외, 2018). 이 단계의 주된 목표는 잠재적 내담자의 욕구가 기관의 목적과 서비스 내용에 적합한지 아닌지를 판단하여 접수 여부를 결정하고. 접수된 사례의 개입 과정에 내담자가 최대한 참여하도록 유도하는 것이다. 그런데 이 두 가지 활동은 상호 긴밀히 연관되어 있다(엄명용 외, 2020).

접수과정은 다음과 같은 구체적인 활동과 결정을 수반한다. 첫째, 가장 중요한 것은 내담자의 문제와 욕구를 분명하게 확인하는 것이다. 둘째, 내담자와 동물교감치유사는 원조의 목적을 분명히 하고. 원조과정에서 기대하는 바가 무엇인지를 명확히 한다. 셋째, 내담자의 욕구가 기관의 자원과 정책에 부합되는지의 여부를 판단하는 것이다. 이 세 가지 활동에 기초하여 내담자에 대한 서비스를 접수하거나 아니면 다른 기관으로 의뢰하든지 결정하게 된다.

내담자나 내담자의 보호자는 동물교감치유 관련 기관에 직접 전화를 걸어 접촉하기도 한다. 과거 동물교감치유의 경험이 있는 내담자로부터 추천을 받은 경우에는 동물교감치유에 대해 막연하거나 큰 기대를 가지고 있을 수 있기 때문에 내담자에게 동물교감치유에 대해 설명을 해주고, 기관 또는 동물교감치유사가 해줄 수 있는 것과 그렇지 못한 것에 대해 분명히 말하여 내담자의 잘못된 기대를 바로 잡아주어야 한다. 동물교감치유 관련 기관을 직접 방문하여 상담 후 연락을 한 경우에는 동물교감치유에 대한 이해가 된 상태이기 때문에 바로 접수 단계로 진행하면 된다. 전화를 통한 만남이라고 하더라도 동물교감치유에 대한 인상을 결정할 수 있기 때문에 전화를 이용한 접촉이라고 할 지라도 항상 친절하고 예의바르게 내담자 혹은 보호자를 대해야 한다.

(2) 접수시 주요 과제

가. 문제 확인

접수 시 내담자의 문제가 무엇인지를 확인하는 것을 문제 확인이라고 한다. 문제 확인은 우선 내담자가 지적하는 문제와 이와 관련해 그가 드러내는 감정에 서부터 시작된다. 문제 확인은 현재 내담자가 문제로 호소하는 것에서 출발하게 되는데 동물교감치유사는 그 문제의 성격이 어떤 것인지, 그리고 그 문제가 내담자에게 얼마나 중요한 것인지, 무엇 때문에 이런 문제가 발생했는지 그 원인에 대해 탐색하게 된다. 내담자가 호소하는 문제와 실제 문제가 다를 수 있고, 같은 문제에 주어진 의미가 내담자마다 다를 수 있으므로 내담자의 실제 문제가 무엇인지 정확하게 판단해야 한다.

나. 관계 형성

내담자와의 첫 만남에서 동물교감치유사는 내담자에게 자신의 문제를 꺼내 놓을 수 있도록 편안하고 지지적인 환경을 제공할 수 있어야 한다. 이때 중요한 것이 동물교감치유사와 내담자와의 관계 형성이다. 관계 형성은 기관을 찾는 내담자들이 일반적으로 보이는 두려움과 양가감정을 해소하기 위해 동물교감치유사와 상호 긍정적인 친화 관계, 즉 라포를 형성하는 것이다. 라포를 통해 내담자는 동물교감치유사가 자신을 이해하고 자신의 복지에 진심으로 관심을 가지고 있다고 느끼게 되는 것이다(Hepworth, et al., 2016). 이러한 **라포**(rapport)가 형성됨으로써 내담자와 동물교감치유사는 원조 관계에 필요한 효과적인 의사소통을 할 수 있다. 따라서 동물교감치유사는 내담자를 따뜻하게 이해하고 진정으로 도우려는 의지가 있어야 하며, 진실해야 한다. 이러한 관계를 통해 내담자는 좀 더 자신의 문제를 드러내고 앞으로의 개입과정에 참여하고자 하는 동기를 가지게 된다. 관계는 기본적으로 다음과 같은 특성을 지니게 된다.

가) 경청

경청은 언어적·비언어적 수준에서 이루어지는데 상대방에게 관심을 보이는 진실된 자세, 고개를 끄덕이는 태도와 표정, 어조와 같은 비언어적 수준과 함께 적절한 질문하기, 요약하기, 초점 맞추기, 침묵 허용하기 등과 같은 언어적 수준에서 이루어진다. 이와 같은 언어적·비언어적 수준에서의 동물교감치유사의 적절한 반응에 의해 내담자는 자신이 충분히 수용되고 있으며, 존중받는다는 느낌을 전달받고 문제해결에 대한 동기가 부여되며, 희망감과 권한 부여의 느낌을 갖게 된다.

때로는 동물교감치유사는 내담자의 언어적 의사소통과 비언어적 의사소통이 상반되는 표현에 당면하게 된다. 이러한 경우 언어적 의사소통보다는 비언어적 의사소통에 관심을 가지고 그에 대하여 관심을 표명함으로써, 내담자 내면의 숨은 감정이나 양가감정 등에 대한 인식을 돕게 된다. 내담자는 점차 자기 개방이 증진되고 자신이 가지고 있는 문제를 명확히 함과 동시에 자신의 숨은 욕구에 대한 이해가 이루어지게 된다. 이러한 과정은 효과적 개입계획을 수립하기 위해 필수적인 과정이다. 따라서 동물교감치유사는 이를 위해 내담자의 감정적·인지적 반응에 적절하게 반응하는 전문적인 의사소통의 기술을 습득하여야 할 필요가 있다.

나) 감정이입(Empathy)

감정이입이란 다른 사람의 경험과 기분을 이해하는 능력이다. 내담자 내면의 느낌을 정확하게 감지하고 내담자의 경험이 내담자 자신에게 주는 의미와 중요성을 이해할 수 있을 때, 그리고 이러한 이해를 의사소통을 통해 표현할 수 있을 때 감정이입 능력이 있는 동물교감치유사라고 할 수 있다.

다) 인정(Positive Regard)

인정이란 외향이나 행동, 그들이 처한 환경과 무관하게 모든 내담자들을 가

치있는 존엄한 존재로 믿는 것을 원하는 것으로, 내담자를 한 인간으로서의 내재된 가치를 인정하는 것이다.

라) 온정(Warmth)

내담자가 안정감을 느끼고 자신이 수용되며 이해되고 있음을 알 수 있도록 만드는 동물교감치유사의 태도를 의미한다. 온정은 동물교감치유사의 미소, 목소리, 자세, 눈맞춤, 몸동작 등을 통해 전달된다.

마) 진실성(Genuiness)

진실성이란 자기 자신의 있는 모습 그대로의 거짓 없고, 방어적이지 않으며, 일관되고 솔직하게 드러내는 태도이다. 동물교감치유사는 자신의 전부를 드러낼 필요는 없으나 드러낼 때는 자신의 진짜 모습을 드러내야 한다.

바) 침묵의 허용

때로는 내담자가 침묵을 지킬 때가 있다. 이와 같은 내담자의 반응은 훈련되지 않는 동물교감치유사를 당혹하게 하고 서둘러 내담자에게 말을 시키려고 시도함으로써 오히려 중요한 자료의 탐색을 놓치게 되는 일이 많다. 내담자의 침묵은 동물교감치유사의 질문이나 언급에 대해서 생각해 보는 시간을 갖는다는 것을 의미하기도 하고, 때로는 방금 언급된 사건이나 내용에 대한 내담자의 숨겨진 감정적 반응의 표출과정이 되기도 한다. 침묵의 허용은 적절히 활용하였을 때, 내담자가 자신의 생각과 감정을 정리하고 표출하도록 돕는 중요한 관계형성 기술의 하나이다.

사) 저항 다루기

초기 접수단계에서의 저항 다루기는 매우 중요하다. 문제를 가지고 동물교감치유사를 찾아온 내담자는 변화에 대한 양가감정을 가지고 있다. 저항은 대체로 결석, 지각, 차후 활동에 대한 약속 미루기, 문제의 초점에 대한 회피, 계속하여 주제 바꾸기와 같은 반응으로 나타난다.

　이러한 저항적 반응에 대하여 동물교감치유사는 내담자의 부정적 감정에 대하여 민감하게 인식하고, 감정이입이나 수용적 태도, 때로는 조심스러운 직면 등을 통하여 그러나 온정적이고 돕고자 하는 진실된 태도를 유지하므로써 초기관계 형성과정에서 참여동기를 향상시키도록 해야 한다. 동물교감치유사의 적절한 저항 다루기는 초기 내담자와의 관계형성 과정에서 내담자의 긍정적 참여와 협조를 끌어내는데 매우 중요한 기여를 한다.

아) 동물에 대한 친근감 형성

　대상자의 일부는 동물에 대한 두려움을 나타내는 경우도 있다. 동물은 우리의 가장 친근한 친구이며, 반려자로, 인간에게 주는 혜택에 대해 설명한다. 또한 질병을 전파하거나 공격하지 않는다는 점을 주지시켜 친근감을 갖도록 유도한다.

다. 욕구와 기대 확인

　때로는 내담자가 기관 또는 동물교감치유사에 대해서 비현실적인 기대를 하는 경우가 있다. 관계형성 단계에서는 기관과 동물교감치유사가 제공할 수 있는 원조의 한계에 대해서 내담자가 현실적으로 이해할 수 있도록 도울 필요가 있다.

라. 서비스에 대한 정보 제공

　동물교감치유사는 내담자에게 어떤 서비스가 어느 정도 주어질 수 있든지를 분명하게 설명함으로써 내담자에게 서비스를 선택할 수 있는 기회를 제공하고 내담자로 하여금 스스로 자기결정을 통하여 문제해결노력을 할 수 있다는 능력감을 경험하도록 해준다. 그리고 내담자가 과도한 비현실적 기대를 하지 않도록 기관과 동물교감치유사가 제공할 수 있는 서비스의 한계를 명확히 할 필요가 있다.

마. 서비스 수혜여부의 결정 및 내담자 선별

　내담자가 서비스에 관한 충분한 정보를 얻게 되면 서비스의 수혜여부를 결정하게 된다. 내담자가 자발적으로 서비스를 요청하였다면 내담자의 자기결정권을 최대로 존중하도록 한다. 의뢰(Referral)는 내담자의 문제와 욕구를 기관에서 해결할 수 없을 경우 혹은 문제 해결에 더 적합한 기관이 있을 경우 다른 기관으로 내담자를 보내는 것이다. 동물교감치유사가 내담자에게 의뢰하는 기관의 서비스에 대한 정보를 제공하고, 그 기관과 접촉할 수 있도록 도와주어야 하기 때문에 적절한 의뢰를 하기 위해서는 동물교감치유사가 자신의 기관뿐만 아니라 다른 기관의 강점과 약점, 정책과 자원, 접촉 가능한 담당자, 그리고 지역사회 내의 여러 자원에 대해서도 자세히 파악하고 있어야 한다. 그리고 사후 의뢰된 기관에서 내담자가 서비스를 적절히 받고 있는지 반드시 확인해야 한다(양옥경 외, 2018).

가) 내담자 선별

모든 내담자는 동물교감치유에 참여하기 전에 내담자와 치유 보조 동물을 보호하기 위하여 적합성 여부를 검사하여 선별해야 한다. 동물교감치유에서 심각하게 고려해야 할 대상은 다음과 같다(김양순, 2006). 다음 사항에 해당되는 대상자를 동물교감치유에 참여시켜시는 것은 기본적으로 부적절하다.

- 동물에 대한 폭력 성향이 있거나 폭력 전과자
- 동물 학대(유기) 경력이 있는 자
- 자폐성 아동(동물 학대나 폭력성이 있는 경우)
- 동물 기피나 공포증이 심한 자
- 동물 털 알레르기 환자 등

나) 동물에 대한 두려움 및 대상자의 선택 존중

일반적으로 동물에 대한 두려움이나 공포가 있는 내담자에게 동물교감치유를 하는 것은 바람직하지 않다. 그러나 그러한 두려움과 공포가 내담자의 동물에 대한 인식의 부족에 의한 것으로 충분히 변화가 가능하다고 판단되면 철저한 감독하에 동물교감치유를 하는 것은 시도해볼 가치가 있다.

일부 기관에서는 동물을 좋아하지 않는 대상자에게 동물교감치유를 하도록 유도하는 경우가 있다. 이는 동물교감치유가 내담자에게 도움을 줄 수 있다고 생각하기 때문인데 그런다고 할지라도 항상 내담자에게 동물교감치유가 좋은지 물어보고 내담자 스스로 개입방법을 선택할 수 있도록 해주어야 한다. 만약 내담자가 동물교감치유를 원하지 않는다고 할지라도 섭섭해 할 필요는 없다. 동물교감치유를 하고 싶어하는 시설이나 기관은 무수히 많기 때문이다.

바. 원조과정에 대한 안내

원조과정 안내란 내담자에게 서비스 수혜에 대한 규칙과 조건, 그리고 원조과정에서의 동물교감치유사와 내담자가 각각 수행해야 할 역할 등에 대하여 설명을 해주는 것을 말한다. 여기에는 서비스에 관련된 세부 사항, 시간, 장소, 빈도, 그리고 모임의 횟수, 전체 소요 기간, 평가 방법 등이 포함된다. 동물교감치유사는 내담자가 원조 과정에 대하여 잘 이해할 수 있도록 명확히 설명해 줌으로써 사전에 내담자의 협조에 대한 약속을 받아 두도록 한다. 그리고 필요시에는 서비스와 관련된 법규, 정책, 내담자의 권리를 이해할 수 있도록 설명한다.

또한 동물교감치유사는 비밀보장의 한계에 대해서도 알려주는 것이 좋다. 즉, 보다 효과적인 서비스를 제공하기 위해 서비스팀을 구성한 경우 팀에 소속되어 있는 동료 동물교감치유사나 타 분야의 전문가, 슈퍼바이저 등과 의논할 수 있으며, 법과 관련된 경우 사법기관에 보고를 해야 할 수 있다는 사실을 밝히도록 한다.

사. 관련 서식 작성

모든 동물교감치유 기관에서는 초기 면담 시에 서비스에 관련된 일정한 서식을 미리 작성하게 되어 있다. 초기 면담지(Intake Sheet)는 내담자에게 직접 작성하게 하기도 하지만 대체적으로 동물교감치유사가 직접면담을 하여 기록하기도 하고 이를 병행하기도 한다. 초기 면담지에는 내담자에 관련된 기본정보(이름, 성별 등)와 주요 문제, 기관에 오게 된 경위, 이전의 서비스 수혜 여부, 타 기관에서의 의뢰 시 의뢰의 이유, 현재 가족관계 등에 관한 정보가 포함되어 있다.

2) 사정 과정

(1) 자료수집

자료수집은 내담자의 문제를 이해하고, 분석하며, 문제를 해결하기 위하여 필요한 자료를 모으는 것을 말한다. 자료수집 및 사정이란 내담자의 문제에 개입하기 위하여 그 상황에 대한 사실을 수집하고 관찰하여 그 기초에 의해 내담자를 이해하는 과정이기 때문에 문제해결을 위해서는 필수 불가결한 과정이다. 자료수집과 사정은 원조과정 전체를 통해 계속되는 활동이지만 특히 이 과정에서 가장 집중적으로 이루어진다. 이렇게 수집된 자료를 바탕으로 사정이 이루어지기 때문에 자료수집이 사정보다 먼저 이루어져야 할 것으로 보이지만 실제로 자료수집과 사정을 거의 동시에 이루어지므로 자료수집과 사정을 동시발생적인 활동으로 본다.

가. 자료수집 정보원

동물교감치유 실천에서 가장 보편적으로 활용되는 자료의 출처는 다음과 같다(Hepworth, et al., 2016; Zastrow, 2002)

① 내담자가 작성한 서식

일반적으로 첫 면접 이전에 기관의 간단한 초기 면접 시에 내담자가 이름, 성별, 나이, 직업, 주소나 전화번호, 문제, 가족 구성원 등을 작성하기도 하는데, 이것도 내담자를 이해하는데 중요한 정보가 될 수 있다.

② 내담자의 진술

내담자의 문제, 그가 느끼는 기분이나 감정, 내담자의 생각, 문제를 해결하기 위한 노력, 문제의 역사, 문제의 원인, 문제에 대한 내담자의 의견 등이 모두 포함된다. 내담자의 진술은 주관적인 경향이 있기 때문에 본인의 편견이나 감정에 의한 왜곡이 있는지 주의해야 한다.

③ 비언어적 행동의 직접적 관찰

내담자의 언어적 표현뿐만 아니라 비언어적 행동, 즉, 제스처, 얼굴표정, 목소리톤, 눈빛, 손과 팔 등의 몸동작, 옷차림과 외모 등은 경우에 따라 내담자의 감정과 사고를 더 정확하게 판단할 수 있기 때문에 동물교감치유사는 세밀하게 관찰하고 내담자의 비언어적인 행동까지도 읽을 수 있는 능력을 갖추어야 한다. 동물을 좋아하지 않는다고 말하면서도 동물교감치유 활동을 기다리고 있는 대상자가 있을 수 있다. 단순히 대상자의 말과 함께 행동을 관찰하는 것도 매우 중요하다.

④ 상호 작용의 직접 관찰

내담자와 동물교감치유사가 상호 작용하는 형태를 보면 내담자가 다른 사람들과 어떻게 상호 작용하는지 상호 작용의 유형을 짐작할 수 있게 해줄 뿐만 아니라 문제행동을 이해하는 데 실마리를 제공해 준다.

⑤ 내담자의 자기 점검

내담자의 자기 점검은 내담자에게 표적 행동의 발생에 관련된 감정, 행동, 그리고 사고를 기술하도록 과제를 부여함으로써 내담자를 개입시키는 방법이다. 이렇게 자기 점검을 수행하는 과정에서 내담자는 자신의 상황에 대한 통찰력을 얻을 수 있고, 기록된 관찰을 논의하는 과정에서 자연스럽게 목표설정이 이루어지거나 변화에 대한 동기가 부여되기도 한다.

⑥ 다양한 출처로부터의 정보

내담자와 그의 삶에 중요한 사람들, 즉 부부나 가족 구성원들 간의 상호 작용을 동물교감치유사가 관찰함으로써 많은 정보를 얻을 수 있다. 가족뿐만 아니라 필요한 경우에는 친구나 동료들 간의 상호 작용도 중요한 정보원이 될 수 있다.

내담자의 친척이나 가족, 이웃, 친구, 직장 동료나 상사, 학교 선생님 등으로부터 얻게 되는 정보가 귀중한 정보원이 될 수 있다. 이러한 정보를 얻을 때에는 내담자의 동의를 얻어야 한다. 동물교감치유사는 얻어진 정보들이 일관성이 있는지에 대해 주목할 필요가 있다.

⑦ 심리검사 및 사정도구

심리검사의 결과는 심리학자에 의해 실시되는 다양한 성격검사, 지능 검사 등으로부터 얻은 결과의 정보이다. 가계도, 생태도, 소시오그램과 같은 도구들도 내담자의 문제를 사정하는데 자주 사용되고 있다(Northen, 1994).

동물교감치유사가 필요로 하는 정보는 사례에 따라 다르기 때문에 가장 적절한 자료를 수집하는 것이 바로 동물교감치유사의 능력이다. 일반적으로 생활력, 인간관계, 경제문제, 건강, 정서, 문화, 내담자의 기능, 가족력, 내담자의 자원 등에 관한 자료들이 수집된다.

자료수집과 사정에서 동물교감치유사가 명심해야 할 원칙은 다음과 같다. 첫째, 내담자의 참여가 절대적으로 필요하다는 것인데, 원조를 성공적으로 이끌기 위해서는 내담자의 문제를 정의하는 것에서부터 우선 순위를 결정하기까지 내담자의 참여가 중요하다. 둘째, 내담자의 강점을 평가한다. 대부분 내담자의 문제에만 관심을 가지기 쉬우므로 내담자의 강점을 확인하여 문제해결방안을 모색해 보는 것도 중요하다. 셋째, 한 가지 문제만 갖고 있는 내담자는 거의 없다. 그러므로 내담자의 문제를 다양하게 규정할 줄 알아야 한다. 문제의 심각도에 따라 우선순위를 정해야 한다.

(2) 사정(Assessment)

자료수집이 끝나면 수집된 자료에 기초하여 사정을 하게 된다. 사정은 문제가 무엇인지, 어떤 원인 때문인지 그리고 그 문제를 해결하거나 줄이기 위해 무엇이 변화되어야 하는지에 대해 답하는 동물교감치유 실천과정의 핵심적 단계이다.

가. 사정의 과업

사정이란 수집된 자료를 해석하고 의미를 부여함으로써, 최종적으로 문제를 규정하여 실천의 방향을 결정하는 일이다. 문제들이 규정되면 문제의 중요성과 변화의 시급성을 기준으로 표적문제(Target Problems)를 찾아내어 개입의 목표를 정하게 된다. 사정과정의 과업은 문제를 발견하고 정보를 수집하여 문제를 형성해서 개입계획 수립의 "무엇을 어떻게"에서 "무엇을"에 해당하는 질문에 대답하고자 하는 것이다.

가) 문제의 발견(Defining of Problem)

접수 및 참여 유도 단계에서 문제의 확인이 주로 내담자 스스로가 말하는 문제에 기초한다면 문제의 발견단계에서는 문제에 대한 동물교감치유사의 평가에 더 큰 비중을 둔다. 문제를 발견하기 위해 3단계로 나누어 진행한다. 첫째, 동물교감치유사는 해결되지 않은 내담자의 욕구가 무엇인지를 확인해야 한다. 둘째, 욕구를 충족시키는 데에 장애가 되는 요인을 파악해야 한다. 셋째, 문제해결 계획이나 개입 방향이 드러나도록 문제를 규명하는 것이다. 동물교감치유사는 내담자들의 가장 빈번한 문제의 유형을 알고 있어야 한다. 내담자의 빈번한 문제 유형은 다음과 가타.

- 인간관계의 갈등
- 사회적 관계에서의 불만족
- 공식적 조직과의 문제
- 역할 수행상의 문제
- 사회적 전환에서 파생되는 문제
- 심리·행동상의 문제
- 자원의 부재나 결핍의 문제
- 의사결정의 어려움

나) 정보의 발견

사정시 유용한 정보를 발견하기에 용이한 12가지 질문법을 소개한다(Brown, & Levitt, 1979).

① 누가 문제에 관여되어 있는가?

② 어떻게 관여하고 있는가?

③ 내담자가 문제에 어떤 의미를 부여하고 있는가?

- 변화를 방해하는 전형적인 의미부여 9가지 형태는 ① 사이비 과학적 설명, ② 심리적 낙인, ③ 다른 사람에게 변화의 능력이나 동기가 없다는 믿음, ④ 변화될 수 없는 외적 요인, ⑤ 변화할 수 없는 내적 속성에 대한 잘못된 믿음, ⑥ 무력함에 대한 비현실적인 감정, ⑦ 고정된 철학적·종교적 원칙, ⑧ 인간본질에 대한 가정을 주장, ⑨ 문제에 관련된 다른 사람의 한계점을 주장하는 것이다.

④ 문제행동이 어디서 발생하였는가?

- 문제행동을 촉진시키는 상황적 요인을 발견하는 데 도움이 된다. 문제행동을 보이는 장소와 보이지 않는 장소의 차이를 통해 문제의 원이 무엇인지 알아 볼 수 있다.

⑤ 언제 문제행동이 일어났는가?

- 문제 행동을 촉진시키는 시간적 요인을 발견하는 데 도움을 주는 것으로, 문제행동이 일어나는 시기와 줄어드는 시기의 차이점을 통해 문제가 발생하는 요인에 관련된 사람들의 행동을 더 깊이 있게 탐색할 수 있다.

⑥ 문제행동이 일어나는 빈도는 어느 정도인가?

⑦ 문제행동은 언제부터 있어 왔는가?

- 문제행동의 역사를 알아보기 위함이다.

⑧ 문제와 관련하여 채워지지 않은 욕구는 무엇인가?

⑨ 문제에 대한 내담자의 정서적 반응은 어떠한가?

⑩ 내담자는 그 동안 문제에 어떻게 대처해 왔으며 문제를 해결하는데 어떤 기술이 필요한가?
　　− 내담자가 스트레스를 감당하는 수준과 그의 문제해결 및 대처기술을 파악하는데 도움이 된다.
⑪ 내담자는 어떤 장점과 기술을 가지고 있는가?
⑫ 필요로 하는 외적 자원은 무엇인가?
　　− 외적 자원과 내담자를 연결해 주는 연결자의 역할을 할 수 있다.

다) 문제 형성

문제 형성은 그 동안 얻어낸 정보들을 분석하여 동물교감치유사가 전문적 소견으로 판단하는 것이다.

나. 사정 내용

가) 개인내부체계에 대한 사정

(가) 내담자의 자원에 대한 사정

내담자가 보유하고 있는 자원에 대한 사정으로 내담자의 자원은 다음과 같이 분류할 수 있다.
① 교육 정도와 취업 경험
② 문제해결 능력과 의사결정 능력
③ 개인적 자질과 성격
④ 물리적·재정적 자원 소유
⑤ 문제해결에 대한 동기와 의지

(나) 환경적 측면에 대한 사정

개인에 대한 환경의 적절함과 부적합, 긍정적 측면과 취약함 등이 사정의 내용이 된다. 이러한 환경에는 부부관계와 가족은 물론 친구, 친척, 이웃 등을 포함하는 사회자원체계들이 이에 속하고 그 외 보육, 건강서비스, 취업구조, 행정조직 등도 포함된다.

(다) 내담자의 정서, 심리 상태에 대한 사정

내담자의 심리상태는 지능, 동기화, 대처행동의 유형, 자기개념, 불안이나 우울의 정도, 일반적인 인성의 통합 등을 표준화된 심리검사를 통해 파악할 수 있다. 정신장애가 있는 내담자를 만나게 되면 정신과적 치료에 신속히 의뢰하는 것이 중요하다.

(라) 내담자의 역할 수행의 문제에 대한 사정

역할 수행과 관련되어 파생하는 문제는 자신이 수행하는 역할과 외부에서 기대하는 역할 간의 심각한 괴리로 인해 발생하며 역할상의 문제는 역할 이론(Role Theory)을 적용하여 평가할 수 있다. 다음은 역할과 관련된 문제를 설명하는 개념이다.

① 역할갈등(Role Conflict): 역할을 수행하면서 겪는 어려움을 의미하는 것으로 역할내 갈등(Intra Role Conflict), 역할간 갈등(Inter Role Conflict)으로 나눌 수 있다.
② 역할 모호성(Role Ambiguity): 어떤 지위에 대한 역할이 분명히 규정되지 않았을 때 발생한다.
③ 역할과중(Role Overload): 한 개인이 자신에게 기대되는 역할들에 대해 부담을 느끼고 힘들게 느껴서 문제가 발생할 경우를 의미한다.
④ 역할단절(Role Discontinuity): 변화하는 역할 간에 유사성이 부족할 때 파생되는 문제이다.

(마) 자기방어기제에 대한 사정

이는 원조과정에서의 갈등상황과 개입전략에 대해 내담자가 보이게 될 반응을 예견할 수 있는 좋은 평가 방법이다. 내담자가 사용하는 방어기제에는 다음과 같다.

① 억압(Repression)

억압은 자아가 수용할 수 없는 것, 바람직하지 못한 충동, 사고, 감정, 기억 등을 의식하지 않으려고 무의식 속에 밀어 넣어 불안으로부터 자아를 보호하고자 하는 것이다. 죄책감이나 수치심, 자존심을 상하게 하는 경험일수록 억압되기 쉽다.

② 반동형성(Reaction Formation)

불안을 야기하는 충동, 감정, 생각이 의식의 수준에서 반대의 것으로 대체되는 것을 말한다. 반동형성은 현실적으로 적응에 문제를 일으키지 않는 한 불안을 막는 유용한 방어기제가 된다.

③ 퇴행(Regression)

잠재적 외상이나 실패 가능성이 있는 상황에 처할 때 해결책으로 초기의 발달단계나 행동양식으로 후퇴하는 것이다.

④ 격리(Isolation)

과거의 고통스러운 기억과 연관된 감정을 의식에서 떼어내는 것으로 감정이 사고와 분리된다.

⑤ 취소(Undoing)

보상과 속죄의 행위를 통해 용납할 수 없거나 죄책감을 일으키는 충동이나 행동을 중화 또는 무효화하는 것으로 심리적 말살이라고 불리기도 한다.

⑥ 투사(Projection)

자신의 용납할 수 없는 충동, 생각, 행동을 무의식적으로 다른 사람이 이러한 충동, 생각, 행동을 느끼거나 행한다고 믿는 것이다. 투사란 사회적으로 인정받을 수 없는 자신의 행동과 생각을 마치 다른 사람의 것인 양 생각하고 남의 탓을 하는 것을 말한다.

⑦ 투입(Introctin)

외부의 대상을 자기 내면의 자아체계로 받아들이는 것을 뜻한다. 외부대상에 대한 적대적이거나 부정적인 감정을 자신에게로 지향시킨다는 점에서 투입은 우울증을 야기하는 중요한 기제로 간주된다.

⑧ 자기로의 전향(Turning Against Self)

공격성 같은 본능적인 충동이 자기에게 향하는 것을 의미한다.

⑨ 역전(Reversal)

감정, 태도, 특징, 관계, 방향을 반대로 변경하는 것을 뜻한다.

⑩ 합리화(Rationalization)

용납할 수 없는 태도, 신념, 또는 행동을 정당화하기 위한 시도로 그럴듯한 설명을 하는 것이다.

⑪ 전치(Displacement)

본능적 충동이 진짜 대상에게 덜 위협적인 대상으로 옮아가는 것을 말한다.

⑫ 동일시(Identification)

주위의 중요 인물들의 태도와 행동을 닮는 것을 의미한다.

⑬ 전환(Conversion)

심리적 갈등이 신체감각기관과 수의근육계의 증상으로 표출되는 것을 의미한다.

⑭ 지성화(Intellectualization)

고통스러운 감정과 충동을 누르기 위해 그것들을 직접 경험하는 대신 그것들에 대해 생각을 많이 하는 것을 말한다.

⑮ 보상(Compensation)

실제든 상상이든 자신의 성격, 지능, 외모 등 이미지상의 결함을 메우거나 체면을 유지하려는 무의식적인 노력을 의미한다.

⑯ 내면화(Internalization)

다른 사람, 특히 부모의 태도, 규범, 가치관을 자신의 성격으로 흡수하는 것을 말한다.

⑰ 부정(Denial)

자아가 현재의 상황에 있는 위협적 요소를 감당할 수 없는 경우 위협적 요소가 존재한다는 사실을 인정하지 않는 것을 말한다.

⑱ 치환(Substitution)

원래 자신이 바라는 대로 이루어지지 않았을 때, 그 좌절감과 긴장을 줄이기 위해 그 비슷한 것을 취하여 만족을 얻는 상태를 말한다.

나) 가족체계에 대한 사정

가족은 개인의 심리 정서적 안녕에 큰 영향을 미치기 때문에 가족의 여러 측면을 평가해야 한다. 첫째, 가족의 의사소통에 대해서 평가해야 한다. 둘째, 가족 구조에 대해서 평가해야 한다. 셋째, 출산, 죽음, 결혼 등에 가족 주기에 따른 전환에 어떻게 적응했는지에 대해 평가한다. 넷째, 가족 불화, 부모 자녀 간의 관계 문제, 구성원 개인의 문제 등 가족갈등의 주요 문제를 평가한다.

다) 내담자의 사회적 환경체계에 대한 사정

사회적 지지망이란 내담자의 환경의 범위에 있으면서 영향을 미치는 사람들 또는 체계를 말한다. 사회적 지지망은 ① 자존감, 소속감 및 유대감을 제공한 것, ② 자원에 대한 정보를 포함하여 문제를 이해하고 대처할 수 있도록 지식과 기술을 제공하는 것, ③ 독특한 관계를 통하여 어려움이 있는 사건에 대한 감정을 안전한 환경에서 표현할 수 있도록 정서적 지지를 제공하는 것, ④ 재정적 또는 기타 필수품이나 서비스를 제공하는 도구적 지지 등의 4가지 유형으로 분류할 수 있다(Sarason, Sarason, & Pierce, 1990). 내담자의 환경의 적절성을 평가하기 위해 적용할 수 있는 기본적인 환경적 욕구에 대한 목록은 다음과 같다.

① 적절한 사회적 지지망 체계

② 전문적 건강보호서비스에의 접근성

③ 주간보호서비스에 대한 접근성

④ 여가활용시설에의 접근성

⑤ 자원의 활용 및 사회화와 시민으로서 권리행사

⑥ 충분한 공간, 위생, 사적 영역의 보장, 위험과 오염으로부터 안전을 보장받을 수 있는 주거환경

⑦ 적절한 경찰, 소방보호에서 받는 안전보장

⑧ 안전하고 건강한 작업조건

⑨ 필수품 구입에 필요한 적절한 재정적 자원

⑩ 적절한 영양섭취

⑪ 타인을 보호하는 데 적절한 생활환경

⑫ 교육과 자아성취에 필요한 기회

⑬ 법적 자원에의 접근성

⑭ 종교기관에의 접근성

⑮ 취업기회

이 목록들은 분리된 별개의 요인이 아니고, 다양한 기능과 요인들이 역동적으로 상호 작용하는 것이다. 따라서 위의 모든 영역을 모두 고려하는 것이 아니라 관련된 요인들만을 포함하여 간결하게 기술하면 된다. 동물교감치유사는 공식적 지지체계와 비공식적 지지체계를 모두 고려하여야 한다.

라) 내담자의 강점에 대한 사정

내담자의 결함에 대하여 초점을 맞추게 되면 내담자의 성장을 위한 잠재능력을 저해하게 되고, 자기 자신에 대한 의심과 부적절감을 느끼도록 강화는 결과를 가져오게 된다. 내담자의 강점들은 삶의 만족도와 동기부여, 그리고 자존감의 향상에 잠재적 자원이 된다. 강점을 사정하기 위하여 유용한 질문은 다음과 같다 (Saleeby, 1999).

① 생존전략에 관한 질문
② 지지망에 관한 질문
③ 예외적 질문
④ 가능성에 대한 질문
⑤ 자존감에 관한 질문

3) 계획과정

다루어야 할 문제를 정의하고, 목적을 구체화시키고, 문제로부터 목적으로 옮겨가기 위하여 계획된 개입 방법을 제공하는 과정이다.

(1) 목표 설정

목표는 목적을 세분화한 것으로, 단기적이며 구체적이라는 점에서 목적과 구별된다. 목적은 내담자의 복지나 삶의 질 향상이며, 목표는 사정과정에서 문제와 욕구를 정의하고 문제에 영향을 미치는 요인을 분석한 것을 근거로 설정한다. 목표 설정은 개입과정의 방향을 명확하게 제시하고 개입이 끝난 후에도 그 결과를 효과적으로 평가해 줄 수 있게 해준다. 목표는 문제가 해결된 상태 또는 개입을 통해서 일어나기 바라는 변화를 의미한다. 목표를 선정하는 지침은 SMART 형식으로 설명될 수 있어야 하며 구체성(Specific), 측정 가능성(Measurable), 성취 가능성(Achievable), 현실성(Realistic), 시기적절성(Timely)을 뜻한다.

(2) 계약

목표가 설정되면 서로의 의무와 과업, 구체적 실천활동을 상호 약속하는 계약단계로 들어간다. 계약은 내담자로 하여금 문제해결과정에서 자신이 수동적인 존재가 아니라 중심적인 역할을 하며, 동물교감치유사와 동등한 인격으로 대우받는다는 사실을 일깨워 줄 수 있다. 동물교감치유사는 동물교감치유에 대해서 안내한다. 동물교감치유가 무엇인지, 어떤 효과가 있는지, 치유 보조 동물의 역할은 무엇인지에 대해서 안내하도록 한다.

계약에는 목적, 참여자의 역할, 개입 방법 또는 개입 기법, 시간적 조건과 회기의 빈도와 길이, 모니터링 방법, 계약의 재협상조건, 시작 날짜, 회기 변경 및 취소방법, 비용 등이 포함되어야 한다.

4) 변화과정

계획을 이행하는 과정으로 동물교감치유사의 활동, 즉 중재적 역할을 수행함으로써 목표에 도달하려는 것을 말한다.

(1) 개입목표와 과업

가. 개입 목표

개입은 문제해결을 위해 목표를 달성하려는 전문적 활동이다.

나. 개입 기술

내담자의 심리적 · 내적 측면의 욕구나 문제 등에 초점을 두며, 개입을 통하여 내담자가 생활에서 필요한 대처능력을 향상시키는 데 목적이 있다. 내담자의 감정, 주관적 사실, 사고와 행동방식에 초점을 두어 장애가 되는 태도와 행동, 그리고 인간관계의 왜곡을 수정하려고 하는 것이다. 직접적 개입방법으로서 보편적으로 활용될 수 있는 기술에 대해서 소개햐면 다음과 같다(양정남 외, 2014).

① 문제해결기술

대부분의 내담자는 일상생활의 문제에 대처하는 능력이 적절하지 못하여 어려움을 경험하다가 결국 좌절감을 안고 도움을 위해 동물교감치유사를 찾아온다. 따라서 동물교감치유사는 이러한 어려움을 가지고 있는 내담자에게 좀 더 나은 수준의 기능을 하도록 체계적으로 돕는 것이 중요하다. 내담자는 자신의 문제해결을 위한 방법을 배우는 과정에서 내담자는 동물교감치유사와의 관계를 통해 상호 존중적이며, 협동적으로 관계를 형성하는 법을 배우게 된다. 그리고 문제해결과 의사결정을 위한 대처방법을 배우게 되고, 이러한 다양한 선택방식을 일상생활에서도 적용할 수 있는 능력을 습득하게 된다. 이와 같이 문제해결을 돕는 원조과정에서 습득한 체계적 문제해결방식은 내담자의 자신감과 자기효능감, 그리고 자존감을 향상시키는 결과를 가져오게 되고 미래에 당면하는 문제상황에서도 이것들을 적용할 수 있도록 해주는 효과가 있다(Hepworth, et al., 2002).

② 사회기술훈련(Social Skills Training)

내담자에게 현재의 환경 속에서 기대되는 역할수행이나 관계 문제, 그리고 생활주기상의 문제에 효과적으로 기능하도록 필요한 기술을 학습하도록 돕는 과정이며, 예방과 치료의 두 가지 효과를 위해 자주 활용되는 다양한 기술을 포함한다.

사회기술훈련은 사회적 부적응행동의 예방적 접근에도 효과가 있으며, 자존감 손상문제, 대인관계기술 결핍, 사회적 역할수행문제 등과 관련된 사회적 역기능 문제에 대한 치료적 접근방법으로서도 도움이 된다. 사회기술이 결핍되면 사람들은 외로운, 우울, 결혼 관계의 역기능, 부모자녀문제, 가족의 해체, 고용문제,

다양한 정신건강문제 등과 같은 어려움을 겪게 된다.

사회기술은 활용되는 실천영역이나 표적문제에 따라 다양하게 활용된다. 부모역할기술, 자기주장훈련, 적극적 경청법, 효과적 대화기술, 친구관계 맺기, 분노조절, 문제해결기술 등에서 활용되고 있다(Hepworth, et al., 2002).

③ 인지재구조화

인지재구조화란 인지행동 치료에서 나온 치료적 과정을 말한다. 개입기법은 개인이 가지고 있는 잘못된 신념이나 인지 형태를 수정하여 행동의 변화로 인도하는 원조방법이다. 인지치료는 사람들이 인지적 왜곡, 비합리적 사고, 부정적 도식으로 인해 사람이나 사건, 상황에 대하여 비현실적 해석을 한다고 가정한다(Beck, 1976). 인지치료의 목적은 문제행동과 관련된 사고, 감정, 행동을 재구조화하고 변화시키는 것에 둔다.

인지치료는 범죄자나 학대 부모의 우울문제에 주요 치료적 개입모델로 활용되고 있고, 학대자들의 분노조절 프로그램에 주로 사용되고 있다. 또한 배우자 폭력 가해자들의 폭력행동을 중단시키는 데 활용되고 있으며, 청소년문제에 대한 개입에도 자주 활용되고 있다(Cohen, 1985; Marshall, & Mazie, 1987; Nugent, 1991; Whiteman, Fanshel, & Grundy, 1987; Eisikovits, & Edleson, 1989; Schrodt Jr, & Fitzgerald, 1987; Hepworth, et al., 2002).

다. 개입 범위

동물교감치유사가 책임감을 가지고 개입을 한다년 동물교감치유사는 대상자의 삶에 긍정적인 도움을 주고 있는 것이라고 할 수 있다. 그러나 동물교감치유사가 책임질 부분이 아닌 부분을 인지하고 있는 것도 매우 중요하다. 동물교감치유사는 내담자를 직접적으로 진단하거나 치료하기 위함이 아니라는 것을 기억해야 한다.

라. 개입 준비 과정

① 치유 보조 동물의 선택

동물교감치유사와 함께 내담자의 문제해결을 도와줄 치유 보조 동물은 건강해야 한다. 동물로부터 사람에게도 옮길 수 있는 인수공통감염병이 있기 때문에 동물교감치유사는 내담자의 건강을 위해 치유 보조 동물에게 인수공통감염병에 대한 예방접종을 모두 완료하여 항체가 형성된 상태에서 개입에 참여하도록 하여야 한다.

동물교감치유사를 도와 프로그램을 이끌어갈 치유 보조 동물은 프로그램의 대상인 내담자의 성격과 특성에 어울리는 동물이어야 한다. 만약 내담자가 조용하고, 차분하며, 움직이는 것을 좋아하지 않는 경우에는 얌전한 성격을 가진 개, 고양이나 햄스터 등의 소동물이 어울리며, 활발하고 움직이는 것을 좋아하는 내담자에게는 활동량이 많으며, 장난치는 것을 좋아하는 개가 어울린다. 또한 치유 보조 동물은 사람에 대한 반응이 우호적이며, 공격성을 보이지 않고. 잘 따르며, 사람과 함께 있는 것을 즐거워 해야 한다.

② 방문 개입(Ernst, 2014)

동물을 어떤 기관으로 데려오는 것은 적용 가능한 현재의 정책과 절차에 대한 신중한 검토로 시작한다. 이러한 지침은 대부분의 문제를 제어하고 절차를 표준화하며, 안전을 보장하는 데 사용할 수 있는 지침으로 사용될 수 있다. 동물교감치유(즉, 동물과 환자 간의 만남을 지원하는 조직 내 누군가)에 접근할 수 있는 프로그램이 있는지 확인하기 위해 기관 또는 협력기관 내의 다른 부서에 연락하는 것도 도움이 된다. 정책과 절차를 주의 깊게 검토한 후에는 프로그램을 수립하기 위해 다음 단계를 수행해야 한다(American Veterinary Medical Association (AVMA), 2014).

- 동물 개입에 대한 필요성과 욕구를 개략적으로 설명한다.
- 성공적인 방문을 보장하기 위해 현실적이고, 측정 가능한 목표를 수립한다(American Veterinary Medical Association (AVMA), 2014). 적절한 목표의 예

로는 외로움과 고립감 감소, 의사소통 개선, 신뢰 증진, 인지 기능 자극, 삶의 질 향상, 환자가 물리치료에 참여하도록 동기부여, 세탁과 옷 입기와 같은 자기관리 행동 준수 개발 등이 포함될 수 있다(Mullett, 2008).

• 주요 관리자의 프로그램 승인을 얻고 가능하면 절차 개발에 대한 지원을 요청한다(American Veterinary Medical Association (AVMA), 2014).

• 어떤 종류의 동물이 가장 잘 받아들여지고 프로그램 참가자들의 요구에 부응할 것인지를 결정한다. 이전에 언급했듯이, 개가 가장 흔하게 사용되지만, 토끼에서 돼지까지, 어떤 동물도 활용될 수 있다. 동물을 결정할 때 중요한 고려사항은 환자나 거주자의 알레르기, 환자나 거주자가 동물을 두려워하거나 싫어하는지 여부, 동물의 기질을 포함한다.

일단 동물의 종류가 결정되면, 그 동물의 종류에 대한 특정한 요소들, 예를 들어 품종, 크기, 나이, 성별, 그리고 행동적 특징들이 고려될 필요가 있다. 이렇게 하면 적절한 동물을 선택할 수 있다. 예를 들어 요양원 방문에 개를 사용하기로 결정한 경우, 사람에게 뛰어오르거나 발에 밀도는 경향이 있는 크고 젊고 활동적인 수컷 개는 이러한 환경에 취약하다. 즉, 추락 위험 및 보조 기기(예: 보행기)의 높은 보급률로 인해 최선의 선택이 아닐 수 있다.

• 동물과 치유 또는 상호 작용을 제공하는 훈련 프로그램을 고려한다. 만약 그러한 목적이 동물을 활용하는 것이라면, 해당 기관들은 방문하는 치유 보조 동물과 동물교감치유사가 충족해야 하는 기준을 포함하여 그들의 프로그램과 정책에 대한 세부 사항에 대해 소통이 필요하다.

• 동물성 질병 위험을 평가하고, 이러한 위험을 최소화하기 위한 적절한 절차를 개발한다(Centers for Disease Control and Prevention, 2003).

마. 점검(Monitoring)

개입활동의 전개과정이 설정된 목표에 비추어 볼 때 올바른 것인지 여부를 점검하는 것이다. 개입의 초기단계에서 맺은 계약은 문제의 우선순위와 목표, 그리고 치유사와 내담자의 개입활동의 구체적 내용을 포함한다. 최초 계약의 내용은 개입활동이 진전되는 과정에서 내담자 자신이나 주변 환경에 따라 달라질 수 있으므로 진전과정에 대한 끊임없는 점검과 지속적인 평가가 요구되는 것이다.

5) 종결과정

동물교감치유사와 내담자 간의 전문적 관계를 끝맺는 과정이다. 따라서 종결은 내담자 문제해결의 목표를 달성함으로써 더 이상의 원조를 필요로 하지 않는 경우와 동물교감치유사가 계속적인 서비스를 제공하지 못할 경우로 나눌 수 있다. 종결에는 개입 활동 전반에 걸친 평가를 하게 된다. 치유의 목적과 목표의 달성 정도를 결정하며, 목적과 목표를 성취하기 위해 사용된 수단의 적합성을 심사하는 과정이다. 평가는 개입의 전 과정에서 지속적으로 시행되지만 특히 개입이 끝날 때 더욱 중요하다.

(1) 종결

종결은 개입활동을 계획에 따라 마무리하는 것이다. 일반적으로 종결은 계획된 개입기간이 종료되었거나 목적이 달성되었을 때 일어난다. 따라서 종결은 이제부터 내담자 스스로 문제에 대처하게 되었다고 하는 예고이기 때문에 내담자는 불안과 긴장을 느낄 수도 있고 동물교감치유사와 관계를 종결하는 것에 대한 혼합된 감정을 경험하게 된다. 이러한 감정은 성취한 성공의 정도, 동물교감치유사와 애착의 정도, 그리고 내담자의 과거경험 상 중요한 타인과의 분리경험, 종결의 유형에 따라 매우 다양하다. 성공적인 종결을 위해 동물교감치유사는 다음과 같은 과업을 갖는다.

- 종결의 시기를 결정하는 것
- 분리과정 중에 경험하는 정서적 반응을 서로 해결하는 것
- 목표성취의 정도에 대하여 서비스 평가를 제공하는 것
- 성취된 목표를 유지하고 계속하여 성장하도록 계획을 세우는 것

가. 종결의 유형

① 내담자의 일방적이고 미숙한 종결

내담자가 약속시간에 나타나지 않거나 여러 가지 피상적 이유를 제시하면서 문제를 더 이상 논의하지 않으려 할 때 종결하게 되는 것을 말한다. 일방적인 종결은 종종 내담자의 해소되지 않은 저항간의 표현일 때가 있기 때문에 이런 경우에는 종결 전에 저항감을 반드시 해소하는 것이 필요하다. 집단인 경우 한 구성원의 일방적인 종결은 집단 전체에 부정적인 영향을 미치게 된다. 한 구성원이 논의 없이 일방적으로 종결했을 때 동물교감치유사는 집단에서 이 사건을 토의하고, 이 사건의 의미와 이 사건이 집단에 미치는 영향에 대해 구성원들이 어떻게 인식하고 있는지를 판단하고, 집단이 이 구성원을 찾아가서 다시 오도록 하는 것을 바라는지의 여부를 함께 결정해야 한다.

② 시간적 구속요인에 의한 계획된 종결

기관이나 조직의 기능이 정해진 기간 동안만 서비스를 제공하는 경우, 종결은 그에 따라 이루어져야 하는 한계가 있다. 시간적 제약에 의한 계획적 종결은 학기 중에만 서비스를 제공하는 학교 프로그램, 입원기간만 제공되는 병원서비스 등이 포함된다. 이러한 종결은 이미 알려진 것이므로 내담자는 갑작스럽게 종결을 맞는 것보다 충격이 적고, 그에 대한 대비를 할 수 있어 종결에 따른 감정을 해소할 충분한 시간을 갖게 된다. 그러나 내담자의 문제가 정해진 시기에 적절하게 해결되지 않을 수도 있다.

③ 시간제한적 계획된 종결

시간제한에 대해서 미리 협상을 해 두는 것은 종결과정에 매우 중요한 영향을 미친다. 종결시점을 시작 시점부터 미리 알고 있게 되면 정서적 애착과 의존감을 감소시키고, 종결에 따른 상실감의 정도도 감소시켜 준다.

④ 시간적 제한이 없는 계획적 종결

시간제한이 없는 계획적 종결은 회기로부터 얻는 이득이 점차로 줄어드는 때에 종결하는 것이 적절하다. 이별에 관한 정서적 반응을 다루는 것은 시간제한이 없는 서비스에서의 종결의 경우에 특히 중요하다. 동물교감치유사가 장기간에 걸쳐 내담자의 삶에서 중요한 역할을 수행해 왔기 때문에 내담자는 상당히 싫어하면서 종결에 접근할 수 있다.

⑤ 동물교감치유사의 개인적 사정에 의한 종결

동물교감치유사의 개인적 사정으로 인한 종결은 내담자와 동물교감치유사 모두에게 어렵다. 이전에 중요한 타인과의 관계에서 거부당한 적이 있는 내담자는 특히 상처받기 쉽고, 자존감이 저하되고 자기가치감이 상실된다. 따라서 이러한 경우 동물교감치유사는 시간이 허락하는 한 내담자에게 감정표현을 할 수 있는 시간을 갖도록 해 주고, 다른 동물교감치유사에게 의뢰되어 원조를 받을 수 있는 준비를 할 수 있게 해 주어야 한다.

(2) 평가

평가란 개입의 효과성과 효율성을 측정하는 것이다. 효과성은 목표 달성 여부를 말하고, 효율성은 투입된 비용과 산출된 성과 간의 비율을 말하는 것이다. 평가란 무엇이 내담자에게 도움이 되었고, 어떤 것들이 달리 진행되었어야 했는지를 말해 준다. 평가는 평가의 내용에 따라 총괄평가(Summative Evaluation)와 형성평가(Formative Evaluation)로 나눌 수 있다. 총괄평가는 개입의 결과에 대한 것이라면 형성평가는 개입의 과정을 보는 것이다.

가. 결과 평가

결과 평가는 개입과정을 통해 원했던 변화가 일어났는가 하는 평가이다.

① 사전 사후 비교평가

사전 사후 비교평가는 동물교감치유 과정을 평가하는 데 가장 많이 사용하는 방법이다. 우선 평가하고자 하는 문제와 그 측정 도구를 명확히 해야 한다. 그리고 개입하기 전에 문제가 어느 정도인지를 측정하고, 개입 후 다시 같은 방법으로 문제의 정도를 측정하여 그 변화를 개입의 결과로 보는 것이다.

② 통제집단과 실험집단의 비교

이 방법은 개입을 한 집단과 개입을 하지 않은 집단을 비교하여 그 차이를 개입의 결과로 추정하는 것이다.

나. 과정 평가

과정 평가는 개입과정을 내담자에게 도움이 되었는지를 평가하는 것이다.

다. 내담자 만족도 설문에 의한 실무자 평가

실무자에 대한 평가는 동물교감치유사의 행동, 마음가짐, 태도, 속성 등이 개입과정에 어떤 영향을 미쳤다고 생각하는지에 대한 피드백을 요청하는 것으로 동물교감치유사가 실천가로서 갖는 장점과 단점을 솔직히 내담자에게 지적해 주도록 요청함으로써 스스로 잘 할 수 있는 기회를 갖는다. 부정적 평가는 고통스럽기는 하지만 동물교감치유사가 자신의 태도와 행동이 개입결과에 어떤 영향을 미치는지를 지각하는 데 매우 중요한 의미를 갖게 하고, 자신이 의식하지 못하고 있었던 행동을 수정할 수 있는 기회를 제공해 줄 수 있기 때문에 의미가 있다. 방법은 대체적으로 서비스의 질, 서비스에 대한 욕구, 욕구 만족정도 등에 대하여 아주 만족스럽다(5점), 만족스럽다(4점), 보통이다(3점), 그렇지 않다(2점), 전혀 그렇지 않다(1점)와 같이 척도화하여 측정된다.

(3) 사후지도

사후지도는 내담자가 종결 시와 같은 수준에서 잘 기능하고 있는지를 알아보기 위함이나 만약 내담자가 어려움을 겪고 있다면 필요한 도움을 제공하기 위해서 실시된다. 동물교감치유사는 내담자에게 사후지도의 목적이 내담자의 변화의 진전상황을 점검하는 것을 확인시켜 줌으로써 내담자에게 긍정적 기대감을 심어 주는 것이 좋다.

사후지도는 내담자에게 동물교감치유사의 지속적 관심을 받고 있다는 지지감을 부여함으로써 종결 시의 개입효과를 지속적으로 유지하는 데 도움을 주게 된다. 사후지도는 내담자의 종결 후 진전 상황을 점검하는 목적 외에도 동물교감치유사에게 내담자의 진전을 확인함을 통해 자신의 개입에 대한 긍정적 확신을 얻는다는 이점이 있다.

사후지도는 내담자에게 동물교감치유사가 여전히 그의 변화 노력에 관심이 있음을 확인받고 자신의 변화 노력을 유지하는 데 지지적 효과를 발휘한다. 사후지도는 또한 개입방법의 효과를 측정하는 데도 도움이 될 수 있다. 내담자에게 동물교감치유사가 실시하였던 개입 혹은 활동 중에서 어느 것이 문제를 해결하는데 가장 도움이 되었는지, 그리고 어느 것이 별로 도움이 되지 않았는지 등을 알아볼 수 있다.

참고 문헌

8.1 동물교감치유의 과정

양옥경, 김정진, 서미경, 김미옥, 김소희 (2018). 사회복지실천론(5판). 나남

양정남, 최선령 (2014). 사회복지실천론. 양서원

엄명용, 김성천, 윤혜미 (2020). 사회복지실천의 이해(5판). 학지사

이종목, 전남련, 나예원, 김경희, 강장미 (2015). 사회복지실천론(4판). 정민사

American Veterinary Medical Association (AVMA). (2014). Guidelines for animal assisted activities, animal−assisted therapy and resident animal programs. website. www.avma.org.

Brown, L. B., & Levitt, J. L. (1979). A Methodology for Problem−System Identification.

Social Casework, 60(7), 408−415.

Centers for Disease Control and Prevention. (2003). Guidelines for Environmental Infection Control in Health−Care Facilities: Recommendations of CDC and the Healthcare Infection Control Practices Advisory Committee (HICPAC). www.cdc.gov/hicpac/pdf/guidelines/eic_in_hcf_03.pdf.

Cohen, R. (1985). Social Theory and Critical Analysis in Applied Anthropology. American Behavioral Scientist, 29(2), 249−264.

Eisikovits, Z. C., & Edleson, J. L. (1989). Intervening with men who batter: A critical review of the literature. Social Service Review, 63, 384−414.

Ernst, L. (2014). Animal−Assisted Therapy: An Exploration of Its History, Healing Benefits, and How Skilled Nursing Facilities Can Set Up Programs. Annals of Long−Term Care.

Hepworth, D. H., Rooney, R. H., Rooney, G. D., & Strom, K. (2016). Empowerment Series: Direct Social Work Practice: Theory and Skills. Cengage Learning

Hurvitz, N. (1970). Interaction Hypotheses in Marriage Counseling. The Family

Coordinator, 19(1), 64−75

Marshall, T. K., & Mazie, A. S. (1987). A cognitive approach to treating depression. Social Casework, 68(9), 540-545.

Mullett S. (2008). A helping paw. Modern Medicine website.

Northen, H. (1994). Clinical Social Work Knowledge and Skills(2nd Edition). Columbia University Press

Nugent, W. R. (1991). An experimental and qualitative analysis of a cognitive− behavioral intervention for anger. Social Work Research & Abstracts, 27(31), 3−8.

Saleeby, D. (1999). The Strengths Perspective: Principles and Practices. In compton, B. R., & Galaway, B. Social Work Processes(6th ed.). Pacific Grove, GA.:Brooks/Cole Publishing Company.

Sarason, B. R., Sarason, I. G., & Pierce, G. R. (1990). Social Support: An Interactional View. Wiley−Interscience

Schrodt Jr., G. R., & Fitzgerald, B. A. (1987). Cognitive therapy with adolescents. Am J Psychother, 41(3), 402−408. doi: 10.1176/appi.psychotherapy.1987.41.3.402.

Whiteman, M., Fanshel, D., & Grundy, J. F. (1987). Cognitive−behavioral interventions aimed at anger of parents at risk of child abuse. Social Work, 32(6), 469-474. https://doi.org/10.1093/sw/32.6.469

Zastrow. (2002). The practice of social work: Applications of generalist and advanced content. Brooks/Cole Thomson Learning.

9장

동물교감치유의
전망

9.1 동물교감치유의 미래

대부분의 사람들은 동물을 사랑하고 정신을 진정시키는 효과가 있다는 것을 알게 된다. 우리는 자연에서 동물의 범주에 속하기 때문에 다른 동물과 인간의 공존은 우리의 DNA에 영향을 미친다. 이러한 이유로, 진화론적 관점에서 인간에게 유리했기 때문에 동물을 돌보고 함께 시간을 보내는 것에 보람을 느낄 수 있다. 그것은 단지 동물들이 인간을 위해 무엇을 할 수 있는지에 대한 것만은 아니다. 동물을 행복하게 하는 것은 특별히 복잡하지는 않지만, 동물을 돌볼 때 인간은 즉각적인 만족감을 경험할 수 있다.

간단히 말해서 행복을 만드는 것은 인간과 다른 동물 사이에 상호 작용이다. 대부분의 연구에 따르면, 동물들은 인간의 치료적 치유를 효과적으로 향상시킬 수 있다. 다음은 다양한 맥락에서 동물교감치유에 대한 일부 연구 결과에 대한 간략한 개요이다(American Addiction Centers, 2021).

퍼듀 대학교의 한 연구는 자폐 스펙트럼 장애를 가진 아동들에게 동물교감치유가 미치는 영향을 고려한 14개의 임상 실험을 검토했다(Guerin, & OHAIRE Group, 2020). 각 임상시험 결과 동물교감치유를 받은 아동들을 측정한 치료 결과 30건 중 27건에서 호전된 것으로 나타났다. 한 연구는 조현병, 알츠하이머병, 다운증후군, 발달장애를 가진 사람들을 위한 치료의 맥락에서 1997년~2009년까지 수행된 28개의 별도의 동물교감치유 연구 프로젝트를 조사했다. 28개의 연구 각각은 동물교감치유를 받은 장애를 가진 참가자들이 대조 집단이 받지 못한 혜택을 받았다는 것을 발견했다.

2005년~2011년까지 실시된 28개의 동물교감치유 연구에 대한 신경과학자의 주도 하에 이루어진 검토에서, 26개의 연구는 이러한 형태의 치유를 받은 참가자들에게 유익한 결과를 보고했다.

19개의 미공개 박사 학위 논문을 포함하여 49개의 동물교감치유 연구를 검토한 결과 "파일 서랍 효과(File Drawer Effect: 긍정적인 결과를 가진 연구 연구는 출판되는 반면 부정적인 결과를 가진 연구는 출판되지 않는 경향)"를 지지했다. 미공개 논문은 공개 논문에 비해 긍정적인 결과의 빈도가 낮은 것으로 나타났다. 이 발견은 동물교감치유가 합법적인 치료적 접근으로 인정될 만큼 충분히 효과적인지에 대해 의문을 제기한다.

동물교감치유에 대해서 비평을 하지 않는 것은 아니지만 전반적으로 환영하는 분위기다. 이 점을 밝히기 위해 노스 텍사스 대학의 상담 교수이자 동물교감치유 주제의 저자인 챈들러(Cynthia Chandler)의 경험을 고려해 볼 필요가 있다. 챈들러는 정신 병원에서 9년 동안 이 분야에서 일하고 자원 봉사를 해왔다. 챈들러는 동물교감치유의 이점 중 일부는 정량화할 수 없지만 실제로는 완전히 명백하다는 것을 발견했다. 예를 들어 챈들러는 그녀의 개 베일리(Bailey)와 함께 일한다. 챈들러와 베일리의 건강하고 사랑스러우며 배려하는 관계는 내담자에게 긍정적인 역할 모델을 하고 그들이 더 안전하다고 느끼도록 도와줌으로써 치료에 더 많은 참여를 촉진한다. 이러한 유형의 부드러운 효과는 연구하기 어려울 수 있지만 동물교감치유가 정신과 감정의 수준에서 작동하기 때문에 그 기여는 여러 면에서 감지되지 않을 수 있다.

동물교감치유는 또한 시간의 시험을 견뎌 왔다. 동물교감치유가 1990년대 초부터 주류 치유 공동체에서 정당성을 얻었지만, 1800년대 후반에 나이팅게일은 이 분야에서 중요한 발견을 했다. 정신분석의 창시자인 프로이트도 자신의 개 조피를 내담자와의 심리치료 회기에 포함시켰다는 것도 사실이다. 동물교감치유는 단순히 동물에 대한 인간의 사랑이 아니라 관찰된 이점으로 인해 나이팅게일과 프로이트와 같은 19세기와 20세기의 가장 저명한 치료자의 삶에도 적용되었다.

가장 광범위하게 언급된 동물교감치유의 이점은 긍정적인 감정을 촉진하고 기분 개선, 공감 기술의 개발 또는 표현 지원, 사회적 상호 작용 및 의사 소통 기술 향상, 자신감 향상, 불안 완화, 외로움, 슬픔, 사회적 고립 및 분노와 같은 우울한 기분과 관련된 감정의 감소를 들 수 있다.

심리학 투데이(Psychology Today)에서 논의된 2007년 연구는 동물교감치유가 어떻게 수혜자의 심리적 건강을 증진시키는 데 특히 효과적인지에 대한 추가적인 설명을 제공한다(Sack, 2014). 이 연구는 말교감치유에 중점을 두었으며, 임상 시험에 즉시 참여한 사람들의 6개월간의 추적 관찰결과 정신 건강에 상당한 개선을 보였다는 것을 발견했다. 그 혜택은 명상가들이 보고한 수준과 유사한 것으로 나타났다. 명상과 동물교감치유의 유사성 자체는 동물들이 정신에 미칠 수 있는 치유 효과를 말한다.

동물교감치유의 연구 결과들을 볼 때 매우 훌륭하다고 볼 수 있다. 그러나 동물교감치유 연구와 관련하여 여러 가지 문제를 가지고 있다(Herzog, 2014). 첫 번째는 동물교감치유의 효과에 대한 대부분의 임상 실험이 방법론적으로 결함이 있어 결론을 신뢰할 수 없다는 것이다. 말과 관련된 치료법이 좋은 예이다. 아네스티스(Michael Anestis) 연구팀이 발표한 말교감치유에 대해 발표된 임상 실험을 분석했다(Anestis, et al., 2014). 그들은 14개 연구 중 12개 연구에서 표본 크기가 너무 작아 신뢰할 수 있는 결과를 산출하지 못했고, 연구 중 8개에서도 비처리 대조집단이 없다는 것을 발견했다. 실험 중 단 하나의 실험에서 치료 조건에 무작위로 배정된 피험자가 있었고, 그들 중 누구도 단순히 새로운 경험에 노출되는 효과나 연구자의 무의식적 편견을 통제하지 않았다. 이러한 문제를 기반으로 아네스티스 연구팀은 잘 설계된 연구에서 효과가 입증될 때까지 말교감치유를 보류할 것을 권장했다.

로리 마리노(Lori Marino)는 28개의 동물교감치유 연구를 조사한 결과 거의 모두 심각한 결함이 있음을 발견했다(Marino, 2012). 마리노는 동물교감치유 연구에서 관찰된 개선이 동물에게 동정심이 많은 치유사와 상호 작용하는 것에서 나온 편향적 결과일 수 있고, 오히려 동물 존재 자체로 인한 개선이라는 증거가 거의 없다고 말했다.

스턴(Stern) 연구팀은 열악한 연구 방법이 입원한 어린이에 대한 동물 방문의 영향에 대한 임상 시험의 유효성을 손상시킨다는 것을 발견했다(Stern, & Chur-Hansen, 2013). 그리고 일본 연구원들은 현재까지 수행된 동물교감치유에 대한 모든 무작위 임상 시험이 방법론적으로 결함이 있어 메타 분석(다양한 연구 결과를 결합할 수 있는 통계 도구)에 포함하기 위해 허용되는 최소 기준을 충족하지 못한다는 것을 발견했다(Kamioka, et al., 2014). 동물교감치유 연구의 가장 일반적인 결함은 다음과 같다.

- 비처리 대조집단의 부족
- 표본의 수 부족
- 새로운 경험(예: 돌고래와 함께 수영)의 효과에 대한 통제가 없음
- 치유 절차를 설명하는 설명서가 없음(표준화 및 복제에 중요).
- 연구팀 측의 무의식적 편견을 통제하기 위해 "맹목적인 관찰"을 사용하지 않음
- 객관적인 측정보다는 자기 보고에 의존
- 장기 추적 연구의 부족
- 부정적인 결과에 대해 긍정적인 평가(예: "치료견과 상호 작용하는 동안 실제로 환자의 증상이 감소하지는 않았지만 참가자는 동물과의 상호 작용을 즐겼다고 보고했다.").
- 체리 피킹(Cherry Picking; 효과 있는 변수에 대한 결과만 표시)

두 번째 문제는 **파일 서랍 효과**(File Drawer Effect)이다. 동물교감치유에 대한 과학 문헌의 두 번째 주요 문제는 "파일 서랍 효과"이다. 긍정적인 결과를 얻은 실험은 발표되는 반면 치유 효과가 없는 실험은 거의 발표되지 않는 경향이 있다. 결과적으로 많은 과학 분야에서 출판된 연구 결과는 긍정적인 결과에 크게 편향되어 있다. 이것은 사소한 문제가 아니다. 미국 식품의약품안전처(FDA)의 연구에 따르면 항우울제의 효과에 대해 발표된 임상 시험의 91%가 긍정적인 결과를 보고했다. 그러나 미공개 임상시험 결과를 분석에 포함시켰을 때 항우울제의

효과는 51%에 불과했다. 긍정적인 결과만 발표하려는 이러한 편향은 동물교감 치유 효능 문헌에서도 나타난다. 심리학자 그린워드(Greenwald) 박사가 수행한 연구를 살펴보면(Greenwald, 2001), 그린워드는 우울증에서 ADHD, PTSD에 이르는 감정 문제를 가진 81명의 소년에게 치료적 승마 프로그램의 영향을 조사했다. 말 교감치유에 참여하는 것이 아동들의 자존감이나 좌절 내성에 영향을 미치지 않는다는 것을 발견했다. 실제로, 치유 보조 말에 대한 애착이 높은 아동들은 우울증과 불안 수준이 더 높았다. 그러나 그 연구는 출판되지 않았다.

동물교감치유 문헌에서 파일 서랍 효과에 대한 체계적인 검토를 위해 12개의 미발표 박사 학위 논문을 포함하여 49개의 동물교감치유 연구에 대한 메타 분석을 수행했다(Nimer, & Lundahl, 2007). 각 연구에 대해 그들은 동물교감치유에 참여하는 "효과 크기(Effect Size)"를 계산했다. 효과 크기를 계산하는 방법에 대한 자세한 내용은 다루지 않겠지만, 간단히 말하면 .20은 실험적 처리의 작은 효과로 간주되고, 0.50은 중간 크기이며, 0.80은 큰 효과로 간주된다. 그들의 결과를 사용하여 출판되지 않은 동물교감치유 연구와 출판된 동물교감치유 연구의 평균 효과 크기를 계산했다. 발표된 연구의 평균 효과 크기는 0.53이었다. 반면에 미공개 연구의 평균 효과 크기는 훨씬 더 좋지 않은데, .28로 이는 공개된 임상 시험의 절반 정도였다. 이 정도의 효과 크기는 100명이 동물교감치유를 받는다면 그 중 대략 9명은 경험에 더 유리할 것이고 나머지 91명은 집에 머물면서 페이스북을 통해 시간을 보내는 것만으로 그 효과를 누렸다는 것을 의미한다.

동물교감치유와 관련된 정성적 및 정량적 연구를 설계하기 위한 훌륭한 방법들이 소개되어있어 그러한 연구 방법을 활용하여 체계적인 연구를 할 필요가 있다(Stern, & Chur-Hansen, 2013).

9.2 펜데믹(pandemic)과 동물교감치유

사회적 고립과 외로움으로 인한 정신적, 육체적 인적 비용과 인간-동물 상호 작용을 통한 개선 가능성은 COVID-19 대유행이 시작된 이래로 집중적인 관심을 받았으며, 폐쇄, 검역 및 관련 완화 조치가 취해졌다. 그러나 사회의 "외로움 전염병"에 대한 우려는 팬데믹(감염병 세계유행) 이전에도 있었고, 인간-동물 상호 작용에 대한 긍정적인 개입에 대해 진지한 조사가 이루어졌다.

중요한 공중 보건 문제에 변화를 일으킬 수 있는 반려동물의 잠재력을 인식하고, 사회적 고립 및 반려동물에 관한 컨소시엄(인간 동물 유대 연구소(HABRI)와 Mars Petcare의 새로운 파트너십)은 2019년에 공동 계획을 시작했다. 인간-동물 상호 작용 연구를 발전시키고, 인간-동물 상호 작용에 대한 장벽을 해결하고, 외로움을 달래기 위해 동물과 사람을 한데 모으는 모범 사례를 지원했다. 사상 최초의 다학제적 사고 지도자 정상회담으로 시작된 이 협력은 이미 실행 가능한 통찰력과 연구 프로젝트를 산출해냈다. 인간-동물 상호 작용 분야의 새로운 파트너십 계획으로써, 취약 계층뿐만 아니라 반려 동물의 상호 이익과 복지를 위해 인간-동물 상호 작용을 높이기 위한 미래 학제 간 전진적 사고에 대한 유망한 모델을 제공한다(Hughes, et al., 2021).

고독과 외로움은 세계적인 전염병으로 다시 주목을 받았다. 외로움은 공허함, 통제력 부족, 낮은 자존감, 개인적 위협의 특징을 지니며, 인간을 쇠약하게 하는 심리적 상태로 설명된다(Cacioppo, Hawkley, & Thisted, 2010). 외로움에 기여하지만 유일한 결정 요인은 아닌 사회적 고립은 사회적 상호 작용, 접촉 및 가족 및 친구, 이웃 및 사회 전반의 관계가 없음을 나타낸다. 사회적 고립은 연결이나 상호 작용의 부족을 나타내는 반면에 외로움은 고립에 대한 주관적인 인식, 즉 개인이 원하는 사회적 연결 수준과 실제 사회적 연결 수준 사이의 불일치이다(Institute of Medicine (US) Division of Health Promotion and Disease Prevention, 1992).

사회적 고립의 지표는 혼자 살기, 작은 사회적 지지망을 가지고 있으며, 사회 활동에 자주 참여하지 않는 외로움 자체를 포함한다(Cornwell, & Waite, 2009). 관련 개념인 사회적 지원에는 사회적 연결을 통해 다른 사람들이 제공하는 보살핌과 자원(정서적, 신체적, 재정적)이 포함된다(Institute of Medicine (US) Division of Health Promotion and Disease Prevention, 1992). 외로움의 유병률은 높으며, 출신 국가 및 사용된 측정치를 포함한 요인에 따라 인구 간에 차이가 있다(Mullen, et al., 2019). 노년은 일반적으로 외로움과 관련이 있는 것으로 인식되지만 일부 보고서에서는 자가 평가 외로움이 실제로 나이가 들수록 감소한다고 보고되었다. 사회적 지지, 의미 있는 일상의 상호 작용, 낮은 사회적 불안은 나이와 같은 구조적 또는 인구학적 요인보다 외로움의 감소와 더 강하게 연관되어 있다(Bruce, et al., 2019). 그럼에도 불구하고 사회적 고립과 외로움은 스트레스가 많은 삶의 전환과 건강 문제를 겪고 있으며, 외로움의 신체적 건강 위험이 특히 심각할 수 있는 수백만 명의 노인을 괴롭힌다(Cornwell, & Waite, 2009). 50세 이상의 사람들에게 영향을 미치는 문제에 초점을 맞춘 미국 기반의 관심 그룹인 전미은퇴자협회(AARP: American Association of Retired Persons)가 실시한 대규모 설문조사에 따르면, 45세 이상의 미국 성인의 약 1/3이 외로움을 느낀다고 보고하고 있으며, 노인 인구가 증가함에 따라 그 숫자도 증가한다(Anderson, & Thayer, 2018).

외로움의 부정적인 영향에 취약한 다른 인구에는 청소년과 만성적인 신체적 또는 정신적 건강 문제를 안고 사는 개인이 포함된다(Mullen, et al., 2019). 외로움은 생존과 번영에 필요한 연결을 갱신하는 생물학적 신호로 설명된다(Cacioppo, & Hawkley, & Thisted, 2010). "정상적인" 시간과 전례 없는 상황 모두에서 이러한 연결을 강화하고 외로움을 완화하며, 관련 피해로부터 보호하는 인간−동물 상호 작용의 능력에 대해 반려 동물의 잠재적인 건강상의 이점에 대한 전염병 이전 연구는 사회적, 정서적 지원의 원천이자 사회적 상호 작용의 촉매제로서의 인간－동물 상호 작용에 연구의 초점을 맞추었다.

사람들은 부모－자식 상호 작용에서 다른 애정의 유대로 확장되는 애착 이론의 틀에서 "안전한 피난처와 안전한 기반"을 위해 반려 동물을 찾는다(Ainsworth, & Bowlby, 1991; Beck, 2014; Zilcha-Mano, Mikulincer, & Shaver, 2012). 의심할 여지 없이 동물과 인간은 서로에 대한 애착의 역할을 할 수 있으며(Amiot, Bastian, & Martens, 2016), 반려동물에 대한 애착은 사람에 대한 애착과 비슷하거나 이를 능가하는 것으로 입증되었다(Beck, 2014). 외로움과의 투쟁에서 적어도 팬데믹이 아닌 시기에는 반려동물이 사회적으로 "어색한 분위기를 좋게 해주는 아이스브레이커(Icebreakers)"로서 인간 상호 작용을 촉진할 수도 있다. 개를 동반하는 것은 더 빈번한 사회적 상호 작용과 관련이 있으며, 신뢰를 받고 도움을 받을 가능성이 높다(Amiot, Bastian, & Martens, 2016; McNicholas, & Collis, 2000). 안내견은 장애인을 무시하거나 피하는 건강한 사람들의 경향성을 상당히 줄인다(Eddy, Hart, & Boltz, 1988). 이러한 이웃 상호 작용은 반려 동물 소유자를 넘어 공동체 의식을 구축하는 데 도움이 되는 파급 효과가 있다(Wood, et al., 2007). 이러한 인간－동물 상호 작용 효과는 사회 자본을 구축하는 것으로 특징지어지며, 사회를 하나로 묶는 일상적인 연결로 광범위하게 정의된다. 미국 3개 도시와 호주 1개 도시에 대한 연구에서 반려동물을 소유하는 것은 개 소유자에게만 국한되지 않는 더 높은 사회적 자본과 유의하게 연관되었다(Wood, et al., 2017)

실망과 좌절에 빠진 현대인은 인간에게 조건 없는 애정을 베풀어주는 동물들로부터 새로운 희망과 삶의 용기를 기대하게 되었다(최상안, 김정희 2002). 실제로 동물과의 관계는 대개 인간 관계에 비해 상대적으로 덜 복잡하므로, 무엇보다도 상당한 심리적 가치를 지닌다고 말할 수 있다. 고독감과 그로 인한 우울증, 이유 없는 불만, 무감각, 불면증 등이 심해져서 약을 복용해도 도움이 되지 않을 정도의 스트레스에 시달리는 사람들이 갈수록 늘어나고 있다. 이런 경우에 개, 고양이, 새 등의 동물 한 마리가 놀라운 효과를 발휘할 수 있다. 동물에 대한 애정이 인간에 대한 우정과 사랑을 다시금 경험할 수 있게 해주기 때문이다.

그 예로 어떤 개는 주인의 심정이 슬픈지 기쁜지를 정확하게 파악하여 조심스럽게 지켜보는 태도를 보임으로써 근심을 덜어준다. 뿐만 아니라 반려 동물은 주인의 보살핌을 필요로 한다. 고독감이나 우울증에 시달리는 사람은 반려동물을 규칙적으로 돌보는 과정에서 치료 효과를 얻을 수 있고, 자신도 무엇인가 쓸모 있는 존재라는 느낌을 갖게 되며, 자신의 사적인 근심에 몰두하는 시간이 줄어든다. 나아가 동물에게 조건 없는 애정을 쏟다 보면 그 동안 상실되었던 신뢰감을 되찾아 절망을 긍정적인 방향으로 돌려놓게 된다.

뿐만 아니라 반려견을 기르는 삶은 자연히 산책을 데리고 나가야 하므로 자신의 정신적, 육체적 건강에도 도움이 된다. 일찍이 쇼펜하우어는 "감정이 풍부하고 깊은 사람이라면 외로움을 느낄 때마다 개를 친한 친구로 삼을 것"이라 이야기한 적이 있는데, 그 이유는 "아무런 의심없이 개의 정직한 얼굴을 들여다보면, 인간의 한없는 허위와 가식과 위선으로부터 벗어날 수 있기 때문"이라는 것이다.

COVID-19 기간 동안 대학 캠퍼스의 동물교감치유 프로그램을 대면에서 새로운 온라인 형식으로 전환한 사례가 있다(Dell, 2021). 동물교감치유 팀을 프로그램 참가자와 가상으로 연결하여 참가자가 대면 프로그램에서 발생하는 사랑, 편안함 및 지원의 감정을 계속 경험하고, 전염병 기간 동안 정신 건강증진의 효과와 관련된 증거에 대한 지식을 얻는 것을 목표로 했다. 온라인 프로그램으로 진행된 결과 및 후속 요구 평가를 통해, 그리고 전통적인 대면형태의 동물교감치유 경험을 반영하여 온라인 프로그램 담당자 요구사항, 치유보조견 보호자 교육 및 지원 요구 사항 등 온라인 프로그램을 진행하기 위한 몇 가지 전제 조건이 필요하다는 것을 알게 되었다. 이러한 학습 경험은 현재 온라인으로 제공되는 프로그램에 대해 계속해서 알리고 이를 고려하는 다른 프로그램에도 적용할 수 있다.

9.3 디지털 애완동물

디지털 애완동물(가상 애완동물, 인공 애완동물 또는 애완동물 사육 시뮬레이션이라고
도 함)은 일종의 인간의 인공적인 동반자이다(Rollings, & Adams, 2003). 그들은 일반
적으로 친구로서 또는 즐거움을 위해 길러진다. 사람들은 실제 애완동물 대신 디
지털 애완동물을 키울지도 모른다. 사이버펫(Cyberpet)과 다마고치(Tamagotchi)는
최초의 인기 있는 디지털 애완동물 중 하나이다(Sullivan, 2019). 디지털 애완 동물
은 실행되는 하드웨어 외에는 구체적인 물리적 형태가 없다.

가상 애완 동물과의 상호 작용은 목표 지향적일 수도 있고, 아닐 수도 있다.
만약 그렇다면 사용자는 가능한 한 오랫동안 그것을 유지해야 하며, 종종 더 높
은 단계로 성장할 수 있도록 도와야 한다. 살아있는 애완동물을 성장시키려면 먹
이를 주고, 손질을 하고, 애완동물과 놀아주는 것이 필요하다. 일부 디지털 애완
동물은 생존을 위해 단순한 음식 이상의 것이 필요하다. 게임하기, 가상 쓰다듬
기, 사랑 제공 및 인정은 가상 애완동물을 행복하게 유지하고 건강하게 성장시키
는 데 도움이 될 수 있는 형태로 일상적인 상호 작용이 필요하다(Leah, 2021).

디지털 애완동물은 펫츠(Petz) 시리즈와 같은 실제 동물의 시뮬레이션일 수
도 있고, 다마고치(Tamagotchi) 또는 디지몬(Digimon) 시리즈와 같은 판타지 동물
의 시뮬레이션일 수도 있다. 생물학적 시뮬레이션과 달리 애완동물은 일반적으
로 번식하지 않는다(Rollings, & Adams, 2003). 일부 사람들은 여러 가지 이유로 디
지털 애완동물이 더 바람직하다고 제안한다. 실제 애완동물 대신 디지털 애완동
물이 있으면 실제 애완동물이 고통을 겪을 필요가 없으며, 실제 애완동물을 입양

할 때처럼 훈련시킬 필요도 없다.

페타(PeTA)는 로봇 동물이 사람들이 실제 동물을 돌볼 책임이 없다는 것을 인식하도록 도울 수 있다고 제안했다(MacDonald, 2004). 또 다른 주장은 알레르기로 고통받는 아이들과 같이 진짜 애완동물을 돌볼 수 없는 아이들에게 디지털 애완동물이 성공적으로 진짜 애완동물을 대체할 수 있다는 것이다.

디지털 애완동물과 그 주인의 관계와 그것이 사람의 감정에 미치는 영향에 관한 연구가 있다. 예를 들어, 타이거 일렉트로닉스가 1998년에 처음 출시한 미국의 전자 로봇 장난감인 퍼비(Furby)는 사람들이 자신의 정체성에 대해 생각하는 방식에 영향을 미치며, 많은 어린이들은 셰리 터클(Sherry Turkle)의 연구결과를 보면, 퍼비가 인간이나 동물의 방식으로 살아있는 것이 아니라 "퍼비 방식"으로 살아 있다고 생각한다(Hafner, 2000).

🐾 그림 9.1 퍼비(Furby)

출처: https://en.wikipedia.org/wiki/Furby

노동 인구의 15%가 정신 질환을 앓고 있다. 이러한 조건은 낮은 생산성, 질병의 부재 및 실업을 초래한다. 또한 정신 장애의 치료에는 오랜 시간이 걸리므로 일상적인 예방 조치가 필수적이다. 정신 질환을 예방하는 방법 중 하나는 동물과의 상호 작용을 통해 치유하는 것이다. 그러나 이 방법은 동물을 다루는 데 어려움이 있어 널리 받아들여지지 않았다.

이러한 문제를 해결하기 위한 한 가지 방법으로 동물 대신 애완 로봇을 이용한 로봇 보조 활동(RAA: Robot-assisted Activity)이 연구되었다. 반려동물 로봇은 실제 공간에 물건으로 존재하는 기계 인형이다. 뿐만 아니라 신체적으로도 스킨십이 가능하기 때문에 좋은 관계 형성에 도움이 되는 효과와 직접적인 힐링 효과가 기대된다.

로봇 보조 활동에 대한 많은 연구가 수행되었다. 예를 들어 치매 개선과 예방에 효과가 있다고 미국 식품의약국(FDA)으로부터 승인을 받은 바다표범 로봇 파로(PARO)는 잘 알려져 있다(Aminuddin, Sharkey, & Levita, 2016; Shibata, 2017). 하지만 외모와 움직임의 자유도는 낮고, 로봇의 균형을 유지하기 위해 애완동물과의 상호 작용은 제한적이다.

정신 장애 예방에 있어 동물교감 치유의 세 가지 이점이 있다. 첫째, 부정하지 않는 사람의 존재로 인한 불안 감소, 공동의 목표 달성감, 사기 향상 등의 심리적 편익이다. 둘째, 생리적 이점은 운동 동기로 인한 활동 증가 및 혈압 및 콜레스테롤 수치 감소를 포함한다. 마지막으로 사회적 이익은 동물이 사용자와 다른 사람 사이의 중재자가 된다는 것이다(Fine, 2011).

🐾 그림 9.2 파로(PARO)

출처: https://en.wikipedia.org/wiki/Paro_(robot)

이러한 장점이 상호 작용하여 효과를 향상시키게 되므로 모든 이점을 제공하는 환경이 권장된다. 움직임이 제한된 애완용 로봇은 생리학적 이점을 직접적으로 제공하거나 사용자에게 운동 동기를 부여하기 어렵다. 이러한 이점을 쉽게 얻기 위해서는 움직임의 자유도가 높은 로봇과 상호 작용하도록 하여 운동을 유도하는 것이 바람직하다.

또 다른 해결방법은 동물의 대안으로 3차원 입체 시각화를 위한 가상 현실 기술을 통해 가상 애완동물을 도입하는 것이다. 3차원 입체 시각화는 양안 시차를 고려하여 왼쪽 눈과 오른쪽 눈에 별도의 이미지를 제공하여 깊이 인식이 가능하다. 3차원 입체 시각을 이용한 가상 현실 기술 자체는 최근 빠르게 주목받고 있는 분야이기 때문에 충분한 지식이 축적되지 않았다.

가상 애완동물과 상호 작용하여 정신 장애를 예방하는 시스템을 가상 애완동물 보조 활동(VAA: Virtual Pet-Assisted Activity)이라고 명명하고, 이 시스템이 단기적인 심리적, 생리학적 이점을 얻는 것을 확인했다(Nakajima, Fukada, & Niitsuma, 2019). 그러나 시스템이 사용자에게 긍정적인 영향을 미치는 원인은 명확하지 않았다.

그림 9.3 가상 애완동물

따라서 공간적 요인이 사용자의 심리적, 생리적 측면에 영향을 미치는지, 경관적 요인이 사용자의 심리적, 생리적 측면 및 가상 애완동물과의 상호 작용에 영향을 미치는지 조사하였다(Nakajima, & Niitsuma, 2020). 실험은 공간 요인과 경관 요인에 대한 두 가지 실험으로 나누어 진행되었다. 그 결과 공간적 요인의 영향을 받지 않고 경관적 요인의 영향을 받았다. 결과는 가상 애완동물 보조 활동 시스템에서 열린 풍경이 닫힌 풍경보다 더 효과적이라는 것을 보여준다.

노인의 사회적 고립을 해결하는 개입은 건강한 노화를 지원하는 데 필수적이다. 정보통신기술(ICT: Information and Communication Technologies)은 사용자가 정보를 처리하고 의사소통을 보조할 수 있도록 하며, 건강한 노화를 지원하는 유망한 도구가 되었다(Selwyn, et al., 2003). 여러 연구에서 로봇 공학, 가상 현실 및 게임 시스템과 같은 스마트 기술의 효과를 조사한 결과, 이러한 기술이 노인의 사회적 연결성을 효과적으로 향상시키고 집에서 생활할 수 있도록 지원할 수 있음을 발견했다.

3개월 동안 10명의 노인 가정에서 디지털 애완동물을 사용한 연구에서 수집한 자료를 통해 대부분의 참가자는 디지털 애완동물과의 교제, 오락, 알림 및 즉각적인 지원을 즐겼다(Chi, et al., 2017). 그러나 참가자들은 제한된 대화 능력과 기술적인 문제를 시스템이 개선해야 할 과제로 파악했다. 개인 정보 보호, 의존성 및 비용이 주요 관심사이다. 미래의 응용 프로그램은 에이전트(대행자 또는 대리인)의 대화 능력과 시스템의 전반적인 사용성을 극대화해야 한다. 이 결과는 사용성과 수용을 극대화하기 위해 시스템 공동 설계자로 노인을 포함하는 것이 필요하며, 노인을 위한 대화형 에이전트의 미래 설계에 정보를 제공할 수 있다.

동물교감치유는 스트레스 반응을 줄일 수 있다. 그러나 공공 장소에서 동물이 항상 허용되는 것은 아니다. 따라서 동물의 물리적 존재에 대한 대체 형태가 도움이 될 수 있다. 동물의 비디오 테이프는 스트레스가 많은 상황에서 살아있는 동물의 사용에 대한 잠재적인 대안이 될 수 있다.

수족관에서 헤엄치는 물고기의 비디오 테이프에 노출된 노인의 생리적 스트레스 수준이 감소했다고 보고했다(DeSchriver, & Riddick, 1990). 인지 스트레스 요인에 노출되기 전후에 지원자 100명의 심박수와 혈압에 대한 5가지 비디오 조건(물고기, 새, 영장류, 대조 집단 1(인간), 대조 집단 2(빈 화면))의 영향을 조사했다(Wells, 2005). 20명의 참가자가 각 비디오 조건에 무작위로 할당되었다. 참가자의 심박수와 혈압(확장기 및 수축기)은 10분의 이완 기간(1단계), 해당 조건에 대한 적절한 비디오에 10분 노출(2단계) 및 10분 동안 소리 내어 읽기, 즉 인지 스트레스 요인(3단계)에서 측정하였다. 비디오는 모든 조건의 참가자는 1단계 또는 3단계보다 2단계에서 심박수와 혈압 수준이 현저히 낮아지면서 이완을 경험했다. 조류, 어류 및 영장류의 비디오에 노출된 개인은 대조 집단 비디오에 노출된 개인보다 3단계에서 현저하게 낮은 수준의 심박수 및 혈압 수준을 나타냈다. 특정 동물의 비디오 테이프는 심리적 스트레스에 대한 심혈관 반응을 감소시킬 수 있고, 적어도 단기적으로는 시청자가 불안으로부터 완충하는 데 도움이 될 수 있다는 것을 시사한다.

동물의 비디오가 학부생의 기분에 미치는 영향을 조사했다(Kogan, et al., 2018). 수업 중간 휴식 시간에 동물 동영상(10일 동안 새끼 고양이 또는 강아지를 보여주는 동영상)을 제공하거나 10일 동안 동영상 없음 중 하나를 무작위로 선택했다. 모든 참가자는 20일 동안 각 수업 전후의 현재 기분을 평가했다. 연구자들은 쉬는 시간에 동물 동영상을 보여주는 것이 쉬는 시간에 동영상을 보여주지 않는 것보다 (수업 후) 학생들의 기분을 크게 향상시킨다는 것을 발견했다.

활동적인 동물의 동영상과 고요한 동물의 동영상 모두 대조집단 동영상보다 생리적 스트레스(심박수 및 혈압)를 완충하는 효과가 더 컸다(Fredrickson, et al., 2000; Fredrickson, & Levenson, 1998; Wells, 2005). 활동 동물의 동영상 연구와 관련된 두 연구에서 다양한 비디오가 학부생의 심혈관 회복에 미치는 영향을 조사했다 (Fredrickson, et al., 2000; Fredrickson, & Levenson, 1998). 모든 참가자는 스트레스 요인(두려움을 유발하는 동영상 시청(Fredrickson, & Levenson, 1998) 또는 연설 준비 (Fredrickson, et al., 2000))를 받은 다음 4가지 동영상 조건(모두 소리 없음) 중 하나에 무작위로 할당되었다. 4가지 동영상 조건은 바다 파도(만족), 꽃을 가지고 노는 강아지(활동적인 동물로 특징지어짐, 오락), 색깔 있는 막대기의 추상적 표시(중립), 또는 어린 소년이 우는 것(슬픔)이었다. 두 연구에서는 참가자들로 하여금 스트레스를 먼저 경험하게 한 후 동영상 중 하나를 시청했다. 연구자들은 동영상 시작부터 참가자들의 반응이 자신의 기준 수준으로 돌아오는 시간까지 참가자의 심혈관 반응의 지속 시간(초)을 조사했다. 두 연구의 결과, 만족 동영상과 오락(강아지) 동영상이 슬픔 및 중립 동영상에 비해 심혈관 회복 속도가 빨라져(빠른 회복 시간), 활동적인 동물 동영상이 스트레스 반응을 개선함을 나타냈다.

주관적인 정신 상태 반응에 대한 활동적인 개와 평온한 개 동영상의 효과를 비교했지만 스트레스 요인은 사용하지 않았다(Ein, Reed, & Vickers, 2020). 그 결과, 활동적인 개 동영상은 주관적인 불안과 스트레스를 모두 감소시킨 반면, 고요한 개 동영상은 동영상 노출 전후에 주관적인 불안만 감소시키는 것으로 나타났다. 또한, 활동적인 개 동영상은 조용한 개 동영상에 비해 주관적 각성 및 주의력이 유의하게 향상되었으며, 활동적인 개는 더 귀엽고 호감이 가는 것으로 평가되었다. 이러한 결과는 활동적인 개 동영상을 보는 것이 조용한 개 동영상을 보는 것보다 주관적인 스트레스를 줄이고 안녕을 향상시킬 수 있음을 시사한다.

그러나 이 연구에서는 스트레스 요인을 사용하지 않았다. 따라서 스트레스 요인을 포함하고 주관적(스트레스, 불안, 행복, 이완 및 정동) 및 생리학적(심박수 및 혈압) 반응에 대한 활동 동물 및 고요한 동물의 동영상 효과를 비교하는 추가 연구가 필요했다. 후속 연구에서 참가자(전체 103명 중 여성이 78명, 남성이 25명)가 스트레스가 많은 작업을 완료하고 무작위로 5개의 동영상 중 하나를 시청하도록 할당하였다. 5개의 동영상은 활동적인 개(장난감 가지고 노는 개), 평온한 개(조용히 누워 있는 개), 활동적인 자연(숲속의 빠른 폭포), 고요한 자연(숲속의 천천히 흐르는 개울) 또는 빈 화면(통제 동영상: 검은 화면의 동영상)이었다(Ein, Reed, & Vickers, 2021). 스트레스 요인에 대한 주관적(즉, 스트레스, 불안, 부정적인 감정의 감소 또는 행복, 이완, 긍정적인 감정의 증가) 및 생리학적(심박수 및 혈압 감소) 반응의 개선을 조사했다. 이전 연구에서는 활동적인 개 동영상이 고요한 개 동영상보다 주관적 또는 생리적 반응을 개선한다는 증거를 찾지 못했다. 그러나 이 연구에서는 개 동영상이 자연 동영상보다 주관적 불안을 감소시키고 긍정적인 영향을 증가시킬 수 있다는 증거를 발견했다. 또한 이 연구는 개 동영상이 대조 집단 동영상보다 주관적인 불안을 감소시키고, 행복과 긍정적인 영향을 증가시킬 수 있음을 발견했다. 나머지 주관적 측정 및 모든 생리적 반응에 대한 개 동영상 및 자연 동영상(및 대조집단 동영상)의 효과는 차이가 없었다. 결과는 개 동영상이 자연 및 대조 집단 동영상보다 주관적인 불안, 행복 및 긍정적인 영향 반응을 개선하는 데 더 좋을 수 있다는 몇 가지 증거를 보여준다. 그러나 결과는 개 동영상이 다른 동영상보다 생리적 반응을 더 많이 완화시킬 수 있다는 증거를 보여주지 않았다.

9.4 로봇교감치유(Robot-assisted Therapy)

로봇 대리인은 가까운 미래에 인간의 평생 동반자가 될 것이다. 그러한 성공적인 관계를 달성하기 위해 사람들은 로봇에 대해 감정과 성격을 귀인시키고, 사회적 역량을 부여하며, 오래 지속되는 애착을 개발할 것이다. 그러나 생물학적, 심리학적, 기술적 지식을 기반으로 하는 명확한 이론적 틀 없이는 종간 상호 작용의 새로운 형태로 성공적인 인간-로봇 애착(HRA: Human-robot Attachment)을 확립하려는 현재의 사회적 요구는 실패할 수 있다.

진화적으로 적응하는 동물 행동(즉, 행동학)에 대한 연구는 인간-동물 행동이 가축화된 동물과 인간 사이의 종간 유대 모델링을 포함하여 정신 로봇(ethorobot)의 모델을 설계하고 구축할 때 해결책으로 고려될 수 있음을 시사한다. 연구에 따르면 사람들은 협력 및 의사소통을 위해 동물 종에 정서적 감정과 성격 특성을 부여한다. 이는 반려 로봇과 같은 사회적 로봇을 설계하는 데 매우 중요하다. 개는 인간과 뛰어난 사회적 기술을 가지고 있기 때문에 현재 연구는 인간-개 관계를 인간-로봇 애착을 이해하기 위한 템플릿으로 적용한다. 이러한 연구는 생물학자, 심리학자 및 과학자 간에 미래 연구를 용이하게 하는 새로운 관점을 제공하여 사회적 행동과 인간-로봇 애착을 다루는 사회에 대한 의미를 연구하기 위한 혁신적인 연구 관행을 만드는 데 기여할 것이다(Krueger, et al., 2021).

연구자와 과학자는 치료, 교육 및 오락 환경에서 다양한 사회적 행동을 할 수 있는 사회적 행위자로서 이동형 자율 로봇을 설계하고 구축한다(Dautenhahn, 2007; Fong, Nourbakhsh, & Dautenhahn, 2003). 사회적 로봇은 인간-로봇 애착의 필수 요소로 의인화, 감정 및 성격의 세 가지 주요 차원을 포함한다(Fong, Nourbakhsh, & Dautenhahn, 2003). 얼굴 모양의 물체 또는 사람과 유사한 화법의 형태로 활용되는 의인화 요소의 사용(Baron-Cohen, et al.. 1995; Cooper, & Aslin, 1990; Duffy, 2003; Fernald, 1992), 언어적 및 비언어적 지표(Brooks, 2002), 그리고 신체적 속성, 동작 패턴 및 의사소통 스타일로 구체화된 매혹적인 성격의 표현(Breazeal, & Aryananda, 2002; Kiesler, & Goetz, 2002)은 자연스러운 진화적 인간 반응을 유발한다(Bloom, & Veres, 1999, Dautenhahn, & Werry, 2004, Heider, & Simmel, 1944). 인간 유사성은 구현을 모방하고, 사회적 상호 작용은 다양한 유형의 인간과 유사한 로봇에서 구현될 수 있다(Kanda, et al., 2009; MacDorman, & Ishiguro, 2006).

휴머노이드(Humanoids)는 여전히 기계와 같은 모양을 나타내지만 인간의 자세와 기본 해부학을 닮는 것을 목표로 한다. 안드로이드(Androids)는 사람과 유사한 피부 적용과 같은 인체의 상세한 복제를 나타내는 것을 목표로 한다. 그리고 제미노이드(Geminoids)는 실제 사람의 복제형태를 목표로 한다(Becker-Asano, et al., 2010).

그러나 로봇 설계에는 한 가지 이상의 접근 방식이 있다. 진화론적으로 적응하는 특성으로 간주되는 동물 행동에 대한 과학적 연구인 동물 행동학은 종의 진화 전반에 걸쳐 자연환경과 연결된 행동의 목적에 초점을 맞춘다(Miklósi, et al., 2017; Tinbergen, 1963). 정신 로봇은 사회적 로봇의 개발을 위해 행동학, 생태학 및 진화론적 원칙을 통합하는 인간-로봇 상호 작용의 최근 발전을 기반으로 한 비교적 새로운 개념이다(Miklósi, et al., 2017).

본질적으로 정신 로봇은 새로운 대화형 로봇 시스템을 구축하기 위해 동물 행동의 생물학적 규칙의 적용을 용이하게 한다. 정신 로봇은 불쾌한 계곡 (Uncanny Valley)에서 영감을 받았다(Miklósi, et al., 2017; Mori, 1970). 사회적 로봇이 완전히 "인간과 같은" 행위자 역할을 하도록 만들어졌으나 여전히 완벽하지는 않을 경우 미묘한 불완전성이 사용자를 실망하게 하고 반발을 불러일으킬 수 있다. 이러한 현상을 "불쾌한 골짜기(Uncanny Valley)"(Mori, 1970) 또는 "좀비 효과 (Zombie Effect)"(Dautenhahn, et al., 2002; Fong, et al., 2003)라고 한다.

그림 9.4 불쾌한 계곡 가설

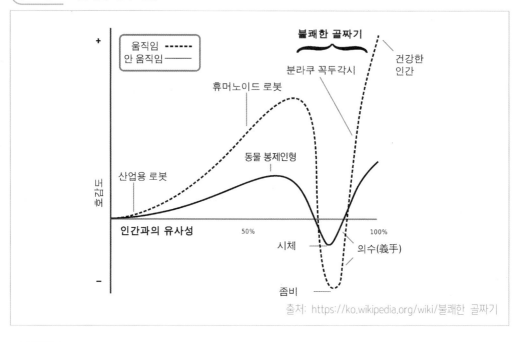

출처: https://ko.wikipedia.org/wiki/불쾌한 골짜기

그림 9.5 인간과 유사한 로봇

출처: https://ko.wikipedia.org/wiki
/불쾌한 골짜기

생물학적 또는 인공적 대리인에 대한 인간의 친화도와 대리인의 인간 유사성 간의 관계를 설명하는 사회적 로봇은 시간이 지남에 따라 인간과 유사한 로봇을 설계하기 위해 발전한다(Miklósi, et al., 2017). 호감도의 중간 최고점은 로봇 대리인이 인간과 충분하지만 완전하지는 않은 유사성(60~75%)을 가질 때 발생하는 반면, 호감도의 최대 최고점은 로봇 대리인이 인간과 거의 완벽한 유사성에 도달할 때 발생한다(그림 9.4, Mori, 1970).

"불쾌한 골짜기"가설은 인간과 매우 유사한 로봇이 덜 유사한 로봇보다 사용자에게 더 거부되기 때문에 사회적 로봇이 "최대 최고점"(즉, 이상적인 인간성)에 도달하지 못할 수 있다고 제안한다(Mori, 1970). 연구자들은 더 인간과 유사한 로봇을 만들기 위해 "최대 최고점"에 도달하는 대신 특정 환경에서 특정 기능의 성능을 극대화할 수 있는 사회적 로봇을 만들어 "최대 최고점"을 피할 수 있다(Konok, et al., 2018).

그러한 정신 로봇이 사회인지 및 행동 특성과 관련된 특정 기능(예: 보살핌 능력 및 사회적 상호 작용이 제한된 개인의 애착 동반자 기능)을 갖추고 있을 때 인간은 인간 유사성과 별개로 접근할 것이다(Pineau, et al., 2003). 이러한 생태학적 로봇은 기능에 따라 다른 사회적 지위를 차지하고 인간과 경쟁하지 않고 진화한다(Miklósi, et al., 2017). 따라서 인간 대리인의 진화적 연속성에 의해 제한받지 않고 다른 유형의 로봇 대리인으로 변경함으로써 로봇 공학이 발전할 수 있다(Miklósi, & Gácsi, 2012).

비교행동학적 접근을 기반으로 인류의 역사 동안 다른 종들과의 공유된 상호 작용은 사회적 로봇 대리인에 대한 행동 원형을 제공할 수 있다(Miklósi, & Gácsi, 2012). 따라서 인간-동물 상호 작용은 사회적 로봇 에이전트 모델로서 인간과 유사한 로봇에 대한 그럴듯한 대안이 될 수 있다(Korondi, et al., 2015). 종 내 관계보다는 종간 관계를 기반으로 하는 인간-로봇 상호 작용은 덜 복잡하고 사회적 로봇에서 사용하기가 더 간단하다(Konok, et al., 2018).

기능적 접근에 대한 종간 초점은 로봇 대리인이 사회적 상태 자체가 아니라 애착과 같은 사회적 과정을 위해 구축된다는 목표를 강조한다(Miklósi, et al., 2017). 여기서 관계유형은 로봇의 주어진 특징이 아니라 대리인 간의 의미 있는 사회적 상호 작용의 결과이다(Fujita, 2007; Miklósi, & Gácsi, 2012). 애착 개념은 인간-로봇 상호 작용에도 마찬가지로 적용되었다. 가까운 미래에 사람들은 사회적 로봇과 함께 장기적인 동반자로 살게 될 것이다. 따라서 그들은 감정적으로 결속할 수 있는 사회적 파트너로 인식하고 사회적 로봇을 받아들여야 한다. 인간-로봇 상호 작용 설정에서 유대는 3차원 내에서 로봇과 사용자의 감정적 상호 작용의 양으로 간주될 수 있다. 상호 작용의 양은 본능적 수준(예: 외모를 통한 첫인상), 행동 수준(예: 사용자에 대한 로봇 기능의 만족도) 및 반사 수준(예: 과거 경험을 회상하고 미래 행동에 활용)에서 측정될 수 있다(Birnbaum, et al., 2016; Herath, et al., 2013).

개 모델을 사용하면 사회적 로봇에 고유하거나 비기능적 특징을 추가하지 않고도 감정적 표현을 생성할 수 있다(Gácsi, et al., 2016). 이러한 정신 로봇은 특정 목적에 적합한 행동을 효과적으로 수행해야 하며(예: 노인 및 장애인 돕기), 사람과 협력할 때 신뢰할 수 있는 의사소통 기술(개에서 볼 수 있는 기술)을 보여주어야 한다(Miklósi, et al., 2017). 사회적 기술에 관한 인간과 로봇의 이러한 유사성, 즉 학습에 대한 개방성(Topál, et al., 2009), 대화형 의사소통(Gaunet, & Massíoui, 2014; Míklosi, & Gácsi 2012), 사회적 애착(Topál, et al., 2005)이 사회적 상호 작용 및 미래 애착의 기반을 형성하기에 적합해야 한다.

　　자율 오락 로봇은 주로 애착을 유발하는 경향이 있는 인간과 상호 작용하도록 제작되었다(Donath, 2004; Kaplan, 2001). 다른 유형의 자율 로봇은 아동을 위한 교육자(Billard, 2003), 방문객을 위한 박물관 안내자(Nourbakhsh, et al., 1999; Burgard, et al., 1999), 환자를 위한 공동 치료사(Dautenhahn, et al., 2002)의 역할을 한다. 이러한 상업용 로봇의 출시는 곧 일상 환경에서 일반화될 수 있다는 가정을 뒷받침한다. 이 유형의 가장 진보된 로봇 중 하나는 일본어로 "친구" 또는 "동반자"를 의미하는 소니의 개 모양 로봇 아이보(AIBO, Artificial Intelligence roBOt의 약자)이다. 1999년 상업 시장에 도입되어 2006년까지 3세대에 걸쳐 150,000개 이상의 로봇이 전 세계적으로 판매되었다(23개의 하위 유형이 있는 8개 버전으로 구성됨). 그러나 소니는 2006년 아이보의 생산을 중단하고, 2014년 소프트웨어 업데이트 및 유지 관리를 중단했다. 수년간의 재설계 끝에 소니는 2018년에 아이보 오락 로봇의 4세대를 상업적으로 출시했다. 가장 진보된 "자율 로봇"개로 설계되었으며, "진정한 감정과 직관을 갖춘 완벽한 파트너"로 상업화되었다 (그림 9.6).

　　아이보의 행동은 특히 개 행

🐾 그림 9.6 소니 아이보

동을 모델로 하여 동물행동학자가 권장하는 행동 방법 접근법을 기반으로 한다. 아이보는 유연한 신체 부분과 일련의 센서(예: 마이크, 카메라, 터치 센서)가 있는 개 모양의 금속 구조물을 포함하여 작은 개의 몸을 모방하여 사용자가 애정 어린 쓰다듬기와 처벌하는 스토로크를 구별하여 상호 작용할 수 있다. 꼬리, 머리, 귀를 움직여 강아지와 같은 행동을 표현하는 것 외에도 아이보의 표현력이 풍부한 유기 발광 다이오드(OLED: Organic Light-Emitting Diode) 눈은 내면의 정신 상태를 얼굴에 표시하고 다양한 소리는 피로, 좌절 또는 열정을 표현한다. 사용자는 음성 명령과 압력 센서의 두 가지 방법으로 아이보와 상호 작용할 수 있다. 아이보는 음성 인식 기능을 갖추고 있으며, 음성당 약 30개의 명령(예: 앉기, 눕기, 돌리기)을 실행하고 코에 있는 카메라로 디지털 사진을 찍는다. 아이보는 녹음된 뒤 이름을 인식하고 개 이름을 부르면 컴퓨터 사운드로 응답한다. 아이보는 실제 개처럼 앉거나 눕고, 일어나고, 걸을 수 있다. 기본 행동을 수행하도록 추가로 가르칠 수 있으며(Kaplan, et al., 2002), 익숙하지 않은 상황을 경험한 후에 배울 수 있다(Oudeyer, et al., 2005). 아이보는 기술 인프라를 통해 평생 동반자로 어린 강아지에서 완전히 성장한 성견으로 천천히 진화한다. 자율적이지만 아이보의 행동과 주인과의 상호 작용이 결합되어 성격이 형성되고 애착이 촉진된다. 어떤 아이보도 결코 같지 않다. 반복적인 터치를 통해 아이보는 짧고 강력한 스토로크로 처벌받은 행동을 피하는 법을 배운다. 아이보는 사람과 개와 같은 상호 작용(예: 발을 내미는 것)을 시작할 뿐만 아니라 사람의 피드백을 기반으로 미래 행동을 변경할 수도 있다. 마지막으로 새로운 아이보 세대는 '마음'을 클라우드에 저장하고, 확장할 수 있으므로 원격으로 조작하고 재생할 수도 있다.

가까운 미래에 자율적인 사회적 로봇이 인간의 일상생활 공간에 이질적 존재로 거주하게 될 것이라고 가정하면, 로봇을 수용하고 의사소통하는 방식을 기반으로 다양한 로봇과 상호 작용하는 인간의 태도를 조사하는 것이 중요하다. 로봇 개와 살아있는 개에 대한 사람들의 믿음과 달리 대부분의 고객은 로봇이 감정, 성격 및 애착을 표현할 수 있는 개처럼 즐길 수 없다고 믿기 때문에 반려동물 로봇을 구매하지 않을 것이다(Konok, et al., 2018). 수많은 연구 조사는 아이보(실제 개 또는 인형 개와 반대)와의 상호 작용에 참여하는 어린이 또는 성인의 설문조사와 두 그룹이 어떻게 사회적, 윤리적 입장을 인식하고 귀인하며, 로봇 개에 대한 감정과 애착을 부여하는지에 집중하고 있다.

로봇 지원 활동은 노인 요양 시설의 외로움 감소, 직장에서의 스트레스와 피로 완화, 취약한 사회 집단을 위한 치료 촉진 등 여러 사례에 이미 적용되었다 (Schellin, et al., 2020). 특히, 아이보 보조 치유는 외로움을 느끼는 노인(Banks, et al., 2008)과 정신분열증(Narita, et al., 2016), 치매 환자(Kimura, et al., 2010; Tamura, et al., 2004) 및 자폐 스펙트럼 장애(ASD)(François, et al., 2009; Stanton, et al., 2008)의 사회 정서적 기능, 애착 및 심리적 안녕을 자극하는 촉매로 시행되고 있다. 외로움은 소인(예: 성격, 신념, 지위)과 촉발된 사건(예: 이혼, 질병, 실업)으로 인해 객관적인 평가나 외부 견해와 관계없는 주관적인 인식이다(Banks, et al., 2008). 동물교감치유로 동물과 방문(일주일에 한 번 정도 드물게)하게 되면 외로움을 어느 정도 역전시킬 수 있다. 동물교감치유가 외로움을 줄이는 과정은 아직 알려지지 않았지만 동물교감치유 동물에 대한 인간의 유대감은 잠재적인 설명 중 하나이다.

흥미로운 추세는 로봇 반려동물의 사용이다. 특히 생활 방식이 생물학적 개를 돌보는 데 어려움을 겪는 사람들을 위한 것이다. 한 연구에서는 아이보와 살아 있는 개가 장기 요양원에서 외로움을 완화하는 능력을 대조했다. 두 개와 상호 작용하는 노인 거주자는 동물교감치유를 받지 않은 거주자에 비해 외로움이 감소한 것으로 나타났다(Banks, et al., 2008). 두 개 모두에서 높은 수준의 애착이 거주자에게서 관찰되었다. 그러나 애착의 심리적 측정은 외로움의 감소를 예측하지 못했다. 이는 애착이 동물교감치유가 외로움을 변화시키는 유일한 과정이 될 수 없다는 사실을 강조한다. 또 다른 연구에서는 로봇 보조 요법(RAT: Robot-assisted Therapy)이라고 광범위하게 불리는 아이보 보조 치유가 사회화, 사회 정서적 기능을 향상시켜 외로움과 전반적인 안녕을 감소시키는 조현병 환자들에게도 효과적일 수 있다고 제안한다(Narita, et al., 2016).

사람의 수명이 길어짐에 따라 중증 치매 노인 환자가 증가하고 있다. 미국의 노인 인구는 2050년까지 8천만 명으로 증가하여 잠재적으로 치매 발병률을 높일 것으로 예상된다(Kramer, et al., 2009). 치매 환자는 궁극적으로 장기 기억을 유지하면서 단기 기억을 잃기 때문에 외부 세계와 의사 소통을 유지하는 데 어려움을 가중시킨다. 동물교감치유는 장기 요양 환자를 위한 재활 기회로 개발되었지만 이러한 시설 중 일부는 질병, 청결 또는 동물 안전에 대한 우려로 인해 동물교감치유 제공을 주저할 수 있다. 로봇 개는 살아있는 개와의 만날 때 우려되는 단점 없이 치매 거주자 간의 사회적 의사 소통을 장려할 수 있다.

한 조사에서는 인간의 방문, 살아있는 개와 함께 치유사 방문, 아이보와 함께 치유사 방문이 요양원에 거주하는 치매 여성의 사회적 만남(예: 접촉, 시각적 관찰 및 의사소통)에 미치는 영향을 조사했다(Kramer, et al., 2009). 살아있는 개와 아이보가 결합한 치유사는 혼자 방문하는 것보다 더 많은 사회적 만남을 유도했고, 아이보는 개보다 더 많은 접촉을 유발했다. 이는 치매에서 사회적 상호 작용을 자극하는 로봇 보조 치유가 살아있는 동물 방문에 대한 현실적인 해결책이 될 수 있음을 시사한다.

또 다른 조사에서는 로봇 개를 사용한 로봇 보조 치유의 긍정적인 영향을 계산하기 위해 요양 시설의 치매 환자 집단과 건강한 대조집단에 대해 뇌파(EEG: ElectroEncephaloGram) 측정값을 수집했다(Kimura, et al., 2010). 로봇 보조 치유 전후 5분 동안 휴식 상태에서 수행된 뇌파 기록(즉, 알파파 분포의 균일성 상실에 대한 뇌 기능의 지표로서의 알파 양극성)을 기반으로 로봇 보조 치유 15분 후 건강한 대조집단과 비교하여 치매 환자에서 신경 활성의 개선이 감지되었다.

또 다른 연구에서는 중증 치매 환자를 수용하는 의료 시설에서 배터리로 작동되는 장난감 개와 아이보의 효과를 비교했다(Tamura, et al., 2004). 전통적인 동물교감치유 대신 아이보는 단기 기억 상실을 감소시켜 치매 환자가 감정과 기억을 유지하도록 돕기 위해 작업 치료에 사용되었다. 배터리로 작동되는 장난감 개와 아이보, 즉 두 개 모두의 존재에서 사회적 접촉 증가가 발견되었다. 그러나 환자들은 치료사의 개입 없이 아이보와 정서적으로 연결하는 데 어려움을 겪었다(즉, 아이보가 로봇임을 인식). 전반적으로 이러한 연구는 동물교감치유를 구현하는 것이 치매 환자와 아이보 사이의 의사 소통을 강화한다는 것을 보여주었다.

사회적 로봇과 같은 신기술은 병원 환경에서 새로운 기회를 열어준다. 로봇 애완동물 물개 파로(PARO)는 치매 노인에게 정서적, 사회적 지원을 제공하도록 설계되었다. 파로의 무게는 2.8Kg이고, 길이는 45cm이다(Wada, & Shibata, 2008). 애완동물처럼 행동하며, 촉각, 빛, 소리, 움직임 및 온도에 반응한다. 인공 지능은 기계 학습이 기계 학습과 상호 작용하는 사람들의 사회적, 정서적 요구를 지원할 수 있도록 한다(Shibata, & Coughlin, 2014).

치매 관련 증상 치료에 대한 FDA 승인 바이오 피드백 장치인 파로(PARO) 로봇 애완동물의 효과를 평가했다(Petersen, et al., 2017). 파로 로봇을 사용한 치료는 치료 집단에서 스트레스와 불안을 감소시켰으며, 치매노인의 정신 활성 약물과 진통제 사용이 감소했다. 병원 환경에서 10명의 치매 환자가 파로를 사용한 경험에 대한 인식에 대해 연구한 결과 세 가지 내용을 확인하였다(Hung, et al., 2021).

첫째, '친구와 같다(로봇은 치매 환자가 세상에서 자아 의식을 유지할 수 있도록 도와 준다)', 둘째, '대화의 조각(아기 물개는 사회적 연결을 용이하게 한다)', 셋째, '행복하게 만든다(파로는 임상 환경을 변화시키고 인간화한다)'이다.

자폐범주성 장애는 다음과 같은 세 가지 징후로 묘사되는 널리 퍼진 발달 장애이다. 세가지 징후는 부적절한 사회적 상호 작용(예: 사람 대신 사물에 집중, 빈약한 사회적 기술, 사회적 위축), 의사 소통 감소(예: 구어 부족, 비정형적인 매너리즘 및 언어 패턴), 반복적인 습관 및 억제된 야망의 존재(예: 반복적인 행동, 작동하지 않는 반복적인 방식으로 물품 사용)이다(Stanton, et al., 2008). 선구적인 로봇 교감 치유 연구에서는 로봇이 이러한 징후를 최소화하는 데 도움이 될 수 있다고 제안했다.

다양한 유형의 로봇 치료제는 신체적 뿐만 아니라 정서적 애착 및 사회적 상호 작용을 다루는 자폐 아동 치료에 다양한 방식으로 도움이 될 수 있다(Yun, & Yun, 2018). 학교 환경에서의 예비 장기 연구에서는 자폐 스펙트럼 장애 진단을 받은 어린이가 사회적 결핍을 최소화하도록 돕기 위해 로봇 반려 동물의 가능한 적용을 조사했다(François, et al., 2009). 비지시적 놀이 치료의 원칙에 따라 강사가 사회적 상호 작용에 참여하고 자폐증 어린이는 아이보를 주요 참가자로 사용하여 놀았다. 사례 연구 평가를 기반으로 하여 회기가 진행되는 동안 최소 한 가지 범주(예: 감정, 추론, 놀이)에 대해 어린이의 점진적인 개선이 보고되었다. 사회적 놀이를 시작한 아동은 더 높은 수준의 놀이를 즐기고, 로봇에 대해 더 많이 추론하고, 때때로 로봇에 대해 긍정적인 관심을 나타냈다. 로봇 보조 놀이의 계획, 수행 및 평가를 포함하여 이 혁신적인 방법에 대한 고무적인 발견은 자폐 스펙트럼 장애에 대한 기존 치료의 일부가 될 것으로 예상된다.

또 다른 조사에서는 로봇 개가 자폐 스펙트럼 장애 진단을 받은 어린이의 사회적 능력 향상에 도움이 될 수 있는지 여부를 조사했다(Stanton, et al., 2008). 단순한 기계 장난감 개에 비해 아이들은 아이보와 더 많은 행동(예: 의사 소통, 협력)에 참여한다. 그러나 아이보에 대한 애니메이션화 및 애정표현에서는 차이가 발견되지 않았다. 이러한 연구 결과에도 불구하고, 사회적 로봇은 여전히 수용력과 참여 능력이 제한되어 인간과 로봇 사이의 애착 관계를 잠재적으로 정체시키고 있다. 사람들이 로봇을 사회적인 것으로 여기는 한 로봇 교감치유는 살아있는 동물과 함께하는 동물교감치유를 대체할 수 있다. 중요한 것은 COVID-19와 같은 전세계적 전염병 대유행으로 인해 시행되고 있는 대규모 사회적 거리두기 절차를 고려할 때 로봇-동물 활동이 특히 대체 접근법이 될 수 있다는 점이다.

45세 이상의 273명의 성인 및 노인을 대상으로 한 설문조사 결과 연령, 교육 수준, 주거 유형, 직업, 퇴직 여부, 동반 질환 수, 애완 동물 경험, 앱 사용 경험 및 e-Health 문해력은 로봇 및 애완 동물의 수용과 유의한 관련이 있었다(Chiu, Hsieh, & Li, 2021). 중년 이상의 여성은 동물과 같은 모양의 로봇을 선호했고, 남성은 인간 성인과 유사한 로봇을 선호했다. 로봇 기능 측면에서 참가자들은 춤, 노래, 스토리텔링, 뉴스보도 기능을 갖춘 반려 로봇을 선호했다. 참가자의 혼인 여부와 독거 여부는 반려로봇의 기능 선호도에 영향을 미쳤다.

참고 문헌

9.1 동물교감치유의 미래

American Addiction Centers. (2021). What Is Animal-Assisted Therapy & How Does It Work?. American Addciton Centers.

Anestis, M. D., Anestis, J. C., Zawilinski, L. L., Hopkins, T. A., & Lilienfeld, S. O. (2014). Equine-related treatments for mental disorders lack empirical support: a systematic review of empirical investigations. . Journal of Clinical Psychology, 70(12), 1115-1132.

Greenwald, A. J. (2001). The effect of a therapeutic horsemanship program on emotionally disturbed boys. Dissertation Abstracts International: Section B: The Sciences and Engineering, 62(2-B), 1078.

Guerin, N. A., & OHAIRE Group. (2020). Animal-Assisted Intervention for Autism. Purdue University. https://vet.purdue.edu/chab/ohaire/autism.php

Herzog, H. (2014). Does Animal-Assisted Therapy Really Work?. Psychology Today.

Kamioka, H., Okada, S., Tsutani, K., Park, H., Okuizumi, H., Handa, S., Oshio, T., Park, S., Kitayuguchi, J., Abe, T., Honda, T., & Mutoh, Y. (2014). Effectiveness of animal-assisted therapy: A systematic review of randomized controlled trials. Complementary Therapies in Medicine, 22(2), 371-390.

Marino, L. (2012). Construct Validity of Animal-Assisted Therapy and Activities: How Important Is the Animal in AAT?. Anthrozoos, 25(sup1), s139-s151.

Nimer, J., & Lundahl, B. (2007). Animal-assisted therapy: A meta-analysis. Anthrozoös, 20(3), 225-238. https://doi.org/10.2752/089279307X224773

Sack, D. (2014). What Therapy Animals Can Teach Us About Being Human. Psychology Today.

Stern, C., & Chur−Hansen, A. (2013). Methodological considerations in designing and evaluating animal−assisted interventions. Animals, 3(1), 127−141

9.2 펜데믹과 동물교감치유

최상안, 김정희 (역). (2002). 그림을 통해서 본 개와 인간의 문화사. H. Brackert와 C. van Kleffens의 Von Hunden und Menschen: Geschichit einer Lebensge−minschaft(1989). 서울: 백의

Ainsworth, M. S., & Bowlby, J. (1991). An ethological approach to personality development. Am. Psychol. 46, 333-341.

Amiot, C., Bastian, B., & Martens, P. (2016). People and companion animals: It takes two to tango. BioScience, 66, 552-560.

Anderson, G. O., & Thayer, C. E. (2018). Loneliness and Social Connections: A National Survey of Adults 45 and Older; AARP Research: Washington, DC, USA.

Beck, A. M. (2014). The biology of the human−animal bond. Anim. Front. 4, 32-36.

Bruce, L. D., Wu, J. S., Lustig, S. L., Russell, D. W., & Nemecek, D. A. (2019). Loneliness in the United States: A 2018 National Panel Survey of Demographic, Structural, Cognitive, and Behavioral Characteristics. American Journal of Health Promotion, 33(8), 1123-1133. https://doi.org/10.1177/0890117119856551

Cacioppo, J. T. & Hawkley, L. C. & Thisted, R. A. (2010). Perceived social isolation makes me sad: 5−year cross−lagged analyses of loneliness and depressive symptomatology in the Chicago Health, Aging, and Social Relations Study. Psychol. Aging, 25, 453-463.

Cornwell, E. Y. & Waite, L. J. (2009). Social disconnectedness, perceived isolation, and health among older adults. Journal of Health and Social Behavior, 50(1), 31-48.

Dell, C., Williamson, L., McKenzie, H., Carey, B., Cruz, M., Gibson, M., & Pavelich, A. (2021). A Commentary about Lessons Learned: Transitioning a Therapy Dog Program Online during the COVID−19 Pandemic. Animals(Basel), 11(3), 914. doi: 10.3390/ani11030914

Eddy, J., Hart, L. A., & Boltz, R. P. (1988). The effects of service dogs on social acknowledgments of people in wheelchairs. J Psychol. 122, 39-45.

Hughes, A. M., Braun, L., Putnam, A., Martinez, D., & Fine, A. (2021). Animals(Basel), 11(8). 2325. doi: 10.3390/ani11082325

Institute of Medicine (US) Division of Health Promotion and Disease Prevention. (1992). Social Isolation among Older Individuals: The Relationship to Mortality and Morbidity. In The Second Fifty Years: Promoting Health and Preventing Disability; Berg, R. L., Cassells, J.S., Eds.; National Academies Press: Washington, DC, USA, Volume 14.

McNicholas, J., & Collis, G. M. (2000). Dogs as catalysts for social interactions: Robustness of the effect. Br. J. Psychol. 91, 61-70.

Mullen, R. A., Tong, S., Sabo, R. T., Liaw, W. R., Marshall, J., Nease, D. E., Jr., Krist, A. H., & Frey, J. J. (2019). Loneliness in primary care patients: A prevalence study. Annals of Family Medicine, 17(2), 108-115. DOI: https://doi.org/10.1370/afm.2358

Wood, L. J., Giles-Corti, B., Bulsara, M. K., & Bosch, D. A. (2007). More than a furry companion: The ripple effect of companion animals on neighborhood interactions and sense of community. Soc. Anim. J. Hum.-Anim. Stud. 15, 43-56.

Wood, L. J., Martin, K., Christian, H., Houghton, S., Kawachi, I., Vallesi, S., & McCune, S. (2017). Social capital and pet ownership-A tale of four cities. SSM Popul. Health, 3, 442-447.

Zilcha-Mano, S., Mikulincer, M., & Shaver, P. R. (2012). Pets as safe havens and secure bases: The moderating role of pet attachment orientations. J. Res. Pers. 46, 571-580.

9.3 디지털 애완동물

Aminuddin, R., Sharkey, A., & Levita, L. (2016). Interaction With the Paro Robot May Reduce Psychophysiological Stress Responses. 11th ACM/IEEE International Conference on Human-Robot Interaction(HRI).

Chi, N. C., Sparks, O., Lin, S. Y., Lazar, A., Thompson, H. J., & Demiris, G. (2017). Pilot testing a digital pet avatar for older adults. Geriatr Nurs. 38(6), 542-547. doi: 10.1016/j.gerinurse.2017.04.002

DeSchriver, M.M., & Riddick, C.C. (1990). Effects of watching aquariums on elders' stress. Anthrozoös, 4, 44-48.

Ein, N., Reed, J. M., & Vickers, K. (2020). Effect of tranquil and active video representations of an unfamiliar dog on subjective mental states. Society & Animals, 1-16.

Ein, N., Reed, M. J., & Vickers, K. (2021). The Effect of Dog Videos on Subjective and Physiological Responses to Stress. Antorozoos. https://doi.org/10.1080/0892 7936.2021.1999606

Fine, A. H. (2011). Handbook on Animal—Assisted Therapy: Theoretical Foundations and Guidelines for Practice, Elsevier.

Fredrickson, B. L., & Levenson, R. W. (1998). Positive emotions speed recovery from the cardiovascular sequelae of negative emotions. Cognition and Emotions, 12(2), 191-220.

Fredrickson, B. L., Mancuso, R. A., Branigan, C., & Tugade, M. M. (2000). The undoing effect of positive emotions. Motivation and Emotion, 24(4), 237-258.

Hafner, K. (2000). What Do You Mean, `It's Just Like a Real Dog'?. The New York Times.

Kogan, L. R., Hellyer, P., Clapp, T. R., Suchman, E., McLean, J., & Schoenfeld—Tacher, R. (2018). Use of short animal—themed videos to enhance veterinary students' mood, attention, and understanding of pharmacology lectures. Journal of Veterinary Medical Education, 45(2), 188-194.

Leah, C. (2021). From Tamagotchi to Nintendogs: Why People Love Digital Pets. Wired.

MacDonald, G. J. (2004). If you kick a robotic dog, is it wrong?. The Christian Science Monitor.

Nakajima, K., Fukada, J., & Niitsuma, M. (2019). Effects of RealScale Body Motion on Virtual Pet Assisted Activity. JSME Conference on Robotics and Mechatronics.

Nakajima, K., & Niitsuma, M. (2020). Effects of Space and Scenery on Virtual Pet—Assisted Activity. HAI '20: Proceedings of the 8th International Conference on Human—Agent Interaction, 105—111.

Rollings, A., Adams, E. (2003). Andrew Rollings and Ernest Adams on Game Design. New Riders Pub

Selwyn, N., Gorard, S., Furlong, J., & Madden, L. (2003). Older adults' use of information and communications technology in everyday life. Ageing Soc., 23(05), 561—582.

Shibata, T. (2017). Development and spread of therapeutic medical robot, PARO: Innovation of nonpharmacological therapy for dementia and mental health. Journal of Information Processing and Management, 60(4), 217—228

Sullivan, D. (2019). Cyberpet Graveyard Lets You Probe The Haunted History Of A Desktop—Pet Company. B3.

Wells, D. L. (2005). The effect of videotapes of animals on cardiovascular responses to stress. Stress & Health. 21(3), 209—213.

9.4 로봇교감치유

Banks, M. R., Willoughby, L. M., & Banks, W. A. (2008). Animal—assisted therapy and loneliness in nursing homes: use of robotic versus living dogs. J Am Med Direct Assoc. 9(3), 173-177. doi: 10.1016/j.jamda.2007.11.007.

Baron—Cohen, S., Campbell, R., Kamiloff—Smith, A., Grant, J., & Walker, J. (1995). Are children with autism blind to the mentalistic significance of the eyes?. Br J Dev Psychol. 13, 379-398.

Becker—Asano, C., Ogawa, K., Nishio, S., & Ishiguro, H. (2010) Exploring the Uncanny Valley with Geminoid HI—1 in a real—world application. In: Interfaces and human computer interaction, IADIS Intl, 121-128.

Billard, A. (2003). Robota: clever toy and educational tool. Robot Auton Syst. 42(3), 259-269.

Birnbaum, G. E., Mizrahi, M., Hoffman, G., Reis, H. T., Finkel, E. J., & Sass, O. (2016). What robots can teach us about intimacy: the reassuring effects of robot responsiveness to human disclosure. Comput Hum Behav. 63, 416-423. doi: 10.1016/j.chb.2016.05.064.

Bloom, P., & Veres, C. (1999). The perceived intentionality of groups. Cognition. 71(1), B1-B9. doi: 10.1016/S0010-0277(99)00014-1.

Breazeal, C., & Aryananda, L. (2002). Recognition of affective communicative intent in robot-directed speech. Autonomous Robots, 12(1), 83-104. doi: 10.1023/A:1013215010749.

Brooks, R. (2002). Humanoid robots. Communicaations of the ACM, 45(3), 33-38 doi: 10.1145/504729.504751.

Burgard, W., Cremers, A. B., Fox, D., Hähnel, D., Lakemeyer, G., Schulz, D., Steiner, W., & Thrun, S. (1999). Experiences with an interactive museum tour-guide robot. Artif Intell. 114(1-2), 3-55.

Chiu, C. J., Hsieh, S., & Li, C. W. (2021). Needs and Preferences of Middle-Aged and Older Adults in Taiwan for Companion Robots and Pets: Survey Study. J Med Internet Res. 23(6), e23471. doi: 10.2196/23471.

Cooper, R. P., & Aslin, R. N. (1990). Preference for infant-directed speech in the first month after birth. Child Dev. 61(5), 1584-1595.

Dautenhahn, K. (2007). Socially intelligent robots: dimensions of human-robot interaction. Philosohpical Transactions of the Royal Society B, 362(1480), 679-704.

Dautenhahn, K., Ogden, B., & Quick, T. (2002). From embodied to socially embedded agents—implications for interaction-aware robots. Cogn Syst Res. 3(3), 397-428. doi: 10.1016/S1389-0417(02)00050-5.

Dautenhahn, K., & Werry, I. (2004). Towards interactive robots in autism therapy: background, motivation and challenges. Pragm Cogn. 12(1), 1-35.

Donath, J. (2004). Artificial pets: simple behaviors elicit complex attachments. The encyclopedia of animal behavior. Greenwood Press.

Duffy, B. R. (2003). Anthropomorphism and the social robot. Robot Autonomous Syst. 42(3), 177-190. doi: 10.1016/S0921-8890(02)00374-3.

Fernald, A. (1992). Meaningful melodies in mothers' speech to infants. In: Nonverbal vocal communication: comparative and developmental approaches. Editions de la Maison des Sciences de l'Homme. 262-282.

Fong, T., Nourbakhsh, I., & Dautenhahn, K. (2003). A survey of socially interactive robots. Robotics and Autonomous Systems, 42(3-4), 143-166.

François, D., Powell, S., & Dautenhahn, K. (2009). A long-term study of children with autism playing with a robotic pet: taking inspirations from non-directive play therapy to encourage children's proactivity and initiative-taking. Interact Stud. 10(3), 324-373.

Fujita, M. (2007). How to make an autonomous robot as a partner with humans: design approach versus emergent approach. Phil Trans R Soc. 365, 2-47.

Gácsi, M., Kis A., Faragó, T., Janiak, M., Muszyński, R., & Miklósi, Á. (2016). Humans attribute emotions to a robot that shows simple behavioural patterns borrowed from dog behaviour. Comput Hum Behav. 59, 411-419.

Gaunet, F., & Massioui, F. E. (2014). Marked referential communicative behaviours, but no differentiation of the "knowledge state" of humans in untrained pet dogs versus 1-year-old infants. Anim Cogn. 17(5), 1137-1147. doi: 10.1007/s10071-014-0746-z.

Heider, F., & Simmel, M. (1944). An experimental study of apparent behavior. Am J Psychol. 57(2), 243-259. doi: 10.2307/1416950.

Herath, D. C., Kroos, C., Stevens, C., & Burnham, D. (2013). Adopt-a-robot: a story of attachment (Or the lack thereof). In: 2013 8th ACM/IEEE International Conference on Human-Robot Interaction (HRI). 135-136. 10.1109/HRI.2013.6483538.

Hung, L, Gregorio, M., Mann, J., Wallsworth, C., Horne, N., Berndt, A., Liu, C., Woldum, E., An-Yeung, A., & Chaudhury, H. (2021). Exploring the perceptions of people with dementia about the social robot PARO in a hospital setting. Dementia(London), 29(2), 485-504. doi: 10.1177/1471301219894141.

Kanda, T., Shiomi, M., Miyashita, Z., & Ishiguro, H. (2009). An affective guide robot in a shopping mall. In: Proceedings of the 4th ACM/IEEE international conference on Human robot interaction.

Kaplan, F. (2001). Artificial attachment: will a robot ever pass ainsworth's strange situation test. In: Proceedings of Humanoids, 125-132.

Kaplan, F., Oudeyer, P. Y., Kubinyi, E., &Miklósi, A. (2002). Robotic clicker training. Robot Auton Syst. 38(3-4), 197-206.

Kiesler, S., & Goetz, J. (2002). Mental models of robotic assistants. In: CHI '02 Extended Abstracts on Human Factors in Computing Systems. 576-577. 10.1145/506443.506491.

Kimura, R., Miura, K., Murata, H., Yokoyama, A., & Naganuma, M. (2010). Consideration of physiological effect of robot assisted activity on dementia elderly by electroencephalogram (EEG): estimation of positive effect of RAA by neuroactivity diagram. Proc SICE Ann Conf. 2010, 1418-1422.

Konok, V., Korcsok, B., Miklósi, Á., & Gácsi, M. (2018). Should we love robots?-The most liked qualities of companion dogs and how they can be implemented in social robots. Comput Hum Behav. 80, 132-142.

Korondi, P., Korcsok, B., Kovacs, S., & Niitsuma, M. (2015). Etho−robotics: What kind of behaviour can we learn from the animals?—Science direct. IFAC Papers Online. 48(19), 244-255.

Kramer, S. C., Friedmann, E., & Bernstein, P. L. (2009). Comparison of the effect of human interaction, animal−assisted therapy, and AIBO−assisted therapy on long−term care residents with dementia. Anthrozoös, 22(1), 43-57. doi: 10.2752/175303708X390464.

Krueger, F., Mitchell, K. C., Deshpande, G., & Katz, J. S. (2021). Human-dog relationships as a working framework for exploring human-robot attachment: a multidisciplinary review. Anim Cogn. 24(2), 371-385. doi: 10.1007/s10071 −021−01472−w.

MacDorman, K. F., & Ishiguro, H. (2006). The uncanny advantage of using androids in cognitive and social science research. Interact Stud. 7(3), 297-337. doi: 10.1075/is.7.3.03mac.

Miklósi, Á., & Gácsi, M. (2012). On the utilization of social animals as a model for social robotics. Front Psychol. 3, 75.

Miklósi, Á., Korondi, P., Matellán, V., & Gácsi, M. (2017). Ethorobotics: a new approach to human−robot relationship. Front Psychol. 8, 958.

Mori, M. (1970). Bukimi no tani [the uncanny valley] Energy. 7, 33-35.

Narita, S., Ohtani, N., Waga, C., Ohta, M., Ishigooka, J., & Iwahashi, K. (2016). A pet–type robot AIBO–assisted therapy as a day care program for chronic schizophrenia patients: a pilot study. Aust Med J (Online), 9(7), 244-248. doi: 10.4066/AMJ.2016.2666.

Nourbakhsh, I. R., Bobenage, J., Grange, S., Lutz, R., Meyer, R., & Soto, A. (1999). An affective mobile robot educator with a full–time job. Artif Intell. 114(1-2), 95 –124.

Oudeyer, P. Y., Kaplan, F., Hafner, V., & Whyte, A. (2005). The playground experiment: task–independent development of a curious robot. In: Proceedings of the AAAI spring symposium on developmental robotics

Petersen, S., Houston, S., Qin, H., Tague, C., & Studley, J. (2017). The Utilization of Robotic Pets in Dementia Care. Journal of Alzheimer's Disease, 55(20, 569–574. doi: 10.3233/JAD–160703.

Pineau, J., Montemerlo, M., Pollack, M., Roy, N., & Thrun, S. (2003). Towards robotic assistants in nursing homes: challenges and results. Robot Auton Syst. 42(3), 271-281. doi: 10.1016/S0921–8890(02)00381–0.

Schellin, H., Oberley, T., Patterson, K., Kim, B., Haring, K. S., Tossell, C. C., Phillips, E., & de Visser, E. J. (2020). Man's new best friend? Strengthening human– robot dog bonding by enhancing the Doglikeness of Sony's Aibo. Syst Inf Eng Design Sympos (SIEDS), 2020, 1-6.

Shibata, T., & Coughlin, J. F. (2014). Trends of robot therapy with neurological therapeutic seal robot, PARO. Journal of Robotics and Mechatronics, 26(4), 418-425.

Stanton, C. M., Kahn, P. H., Severson, R. L., Ruckert, J. H., & Gill, B. T. (2008). Robotic animals might aid in the social development of children with autism. In: 2008 3rd ACM/IEEE International Conference on Human–Robot Interaction (HRI). 271-278.

Tamura, T., Yonemitsu, S., Itoh, A., Oikawa, D., Kawakami, A., Higashi, Y., Fujimooto, T., & Nakajima, K. (2004). Is an entertainment robot useful in the care of elderly people with severe dementia? J Gerontol Ser A. 59(1), M83-M85.

Tinbergen, N. (1963). On aims and methods of ethology. Zeitschrift Für Tierpsychologie. 20(4), 410–433. doi: 10.1111/j.1439−0310.1963.tb01161.x.

Topál, J., Gacsi, M., Miklósi, A., Viryani, Z., Kubinyi, E., & Csanyi, V. (2005). Attachment to humans: a comparative study on hand−reared wolves and differently socialized dog puppies. Anim Behav. 70(6), 1367–1375.

Topál, J., Gergely, G., Erddohegyi, A., Gergely, C., & Miklósi, A. (2009). Differential sensitivity to human communication in dogs, wolves, and human infants | science. Science, 325(5945), 1269–1272.

Wada, K., & Shibata, T. (2008). Social and physiological influences of robot therapy in a care house. Interaction Studies, 9(2), 258–276. DOI: 10.1075/is.9.2.06wad.

Yun, J. H., & Yoon, H. S. (2018). Research trends and considerations in the clinical use of robots for children with autism spectrum disorders. J Korea Converg Soc. 9(3), 153–163.

찾아보기

저자약력

김원 Ph. D.

숭실대학교 컴퓨터시스템전공 석사, 박사
원광대학교 동물매개치료전공 석사
동물매개치료전문가
EBS 동물일기 등 자문
현) 대한동물매개협회 회장
현) 전주기전대학 애완동물관리과 교수
주요 저서 : 반려견 이해, 반려견 용어의 이해,
반려견 미용의 이해(기초) 등

동물교감치유의 이해

초판발행   2022년 8월 5일

지은이   김 원
펴낸이   안종만·안상준

편 집   김윤정
기획/마케팅   허승훈
표지디자인   BENSTORY
제 작   고철민·조영환

펴낸곳   (주) **박영사**
                서울특별시 금천구 가산디지털2로 53, 210호(가산동, 한라시그마밸리)
                등록 1959. 3. 11. 제300-1959-1호(倫)

전 화   02)733-6771
f a x   02)736-4818
e-mail   pys@pybook.co.kr
homepage   www.pybook.co.kr
I S B N   979-11-303-1566-9 93490

* 파본은 구입하신 곳에서 교환해 드립니다. 본서의 무단복제행위를 금합니다.
* 저자와 협의하여 인지첩부를 생략합니다.

정 가   36,000원